火电厂金属监督技术及典型案例分析

蔡文河　主编

中国电力出版社
CHINA ELECTRIC POWER PRESS

内 容 提 要

本书以火电厂实际失效案例为核心内容，结合金属部件的技术条件、运行环境、失效机理和分析逻辑，系统阐明标准规范要求、剖析根源机理，并提供监督和治理措施。本书还结合案例阐述了金属监督的原则、焊接技术、检测技术和安全性评价技术，全面系统地介绍了金属监督所需掌握的关键知识，是火力发电企业专业管理人员和技术人员必备的工具书和学习教程，也是火电厂设备主管方各级人员保证设备安全运行的必备书目。

图书在版编目（CIP）数据

火电厂金属监督技术及典型案例分析 / 蔡文河主编. —北京：中国电力出版社，2024.8（2024.9重印）
ISBN 978-7-5198-8900-5

Ⅰ．①火…　Ⅱ．①蔡…　Ⅲ．①火电厂－金属材料－质量监督－案例　Ⅳ．①TM7

中国国家版本馆 CIP 数据核字（2024）第 102230 号

出版发行：中国电力出版社
地　　址：北京市东城区北京站西街 19 号（邮政编码 100005）
网　　址：http://www.cepp.sgcc.com.cn
责任编辑：刘亚南（010-63412330）
责任校对：黄　蓓　郝军燕　李　楠
装帧设计：王红柳
责任印制：钱兴根

印　　刷：三河市百盛印装有限公司
版　　次：2024 年 8 月第一版
印　　次：2024 年 9 月北京第二次印刷
开　　本：889 毫米×1194 毫米　16 开本
印　　张：29.75
字　　数：672 千字
定　　价：148.00 元

编　委　会

主　编　蔡文河

审　核　刘银顺　邢百俊　董树青

参　编（按姓氏笔画排序）

马志宝	王庆峰	王玮洁	王建国	王家庆	王智春
王　静	代　东	宁玉恒	刘　杨	刘长福	刘文生
刘永超	刘彦如	江　野	孙　旭	杜双明	李大才
李　帅	李　玲	李　晶	李炜丽	李旌鑫	杨占君
杨志博	杨鑫莹	宋　利	宋子博	张　坤	张　骏
张　斌	张　新	张学星	张靖中	陈　鑫	图　嘎
周　浩	郑准备	倪满生	高　凯	高大伟	郭德瑞
康　举	谌　康	彭　波	韩哲文		

前　言

进入 21 世纪以来，我国电力工业呈现跨越式发展，发电总装机容量从 2012 年的 11.47 亿 kW 增长到了 2023 年的 29.2 亿 kW。根据多家权威机构的预测情况，至 2050 年我国电力装机总量将保持平稳较快的增长，在 2030 年装机总量将达到 37 亿~42 亿 kW，2050 年将达到 60 亿~75 亿 kW，之后电力装机总量将进入稳定期。

伴随国家电力发展，电力行业金属专业走过了 60 年的发展历程，形成了良好的专业基础和规范的科学程序，为电力设备的安全稳定运行和电力工业的茁壮成长奠定了坚实的基础。随着国家环保政策的升级，超临界、超超临界、高效超超临界、二次再热技术成为我国的主力发电机组的主流，同时 630℃示范机组、650℃机组、700℃机组试验平台等一系列新技术的开发和引进，大大推进了新型金属材料专业的进步。

高参数机组的高速发展，一方面得益于金属材料的发展，随着金属材料的发展不仅对材料的理化性能要求越来越高，而且对材料的抗氧化性能、抗磨损性能、抗疲劳性能、加工性能、焊接性能也提出了越来越高的要求；另一方面得益于对金属材料极限性能的深度挖掘、制造工艺的不断提高、机组设计的不断优化、复合技术的大力发展等。此外，对火电机组灵活性运行要求的不断提高，也促进了金属材料性能的提高。

技术的发展往往也伴随着事故的发生，火电厂金属设备事故频发，导致安全生产面临异常严峻的局面。由于金属材料在不同的应用场景中体现出不同的特质，因此，人们更加关注金属材料产品在应用过程中特点的变化，从而尽量避免事故频发，保证设备的安全性。

经过长时间的应用和数据积累，人们对金属材料性能有了更深刻的认识。因此，要结合环境特点，如温度、压力、介质和服役时间等因素来认识金属材料的性能和如何采取进一步的措施进行监督。

从不同角度考虑，对金属材料性能的要求也是不一样的，仅对电力行业而言，就可以有多种角度。还有从设计理念上，从安全裕度上，从焊接特性上，从管理、检修、监督、运行等方面都可以不同角度去认识。

其次，要认识到金属材料的性能与其形成产品后的性能是不一样的。随着对部件运行要求越来越高，如用于制作 P91 管道或联箱坯料的硬度要求，与形成产品后的硬度指标就不能用同一指标去考核，因为后续的热加工、焊接、返修处理、服役时效等因素均会导致硬度下降。

还有，金属材料及其制品的性能往往不是单一由材料特性决定的，很多性能是靠工艺实现的。如18-8 型奥氏体耐热钢的抗氧化性能，一方面取决于材料的含铬量、晶粒度等级和应用环境温度等，另一方面通过喷丸处理可大大提高钢管的抗氧化性能。

再有，材料的失效和部件的失效原因往往并不一致，材料的失效一般是材料本身性能不佳，如合金元素不合格、组织不正常、性能不达标等，但部件的失效除了与材料本身性能不良相关外，还与部件尺寸、形状、表面质量、环境、服役情况等相关。因此，部件的质量与系统的关联密不可分。

此外，电站金属材料是技术密集的专业，由于具有高温、高压、高转速、高腐蚀性、长期安全稳定服役的特性，人们在实际应用中不断挑战其性能极限，不但要求其在高温下要具有好的强度，还要求其具有好的抗氧化性、好的经济性。

　　综上所述，作为金属监督人员，要重新审视监督目的和监督手段，只有这样才能准确掌握部件的性能和质量状况，以防止设计、制造、安装等环节中出现与金属材料相关的安全隐患；要及时关注材料因性能下降、组织老化等因素引起的各类故障，从而减少机组的非计划停运，提高设备的安全可靠性，延长设备的使用寿命。

　　本书正是根据中国大唐集团有限公司生产运营部的总体要求，为加强火电机组金属监督与特种设备的专业技术管理水平，组织系统内外大量技术专家撰写而成。

　　本书阐述了金属监督的原则，收录并解析了大量典型事故案例，同时介绍了焊接技术、检测技术和安全性评价技术，并在附录中提供了国内外常用标准规范目录。本书试图解析不同部件的失效形式，归纳部件的失效种类，通过大量案例帮助读者了解失效的根本原因，采取科学、有效的监督检验方法，从根本上减少部件的失效概率。

　　本书编写工作于 2016 年启动，历经多年打磨，是中国大唐集团有限公司、中国大唐集团科学技术研究总院有限公司、大唐国际发电股份有限公司、华北电力科学技术研究院有限责任公司、北京石油化工学院、国家电投集团科学技术研究院有限公司、大唐雷州发电有限责任公司数十名专家的多年实践经验总结，可以作为火力发电厂金属监督、缺陷诊断和修复治理、关键部件安全性评价的指导手册。

　　本书由中国大唐集团有限公司首席专家、中国大唐集团科学技术研究总院有限公司技术总监蔡文河担任主编，中国大唐集团有限公司安全总监、安全监督部主任刘银顺正高、生产管理与环境保护部生产技术处副处长邢百俊正高、大唐华北电力试验研究院科研管理部主任工程师董树青正高对全书进行了审核，全国电站行业安全阀专家（珠海华科电光能源科技董事长）张传虎董事长对本书的出版发行提出了很多宝贵建议，在此一并表示感谢。由于案例较为复杂，在提炼总结过程中难免出现错误和不当之处，在此诚恳地希望读者给予指出，留下宝贵的建议和意见，以便后续进行修订和完善。

目　　录

第一章

金属技术监督基础知识

第一节　金属技术监督的基本内容

一、金属技术监督的发展、理念和范畴

1. 金属技术监督的发展

火力发电厂的金属技术监督起源于 20 世纪 40 年代初期的高参数机组建设。1943 年，美国一电站主蒸汽管道（管道材料 0.5%Mo）运行 6 年后发生破裂，随后美国制定了 Mo 钢的石墨化评级标准。20 世纪 50 年代，苏联制定了 0.5%Mo 钢 6 级球化评级标准，同时颁发了《蒸汽管道与过热器管的金属蠕变与组织老化监督规程》。20 世纪 60 年代初，英国制定了 1%Cr-0.5%Mo 钢制过热器管的 6 级球化评级标准。1967 年，罗马尼亚制定了高温运行蒸汽锅炉管道和高温部件变形与蠕变监督规程。1968 年，美国电力研究协会（EPRI）制定了火电厂延寿通用技术导则。

我国的金属技术监督工作开始于 20 世纪 50 年代末 60 年代初，着重对蒸汽管道劣化、汽包的苛性脆化、锅炉爆管、汽轮机断叶片和高温螺栓断裂等内容进行监督。1961 年，水利电力部在西安召开了金属、仪表、化学和绝缘四项监督工作会议，从此金属技术监督正式命名。

2. 金属技术监督的概念

从超超临界机组成为主力机组的角度出发，金属技术监督内容更加丰富、技术更加复杂、层次更为广泛，其涉及标准之多、领域之广是当初难以想象的。从另一个角度讲，金属技术监督涉及的大多为边缘学科，金属技术引进多、推进速度快、人才成长慢，由此带来的是金属技术监督难度大。所以，要加快金属专业能力提升就必须强化技术培训和技术交流，不断学习材料特性、工艺特性、系统特性等相关技术，以促进金属技术监督的进步。

具体来说，金属技术监督大致可以分为两个大的概念。一个概念是从金属专业来说的，如电厂的金属部件出现问题，管理者的第一个想法就是，不管是什么原因、什么专业造成的，这就是金属技术监督的问题，从这个意义上讲，监督的概念是一个比较大的、宏观的概念，其含义更为广泛。另一个概念是从监督的具体标准要求来说的，金属技术监督最基础的规程是 DL/T 438《火力发电厂金属技术监督规程》，从这方面讲，监督的内容、范围、任务、目的都已经界定清楚，其相应的责任义务也很明确，但与其相关的技术比较单一，领域关联性可以界定在一定的范围内。综上，两个概念一个是广义的技术监督，一个是狭义上的技术监督，一个无限责任，一个有限责任。

在当今形势下，要在大环境下谈金属技术监督。如在编制 DL/T 438《火力发电厂金属技术监督规程》时，针对机炉外管的监督是否列入金属技术监督范围内进行了深入的讨论，由于机炉外管的数量非常大、复杂、广泛，且缺少相应的设计数据、制造质量、安装质量等原始技术资料，如果列进去可

能会导致金属技术监督工作瘫痪，监督重点发生偏移，所以最终还是没有写入。但没有列入标准并不代表不监督，因为除了金属技术监督规程外，各发电集团、相关公司还有相关制度去约束。未列入标准的另一个原因是机炉外管的温度压力较低，失效形式比较简单，并不像高温高压的部件复杂性较大。再比如温度表管，作为仪表管座，其涉及设计、制造、焊接、结构、工况、材料、功能、检验等一系列问题，金属技术监督若要考虑与之相关的全设备系统和与之相关的环节，会影响金属技术监督的重点。

3. 金属技术监督的范围

火电机组金属部件的监督内容一般为"三高"，即在高温、高压、高转速下工作的部件。高温部件随着运行时间的延长，材料会发生蠕变损伤，微观组织发生老化，从而导致材料力学性能劣化，强度、塑性和韧性下降，脆性增加。承压部件在高应力下工作，如即将投入建设的 630℃ 机组的额定蒸汽压力可达 35.5MPa。随着高速旋转，一些部件还伴随腐蚀、疲劳、磨损等，其服役条件相当苛刻。机组的频繁启停会引起部件疲劳损伤，进而导致部件的开裂，甚至出现严重的事故，此时参与调峰运行的机组受到的疲劳损伤将更为严重。所以对金属部件的检测监督，可为保障机组的安全运行提供重要的技术支持。

（1）金属技术监督的目的。通过对受监部件进行检验和诊断，及时了解并掌握设备金属部件的质量状况，防止机组设计、制造、安装过程中出现与金属材料相关的问题以及运行过程中材料老化、性能下降等引起各类事故，从而减少机组非计划停运次数和时间，提高设备安全运行的可靠性，延长设备的使用寿命。

（2）金属技术监督的任务。金属技术监督的任务包括以下内容：

1）做好受监范围内各种金属部件在设计、制造、安装、运行、检修及机组更新改造中材料质量、焊接质量、部件质量的金属试验检测及监督工作。

2）对受监金属部件的失效进行调查和原因分析，提出处理对策。

3）按照相应的技术标准，采用无损检测技术对设备的缺陷及缺陷的发展进行检测和评判，提出相应的技术措施。

4）按照相应的技术标准，检查和掌握受监部件服役过程中表面状态、几何尺寸的变化，以及金属组织老化、力学性能劣化，并对材料的损伤状态作出评估，提出相应的技术措施。

5）对重要的受监金属部件和超期服役机组进行寿命评估，对含超标缺陷的部件进行安全性评估，为机组的寿命管理和预知性检修提供技术依据。

6）参与焊工培训考核。

7）建立、健全金属技术监督档案，并进行电子文档管理。

（3）金属技术监督的内容。金属技术监督的内容包括：

1）金属技术监督是火力发电厂技术监督的重要组成部分，是保证火电机组安全运行的重要措施，应体现在机组设计、制造、安装（包括工厂化配管）、工程监理、调试、试运行、运行、停用、检修、技术改造各个环节的全过程技术监督和技术管理工作中。

2）金属技术监督应贯彻发电厂技术监督的重要组成部分，是保证火电机组安全运行的重要措施，应体现在机组设计、制造、安装（包括工厂化配管）、工程监理、调试、试运行、运行、停用、检修、技术改造各个环节的全过程技术监督和技术管理工作中。

3）火力发电厂和电力建设公司应设相应的金属技术监督网并设置金属技术监督专责工程师，监督网成员应有金属技术监督的技术主管，金属检测、焊接、锅炉、汽轮机、电气专业技术人员和金属材料供应部门的主管人员；金属技术监督专责工程师应有从事金属技术监督的专业知识和经验。

4）火力发电厂的金属技术监督专责工程师在技术主管领导下进行工作。

（4）金属技术监督的范围。DL/T 438《火力发电厂金属技术监督规程》规定了火力发电厂金属技术监督的部件范围、检验监督项目、内容及相应的判据。燃气轮机电厂的余热锅炉、汽轮机和发电机金属部件的检验监督可参照执行。具体如下：

1）工作温度高于等于 400℃的碳钢和高于等于 450℃的合金钢承压部件（含主蒸汽管道、再热段蒸汽管道、过热器管、再热器管、集箱和三通、导汽管和连接管），以及与管道、集箱相联的小管。

2）工作压力高于等于 3.8MPa 的锅筒和直流锅炉的汽水分离器、储水罐。

3）工作压力高于等于 5.9MPa 的其他承压部件（含水冷壁管、省煤器管、集箱、减温水管道、疏水管道和主给水管道、汽水连接管和余热锅炉蒸发段等）。

4）汽轮机大轴、叶轮、叶片、拉筋、轴瓦和发电机大轴、护环、风扇叶、轴瓦。

5）工作温度高于等于 400℃的螺栓。

6）工作温度高于等于 400℃的汽缸、汽室、主汽门、调节汽门、喷嘴、隔板、隔板套和阀门壳体。

7）300MW 及以上机组带纵焊缝的再热冷段蒸汽管道。

8）锅炉本体主要承重钢结构。

9）支吊架。

（5）金属技术监督工程师的职责。DL/T 438《火力发电厂金属技术监督规程》规定了金属技术监督专责工程师的职责，即负责本企业的金属技术监督工作，制定本企业金属技术监督工作计划，编写年度工作总结和有关专题报告，建立金属技术监督技术档案。

按照 DL/T 438《火力发电厂金属技术监督规程》的要求，金属技术监督工程师可以兼职，且金属技术监督专责（或兼职）工程师的职责是强制性的。具体要求如下：

1）协助技术主管组织贯彻上级有关金属技术监督标准、规程、条例和制度，督促检查金属技术监督实施情况。

2）组织制定本单位的金属技术监督规章制度和实施细则，负责编写金属技术监督工作计划和工作总结。

3）审定机组安装前、安装过程和检修中金属技术监督检验项目。

4）及时向厂有关领导和上级主管（公司）呈报金属技术监督报表、大修工作总结、事故分析报告和其他专题报告。

5）参与有关金属技术监督部件的事故调查以及反事故措施的制订。

6）参与机组安装前、安装过程和检修中金属技术监督中出现问题的处理。

7）负责组织金属技术监督工作的实施。

8）组织建立健全金属技术监督档案。

二、金属技术监督要解决的问题

1. 金属技术监督是保证生产安全的首要工作

发电集团的标准、反事故措施已发布了很多，甚至修编过好多次，随着规章制度越来越健全，要求也越来越严格，但金属技术监督的事故率却高居不下。如果把这些标准内容都放在一个大环境下去讨论，专业技术人员很难进行对应的监督，所以这个问题值得思考。

设备从制造、安装、使用、检验、修理（维修）等环节加强了监督管理，但是设备的质量是否控制住了？一台设备的质量好坏，往往不是取决于单一质量，而是取决于系统的整个状态。比如主蒸汽管道，一个管道或弯头的硬度是高还是低是一个单一的问题，如果放在管系里面，就比较复杂了。

工艺评定的管理工作制度细化的效果很重要，若工艺没有问题，但实施产生了偏差，出现质量问题需要对其进行评价，因此评价是很重要的环节。随着高参数机组的投产，提出了精细化的工艺控制，比如热处理工艺。一台超（超）临界机组中有很多异种钢接头，比如说镍基跟马氏体钢焊接，这种焊缝到底做不做热处理？用奥氏体钢冷焊，还做不做热处理？如果用一个热处理工艺去处理的话，要兼顾接头的性能，只能考虑其中一种材料的性能去做热处理，马氏体钢必须要做热处理，那么奥氏体这一侧材料可能在热处理过程中受到了弱化，这个是工艺造成的问题。首先需要解决的是淬硬马氏体组织开裂的问题，下一步热处理工艺应该精细化处理，对接头的两侧进行不同的温度控制，使其性能进一步提高。

2. 如何评价国外技术的先进性

在国产化和中外贸易摩擦不断升级的大背景下，国产材料的性能得到越来越多人的关注，国外技术比国内先进在哪？我们该如何正确认识和评价国外技术的先进性？例如 P91、P92 引入中国使用的过程中，大量的管件、弯头、三通出现了质量问题，有人在美国机械工程师协会（ASME）到中国交流期间向其提问：P91 在中国应用得不太好，那么在美国到底是一个什么状态？ASME 专家说这个问题应该问你们自己，因为 P91、P92 在中国的应用量最多，美国的应用反而少。

还有假冒管道的问题，用国产材料代替进口材料；用国产三流产品代替国产一流产品，比如一些性能比较好的产品由于比较贵，导致三流企业去仿造，从而引发了假冒管道的问题。随着超临界、超超临界机组的大量投产，国内对 P91、P92 的投入不断增加，研究也越来越深入，产品质量也越来越好，性能越来越强。在如何评价国外技术先进性的这个问题上，要客观地根据情况去看，有些确实是国外先进，但有些国内是先进的。查阅国内外的文献、资料可知，早期国外确实做了很多工作，但国内有些工作是后来居上的。

3. 如何面对普查和抽查

检验工作要遵循先抽查、再普查的原则。任何一个部件，任何一个问题，都是有失效机理的。检修费用不断下调，意味着没有更多的资金、人力、物力投入检修工作，这对检修来说是一个很大的问题。因此，金属技术监督需要优化检验项目，需要思考如何在资金降低的情况下把大修的检查项目、维修安排得更合理、更好，并确定必检项目、抽检项目和抽检比例。

金属部件检验、检查是金属技术监督很重要的内容。有些部件可以先进行宏观检查，安排一定比例的抽检，然后根据检验结果决定是否扩检。比如部件的无损检测，常规的方法有射线、超声波、磁粉、渗透检测，每种检测方法都有其优缺点和局限性，要根据想要达到的检测目的去选择检测方法。射线和超声波检测主要查部件内部埋藏的缺陷；磁粉和渗透检测用于表面探伤，主要查表面有没有问题。了解部件的受力情况及开裂机制，一般来说受监部件的开裂首先会发生在表面，而非工件内部，因为外表面（或内表面）是应力最大的位置。针对这种情况检查，安排表面探伤更为科学，此时超声波探伤就不是必需检验项目，若是存在原始埋藏缺陷可进行超声波检测以查看缺陷是否扩展。

三、金属技术监督的重点

1. 缺陷性质判断

作为金属技术监督管理人员，要了解设备的状态参数，包括使用温度、运行时间、位置、结构状态、环境介质等。

火电厂金属部件的失效形式主要有疲劳、磨损、蠕变、腐蚀、塑性变形、脆性断裂、塑性断裂几种。

（1）设备缺陷的甄别。检修中需要根据检测情况甄别所发现的缺陷，判断这些缺陷到底严重不严重？会产生什么样的后果？哪些是运行中能接受的、可以监督运行的？哪些是不能接受的？比如，脆性断裂是不能出现的，一旦出现，就会在瞬间失效，发生机毁人亡，造成恶性事故。而有些缺陷是可以接受的，比如硬度稍低一点，只要不影响运行安全，是可以监督运行的。

（2）缺陷的来源。缺陷到底来源于哪个环节？是上个工序遗留下来的，还是安装、运行或维护过程中产生的？设备从制造到使用要经过冶金、制造、安装、运行和维护，使用中要格外注意维护中产生的缺陷，因为有些设备是被修坏的，缺陷不是运行产生的，在生产和安装时也没有问题，反复修就修坏了。比如护环的检验，过去认为检查护环时一定得把护环拆下来，要查内表面，而实际情况中护环到底拔不拔不是金属检验决定的，需要由电气专业做绝缘试验来决定。因为护环安装是热紧工艺，拆、装需要加热两次，一次是要加热拨下来，再装回去还要再加热一次，反复加热对护环就会有影响，可能就会出现问题，设备在一次次的检修中就修坏了。

（3）断裂的方式。如果存在缺陷，是塑性断裂还是脆性断裂发展至关重要。塑性断裂在一定程度上是能接受的，即开始的一个小缺陷慢慢扩展，可以通过寿命评估的方法来监督它的扩展情况，因为缺陷有一个临界裂纹扩展尺寸，只要不超过临界裂纹扩展尺寸，尽管存在缺陷仍处于稳定状态，认为是安全的。要防止的是发生脆性断裂，因为脆性断裂是瞬间发生的，发生时没有一点征兆，材料几乎不发生明显的塑性变形，根本没有时间去处理，所以要严格控制。要结合材料特性、运行工况、缺陷扩展的机制和过程，深刻认识材料断裂的问题。

（4）缺陷的容忍度。缺陷种类有很多，比如说制造缺陷、焊接缺陷及制造过程和运行过程产生的缺陷等。一条焊缝或一个设备存在缺陷的可能性和缺陷出现失效的概率很重要，对于设备缺陷的容忍度应该有清晰的认识，对于低风险的缺陷可以监督运行，而对危险性较高的缺陷则零容忍，需要立即处理。首先应根据运行环境确认，压力高、温度高、易伤人部件的缺陷要及时处理。另外还应根据机组的参数进行甄别，同样的缺陷对于亚临界机组的容忍度是能接受的，但是对于超临界机组或超超临界机组，就不能容忍了，即不同等级机组对缺陷的容忍度不同。

（5）检修策略。部件检测发现超标缺陷，可以采取不同的检修策略，比如返修、更换或监督运行。大多数情况会选择返修或更换，这样可以一劳永逸地解决问题，但针对 P92 返修焊缝Ⅳ型开裂频发的问题，采取相对保守的监督运行反而更加合理。究竟选择哪种方式去处理缺陷，不能一概而论，要分析缺陷超过标准值与失效的关系。如果通过计算失效期仅一年应该立即返修或更换，反之失效期是 5～10 年，则应采取监督运行。

（6）缺陷的处理。面对缺陷不能置之不理，缺陷并非不处理就会消失的，反而会加速缺陷发展，增加潜在风险。应正确地认识缺陷，要了解、分析、研究、治理，尤其是针对反复出现的缺陷，更应该勇敢地去面对，积极地去研究，并及时采取措施。要加强金属专业间技术交流，同时借助科研院的力量，深入剖析问题、研究缺陷机理、制定预防措施、提出解决方案，保障机组安全。

2. 缺陷的处理原则

（1）面临和发现问题的普遍性。横向来看，近年电力行业出现了很多关键设备损伤的问题，要考虑其他同类型机组有没有这种问题，如运行方式、制造工艺等，如果是普遍性问题就该从源头去解决，如材料运行十几万小时，其材料性能有所下降就是普遍性问题，在设计阶段就应该考虑。

（2）设备颠覆性问题。设备颠覆性问题是指对设备生产系统造成强烈冲击改变，使其性质发生变化的问题，尤其是设计、制造、安装等工艺指导文件的改变。颠覆性的问题绝不能出现。若监督不到位，由于金属管理的问题导致设备出现人身事故，出现设备严重损坏，这种事情是绝对不允许的，金属管理人员关心的这些问题也是领导关心的问题。碰到问题，金属技术监督管理要从多角度去看，要站在厂长的角度去看，站在集团公司的角度去看，并采用最合理的方式解决问题。

四、对金属材料其制品基本性能的认识

1. 对部件的认识

材料和部件不同，材料性能是指冶金这个层面材料本身要具备一定性能，一旦形成部件，就有了明确对象和确定的应用场合。相关标准规定 P91 的硬度规范是 180～250HB，依据标准规定 180HB 是硬度下限，若检测出来的硬度是 175HB，材料本身性能低于标准要求，则该材料不能用。采用材料做

部件是一个比较复杂的问题，要区分使用的环境和用途，如用在主蒸汽管道上不合格的材料，用在旁路上的管道则没有问题，若用于制造雕塑，作为工艺品，其硬度值非主要关注问题，更对其没有影响。

部件还涉及其他一些性能，如制造、安装、热处理、结构、尺寸、制造及检验。既然要形成一个部件，就会有尺寸、结构等要求，尺寸、结构设计合理与否也会影响部件性能。对于一个部件来讲，更关心的是部件的整体性能。有了单个部件，组装起来就构成了能发电的设备，作为整体设备来讲，由于部件和部件之间的相关性，或整个系统与其中某一个部件的关系，其性能又会发生变化。比如P91材料，用P91制作高温联箱，由于联箱由简体、管座、三通、封头组成，这些部件在加工的过程中的壁厚、椭圆度、硬度等的变化都是需要关注的问题。如果联箱壁厚比较厚的话，加工以后还会有较大的残余应力，如果残余应力扩展到设备的话，还需考虑膨胀情况、支吊架情况，以及有没有异常等情况。

2. 机组运行情况

机组参与调峰会给设备带来影响，尤其是转动部件，如转子、叶根、叶片、隔板等，在调峰运行过程中会受到疲劳载荷的作用，因此需要研究其对部件的影响程度，以把调峰或者运行工况的影响定量化。比如说调峰对设备的疲劳是有影响的，量化的结果就是告诉运行人员哪种调峰方式对设备影响不大，哪种调峰方式设备不能接受，哪种调峰方式设备应尽可能少地参与。

3. 许用应力

许用应力与室温强度、设计温度下的屈服强度、高温部件的高温持久强度、蠕变强度和疲劳强度5个参数有关。一般电站的部件是按照这几个强度指标取最小值作为材料的许用应力。DL/T 5366《发电厂汽水管道应力计算技术规程》中许用应力的取用规定：钢材的许用应力应根据钢材的有关强度特性取下列三项中的最小值：$\sigma_D^t/1.5$、$\sigma_{s(0.2\%)}^t/1.5$、$\sigma_b^{20}/3$，其中$\sigma_D^t/1.5$是钢材在设计温度下10^5h的持久强度平均值，单位为MPa；$\sigma_{s(0.2\%)}^t/1.5$是钢材在设计温度下的屈服极限最小值，单位为MPa；$\sigma_b^{20}/3$是指钢材在20℃时的抗拉强度最小值，单位为MPa。

许用应力的计算：通常高温承压部件，如高温管道、高温联箱都是用持久强度去计算的，P91许用应力下调，也是因为持久强度发生变化了，所以许用应力也发生了变化。高温紧固件是用高温的屈服强度除以安全系数去计算的。虽然是高温部件，但是其许用应力不是用持久强度去选择，从这个意义来讲，也就是说设计用什么参数，则最后的分析也同样用什么的方法去分析。低温部件，比如大板梁、钢结构等结构件，用断裂强度除以安全系数作为许用应力。火电机组金属部件基本按照这三种方法选取。至于蠕变强度，就放到持久强度一起考虑，还有材料疲劳强度选取是非常复杂的，设计时在转动部件上留有一定的裕度，即其循环载荷没有具体的指标。

4. 失效的影响因素

影响电站部件失效的主要因素有温度、应力、环境介质和服役时间。

（1）温度。电站部件多数在高温高压下运行，服役条件比较恶劣，在高温下材料的组织发生劣化，长期运行碳钢和钼钢会发生石墨化，珠光体钢会发生球化，马氏体、贝氏体、奥氏体钢的组织会老化。

（2）应力。部件上的应力包括机组运行时的内压力、部件的结构应力、温差引起的热应力、残余应力和焊接应力等。在这些应力的交互作用下，若存在应力集中，则在拉应力的作用下极易产生裂纹。

（3）环境介质。环境介质包括蒸汽的汽水品质、煤的硫分、烟气的飞灰含量、沿海地区空气中的氯离子等。

（4）服役时间。设备处于高温高压下长期稳定运行的状态时，长期性能指标跟运行时间相关性非常密切，随着时间增加材料对应的持久强度逐渐降低。设备中存在一个缺陷，如果设备使用一年就换掉，则设备的安全裕度足够，可以监督运行；如果要监督运行 20 年，则很危险了，这个缺陷需要马上处理掉。

确定部件失效是一种还是几种因素交互作用时，需要了解这 4 个因素的状态，只有这样才能更好地进行接下来的失效分析。

5. 对材料的认识

作为一名金属技术监督管理人员，应该认识金属材料且了解其性能。尽管参加过多次专业培训，有大量专业资料，但大家对材料的认识还很有限。从某方面考虑，总结规律，就能从一些特性上认识这些材料。

（1）元素。首先从金属 Cr 上认识，材料中 Cr 的含量为 0.5%、1%、2.25%、9%、12%、18%和25%，一直到镍基合金，这是 Cr 的一条主线，有些材料还会加入的其他强化的合金元素的含量，如Mo、V、Nb、N、Co、Cu、B 等。鉴定材料通常是以 Cr 含量去进行定量分析的，比如 12Cr1MoV 是1%Cr 的，10CrMo910 是 2.25%Cr，P91、P92 是 9%Cr，奥氏体不锈钢是 18%Cr，HR3C 是 25%Cr。此外，很多镍基合金不以 Cr 为基础，也不以铁为基础。从现在电站使用的材料来看，主要的关注点是 9%Cr 钢，因为 9%Cr 用得非常广泛，如 P91、P92，应用到 630℃的 G115 钢也是 9%Cr，超超临界用的转子 FB2 是 9%Cr，CB2 还是 9%Cr。

（2）组织。从组织上认识，有珠光体钢、贝氏体钢、马氏体钢、奥氏体钢、镍基合金。其中，9%Cr钢是马氏体钢，18%Cr 是奥氏体钢，10CrMo910、12Cr1MoV 是珠光体钢或者贝氏体钢。不同的材料要有不同的热处理制度，要采取不同的工艺，比如奥氏体钢，尤其是受热面进行弯管，如果弯管的半径比较小，就需要做固溶处理。是否固溶处理在标准里的要求是不一样的，有的要根据变形量的多少去判断。

（3）性能。从性能上认识，电厂耐热材料比较关注的有力学性能、氧化性能、疲劳性能、高温腐蚀性能等。受热面氧化皮脱落堵管，阀门氧化皮卡涩等，都是材料的蒸气氧化带来的影响。水冷壁、过热器、再热器的密集横向裂纹，是伴随着机组的调峰、频繁启停造成的疲劳失效。

（4）失效机理。部件的失效有蠕变、腐蚀、疲劳、磨损、塑性开裂、脆性开裂和过量变形，目前还未发现新的失效机制。一个复杂的失效问题可以分解开，并进行不断简单化、模型化，可以根据运行工况、断口位置、宏观形貌、微观组织等，综合分析引起失效的机制。

（5）工艺。设备的使用从工艺上来讲，要经历冶金工艺、制造工艺、加工工艺、安装工艺和维修工艺。冶金、制造、电力使用的标准不同，对工艺的认识也不一样，有些缺陷在冶金和制造行业是符合行业标准要求的，但用在电站部件上可能就是不能接受的，随着机组参数的提高这些矛盾更加凸显。

材料在安装中有冷紧、预紧、热套、喷丸和形变硬化等工艺，可以利用工艺的调整提高或者优化材料的使用性能。比如发电机护环，护环采用的是两大系列材料，超临界机组也用此材料，只是强度等级不一样。标准中强度等级不同，其材料的化学成分、热处理状态完全一样，其主要差别是形变硬化加工工艺不一样，通过形变硬化来改变强度，改善工艺性能。

（6）标准。标准包括设计标准、制造标准、使用标准、检验标准，从标准认识一个材料需要关注检验问题。如果要依据标准通过检验来看材料的质量，是检验不出来的。有些部件已经检验了，也满足标准要求，但还是会出问题，这就体现了部件的复杂性，即部件存在结构问题。比如温度表管，早期温度表管在行业没有相关标准，针对材料的焊接问题和结构问题，有的温度表管结构只能进行表面探伤，内部质量超声波检测不到，一个结构如果只能满足一个因素，那不是好的结构，所以标准里引入了综合优化的概念。DL/T 438《火力发电厂金属技术监督规程》就对监督网络做了规定，其明确指出要有金属焊接人员、锅炉专业人员、汽轮机专业人员、电气专业人员和供应部门人员，这是一个监督的网络，金属技术监督不只是金属专业人的监督。监督要从结构、专业、运行等方面综合进行，这样才能把问题控制住。

（7）结构。随着机组参数越来越高，受热面管径越来越细，壁厚越来越厚，从而容易导致制造环节出现问题，这是由于结构发生了变化。此外，还需要考虑叶根形式、过热器、再热器的布置，蒸汽布置方式，过热器的外三圈材料，焊口位置、方式，里三圈布置方式等。

（8）设计理念。三大动力厂设计理念不一样，引入的国外技术不一样，导致其壁垒也不一样，因此金属技术监督的重点也不一样。因为引进的技术不一样、设计理念不同，金属技术监督中出现的问题也不同。

（9）安全裕度和安全系数。由于机组的建设参数越来越高，投资越来越小，其产生的直接影响就是安全裕度缩小。拿具体部件举例，其中包含两方面：一是螺栓安全系数问题，从收集的大量 30 万 kW 机组、60 万 kW 机组、60 万 kW 超临界机组、100 万 kW 超超临界机组关于螺栓的安全系数的大数据来看，机组参数越来越高，安全系数越来越低。如果再考虑到材料性能不稳定的情况下，安全系数就非常小了。二是壁厚的安全裕度，壁厚越厚安全裕度就越大，但是造价就越高，由于投资低了之后会导致壁厚裕度不足，如果锅炉温度偏差比较大，由于裕度不足，会导致提前失效。

影响管道的安全系数的因素比较多，一是壁厚降低造成的影响，由于加工能力不足，制造企业无法加工出设计需要达到的壁厚，导致壁厚降低。二是材料性能造成的影响，材料以次充好，以假乱真的事情比比皆是，使得管道性能达不到设计要求。三是材料在成型、焊接、热处理过程中，每一次受热都会导致硬度降低，使得材料性能下降。四是标准的变化，许用应力下调直接导致材料安全系数降低。如果材料在寿命周期内有安全裕度，则设备的安全系数也能够保证，在进行评估后甚至进行超期服役也是有保障的。

（10）改造和检修。金属技术监督网络中的监督小组人员，还涉及锅炉、汽轮机、物资、运行、检修等人员，在面对问题时，关注一个问题，甚至一个失效事故，不同专业的人员可以站在不同的角度去看问题，从而从多方面去寻找产生问题的原因，使问题更加容易控制住。例如锅炉进行低氮燃烧器改造以后，电厂都受到水冷壁高温腐蚀和热疲劳的困扰，最新的调研结果显示，这个问题不仅在水冷壁上发生，当火焰温度进一步提高，过热器也有，再热器尚未发现。所以更应关注分析改造方案的全面性，不能改造了或解决了当前问题而衍生出另外一个问题，要多专业、多角度、系统地考虑问题，把问题一次性解决掉。

（11）改造备选材料。当前超超临界机组锅炉受热面高温部位在用的材料主要是 HR3C 和 Super304H，但这两种材料都有明显的缺点，HR3C 存在时效脆化问题，Super304H 存在抗氧化性问题。改造提供的备选材料有瑞典的 Sanicro25、太钢的 C-HRA-5、国内自主研发的 SP2215，其中 SP2215 是 22%Cr，其合金成分比 HR3C 要低，抗氧化性能达到了 HR3C 的性能，高温持久强度跟 Super304H 相当。以上这些材料都可以用于 630℃ 的备选材料。

五、火电厂金属部件存在的主要问题

随着全球范围内煤炭资源的日益紧张和发电技术的不断进步，发展高效超临界（超超临界）技术、提高火电发电的蒸汽参数、降低机组热耗、节约燃料、提高电厂热效率、降低发电成本、减少环境污染已成为当今工业先进国家火力发电技术的主要发展方向。随着参数的提高，机组在材料、结构、工艺、运行方式等方面均发生了变化。

1. 材料的变化

随着参数进一步提高，金属技术监督要关注以下材料：①高温材料，如 G115、FB2、COST501 等；②紧固件材料，如马氏体钢 2Cr11、1Cr11 等；③高温合金 GH6783，R26，GH4145、GH4169 等。材料的变化很重要，与之相关的各个系统的因素也很重要，下面专项介绍。

2. 结构的变化

参数的提高导致结构上的第一个变化是管径变小，第二个变化是节流圈变小。现在的百万机组节流圈细到只有 8mm，稍微掉进个焊渣就堵了，很容易造成过热问题，尤其是在不堵死的情况下，会出现长期过热，这是结构方面的变化。结构方面还存在异种钢焊接接头数量增加的问题，现在的设计规范很多是模块一体化设计，比如某厂的余热锅炉蒸发器，设计入口联箱和出口联箱一体的，维修起来很难，如果更换，必须从入口联箱到出口联箱全都换，所以造价很高。此外，在设计阶段还需考虑检修、制造和使用的问题，避免出现结构优化而运行弱化的问题。机组参数提高，一定会出现结构件的结构应力变化，堵阀和壁厚比较薄的管道焊在一块，焊缝根部结构应力大。还有机炉外管、抗燃油管振动问题，振动应力会传递到焊缝根部，造成焊缝根部开裂，所以结构的变化也会给后期运行带来影响。

3. 工艺的变化

（1）受热面弯管。ASME 相关规范规定奥氏体钢材料的冷加工成型，变形量的计算为管子的半径除以弯曲半径，然后乘以 100，这个弯曲变形公式里没有壁厚，是弯曲半径跟管子的公称直径的关系，那么管子厚度不同按照此公式计算其变形量相等，但实际上壁厚越大，变形量就越大。奥氏体钢如果超过一定的变形量，会发生冷弯诱发马氏体相变，需要做过固溶，这就是工艺带来的影响，因为早期的管子，包括 DL/T 515《电站弯管》均要求弯管不能有椭圆度超标，内弧不能有褶皱，外弧不能有减薄，如果超标就可退货。但是现在工艺发生了变化，弯管变形过程中模具把管外壁固定了，导致变形过程中外壁的金属不能流动，内壁的金属也不能堆积，因此出现残余应力过大。加工工艺变了，失效的形式也就变了，早期的弯管都是外壁出现问题，现在这种弯管金属流动不了，其内弧残余应力非常大，会导致内弧开裂。

（2）厚壁件焊接工艺。参数的提高导致了很多厚壁件的出现。如 12Cr1MoV，之前亚临界机组多用此材料，因此出现过很多次 12Cr1MoV 因壁厚增加导致焊缝出现开裂。由于结构发生变化，壁厚增加，但以前焊接工艺都是针对薄壁管的，对厚壁管做的工作相对少，因此出现了开裂这种情况。

（3）热处理工艺。奥氏体钢在制造过程有一个高温软化退火，还有一个固溶，因此要关注固溶温度，要考虑在此温度下性能能否保持最佳的状态。实际上，引进国外材料做的最多的工作就是在摸索制造工艺，摸索钢材热加工温度。因此既要获得细晶粒提高抗氧化性能，还要获得粗晶粒提高高温蠕变性能，就需要探索更加合适的工艺。

（4）设计工艺。某些设计可能会导致应力过大，比如联箱的管座布置得不好，焊缝结构再考虑不好，就会出现拘束度大的问题，从而使其在膨胀时形成结构应力。

（5）制造工艺。近两年相关技术一直在跟踪 630℃机组 115 钢的制造过程，经分析影响电弧炉和电渣重熔的选择因素是析出物，即要控制其析出物，以保证使用过程不出现问题。对于大型铸锻件，在制造过程中希望有一个良好的变形量，变形比越大就越均匀，性能越好。但由于机组参数提高，壁厚更大会导致达不到变形比，所以会考虑制造环节的一些能力。

（6）安装工艺。例如，螺栓预紧力是否合理，导汽管的冷拉值是否正确。因为这些工艺是看不见摸不着的，安装时的控制偏差会严重影响机组的安全性。参数的提高，材料性能的控制不像以前的裕度很大，裕度稍有偏差，就会造成极大的影响。

4. 运行方式的变化

运行方式的变化主要体现在调峰、启动方式和寿命的关系两方面。

（1）调峰。机组频繁启停是一个大幅度大周期的运行方式，对机组安全影响很大，两班制运行是大幅度的疲劳，调峰是小幅度的疲劳。很多数据显示两班制运行影响很大，如加拿大、美国在 20 世纪 80 年代对两班制运行做了很多的研究，研究显示其焊接接头的失效率比正常运行的高好几倍。

（2）启动方式和寿命的关系。研究数据显示，冷态启动损耗率是温态启动的 5 倍，是大负荷变化损耗率的 10 倍，是小负荷变化调峰损耗率的 200 倍，启停对机组影响是非常大的。如果运行十万小时或者十万小时以上的机组仍在参与调峰，尤其是老结构机组，要给予足够重视。裂纹跟寿命损耗不同，没有发现裂纹不一定代表没有疲劳损伤。磁粉、渗透检测没有出现裂纹，但疲劳损伤已经到了70%、80%。所以十万小时以上的机组应关注其寿命问题，十万小时以下的机组应关注开裂问题。

5. 需要关注的主要问题

火电厂金属部件可大致分为锅炉、汽轮机、管道、机炉外管、辅机、压力容器、承重部件等几部分。

锅炉由于失效率比较高，受到的关注也最多。比如锅炉四管泄漏、蒸气氧化、热疲劳、应力开裂、受热面失效、超温、异种钢早期开裂等。

汽轮机的问题主要是叶片断裂、叶根开裂、隔板、螺栓（镍基螺栓和马氏体钢螺栓出现的问题较突出）、汽缸插管、门杆断裂、阀门卡涩、轴系的弯曲、转子的开裂等；发电机护环开裂、风叶开裂、水电接头泄漏等。

管道面对最多的就是 9%Cr 钢的硬度低和许用应力降低的问题，P92 焊接接头Ⅳ型开裂，材料来源不清问题，焊缝硬度超标如何监督等。

机炉外管的问题是管座泄漏、错用钢材、冲刷减薄、管道震动、阀门内漏、支吊架等。

辅机要关注结构性开裂，即应力开裂，还有加工尺寸导致的应力集中开裂，以及紧固件螺栓的开裂。

压力容器首先关注承装易燃易爆、有毒有害介质或温度、压力较高的Ⅲ类容器，要检测应力比较高、易腐蚀、易冲刷、受热疲劳的位置，比如氢鼓包、除氧器水箱腐蚀问题及水位波动部位壁厚减薄、高压加热器/低压加热器进出水管角焊缝等。

承重部件主要关注大板梁挠度，同时关注开裂失稳扩展问题。

第二节　焊　接　技　术

一、焊接基础知识

1. 焊接概念

焊接是指通过适当的手段（加热、加压等），使两个相同或不相同的金属物结合的连接方法。

2. 焊接方法

焊接方法包括熔化焊、固相焊和钎焊。熔化焊包括电弧焊、气焊、电渣焊、电子束焊、激光焊等。电弧焊包括熔化极电弧焊和非熔化极电弧焊两种，其中熔化极包括焊条电弧焊、埋弧焊、熔化极氩弧焊、CO_2 电弧焊等，非熔化极电弧焊包括钨极氩弧焊、等离子弧焊等。固相焊包括电阻对焊、冷压焊、爆炸焊、扩散焊等。钎焊包括火焰钎焊、感应钎焊、炉中钎焊、盐浴钎焊、电子束钎焊等。

（1）焊条电弧焊。焊条电弧焊是目前应用最广泛的焊接方法，其以电极与工件间燃烧的电弧为热源。当电极熔化并形成填充金属而将两个金属物连接起来时，叫熔化极电弧焊；电极不熔化，不通过电弧向熔池过渡填充金属，叫非熔化极电弧焊。

手工电弧焊是各种电弧焊方法中发展最早、应用最广的一种焊接方法，由于其具有适用性强、操作灵活、抗外界影响能力强等特点，至今仍然被广泛地使用。它是以焊条为电极，在焊条端部和被焊工件表面形成燃烧的电弧，将焊条和工件表面加热到融化状态，焊条端部融化后的熔滴和熔化的母材融合形成熔池，随着电弧的移动，熔池中液态金属逐步冷却结晶从而形成焊缝。手工电弧焊使用设备简单、方法简单灵活、适应性强，但对焊接人员操作技术要求高，焊接质量在一定程度上取决于其操作技术。由于劳动条件差、生产率低，手工电弧焊适用于单件、小批量、不规则、空间位置复杂不易实现机械化焊接的焊缝，不适宜机械保护效果要求高、温度要求低的材料的焊接。

1）焊条构成。焊条由焊芯和药皮组成，焊芯既是电极，又是填充金属，焊条采用焊接专用的焊丝；药皮即涂层，是矿石粉末、铁合金粉、有机物和化工产品按一定比例配制后压涂在焊芯表面上的一层涂料。焊条药皮的作用主要有：

a．改善焊条的焊接工艺性。保持电弧稳定，减少飞溅，改善熔滴过渡和焊缝成型。

b．机械保护。涂层熔化或分解后产生气体和熔渣，隔绝空气，防止熔滴和熔池金属与空气接触。熔渣凝固后的渣壳覆盖在焊缝表面，可防止高温的焊缝金属被氧化，并可减慢焊缝金属的冷却速度。

c．冶金处理。通过熔渣和铁合金进行脱氧、去硫、去氢等焊接冶金反应，可去除有害元素，添加有用元素，从而获得合适的焊缝化学成分。

2）焊条分类。焊条可按其熔渣性质分为酸性焊条（熔渣为酸性氧化物）和碱性焊条（熔渣为碱性氧化物）两大类。碱性焊条与强度级别相同的酸性焊条相比，其熔敷金属延性和韧性高、扩散氢含量低、抗裂性好。因此产品设计或焊接工艺规程规定用碱性焊条时，不能用酸性焊条代替。但碱性焊条的工艺性能较差（包括稳弧性、脱渣性、飞溅等），对锈、水、油污的敏感性大，容易出气孔，有毒气体和烟尘多，毒性也大。

3）焊条的管理和使用。焊条入库前要检查焊条质量保证书和型号标志，焊条应在干燥通风良好的地方保存。低氢型焊条保存时，室内温度不低于5℃，相对湿度低于60%。焊条涂层容易吸潮。用潮湿的焊条焊接时，容易产生气孔和氢致裂纹，因此低氢型焊条施焊前必须进行烘干，烘干温度为350～450℃，保温时间一般为2h，烘干后放在100～150℃的恒温箱里，随用随取，低氢型焊条一般在常温下超过4h就应该重新烘干，重复烘干次数不得超过3次。酸性焊条一般可不烘干，但焊接重要结构时，应经150～200℃烘干1～2h。

4）焊前准备。焊前准备包括焊条烘干、焊前清理、组装、预热等工序。对于刚性不大的低碳钢和强度级别较低的低合金高强钢的一般结构，一般不必预热。但对刚性大的或焊接性差的容易裂的结构，焊前需要预热。

预热是焊接开始前对被焊工件的局部或全部进行适当加热的工艺措施。预热可以减少接头焊后冷却速度，避免产生淬硬组织，减小焊接残余应力及变形，是防止产生裂纹的有效措施。预热温度一般要按被焊金属的化学成分、板厚和施焊环境温度等条件，根据有关产品的技术标准或已有资料确定，重要结构要经过裂纹试验确定不产生裂纹的最低预热温度，预热温度并非越高越好，对于某些钢种，预热温度过高时，接头的延性和韧性可能越差，劳动条件将进一步恶化。

5）焊接要求。采用直流电焊接时，电弧稳定，柔性强，飞溅少；用交流电焊接时，电弧稳定性差。低氢钠型焊条稳弧性差，必须采用直流弧焊电源，焊接薄板时，也常用直流弧焊电源，因为引弧比较容易，电弧比较稳定。

用直流电源焊接时，工件接直流电源正极，焊条接负极，称为正接，反之为负接，反接电弧比正接稳定。因此低氢型焊条用直流电源焊接时，一定要反接。薄板焊接时，无论是碱性焊条还是酸性焊条，都用直流反接。

焊接电流是手工电弧焊的主要工艺参数，焊接电流太大时，焊条尾部会发红，部分涂层会失效或崩落，机械保护效果变差，不仅会造成气孔，还会导致咬边、烧穿等焊接缺陷，同时使焊接接头热影响区晶粒粗大，延性下降。焊接电流太小时，会造成未焊透、未熔合、气孔和夹渣，且生产率低。因此，选择焊接电流，首先要保证焊接质量，其次应尽量采用较大电流，以提高劳动生产率。焊接电流一般应根据焊条直径进行初步选择，同时应进行相应的工艺评定，以确定最佳工艺参数。

焊接厚板或厚壁管焊接时，一般要开坡口并采用多层焊或多层多道焊，这种焊接接头显微组织较细，热影响区较窄。因此，焊接接头的延性和韧性都比较好，特别是对于易淬火钢，后焊道对前焊道有回火作用，可改善接头组织和性能。对于低合金高强钢来说，焊缝层数对接头性能有明显影响。焊缝层数少，每层焊缝厚度太大时，由于晶粒粗化，将导致焊接接头的延性和韧性下降。

热输入是指熔焊时，由焊接能源输入给单位长度焊缝上的热量，又称为线能量。计算公式如下：

$$q=IU/v \qquad (1\text{-}2\text{-}1)$$

式中　q——焊接热输入量；

　　　I——焊接电流；

　　　U——电弧电压；

　　　v——焊接速度。

热输入对低碳钢焊接接头性能的影响不大。对于低合金钢和不锈钢等钢种，热输入太大时，接头性能下降；对于9%Cr耐热钢（T/P91、T/P92），在熔合良好的情况下，应采用较小的热输入，以保证焊缝的韧性。因此，焊接工艺规定热输入。

6）焊后处理。焊后立即对焊件的全部或局部进行加热或保温使其缓冷的工艺措施称为后热。后热的目的是避免形成硬脆组织，以及使扩散氢溢出焊缝表面，从而防止产生冷裂纹。

焊后为改善焊接接头的显微组织和性能或消除焊接残余应力而进行的热处理，称为焊后热处理。对于易产生脆断和延迟裂纹的重要结构，尺寸稳定性高的结构，以及有应力腐蚀的结构，应考虑进行消应力退火。

（2）埋弧焊。埋弧焊是以自动送进的焊丝作电极，通过覆盖在上面的颗粒状焊剂的保护和工件产生电弧，并燃烧电极和工件表面形成填充金属。焊剂的作用与焊条药皮的作用相近。由于其采用较大的焊接电流，与手工电弧焊相比，焊接质量高、速度快，适用于大型工件的直焊缝和环焊缝。

（3）钨极气体保护焊。钨极气体保护焊是一种不熔化极气体保护电弧焊，是利用钨极和工件之间的电弧使金属熔化而形成焊缝。焊接时钨极本身并不融化，只起电极作用，焊炬喷嘴送出氩气或氦气对熔融金属进行保护。由于能够很好地控制热输入，所以钨极气体保护焊是连接金属薄板和打底焊的一种极好的方法，可以用于所有的金属焊接，形成高质量的焊缝。与手工电弧焊相比，钨极气体保护焊的电弧和熔池可见性好，操作方便，没有或有少量熔渣，无须焊后清渣，但焊接速度较慢且在室外作业时，需采取专门的防风措施。

钨极气体保护焊具有的主要优点：①氩气能有效地隔绝周围的空气，本身不溶于液态金属，不反应；②电弧稳定，小电流下仍可稳定燃烧，适用于薄板（管）、超薄板材料（管）的焊接；③热源与填充焊丝可分别控制，因而热输入容易调节，可进行全位置焊接，是实现单面焊双面成型的理想方法；④填充焊丝不作为电极而熔化，故不会产生飞溅，焊缝成型美观。

钨极气体保护焊具有的缺点：①熔深浅，熔敷速度小，生产率低；②钨极承载电流的能力较差，过大的电流会引起钨极熔化或蒸发，其微粒可能会进入熔池，造成污染；③生产成本较高。

钨极气体保护焊使用的电流种类可分为直流正接、直流反接及交流三种。其中，直流正接焊接时，钨极发热量小，不易过热，同样大小直径的钨极可以采用较大的电流；工件发热量大，熔深深，生产率高。由于钨极为阴极，热电子发射能力强，电弧稳定而集中，因此大多数金属宜采用直流正接焊接。

（4）钎焊。钎焊是利用熔点比被焊材料熔点低的金属作为钎料，经加热熔化，靠毛细管作用将熔化的钎料吸入接头表面的间隙内，润湿被焊材料的表面，达到液相和固相之间的扩散而形成钎焊接头。钎焊加热温度较低，且母材不熔化，不需要加压，但焊前必须采取一定的措施清除被焊金属表面的油污、灰尘、氧化膜等，这是使工件润湿良好、接头质量高的重要保证。

3. 焊接接头组成

焊接接头由焊缝、熔合区、热影响区组成。焊缝是焊件焊接后形成的结合部分，熔合区是焊接接头中焊缝向热影响区过渡的区域，热影响区是焊接过程中母材因受热的影响（但未熔化）而发生金相组织和力学性能变化的区域。

（1）焊接热影响区的形成。熔化焊接时，焊缝附近的母材同时被加热到高温，这种焊接条件下的瞬时性和局部性使焊缝附近的母材在焊接时受到了一种特殊的焊接热循环的作用。焊接热影响区的特点是局部升温较高、升降温速度快，会导致焊接热影响区内各部分的组织变化和性能变化不同。由此可见，焊接热影响区本身是一个组织和性能极不均匀的区域，其中一些组织和性能变坏了的部位往往会成为整个焊接接头中最薄弱的环节。

（2）影响焊接热影响区的主要因素。被焊金属与合金系统的特点是决定各种材料焊接热影响区形成特点的根本因素。热影响区的组织变化和性能变化首先取决于母材本身在不同加热和冷却条件下的物理冶金特点。

焊前母材的原始状态也会影响焊接热影响区内的组织变化和性能变化。例如对易淬火的材料来说，如果焊前材料处于退火状态，则焊后会出现淬火的硬化区，焊前处于冷作硬化状态或热处理强化状态，则焊后热影响区会出现退火软化区。因此同一种材料由于焊前原始状态不同，热影响区的组织变化和性能变化也不完全相同。

焊接工艺方法和规范参数都会直接影响焊接时的温度场分布和热循环曲线的特点，因此它们将直接影响到焊接热影响区内特殊热处理的各项参数，如升温速度、高温停留时间和冷却速度等。

（3）存在固态相变材料的焊接热影响区特点。这类合金焊接热影响区的变化比较复杂，以应用最广的钢材（Fe-C 合金）为例，在固态下合金中除了有同素异构转变外，还有成分变化和第二相析出。

1）过热区。该区紧邻焊缝，其温度范围包括从晶粒急剧长大的温度到固相线温度，对于普通低碳钢来说为 1100～1490℃。由于加热温度很高，特别是在图相线附近处，一些难熔的碳化物和氮化物等也都熔入奥氏体，因此奥氏体晶粒长得非常粗大，这种粗大的奥氏体在较快的冷却速度下形成一种特殊的过热组织——魏氏组织。魏氏组织不仅晶粒粗大，而且由于有大量铁素体片形成的脆弱面，严重地影响了金属的韧性，这是其成为不易淬火钢焊接接头变脆的一个主要原因。魏氏组织的产生条件与奥氏体晶粒大小、含碳量和冷却速度等都有关。奥氏体晶粒越粗大，越容易生成魏氏组织，因此魏氏组织的形成与焊接热影响区过热程度有很大关系，即与金属在高温的停留时间有关。线能量越大，高温停留时间越长，过热越严重，奥氏体晶粒长得越大，越容易得到魏氏组织，焊接接头的性能越差。这是低碳钢焊接时引起热影响区性能变坏的一个主要问题。因此，采用电渣焊时为了改善焊接接头的性能，消除严重的过热组织，不得不采用焊后正火处理的方法。

2）重结晶区。也称为正火区或细晶区，该区加热到的峰值温度范围为 Ac3（所有铁素体均转变为奥氏体的温度）到晶粒开始急剧长大以前的温度区间，对于普通低碳钢来说为 900～1100℃。重结晶区的组织特征是由于在加热和冷却过程中经受了两次重结晶相变的作用，使晶粒得到显著细化。对于不易淬火钢来说，该区冷却下来的组织为均匀而细小的铁素体和珠光体，相当于低碳钢正火处理后的细晶粒组织。因此，该区具有较高的综合力学性能，甚至还优于母材的性能。但由于整个焊接接头的性能取决于接头最薄弱的区域，所以该区性能虽好，但发挥不到作用。

3）不完全重结晶区。又称为不完全正火区或部分相变区，该区加热到的峰值温度为 Ac1～Ac3（Ac1：钢加热时,开始形成奥氏体的温度；Ac3：所有铁素体均转变为奥氏体的温度），普通低碳钢为 750～900℃，该区的特点为只有部分金属经受了重结晶相变，剩余部分为未经重结晶的原始铁素体晶粒。因此，不完全重结晶区是一个粗晶粒和细晶粒的混合区。对于普通低碳钢这一类不易淬火钢来说，由于焊接时的升温速度太快，因此当加热到 Ac1～Ac3 时，实际上只有珠光体转变为奥氏体，铁素体基本上还未来得及发生转变，而且此时珠光体的转变并不完善，且奥氏体中碳的分布很不均匀，在随后的冷却中，当冷却到共析转变温度 Ar1 时，碳化物极易呈粒状析出，形成细的粒状珠光体，这是该区内珠光体的特点。由于这一区域内除了细的粒状珠光体外，还存在部分未经重结晶的粗大铁素体，因此其力学性能并不是很好。

4）再结晶区。再结晶与重结晶不同，重结晶时，金属内部晶体格架要发生变化，即指同素异构转变时，由一种晶体格架转变为另一种晶体格架；再结晶时，只有晶粒外形发生变化，并没有内部晶体结构的变化，即由冷作变形后破碎的晶粒通过加热到相变点以下某一再结晶温度后，再次变成完整的晶粒。再结晶区在整个焊接接头中是一个软化区，其强度和硬度都低于冷作变形状态的母材，但塑性和韧性都得到了改善。当然，如果焊前母材是未经受冷作变形的热轧钢板或退火状态下的钢板，那么在热影响区内就不会出现这种再结晶现象，所以在焊接通常的热轧钢板时没有再结晶区。

（4）焊缝与热影响区之间有强烈扩散时热影响区的组织变化特点。这是异种材料焊接时的一个特殊问题。异种钢焊接时，当母材成分与焊缝成分相差较大时，在母材与焊缝之间有可能发生碳的扩散和迁移，并由此引起熔合线附近热影响区内的组织和性能的变化。一般情况下是在熔合线附近的过热区内形成 1 个或 2 个晶粒宽度的铁素体组织，即所谓脱碳层，俗称白带，同时在焊缝一侧相应地出现一个增碳层，但并不明显。出现这种情况的原因主要取决于碳在熔合线两侧的活度。凡是提高母材中碳的活度的因素和降低焊缝中碳的活度的因素，都能促使碳由熔合线的母材侧向焊缝扩散迁移。焊接时促使碳由母材向焊缝扩散的原因有：①当焊缝为液态时，由于碳在液体金属中的溶解度大于固体金属，所以促使碳由熔合线附近的母材向焊接熔池扩散；②与化学成分有关，凡是碳化物形成元素（如 Cr、Mn、Mo、V、Nb 等）都降低碳的活度系数，而非碳化物形成元素（如 Si、Al、Ni 等）都增大碳的活度系数，因此当焊缝内的强碳化物形成元素多于母材时，或母材中含有较高的 Al 和 Si 时都能促使碳由母材向焊缝扩散，当然各种碳化物形成元素的影响程度是不同的；③与晶体结构有关，碳在 α-Fe 中的活度大于 γ-Fe 中的活度，因此当焊缝处于奥氏体，而母材处于铁素体时，也有利于碳由母材向焊缝扩散；④与温度和时间有关，在单道焊时一般不易形成明显的扩散层，往往经焊后热处理或高温长期工作后才变得明显，当焊缝成分与母材不匹配时，从化学成分和晶体结构考虑，焊缝与母材二者在碳的活度方面有较大差别时，焊接过程中就能在靠近熔合线的过热区内看到明显的粗大铁素体脱碳层。

异种钢焊接时，熔合线两侧热影响区和焊缝之间的扩散是一个复杂的过程，它会导致熔合线附近焊缝和热影响区内的成分和组织的变化，从而影响焊接接头的使用性能，尤其是在焊后热处理和高温长期工作时需要特别注意这一问题。解决该问题的主要途径是从选材方面考虑，有时为防止焊缝与母材热影响区之间的强烈扩散而不得不采用中间隔离层，或第二种材料的过渡接头，例如采用纯 Ni 或不含碳化物形成元素的 Ni 合金对防止脱碳层十分有利。

4. 焊接性

（1）焊接性分类。焊接性包括工艺焊接性和使用焊接性。

1）工艺焊接性。工艺焊接性指在一定焊接工艺条件下，能否获得优质致密、无缺陷焊接接头的能力。它不是指金属本身固有的性能，而是随着新的焊接方法、焊接材料和工艺措施的不断出现和完善，某些原来不能焊接或不易焊接的金属材料，也会变得能够焊接或易于焊接。

2）使用焊接性。使用焊接性指焊接接头或整体结构满足技术条件所规定的各种使用性能的程度。

（2）影响焊接性的因素。对于钢铁材料来说，影响焊接性的因素可归纳为材料、设计、工艺及服役环境工况四类因素。

1）材料因素。材料因素包括钢的化学成分、冶炼轧制状态、热处理状态、组织状态和力学性能等。其中化学成分（包括杂质的分布）是主要因素，对于焊接性影响较大的元素有碳、硫、磷、氢、氧和氮。钢中的合金元素（如锰、硅、铬、镍、钼、钒、铌、铜、硼）主要是为了满足钢的强度而加入的，但却不同程度地增加了焊接热影响区的淬硬倾向和各种裂纹的敏感性。

人们为了便于分析和研究钢焊接性问题，就把包括碳在内的合金元素对硬化（脆化和冷裂等）的影响折合成碳的影响，建立了"碳当量"的概念。

2）设计因素。设计因素指焊接结构的安全性不但受到材料的影响，还在很大程度上受结构形式的影响。例如结构刚度过大、接口的端面突然发生变化、焊接接头的缺口效应和过大的焊缝体积等都会不同程度地造成脆性破坏。此外，在某些部位的焊缝过度集中和多向应力状态也会对结构的安全性产生不良影响。

3）工艺因素。工艺因素包括施工时所采用的焊接方法、焊接工艺要求和焊后热处理等。

4）服役环境工况。服役环境工况指焊接结构的工作温度、负荷条件（动载、静载、冲击、高速等）和工作环境（沿海及腐蚀介质等）。一般来讲，环境温度越低，钢结构越容易发生脆性破坏。

（3）评价焊接性的准则。评价焊接性的准则主要包括两方面内容：一是评价焊接接头产生工艺缺陷的倾向，为制定焊接工艺提供依据；二是评定焊接接头能否满足结构使用性能的要求。

5. 焊接裂纹

焊接裂纹包括焊缝表面裂纹、内部裂纹、热影响区裂纹等。裂纹有时出现在焊接过程中，有时是在放置或运行过程中出现延迟裂纹，后者的危害性更为严重。按照产生裂纹的原因可将其分为冷裂纹、热裂纹、再热裂纹三大类。

（1）冷裂纹。焊接接头冷却至较低温度，大约在钢的马氏体转变温度附近，由于拘束应力、淬硬组织和氢的作用下产生的裂纹叫冷裂纹，主要发生在低合金钢、中合金钢和高碳钢的热影响区。冷裂纹的断裂有时沿晶界扩展，有时穿晶发展，这种特点与焊接接头当时所处的应力状态、金相组织和扩散氢的含量有关。这点与热裂纹都是沿晶开裂不同。冷裂纹可以在焊后出现，有时会经过一段时间才会出现，随时间而逐渐增多或扩展，对于这些在焊后出现的冷裂纹称为延迟裂纹。

1）产生延迟裂纹的因素。主要因素包括钢种的淬硬倾向、氢的作用、结构自身拘束条件所造成的应力。

a. 钢种的淬硬倾向。焊接接头的淬硬倾向主要取决于钢种的化学成分，其次是结构的板厚、焊接工艺和冷却条件。钢种的淬硬倾向越大，越容易产生裂纹，这是因为淬硬倾向增大会出现更多的马氏体组织。马氏体是碳在 α 铁中的过饱和固溶体，碳原子以间隙原子存在，使铁原子偏离平衡位置，晶格发生较大的畸变，致使组织处于硬化状态，在一定应力作用下，将发生脆性断裂，由于脆性断裂总是比塑性断裂消耗较低的能量，因此易于裂纹的形成和扩展。同时金属在热力不平衡和相变应力作用的条件下，会形成大量的晶格缺陷，如空位和位错，且它们发生移动和聚集并达到一定程度时，就会形成裂纹源，并在应力的持续作用下扩展，最终形成宏观裂纹。在焊接生产中常常采用焊前预热、改变线能量、后热和缓冷等办法调整冷却时间，降低钢的淬硬倾向。

b．氢的作用。氢是引起高强钢焊接冷裂纹的主要因素，且有延迟特征，也称为氢致裂纹。实践证明，高强钢焊接接头的含氢量越高，产生裂纹的倾向越大，当局部含氢量达到某一临界值时，便开始产生裂纹。各种钢产生延迟裂纹时的临界含氢量是不同的，其与母材的化学成分、预热温度、刚度、冷却条件有关。焊缝和热影响区中的氢主要来源于焊件坡口的油污、空气中的水分和焊条药皮的水分等。延迟裂纹一般出现在低合金高强钢的焊接热影响区，这是因为热影响区的金属发生相变总是落后于焊缝金属，而氢在焊缝组织由奥氏体向铁素体、珠光体等组织转变时，溶解度下降，扩散速度提高，并将熔合线扩散到热影响区，在熔合线附近形成富氢地带，并以过饱和状态残留在经奥氏体转变后的马氏体的晶格缺陷里或应力集中处，随着浓度升高和温度下降，在拘束应力的作用下就会产生裂纹。在低碳钢中由于氢的扩散速度很快，一般不会产生延迟裂纹；在高合金钢中，氢的扩散速度小，但溶解度大，也不会在局部发生聚集而产生延迟裂纹，只有在高碳钢、中碳钢、低中合金钢中，氢的扩散速度使其来不及逸出金属，溶解度比较小，因而才在金属内部发生聚集，所以这些钢种均具有不同程度的延迟裂纹倾向。

c．结构自身拘束条件所造成的应力。包括结构的刚度、焊接位置、焊接顺序、构件自重、其他受热部位冷却过程的收缩，以及夹持部件的松紧程度等，这些因素会使焊接接头承受不同的应力。焊接时的不均匀加热和冷却过程所产生的热应力金属的相变应力可称为内拘束应力，而结构刚度和焊接顺序等造成的应力可称为外拘束应力。虽然在通过人为地改变外拘束应力而进行的冷裂纹试验方面取得了较为满意的成果，但如何获得实际焊接接头的拘束应力是近年来还在研究的课题。

总之影响高强钢焊接产生延迟裂纹的三大因素都有各自的内在规律，同时三者又存在内在的关系，但究竟哪个因素是主要的，目前还没有取得一致意见，许多实验证明，焊接热影响区和焊缝的淬硬倾向（即钢种的化学成分）是导致延迟裂纹产生的内在因素，只有在钢的化学成分和焊接热循环所决定的淬硬组织形成时，氢才能发挥其诱发裂纹的作用。

在焊接生产中影响延迟裂纹的因素有很多，归纳起来包括钢种的化学成分所决定的裂纹敏感系数、不同结构形式所造成的拘束应力、氢的有害影响、焊接工艺的某些措施（如焊接材料的选择、线能量、预热、后热和多层焊等）。

2）防止冷裂纹的措施。

a．冶金措施。主要有两方面内容：一是从母材金属的化学成分上改进，向低碳多种微量合金元素的方向发展，从而降低钢的冷裂倾向；二是尽可能选用低氢的焊接方法和优质低氢的焊接材料，严格控制氢的来源和用合金元素改善焊缝金属的韧性，甚至可以采用低匹配的焊接材料。

b．工艺措施。一般包括正确选择焊接规范，焊前预热、后热和焊后热处理等，有时还要采用表面锤击、跟踪回火等措施。此外，为改善结构的应力状态，应适当调整焊缝的位置和施焊的顺序等。

（2）热裂纹。热裂纹是在高温下产生的，而且是沿原奥氏体晶界开裂的。因为材料的不同，所以产生热裂纹的形态、温度区间和原因各不相同。热裂纹又分为结晶裂纹、液化裂纹和多边化裂纹。

1）结晶裂纹。熔池在结晶过程中，在固相线附近由于凝固金属的收缩，残余液相不足，致使沿晶开裂，故称结晶裂纹。结晶裂纹具有晶间破坏的特征，多数情况下在焊缝的端面发生氧化的色彩，说明这种裂纹是在高温下产生的。其是由某些杂质形成的低熔点共晶体在晶粒间形成的液态薄膜，在先凝固的焊缝金属收缩引起的拉伸内应力作用下，被拉开后形成的缝隙。低熔点共晶体形成的液态薄膜是产生结晶裂纹的根本原因，而拉伸应力是产生结晶裂纹的必要条件。结晶裂纹主要产生在含杂质较多的碳钢焊缝（含 S、P、Si、C 较多的钢种）和单相奥氏体、镍基合金，某些铝及其合金焊缝中。

a．冶金方面。控制焊缝中有害杂质的含量。S、P 作为钢中的有害元素不仅易形成低熔点共晶，同时由于碳含量的影响还会促进偏析，因此一般应控制被焊金属和焊接材料中的 S、P、C 的含量。S、P 含量一般控制为 0.03%～0.04%，特殊要求控制在 0.03%；C 含量控制在 0.12% 以内，甚至采用超低碳焊材。

改善焊缝金属的一次结晶，通过焊材向焊缝中过渡一些细化晶粒的合金元素，如 Mo、V、Ti、Nb、Al 等，以提高其抗裂性。

b．接头形式。不同的焊接接头形式抗裂性能不同，堆焊和熔深较浅的焊接接头抗裂性能较搭接接头、丁字接头好，因此在焊接结构的设计和施工时，要认真加以考虑。

c．焊接工艺规范。预热和提高焊接线能量对于焊接某些钢种时减小结晶裂纹的倾向是有利的，但还要考虑由此产生的不利影响，例如增大线能量虽然可降低冷却速度、减小焊缝金属的变形率，同时也会引起晶粒增大，严重时同样也会产生结晶裂纹。

d．焊接顺序。在焊接结构的生产中，合理安排焊接顺序是十分重要的，同样的焊接方法和焊接材料，由于焊接顺序不当，也会产生较大的结晶裂纹倾向。因此尽量使大多数焊缝能够在比较小的刚度和拘束度下焊接，也就是使每条焊缝都有收缩的可能性。

2）液化裂纹。近缝区或多层焊缝的层间金属在焊接热循环峰值温度的作用下，由于含有低熔点共晶物，即可被重新熔化，当受到一定的拉伸内应力时就会诱发和产生沿奥氏体晶间的开裂，由于液化裂纹是在高温下产生并且沿着奥氏体晶间断裂，因此液化裂纹也属于热裂纹的一种形态。液化裂纹主要产生在含杂质较多的 Cr、Ni 高强钢、奥氏体钢以及某些镍基合金的接缝区或多层焊的层与层之间。在母材及焊丝中，杂质的含量越高，产生液化裂纹的倾向就越大。

3）多边化裂纹。焊缝或近缝区在固相线温度以下的高温区由于刚刚凝固的金属有许多晶格缺陷（如空穴和位错），且存在比较严重的物理和化学性能的不均匀性，此时在一定温度与应力的作用下，晶格缺陷发生移动和聚集，形成二次边界，即多边化边界，在这个二次边界上堆积了大量的晶格缺陷，因此其组织是疏松的，高温强度及塑性都很低，若此时受到一定的拉伸应力时，就会沿着多边化边界开裂，称为多边化裂纹，也称为高温低塑性裂纹。多边化裂纹属于热裂纹的一种形态，多发生在纯金属或单相奥氏体合金的焊缝中或热影响区。

三种裂纹都属于热裂纹，从焊接结构的生产，特别是锅炉、压力容器的制造方面，较为普遍的裂纹形式就是结晶裂纹。

（3）再热裂纹。再热裂纹发生在焊接热影响区的过热粗晶组织中，且有晶间开裂的特征。焊缝和热影响区的细晶组织均不产生再热裂纹，裂纹的走向是沿熔合线在奥氏体粗晶边界扩展，有些裂纹是断续的，遇细晶区就停止扩展。

产生再热裂纹与再热温度、再热时间有密切关系，并存在一个最易产生再热裂纹的温度区间。一般低合金高强钢为 500～700℃。

在进行消除内应力处理之前，只有当焊接接头中存在较大的残余应力，并有不同程度的应力集中时，才会产生再热裂纹。

具有一定沉淀强化的金属材料最易于产生再热裂纹，普通碳素钢和固溶强化的金属材料，一般不产生再热裂纹。

再热裂纹产生的机理有三种说法：一是晶界杂质析出弱化晶界；二是晶内沉淀相析出造成晶内相对于晶界二次硬化；三是再热过程中的应力松弛发生蠕变并导致断裂。这三种理论经过一些实验都不同程度地得到了印证，但也存在一定的局限性和许多不明之处，但无论如何，再热裂纹都具有晶间开裂的特征，同时影响其产生的因素不是单一的，可能是几种因素共同作用的结果，只是在不同情况下以某种因素为主罢了。

二、焊接过程管理

"火电质量看焊接"。电厂焊接接头的性能直接决定了管道的安全性，因此应重视火电机组承压部件的焊接工作。具体来说，应在以下几个方面加强管理。

1. 焊接材料管理

焊接材料的质量应符合国家或行业标准，焊接材料必须有质量证明书。焊接材料应存放在专库，分类挂牌，配备专用设备进行温度和湿度控制，并进行监测和记录。

2. 焊工管理

焊工必须持证上岗，焊工资质考核应符合 DL/T 679《焊工技术考核规程》规定。发电企业建立合格焊工档案，对承担受监范围内重要合金钢部件或有特殊要求的焊接工作，焊工应做焊前模拟性练习，考核合格后方可从事焊接工作。

3. 施工队伍管理

施工单位应具有国家认可的与承担工程相适应的企业资质，具备相应的质量保证体系。在焊接工程中担任管理或技术负责人的焊接技术人员应取得相应专业中级或以上专业技术资格。焊接热处理技术人员，应具备中专及以上文化程度，经专门培训考核并取得证书。

4．焊接工艺

施焊单位应有按 NB/T 47014《承压设备焊接工艺评定》或 DL/T 868《焊接工艺评定规程》规定进行的、涵盖所承接焊接工程的焊接工艺评定和报告。对不能涵盖的焊接工程或初次使用的新材料，应按 NB/T 47014《承压设备焊接工艺评定》或 DL/T 868《焊接工艺评定规程》进行焊接工艺评定。焊接作业时，必须有焊接作业指导书，且要经过焊接工程师审核。

5．焊接过程监督

焊接工程监理人员应根据合同、标准和质量目标审查施工单位的焊接专业的施工组织设计、焊接施工方案、措施等。在高温高压条件下的焊口进行焊接时，应进行旁站监督，重点监控预热、层间温度、焊接工艺参数执行、焊后热处理工艺、加热带和热电偶布置等重要节点，确保按焊接工艺指导书执行。

6．焊后质量检验

对焊口进行磁粉检测（MT）、超声检测（UT）、硬度检测（HT）检测，必要时进行金相（ME）检测。硬度检测应包括焊缝及两侧母材。

7．完工技术报告

施工单位应出具管道焊接技术报告，发电企业留存。

第三节　检　测　技　术

一、金相组织检验技术

1．概述

金相组织检验技术是进行金属材料研究的重要方法，它是通过显微镜如金相光学显微镜、扫描电子显微镜（见图 1-3-1）、透射电子显微镜等现代化精密设备对金相试样磨面的金相显微组织的大小、形态、分布、数量和性质进行观察和分析，从而研究材料的组元、成分、结构特征以及材料组织形貌或缺陷，进而解释材料的宏观性能的过程。金相组织检验也是研究材料微观组织的最基本、最常用的技术，在提高材料内在质量的研究，以及新材料、新工艺、新产品的研究开发和产品检验、失效分析、优化工艺等方面应用广泛。计算机技术与数字技术的发展为金相分析技术提供了更快、更有效的方法与设备。

2．金相组织检验的内容

金相组织检验主要用来检验组织中的晶粒大小、组织形态、第二相粒子的大小及分布、晶界的变化、夹杂物、疏松、裂纹、脱碳等缺陷，特别注意晶界的检验，观察是否有析出相、腐蚀及变化等现象发生。

金相组织检验也是构件断裂失效分析中常用的一种重要手段，有些构件损坏往往只需作金相检验就可以查明损坏的原因，例如由加工工艺、材质缺陷和环境介质等因素导致的损坏，均可通过金相组织检验来判别。当检查裂纹时，由于裂纹尖端受到环境介质的影响较小，往往能从这里得到最有价值的信息，能够很容易判别裂纹扩展路径的方式是穿晶型或是沿晶型。

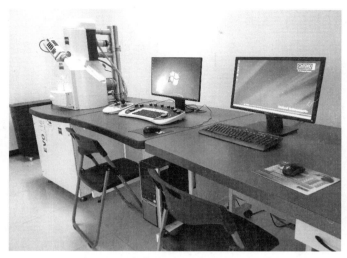

图 1-3-1　金相检测用扫描电子显微镜

3. 金相试样制备步骤

进行金相组织检验，首先应根据各种检验标准和规定制备试样（即金相试样），若金相试样制备不当，则可能出现假象，从而得出错误的结论，因此金相试样的制备十分重要。金相试样的制备步骤主要有取样、镶样、打磨、抛光和腐蚀等。

（1）取样。截取金相试样的方法主要有气割、线切割、机械法（砂轮切割、锯、机床、打断），截取的试样必须保证观察面的组织不受到影响。

（2）镶样（非必需）。对于形状不规则或尺寸很小不容易打磨的试样，如丝、细管、薄片、碎片和切屑等，可用镶样法进行固定。

（3）打磨。打磨分粗磨和细磨。磨粒粒度大于 100μm 时的磨光称为粗磨，粒度为 10～100μm 时的磨光称为细磨。粗磨时采用金相砂轮机或砂带机进行；对于较软的材料，则可用锉刀锉平，在粗磨过程中应注意试样的温度，不能使温度超出能使组织改变的温度范围，应对试样进行适当冷却，粗磨时不宜施加过大的接触力，否则会造成较厚的变形层，不易去除，粗磨后可借助不同粒度金相砂纸的多道磨光，使表面不平整程度变小。

（4）抛光。粒度小于 10μm 时的磨光称为抛光。手工磨光是把砂纸平置于玻璃板上，然后将试样用手轻压在砂纸上打磨，直到这一道磨光工序符合要求为止。机械抛光是当前应用最广的抛光方法，细磨后的试样为避免粗磨粒带入抛光工序，要冲洗后再将其磨面轻轻地置于抛光盘上进行抛光。抛光用的织物可用黏结剂粘在抛光盘表面，也可用套圈箍紧在抛光盘上。织物的作用是保存抛光剂和摩擦磨面使之光亮。

（5）腐蚀。通常采用化学药品进行腐蚀，这种腐蚀可看成化学溶解或电化学溶解过程。一般纯金属或均为单相合金的侵蚀可看成化学溶解，而两相或多相合金的侵蚀则应是电化学溶解。单相金属或合金侵蚀时，首先溶解的是残留在表面的变形层；之后当真实组织开始显露时，各晶粒虽然具有不同的取向，但其表面仍能维持在同一水平面上，此时由于晶界处原子排列的规则性差、自由能高，所以能以较快的速度被溶解形成沟槽。光线照射到试样表面时，在沟槽处发生强烈的散射，人眼在金相显微镜中观察到的晶界将是色调深的黑色条纹；光线照射到平坦的晶粒时，因各晶粒反射光线的强度大致相同，晶界呈现均匀的白色。随着化学侵蚀时间加长，晶粒不同取向的腐蚀速度的影响就显示出来了。因为最密排面的面间距最大，相邻晶面的结合力就小，在腐蚀过程中最密排面法线方向的剥离速度较大。由此，试样上各晶粒的自由表面不会再保持在同一水平上，其与入射方向键的差别导致了相应晶粒在显微镜中呈现亮度上的反差，从而可以看出金相组织。金相显微镜室如图 1-3-2 所示。

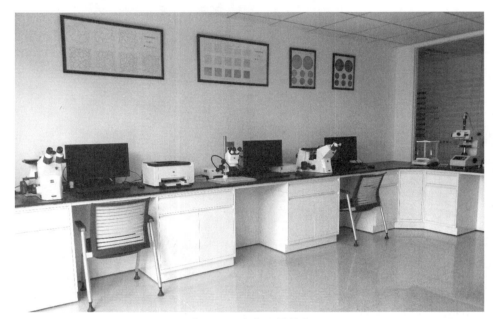

图 1-3-2　金相显微镜室

4. 金相组织检验的实际应用

金相组织检验在电厂的实际应用中一般包含以下 6 种情况：

（1）金属部件断裂、爆破等失效分析。

（2）螺栓制造质量检验、运行后的材质劣化分析。

（3）锅炉受热面管、高温管道等设备部件材质组织老化分析。

（4）金属焊接及热处理质量，如焊缝及热影响区淬硬组织、过烧组织、微观裂纹的检验。

（5）金属部件原材料质量检验、鉴定非金属夹杂物、铸造缺陷（疏松、偏析等）、轧制缺陷（重皮、折叠、划痕）、晶粒度、显微组织形态、脱碳层厚度等。

（6）设备运行温度评估。

随着电力行业的发展，火力发电机组向着更高参数、更大容量的方向发展，火力发电机组各类管道的工作条件更加恶劣苛刻，如何快速、准确地分析各类管道的金属成分和微观组织，从而预测和判断金属的性能并分析其失效破坏的原因，对火力发电厂安全运行具有重要的意义，所以，金相组织检验技术作为观察分析金属内部组织结构的技术，是火力发电厂运行和科研中必不可少的手段。

二、力学性能试验技术

金属在力作用下所显示的弹性、非弹性性能及同应力—应变相关的性能都属于金属力学性能，主要是指金属的宏观性能，如强度、硬度、弹性性能、塑性性能、抗冲击性能等，这些性能需要通过不同的力学试验测定。在研制和发展新材料、改进材料质量、金属制件的设计和使用等过程中，力学性能是最重要的性能指标，是金属塑性加工、产品性能检验中不可缺少的项目，是设计各种工程结构时选用材料的主要依据。

对于电站用金属材料，力学性能主要有强度、硬度、塑性、韧性、疲劳、高温蠕变、高温持久强度等。

上述力学性能数据需要通过力学性能试验获取，一般有拉伸试验、冲击试验、硬度试验、应力松弛试验、疲劳试验等。应力松弛试验和疲劳试验不属于材料的常规力学性能试验。

1. 拉伸试验

拉伸试验是材料力学性能测试中最常见的试验方法之一，可以测定材料弹性变形、塑性变形和断裂过程中最基本的力学性能指标，包括弹性模量、屈服强度、抗拉强度、伸长率及断面收缩率等，反映了材料的强度。这些性能指标是材料固有的基本属性和工程设计中的重要依据。拉伸试验机如图 1-3-3 所示。

2. 冲击试验

材料韧性表征的是金属在冲击载荷作用下，吸收塑性变形功和断裂功、抵抗破坏的能力。冲击试验可以得到材料的冲击韧度（α_k）和冲击吸收功（A_k）等动态性能指标，它对材料使用中至关重要的脆性倾向问题、材料冶金质量、内部缺陷情况极为敏感，是检查材料脆性倾向和冶金质量的非常方便的办法。有些材料在静力作用下，表现出很高的强度，但在冲击力的作用下，表现得很脆弱，如高碳钢、铸铁等。冲击韧性是在冲击试验机

图 1-3-3　拉伸试验机

上测试得到的，冲击试验利用的是能量守恒原理，即冲击试样消耗的能量是摆锤试验前后的势能差。同种材料的试样，缺口越深、越尖锐，缺口处应力集中程度越大，越容易变形和断裂，冲击吸收功越小，材料表现出来的脆性越高。因此不同类型和尺寸的试样，其 α_k 或 A_k 不能进行直接比较。用夏氏 U 形缺口试样获得的冲击吸收功和冲击韧度分别表示为 A_{kU} 和 α_{kU}；用夏氏 V 形缺口试样获得的冲击吸收功和冲击韧度分别表示为 A_{kV} 和 α_{kV}。无论哪种冲击试样，均采用冲击试验机进行试验，冲击试验机如图 1-3-4 所示。

图 1-3-4　冲击试验机

3．硬度试验

　　硬度是表征金属在表面局部体积内抵抗变形或破裂的能力，它不仅与材料的静强度、疲劳强度存在近似的经验关系，还与冷成型性、切削性、焊接性等工艺性能也间接存在某些联系。因此，硬度值对于控制材料冷热加工工艺质量有一定的参考意义。

　　硬度试验常用压痕法，测得的硬度值表示材料抵抗表面塑性变形的能力。试验时用一定形状的压头在静载荷作用下压入材料表面，通过测量压痕的面积或深度来计算硬度。压痕法中应用较多的是布氏硬度（HB）、洛氏硬度（HR）和维氏硬度（HV），压痕法采用布氏、洛氏、维氏硬度机进行试验，布氏、洛氏、维氏硬度机如图 1-3-5 所示。在进行布氏硬度检测时应注意：对于不同的试验材料，当使用不同的试验力时，压痕直径 d 为 $0.25D \sim 0.6D$（D 为钢球直径）时所测硬度才有效。因此在试验中，对于给定试验材料，当确定了压球的直径后，还要考虑 F/D^2，以便使压痕直径控制在 $0.25D \sim 0.6D$。

　　（a）布氏硬度机　　　　　　（b）洛氏硬度机　　　　　　（c）维氏硬度机

图 1-3-5　布氏、洛氏、维氏硬度机

布氏、洛氏、维氏硬度机体积庞大，不便于在现场使用，特别是需测试大型、重型工件时，由于硬度机工作台无法容纳，从而无法进行检测。为此，瑞士于 1978 年首次提出全新的硬度测量方法，它的定义是用规定质量的冲击体在弹力作用下以一定速度冲击试样表面，用冲头在距离试样表面 1mm 处的回弹速度与冲击速度之比计算出的数值作为测量结果，因该方法由 Leeb 博士提出，故而叫里氏硬度。测量里氏硬度的仪器为里氏硬度计，其具有小巧轻便的特点，里氏硬度计如图 1-3-6 所示。里氏硬度检验对产品表面损伤很轻，有时可作为无损检测，对各个方向、窄小空间及特殊部位硬度测试具有独特性。里氏硬度计测量是一种动载测试方法，测试值与金属的弹性模量 E 有关，材料不同所对应的弹性模量也不同，因而应按材料的种类进行分类测试。

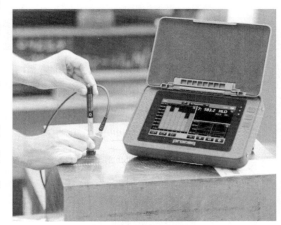

图 1-3-6　里氏硬度计

虽然里氏硬度计优点明显，但缺点也很明显，其测得的硬度是表面局部的，对表面状况的要求高，检测数据漂移大，准确性相对低。

三、无损检测技术

无损检测技术是在不损害或不影响部件未来使用性能或用途的条件下，利用部件内部结构异常或缺陷所引起的对热、声、光、电、磁等反应的变化，来探测部件内部或表面缺陷，并对缺陷的类型、性质、数量、形状、位置、尺寸、分布及其变化做出判断和评价。

超声检测、射线检测、磁粉检测、渗透检测、涡流检测被称为常规五大无损检测方法，除此之外还有相控阵超声检测、衍射时差法（TOFD）检测、阵列涡流检测、声发射检测、支持向量机的智能声学检测、全息检测等。

无损检测技术方法多种多样。只有选择了正确的方法，才能进行有效的无损检测，因此应了解各种无损检测技术的特点，明确各种方法的适用范围及其相互关系。无损检测方法的选择必须要明确想检测的缺陷类型，并对被检测工件的加工过程、使用经历、可能产生的缺陷类型、大小、方向、形状等认真分析后做初步预判，再确定检测方法。无损检测方法的选择原则见表 1-3-1～表 1-3-5。

表 1-3-1　　　　　　　　　　　　不同体积型缺陷可采用的无损检测方法

缺陷类型	检测诊断方法	缺陷类型	检测诊断方法
夹渣 疏松 缩孔	目视检测（表面） 渗透检测（表面） 磁粉检测（表面及近表面） 涡流检测（表面及近表面）	气孔 腐蚀坑	超声检测 射线检测 红外检测 光全息检测

表 1-3-2 不同平面型缺陷可采用的无损检测方法

缺陷类型	检测诊断方法	缺陷类型	检测诊断方法
分层 黏接不良 折叠 冷隔	目视检测 磁粉检测 涡流检测 微波检测	裂纹 未熔合	超声检测 声发射检测 红外检测

表 1-3-3 表面缺陷和内部缺陷可采用的无损检测方法

表面缺陷可采用的检测诊断方法	内部缺陷可采用的检测诊断方法
目视检测 渗透检测 磁粉检测 涡流检测 超声检测 声发射检测 红外线检测 光全息检测 声全息检测 声显微镜	磁粉检测（近表面） 涡流检测（近表面） 微波检测 超声检测 声发射检测 射线检测 红外线检测 光全息检测 声全息检测 声显微镜

表 1-3-4 不同厚度工件可采用的无损检测诊断方法

被检测工件厚度（mm）	检测诊断方法
表面	目视检测、渗透检测
最薄件（≤1）	磁粉检测、涡流检测
较薄件（≤3）	微波检测、光全息检测、声全息检测、声显微镜
较厚件（≤100）	射线检测、超声检测
厚件（≤250）	γ射线检测、中子射线检测、超声检测
最厚件（≤1000）	超声波检测

表 1-3-5 不同材质可采用的无损检测诊断方法

检测方法	材质特性
渗透检测	表面开口缺陷
磁粉检测	铁磁性材料
涡流检测	导电材料
微波检测	可透入微波
射线检测	缺陷与材料的吸收系数不同
光全息检测	表面光学性质
红外线检测	工件温度或热阻变化

正确地选择无损检测方法，除掌握各种方法的特点以外，还要与材料或构件的加工生产工艺、使用条件和状况、检测技术文件和有关标准的要求相结合，这样才能正确确定无损检测方案，达到有效检测目的。

1. 相控阵超声检测

相控阵超声检测技术是通过电子系统控制探头阵列中的各个阵元,按照一定的延时规则发射和接收超声波,可动态控制超声声束的一种无损检测方法。相比常规超声,相控阵超声检测有以下几个优点。

（1）声束扫查范围大，声束可达性好。以相控阵超声检测汽轮机叶片叶根的情形为例进行说明，汽轮机叶根相控阵超声检测的声束覆盖情况如图 1-3-7 所示，从图中可以看出，相控阵超声声束的扫查范围大，一次扫查相当于常规超声多个探头的组合扫查。因此，从这方面而言，检测效率高。

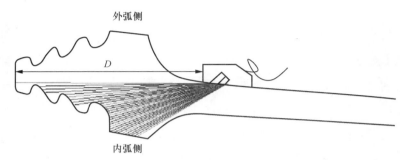

图 1-3-7　汽轮机叶根相控阵超声检测的声束覆盖情况
注　D 为探头前端至叶根底部距离。

（2）检测结果更客观。相控阵超声检测技术能对声束扫查情况成像显示，与常规超声检测相比，其检测结果相对客观。常规超声检测结果由检测人员根据动态波形实时判断，检测人员的技术水平将直接影响到检测结果，相控阵超声检测技术的成像功能可把缺陷与工件结构的位置显示出来，帮助检测人员判断缺陷情况，减少了检测结果的主观性。

（3）检测数据能进行保存，可以事后复查。

虽然相控阵超声检测有很多优点，但相控阵超声检测技术的本质依然是超声脉冲反射技术，与常规超声并没有根本区别。

2．TOFD检测

衍射时差法（time of flight diffraction，TOFD）可以精确测量平面缺陷的在壁厚方向的自身高度。不同于常规超声检测和相控阵超声检测的反射，TOFD 应用了超声波的衍射原理。当超声波传播至裂纹与工件的异质界面时，除发生反射外，在裂纹两尖端将会发生衍射现象，产生衍射波向四周传播，通过接收到的衍射波获取缺陷尺寸、位置信息，TOFD 检测原理如图 1-3-8 所示。

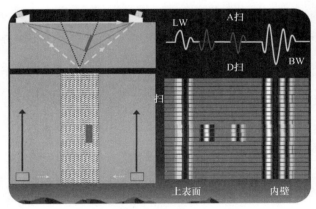

图 1-3-8　TOFD 检测原理

（1）TOFD 技术具有以下优点：

1）不受缺陷走向的影响，缺陷检出率高，接近 100%，远高于传统超声检测 70%～80%的检出率。

2）TOFD 能实现缺陷的精确定量检测，其缺陷测高精度误差在 1mm 范围内、缺陷监测误差在 0.3mm 以内。

（2）TOFD 技术有以下局限性：

1）由于直通波和底面波所造成的盲区，上下两表面一定范围内的缺陷不能被检测出来。

2）信噪比低，对粗晶材料信号过于敏感。

3）壁厚超过 75mm 的部件需要用不同的探头间距多次扫描。

由于衍射时差法（TOFD）超声检测技术在缺陷检测和定量方面具有独到的优势，在电力行业得到了快速发展，应用范围越来越广泛。

3. 阵列涡流检测

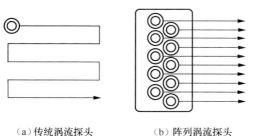

（a）传统涡流探头　　　（b）阵列涡流探头

图 1-3-9　传统涡流探头和阵列涡流探头区别

阵列涡流检测技术与传统的涡流检测技术相比，主要是阵列涡流的探头是由多个独立工作的线圈构成，传统涡流探头和阵列涡流探头区别如图 1-3-9 所示。通过设计，控制不同的探头激励接收，解决了缺陷方向的影响，具有克服和消除提离效应的优势，并可通过成像显示缺陷。阵列涡流检测技术类似相控阵超声检测技术，用于表面和近表面缺陷的检测。

由于能成像显示，相对传统涡流检测技术检测结果更直观，阵列涡流检测成像显示如图 1-3-10 所示。

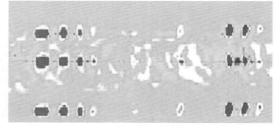

（a）检测用试块实物　　　　　　　　　　（b）试块的扫查图像

图 1-3-10　阵列涡流检测成像显示

采用阵列涡流检测技术可以减少机械扫描装置的复杂程度，能够快速检测大面积试件，由于不需要进行多方向扫查，提高了检测效率。

4. 支持向量机的智能声学检测技术

工件材料的弹性常数与一些机械特性（例如形状结构、硬度、强度等）存在相关性，而弹性参数的变化会导致工件自由振动时的共振频率改变，因此通过测量工件自由振动的共振频率即可确定工件机械特性的变化，这种共振频率反映的是工件的振动模态。燃气轮机叶片振动的不同模态如图 1-3-11 所示。

（a）一阶模态振型　　　（b）二阶模态振型

图 1-3-11　燃气轮机叶片振动的不同模态

图 1-3-12　声学检测设备

通过这种检测方法能够直接确定工件整体机械特性参数，这种方法通常使用专用声学检测设备，声学检测设备如图 1-3-12 所示。声学检测设备的一个探针作为发射探针，发射一串特殊的振动波激励叶片受迫振动，另一个探针接收振动反馈波采集叶片共振时的泛波，对采集到的泛波进行快速傅里叶变换，将波形的频谱显示出来，通过观察频谱是否异常即可判断该叶片是否有裂纹，叶片声学检测结果如图 1-3-13 所示。

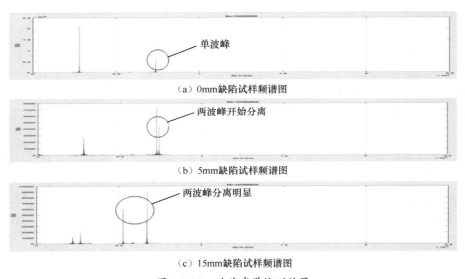

（a）0mm缺陷试样频谱图

（b）5mm缺陷试样频谱图

（c）15mm缺陷试样频谱图

图 1-3-13　叶片声学检测结果

由于要检测的叶片数量多，仅靠人工分析，效率低下。为提高检测效率，需要配套开发智能识别系统，从而大幅提高效率。声学检测智能分类系统用试样如图 1-3-14 所示，对试样进行声学检测，并使用智能分类系统对检测数据进行分类。智能分类系统对试样进行声学振动检测分类结果见表 1-3-6。根据表 1-3-6 所示的结果可见，试样的分类准确性依赖于缺陷尺寸，通过更多的试样数据训练可有效提高分类准确性。

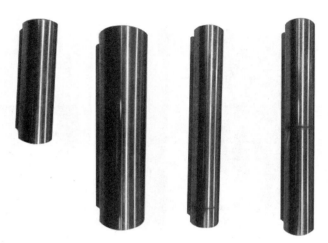

图 1-3-14　声学检测智能分类系统用试样

表 1-3-6	智能分类系统对试样进行声学振动检测分类结果			
分类	0mm	2mm	5mm	10mm
正确率（%）	86	84	88	100

5. 超声导波检测

常规超声波检测所用的超声波称为体波，是在工件体内传播的。而超声导波是充满整个声场空间的，导波和体波主要有以下不同：

（1）导波具有多模态现象，在传播过程中有多种振动形式；体波的模态有限，主要有纵波、横波、表面波等。

（2）导波具有频散现象，即导波速度是导波频率的函数，随导波频率变化而变化。

（3）导波检测结果受波结构影响较大，体波则无波结构概念。

模态描述的是导波引起质点振动的形式，导波有三种基本模态，即 L 模态、S 模态和 T 模态。L 模态是对称模态，可类比为纵波的传播形式；S 模态是非对称模态，可类比为横波传播形式；T 模态是扭转模态。超声导波具有频散现象，是色散波。导波传播是多个速度不同、模态不同的波合成的波包向前传播，类似于三棱镜中传播的白光，距离足够长或不同距离下就可分离出七彩光。导波在介质中传播时，不同波速的波逐渐拉开距离，波包变宽，逐渐分离，因此提出相速度和群速度概念：相速度是指导波恒定相位点的推进速度，群速度则是波包峰值向前推进的速度。波在向前传播过程中，在壁厚方向的质点振动情况不一样，称为波结构，如内外壁表面质点振动不同，那内外壁的检测灵敏度就不一样。从上面的描述可以看出，导波远比常用的超声波检测复杂，导波检测也相对复杂。

超声导波技术也有相应的行业技术规程支持，指导了导波检测应用，降低了导波工艺参数要求，使得大部分无损检测人员都能快速进行导波检测操作，但应注意导波检测效果受工件的规格尺寸影响很大，检测中应注意工件参数的适用性。超声导波检测带缺陷的实心钢筋如图 1-3-15 所示。

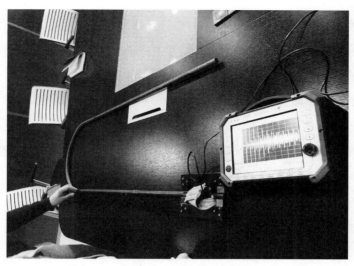

图 1-3-15　超声导波检测带缺陷的实心钢筋

6．微波检测

通常将波长为 1～1000mm、频率为 300MHz～300GHz 的电磁波称为微波。微波主要分为 7 个波段，无损检测常用 X 波段（8.2GHz～12.5GHz）和 K 波段（26.5GHz～40GHz）。

当波长远小于工件尺寸时，微波特点与几何光学相似；当波长和工件尺寸数量级相同时，微波又有类似声学的特性。微波不能穿透金属或导电性能好的复合材料，因此对金属材料检测而言，微波更多作为表面检测技术进行应用。

微波作用于被检材料时，介电常数的损耗正切角发生相对变化，通过测量微波的基本参数如微波幅度、频率、相位等变化，判断被检工件内部是否存在缺陷。微波在导体表面基本被全反射，利用全反射和导体表面介电常数反常，可以检测导体表面裂纹。

微波可用于金属和非金属板材和带材的厚度测量，具有测量范围大、精度高等优点。微波检测设备相对简单，非接触式便于自动化，尤其适用于生产流水线上连续、快速测量和自动控制。

微波检测示意图如图 1-3-16 所示，用于检测金属材料表面疲劳裂纹。在无裂纹区域，金属表面可当作相对良好的短路负载，不产生任何高阶模式，而在裂纹处则会产生高阶模式，且其横向电场分量可用于定性指示裂纹存在与否。

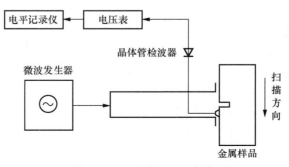

图 1-3-16　微波检测示意图

7. 全息无损检测

全息无损检测是利用全息摄影再现的三维图像进行无损检测的方法，分为激光全息检测、超声波全息检测和微波全息检测。

全息无损检测就是对物体变形前后的两种状态的波前进行比较，根据建像时物体表面（或像面）形成的一组干涉条纹来判定缺陷的位置及大小。一般是先拍一张待测物体的全息像，再通过一定的加载方式（如热载、力载、激载等）使物体产生一个相对于第一个状态的微差变形，然后在同一张底片上进行第二次曝光，两次全息像叠加的结果则产生一组干涉条纹。当待测物体完好无损时，干涉条纹呈现有规律的变化，如间距大致相等的平行条纹（或一组同心圆环），这种条纹是由于待测物体均匀变形引起的。如果待测物体内部有缺陷，则在对应的物体表面变形量与其他完好部位变形量不同，反映在干涉条纹的形状上，不再是平行条纹（或同心圆环），而在条纹上出现凸起，称为特征条纹。实验证明，这种特征条纹所在的位置及覆盖的面积大致代表待测物体内部的缺陷的位置及大小。全息干涉条纹图像如图 1-3-17 所示。

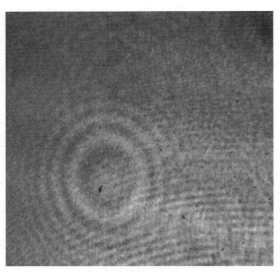

图 1-3-17　全息干涉条纹图像

在近场超声检测系统中，产生的近场超声波场穿过样品的内部，在样品表面形成表面超声波场，通过数字全息系统测量和分析这个表面超声波场的瞬态形貌，再通过比较可以分析声波场中包含的内部缺陷信息。相关资料表明，全息无损检测可以有效地检测出 50μm 的内部缺陷。

全息技术可以全面探测材料表面及内在缺陷，精确锁定缺陷形状及大小，可帮助技术人员对钢结构质量合理评价。当前应用的全息技术并不成熟，需投入大量的资金，但由于全息技术可检测的缺陷较小，是未来钢结构焊缝无损探伤的重要研究方向。

8. 红外无损检测

物体有缺陷和无缺陷对热的传导能力不同，其引起的表面温度场异常分布情况也会不同。红外无损检测技术是通过分析表面温度场从而确定缺陷的一种检测方法。它借助红外热像仪将来自试件的红外辐射转化为可见的热图，通过对热图像的特征进行分析，进而检测缺陷的有无。带涂层钢管的检测，板、管的裂纹检测，容器封头的检测如图 1-3-18～图 1-3-20 所示。

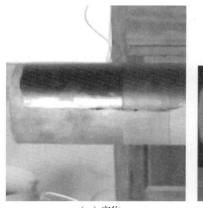

（a）实物　　　　　　　　　　　（b）红外成像检测

图 1-3-18　带涂层钢管的检测

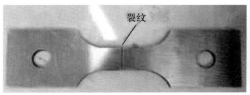

（a）裂开的板实物　　　　　　　　　　　（b）裂开的管实物

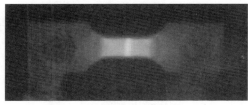

（c）板的红外成像检测　　　　　　　　　　　（d）管的红外成像检测

图 1-3-19　板、管的裂纹检测

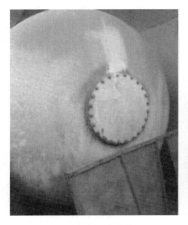

（a）容器封头实物　　　　　　　　　　　（b）容器封头红外成像检测

图 1-3-20　容器封头的检测

目前，已有应用红外成像检测燃气轮机叶片的涂层完好性的案例，并取得较好的效果。燃气轮机叶片服役过程中，受到温度梯度和边缘效应的影响，孔边涂层容易产生应力集中进而导致裂纹萌生扩展，成为失效的薄弱环节。目前，包括塞规法、流量法和微小探针法等传统测量手段均无法有效评估气膜孔尺寸参数、形状特征和加工缺陷。在各类用于叶片及其涂层质量评价的无损检测方法中，红外无损检测技术具有快捷、多功能和有效质量控制等优势。

第二章

安全性评估

第一节 寿命评估

安全性评估是对产品、系统或过程的安全性进行评估和分析，以确定潜在风险和安全问题。安全性评估可以对设备、材料和操作程序进行检查，以识别可能导致事故、损害或伤害的问题。寿命评估是对产品的寿命进行估计和预测，以确定其在特定条件下持续运行的时间。寿命评估可以通过实验、推测或模拟来进行，并考虑如材料的老化、磨损、腐蚀等因素。综合而言，安全性评估主要关注产品或系统的安全性，寿命评估则关注产品的使用寿命。这两个评估方法可以帮助制定安全措施和决策，以确保产品在使用过程中安全可靠。

一、寿命评估框图

1. 无超标缺陷部件寿命评估框图

无超标缺陷部件寿命评估框图如图 2-1-1 所示。

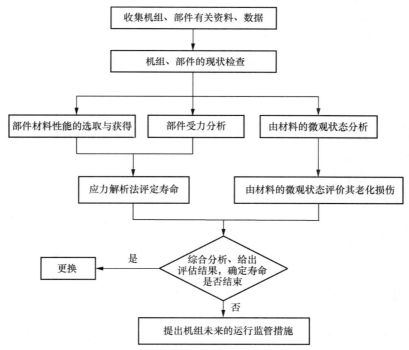

图 2-1-1　无超标缺陷部件寿命评估框图

2. 带超标缺陷部件寿命评估框图

带超标缺陷部件寿命评估框图如图 2-1-2 所示。

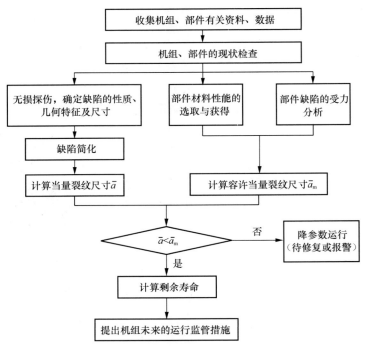

图 2-1-2 带超标缺陷部件寿命评估框图

二、寿命评估的基本内容

寿命评估包括以下四个基本内容：

（1）分析部件的过去运行历史，估算寿命耗损量。

（2）部件的宏观检验，包括目测检查、尺寸检验、无损探伤及内氧化层测量、复型金相、硬度等。

（3）割管检验：部件的老化、损伤状态全面评估。

（4）根据材料的应力-应变时间关系、裂纹扩展速率等参数，结合部件的结构力学计算分析，对预期的未来运行条件进行剩余寿命估算。

具体部件寿命评估方法是以上基本内容的某种组合，根据寿命评估的深度和精度，从低至高把部件寿命评估分为三个层次：①Ⅰ阶段：根据基本内容（1），结合部件的设计参数和材料的许用应力进行寿命评估；②Ⅱ阶段：根据基本内容（1）和（2）或（1）+（2）+部分（3），进行寿命评估；③Ⅲ阶段：根据基本内容（1）～（4），进行寿命评估。

三、进行寿命评估的基本步骤

1. 对部件进行寿命评估所需的资料

（1）机组设计、制造资料。包括设计依据、部件材料、力学性能、制造工艺、结构几何尺寸、强度计算书、质量保证书、出厂检验证书或记录、热处理工艺等。

（2）机组的安装资料。包括主要安装焊缝的工艺检查资料、主要缺陷的处理修复记录、主蒸汽管道安装和预拉紧记录等。

（3）机组的运行历程和记录。

1）该台机组自投运以来的运行方式，每种启停工况（冷态、热态、温态等）下部件的压力、温度典型记录或曲线。

2）部件的实际运行压力、温度及压力波动。

3）该台机组自投运以来历次检验记录（包括内外观检查、焊缝探伤、几何尺寸测定、材料成分核对、金相和硬度检查、汽包的腐蚀状况及水压实验记录等）。

4）该台机组的总运行小时数、不同工况下的启停次数。

5）机组的事故工况及记录。

6）机组部件的修复及部件更换记录。

7）机组未来的运行计划。

2. 机组部件的现状检查

现状检查主要包括内外观检查、焊缝错边、无损探伤、几何尺寸测量、复型金相和硬度。

3. 部件的受力分析

主要包括理论计算、经验公式、有限元分析、试验分析等方法。

4. 部件材料的力学性能与微观组织

数据来源包括：①试验测定；②借鉴同牌号材料、相近运行条件下已有的部件材料的性能数据；③参考国内外相同或相近的材料性能数据。

5. 进行部件的寿命评估

根据部件实际运行条件、累计运行时间、应力变化等实际工况，按照寿命计算规则进行评估。

第二节　管　道　评　估

管道作为维系火电机组汽水循环的主要传输通道，具有温度压力高、汽水流量大等特点。蒸汽管道长期运行在高温、高压的工作条件下，必然会发生损伤累积，涉及高温蠕变、应力疲劳、高温腐蚀和冲蚀等复杂的损伤问题。损伤累积和应力迭加到一定程度会导致蒸汽管道泄漏和爆破，严重威胁电站的安全运行。因此，管道评估可有效预防与减少发电机组重要部件的失效事故，对整台机组的安全性、可靠性有至关重要的影响。

管道评估是在充分掌握管道参数、运行工况、损伤机理、材料特性的基础上，结合宏观、组织、性能、尺寸、缺陷和剩余寿命等情况进行的综合性评估。管道评估既包括强度校核和寿命计算，也涵盖对管道设计、安装、运行、检修和现状等方面的整体性分析。

一、运行工况

管道的运行工况较复杂，主要包括应力状态、环境介质和工作温度 3 个方面。管道的应力主要包括管道在内压、持续荷载（包括自重）作用下的应力和热胀、冷缩及其他位移受约束而产生的应力。管道的环境介质为高温蒸汽。管道的工作温度一般为高温蒸汽额定温度。

管道上的应力一般分为一次应力、二次应力和峰值应力 3 类。由内压和持续荷载产生的应力属于一次应力，采用极限分析法校核；管道热胀、冷缩等变形受约束而产生的应力属于二次应力，采用验算许用应力范围和控制一定的交变循环次数进行限定；峰值应力是指管系结构在不连续处由于局部应力集中而产生的一次应力和二次应力的增量，采用疲劳分析进行限定。

二、损伤机理

了解管道的损伤机理是进行管道评估的前提之一。

主蒸汽、高温再热蒸汽等高温管道，长期在高温和应力作用下，其主要损伤机理为高温氧化、蠕变、疲劳和蠕变-疲劳交互作用产生的损伤。重点关注材料组织老化、蠕变损伤、性能劣化等方面问题；存在疲劳损伤工况时，同时要关注危险部位应力开裂和疲劳性能等情况。

再热冷段蒸汽管道、高压给水管道运行温度均较低，主要考虑材料原始缺陷与循环应力综合作用导致的疲劳或过载开裂失效，重点关注管道危险截面应力开裂等问题。

三、材料特性

管道部件材料的选择主要取决于部件工质的温度、压力和服役环境，应具有足够高的蠕变强度、持久强度以及良好的持久塑性和抗氧化性能等。管道通常以 10^5h 或 2×10^5h 的高温持久强度作为强度设计的主要依据，再用蠕变极限进行校核。管道选材时应根据工作温度，优先考虑钢材的热强性和组织稳定性。

高温管道损伤主要为蠕变损伤，所用材料应有高的蠕变强度、组织稳定性以及优异的抗氧化性和抗腐蚀性。再热冷段蒸汽管道、高压给水管道运行温度均较低，主要考虑材料原始缺陷与循环应力综合作用导致的疲劳或过载开裂失效。

机组参数不同，所选材质不同。一般情况下，亚临界机组主蒸汽管道、高温再热蒸汽管道多选择 10CrMo910（P22）、12Cr1MoV、P91，低温再热蒸汽管道用 20G、SA106B 等，给水管道用 20G、St45.8/Ⅲ；超临界主蒸汽管道多选用 P91，高温再热蒸汽管道选用 10CrMo910（P22）、P91，低温再热蒸汽管道用 P11、SA106B 等，给水管道用 15NiCuMoNb5-6-4(WB36)；超超临界主蒸汽管道多选用 P92，高温再热蒸汽管道用 P91、P92，低温再热蒸汽管道用 A691Cr1-11/4Cl22，给水管道用 15NiCuMoNb5-6-4(WB36)。

管道在长期高温及应力作用下，将逐渐出现材质老化、性能劣化等现象。因此，运行后管道的安全性要综合组织结构的形态和变化、析出相的种类、尺寸和分布、合金元素的再分配以及蠕变损伤等情况进行分析。

四、管道安全性评估

1．评估时机

有下列情况之一时应进行安全性评估：

（1）超期服役管道：按 DL/T 654《火电机组寿命评估技术导则》执行。

（2）启停频繁或参数波动较大或长期频繁偏离设计参数：按 DL/T 654《火电机组寿命评估技术导则》执行。

（3）工作温度大于或等于 450℃的碳钢、低合金钢管道，其监督段材质球化或老化达到 5 级：按 DL/T 940《火力发电厂蒸汽管道寿命评估技术导则》执行。

（4）P91（9%Cr）钢管道硬度低于标准或组织异常。

（5）管道有裂纹或严重超标缺陷时，首先应进行消缺处理，若消缺难度大或不能及时消除时，不论运行时间长短，均应进行安全性评估，按 DL/T 654《火电机组寿命评估技术导则》执行。

2．评估流程

（1）管道设计、安装、运行、历次检修、改造更换、失效分析、缺陷处理等资料的收集、审查和分析。

（2）根据运行工况，明确管道主要损伤机理、失效模式，进而选择合适的评估判据。例如，正常负荷运行的机组，其高温管道的损伤机理主要为蠕变损伤，应进行蠕变寿命评估；启停频繁或参数波动较大的机组，其蒸汽管道要同时考虑疲劳损伤，应进行疲劳-蠕变交互作用评估。

（3）现状检查。通过超声、磁粉/渗透、测厚、金相、硬度等检测方法，对管道焊缝、三通、弯头等重点部位进行抽查，掌握管道缺陷、组织、硬度、壁厚等现状。不具备检查条件时，可参考近期已对该管道检查所获得的相应数据。

（4）取样试验。条件许可的情况下，应在管道最危险部位取样，并进行相关的材料性能试验；若在短期内不能取得实际试验数据，可参考相同牌号材料、类似工况下已积累数据的下限值。取样试验包括常规力学性能、高温长时性能、微观组织与碳化物特性试验等。若进行疲劳-蠕变交互作用损伤评估，应考虑增加低周疲劳性能测试。

（5）强度校核。应力验算按 DL/T 940《火力发电厂蒸汽管道寿命评估技术导则》执行。最小需要厚度计算按 DL/T 5366《发电厂汽水管道应力计算技术规程》或者 GB/T 16507.4《水管锅炉　第 4 部分：受压元件强度计算》执行。

（6）寿命计算。根据损伤机理，按照 DL/T 940《火力发电厂蒸汽管道寿命评估技术导则》选择合适的方法进行寿命计算。

（7）在役低硬度 P91 采用管道寿命快速评估技术计算寿命，将短时持久试验结果与长时持久强度数据库相结合。大量研究结果表明，在一定温度区间、一定服役时间内不同硬度的 P91 材料持久强度曲线存在近似平行的规律，综合考虑安全系数，可以获得一系列硬度、许用应力和最小计算壁厚对应值，以此判断材料的剩余寿命。使用在役管道寿命快速评估技术时，首先应获得管道真实硬度及对应管壁厚度。

（8）安全性评估。根据剩余寿命计算结果，结合运行工况、服役时间、材料微观组织的老化程度、蠕变损伤，以及析出相的尺寸、形态、分布，主要合金元素的变化，缺陷和管道尺寸等现状，综合评估管道的安全性。

第三节　温度管座的评估

一、温度管座安全现状

火力发电厂各类管座往往用以连接热工仪表，安装单位和使用单位多数对其不够重视，但这些管座基本连接在主蒸汽、再热蒸汽以及集箱管道上，工作温度高、压力大。近年来，伴随着火电机组调峰要求，高温高压管座和套管角焊缝频繁发生泄漏，如某发电公司 4 号机组主汽门入口温度套管发生脱落飞出；某发电厂主汽管道上的温度测点管座冲刷减薄泄漏；某发电公司 1 号机组主汽门前支管上温度测点套管根部断裂，导致蒸汽泄漏；某发电公司 9 号机组再热热段管道炉侧左侧就地压力表管管座泄漏、1 号机组再热热段排空管管座角焊缝裂纹；某热电厂 1 号炉炉顶高温过热器出口集箱上蒸汽化学取样管断裂等。大量的安全事故造成机组非计划停机，严重影响机组的安全可靠运行，给现场人员的人身安全带来重大隐患。

之前火电机组承压部件仪表管座无相关技术标准，缺乏系统性的技术要求，各家企业无从下手，导致管座安全管理缺失，质量处于失控状态。为解决以上问题，大唐火力发电技术研究院自 2016 年起，历时四年，组织国内多家单位，对火电机组承压部件上的温度管座进行深入研究，开展了相关试验工作，制定了 T/CSEE 0102《火电机组承压部件仪表管座技术导则》和 T/CSEE 0149《火电机组温度套管管座安全状态评估导则》两项团体标准，基本解决了火电机组温度管座安全运行风险管控难题。

二、温度管座失效机理

通过对国内 20 多家电厂的各类管座相关资料进行调研分析，同时对国内外公开发表的文献进行整理研究，结合大量失效案例分析得出，影响火电厂温度管座失效的因素有结构、材质、焊接工艺、装配、疲劳、检验检测、运行方式、管理等。承压部件上各类管座的安全服役需要综合考虑各个因素。很多情况下，温度管座存在异种钢焊接情况。

1. 异种钢接头发生早期失效的影响因素

根据国内外的统计，奥氏体异种钢接头发生早期失效的统计时间约为 7 万 h，镍基合金异种钢接头的早期失效时间约为 10 万 h。由于膨胀系数的差异，会有以下影响因素：①焊接接头内部应力较为复杂；②低合金侧容易产生氧化缺口；③碳和合金的迁移；④蠕变强度不匹配；⑤熔合线两侧金属低周热疲劳等，以上因素均促进了异种钢接头的失效进程。

2. 结构

大量的失效案例显示，结构形式对管座的安全性影响巨大。综合国内三大锅炉厂和相关配管厂的案例，结合现役机组管座结构形式，管座结构结构形式可归纳为直埋式、管座式和螺纹式 3 类。

直埋式温度管座一般都为未焊透结构，其焊缝根部往往角度较小（或较浅），焊接时摆丝困难，容易形成未焊透或未熔合缺陷，这种结构容易产生内部缺陷，但难以检测内部缺陷，使焊接缺陷难以进行有效控制。

管座式结构中管座顶端为悬臂梁结构的，在流体作用下容易产生振动疲劳，短时间就会断裂。套管顶端为三棱锥结构的，在套管迎汽侧与被汽侧形成高速汽流，导致管座与套管焊缝根部冲刷，焊缝容易泄漏。

螺纹式结构中，螺纹加焊接密封较好，安全性高。纯螺纹的密封性差点，且大多不能进行无损检测，无法进行质量监控，这是螺纹式结构的缺点。

3. 焊接工艺

以下焊接工艺问题会导致管座失效：

（1）焊接工艺不当，没有进行预热和热处理。

（2）焊缝根部是应力集中的地方，存在严重的未焊透现象。

（3）未做焊后热处理。

（4）错用材质。

4. 装配

温度套管锥形套需要与管壁内孔的锥形面紧密接触，由于装配原因，套管顶端与母管未顶紧，导致套管直段在介质冲击作用下发生振动，在套管根部产生疲劳断裂。

5. 管系布置应力因素

机炉外管往往没有设计图纸，由施工单位在施工过程中因地制宜进行布置，常由于膨胀受阻、支吊架调整不当等因素，产生拘束应力作用于管座，导致管座开裂。

6. 疲劳

温度套管要插入管道内部一定深度，以确保测温的准确性，插入管道内部的温度套管不可避免要受到管道内部蒸汽的冲刷振动。在机组启停或调峰负荷变化较快时，温度套管焊缝的热疲劳和振动疲劳均会加剧管座焊缝的失效。

7. 加工工艺

温度套管底部变径处容易存在退刀槽和截面突变，没有进行圆滑过渡，导致应力集中，此部位经常出现由于应力集中而发生的泄漏。

火电厂各类管座的失效往往不是由单一原因引起的，而是各种因素综合影响的结果。要保证管座的安全性，应综合考虑管座材质、结构、焊接、运行（含超温超压）、检验、疲劳等方面因素，结合失效机理，评估其设计合理性、制造质量、安装效果、应力状态及安全性。因此，一个管座的安全服役是综合优化的结果。

三、温度管座安全状态评估

按照温度套管管座安全状态的影响的不同，将各因素对温度套管管座的影响进行量化，给出计算公式，对每一个温度套管管座进行评分，从而实现定量评估。

1. 评估条件

对于火电机组承压部件温度套管管座，符合下述条件之一的，应开展安全状态评估工作：

（1）运行时间超过 5 万 h。

（2）曾经发生过失效事故。

（3）检验发现问题，认为有必要进行评估。

（4）档案不全、结构不明，对温度套管管座安全状况有怀疑。

2. 评估方法及程序

（1）评估方法。采用两级评估法，即 I 级评估和 II 级评估。I 级评估是通过查阅设计、制造、安装、运行、检修资料，实现基本评估；当基本评估缺项较多，导致评分较低时进行 II 级评估，II 级评估是在基本评估基础上，对管座的结构、材料、焊缝质量进行检验或验证，实现管座安全状态的较精确评估。评估内容对比见表 2-3-1。

表 2-3-1　　　　　　　　　评估内容对比

评估项目	I 级评估	II 级评估
设计、制造和安装资料	√	√
运行监督检验资料	√	√
检验及验证	×	√

（2）评估流程。评估流程如图 2-3-1 所示。

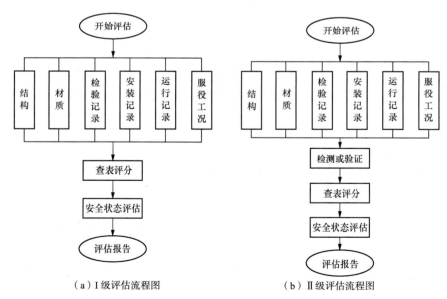

（a）I 级评估流程图　　　（b）II 级评估流程图

图 2-3-1　评估流程

3．技术资料

（1）设计制造安装资料。包括：①温度套管管座设计图纸，管座结构、材质等；②管座套管安装资料，焊接工艺，包括热处理工艺。

（2）运行及监督检验技术资料。包括：①机组运行状态、运行时间、启停次数、运行工况等；②管座失效维修改造记录；③管座检验检测记录。

4．检验

（1）对温度套管管座结构及其焊缝进行宏观检查，管座套管结构应符合 T/CSEE 0102《火电机组承压部件仪表管座技术导则》的要求，焊缝质量应符合 DL/T 869《火力发电厂焊接技术规程》的要求。

（2）测量管座规格尺寸，确认是否满足设计要求。

（3）按照 DL/T 991《电力设备金属发射光谱分析技术导则》的要求，对温度套管、管座和焊缝材质进行光谱检验，确认是否与设计相符；条件具备时，可按照 GB/T 17394.1《金属材料 里氏硬度试验 第 1 部分：试验方法》或 DL/T 1845《电力设备高合金钢里氏硬度试验方法》的要求对焊接接头进行硬度检验，确认是否符合 DL/T 438《火力发电厂金属技术监督规程》、DL/T 869《火力发电厂焊接技术规程》和 DL/T 752《火力发电厂异种钢焊接技术规程》的要求。

（4）温度套管管座结构不明时，应对管座结构进行确认，必要时抽样割管确认。

（5）温度套管管座焊缝按 NB/T 47013.4《承压设备无损检测 第 4 部分：磁粉检测》或 NB/T 47013.5《承压设备无损检测 第 5 部分：渗透检测》的要求进行表面检测。

（6）结构允许时，应进行超声波或相控阵检测，以确认焊缝内部是否存在埋藏缺陷。超声波检测参考 NB/T 47013.3《承压设备无损检测 第 3 部分：超声检测》、DL/T 1105.2《电站锅炉集箱小口径接管座角焊缝 无损检测技术导则 第 2 部分：超声检测》、DL/T 1718《火力发电厂焊接接头相控阵超声检测技术规程》和 T/CSEE 0102《火电机组承压部件仪表管座技术导则》。

（7）影响因子权重及状态量分值。影响因子权重及状态量分值见表 2-3-2。

表 2-3-2　　　　　　　　　　　影响因子权重及状态量分值

影响因子	状态量分值		状态量得分	权重	运行工况系数 R	服役参数系数 $C=C_1 \times C_2$		服役时间系数 F
						温度 C_1	压力 C_2	
结构 S	直埋式	套管为直筒形结构：50；套管为插入式结构：80；套管顶端为三棱锥的小尺寸角接结构：10；套管顶端为圆锥的小尺寸角接结构：50；套管顶端为三棱锥的安放式结构：20；套管顶端为圆锥的安放式结构：90	S	0.4	调峰机组：0.98；基本负荷机组：1.0	≥400℃：0.98；<400℃：1	≥5.9MPa：0.99；<5.9MPa：1	服役时间小于 5 万 h：1.0；服役时间为 5 万～10 万 h：0.98；服役时间 10 万 h 以上：0.95
	管座式	套管顶端为晃动悬臂梁结构：0；套管顶端为三棱锥结构：20；套管顶端为圆锥结构：90						
	螺纹式	纯螺纹式结构：60；螺纹加焊接密封的结构：90						

影响因子	状态量分值		状态量得分	权重	运行工况系数 R	服役参数系数 $C=C_1 \times C_2$		服役时间系数 F
						温度 C_1	压力 C_2	
材质 M	管座套管与主管同材质或相近材质：100；管座与主管同材质，套管为奥氏体不锈钢：60；管座套管均为奥氏体不锈钢：20；不带管座，套管为奥氏体不锈钢：50		M	0.05	调峰机组：0.98；基本负荷机组：1.0	≥400℃：0.98；<400℃：1	≥5.9MPa：0.99；<5.9MPa：1	服役时间小于5万h：1.0；服役时间为5万～10万h：0.98；服役时间10万h以上：0.95
焊接 W	坡口及焊缝深度 W_1	未开坡口结构：10；焊缝达1/3母材厚度：40；焊缝达1/2母材厚度：60；焊缝达2/3母材厚度：80；全焊透结构：100	权重0.8	$W=W_1 \times 0.8 + W_2 \times 0.2$	0.3			
	焊材 W_2	焊缝采用奥氏体不锈钢焊材：50；焊缝采用镍基焊材：80；焊缝与母管同材质或相近材质：100	权重0.2					
检测 T^a	表面质量 T_1	未检验：0；无缺陷：100；无危害性缺陷：60	权重0.4	$T=T_1 \times 0.4 + T_2 \times 0.3 + T_3 \times 0.3$	0.25			
	焊缝内部质量 T_2	未检验：0；无缺陷：100；有记录缺陷：50	权重0.3					
	硬度 T_3	管座结构不含9%Cr钢：100；管座结构含9%Cr钢硬度合格：100；管座结构含9%Cr钢硬度不合格或未检验：20	权重0.3					
总得分 T_S	$T_S = \sqrt{(S \times 0.4 + M \times 0.05 + W \times 0.3 + T \times 0.25) \times R \times C \times F} \times 10$							

a 在检测过程中发现超标缺陷，应消缺后再进行评估。

5. 评分计算

评估分值计算公式如下：

$$T_S = \sqrt{(S \times 0.4 + M \times 0.05 + W \times 0.3 + T \times 0.25) \times R \times C \times F} \times 10 \qquad (2\text{-}3\text{-}1)$$

对于计算结果 T_S，按照 GB/T 8170《数值修约规则与极限数值的表示和判定》修正至个位数作为评估分值。

6. 安全状态等级评定

依据每个温度套管的得分情况，按照表 2-3-3 进行安全状态等级评定。

表 2-3-3　　　　　　　　　　　　　　安全状态等级

得分区间	≥80	60～80	≤60
安全等级	I	II	III
风险等级	低	中，存在泄漏风险	高，不可控因素多，存在飞出或泄漏风险

安全等级为III级的，应立即改造；安全等级为II级的，应利用机组检修机会进行维修或改造；安全等级为I级的，检验周期可按现行规程要求执行。

7. 评估报告

评估报告应包括如下内容：①技术资料查阅；②本次或近期检验情况；③安全状态评分；④安全状态等级及处理建议。

四、温度管座评估及改造治理案例

1. 概况

国内某电厂两台 600MW 亚临界燃煤发电机组于 2005 年投产发电。高压主蒸汽门前支管上设有温度测点，用于监视主汽温度。2016、2017 年两台机组进行超低排放改造时，对温度测点同时进行了更换。1 号机组运行 0.5 万 h 后，有蒸汽沿温度测点处漏出，温度管座断裂泄漏失效如图 2-3-2 所示。出于安全考虑，电厂决定对 2 号机组同样位置温度测点进行安全状态评估和改造。主汽支管规格为 Di343×36mm，材质为 P91；温度测点管座材质为 P91，温度护套材质为 1Cr18Ni9Ti。

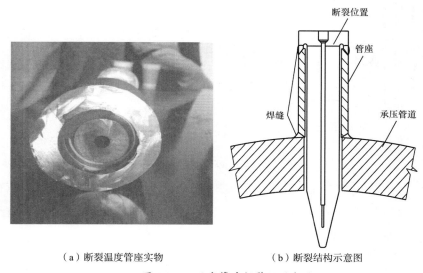

（a）断裂温度管座实物　　　　（b）断裂结构示意图

图 2-3-2　温度管座断裂泄漏失效

2. 温度管座的评价步骤

（1）资料查阅。查阅主汽门前支管上温度套管设计图纸，温度套管设计结构如图 2-3-3 所示。

查阅资料可知以下信息：①主汽门支管材质为 P91，温度套管材质为 P91，温度护套材质为 1Cr18Ni9Ti，焊缝材质 NiCrFe-3；②焊接坡口为全焊透形式；③机组运行时间 5000h；④机组参与调峰；⑤服役工况属于高温高压；⑥机组每次 A/B 修时均进行表面 TV 检测，未见缺陷。

（2）查表评分。按照标准 T/CESS 0149《火电机组温度套管管座安全状态评估导则》的附录 B 进行打分。

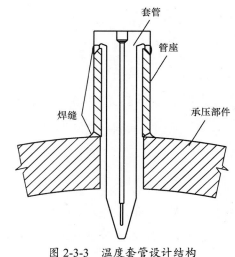

图 2-3-3　温度套管设计结构

查表可得：结构 $S=0$；材料 $M=60$；$W=10\times0.8+80\times0.2=96$；$T=70$；$R=0.98$；$C=0.97$；$F=1.0$。因此，可得综合得分 $T_S=\sqrt{(S\times0.4+M\times0.05+W\times0.3+T\times0.25)\times R\times C\times F}\times10=68$。

（3）安全状态等级评定。按照表 2-3-3 的安全状态等级划分，评定为Ⅱ级，存在泄漏风险，应利用机组检修机会进行维修或改造。

（4）评估报告。对以上评估结果进行总结形成评估报告。

3. 改造治理

（1）设计工作。将管座与主汽管道的焊缝切掉。针对主汽管道开孔尺寸、管座尺寸进行测绘（必要时进行扩孔处理），重新设计管座套管结构，重新设计的管座设计结构如图 2-3-4 所示。要求温度套管顶端为圆锥结构，温度套管管身部分提前加工好螺纹。温度套管、管座与母管材质应相同，均为 P91。温度套管的最小壁厚应满足强度要求，并进行共振计算（制造施工单位须出具强度计算书和共振计算书）。

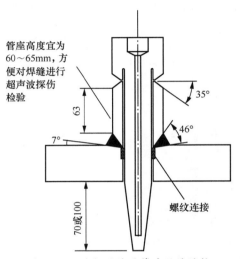

管座高度宜为 60～65mm，方便对焊缝进行超声波探伤检验

63

7°

35°

46°

70或100

螺纹连接

图 2-3-4　重新设计的管座设计结构

（2）焊前准备。焊条除按国家标准规定保管外，使用前应按使用说明书规定置于专用的烘焙箱内进行烘焙。推荐的烘焙参数：温度 350～400℃，时间 1～2h，使用时，应放在 80～120℃的便携式保温筒内随用随取。

氩气使用前应检查瓶体上有无出厂合格证明，以验证其纯度是否符合国家或相关标准的规定。

主汽管道、管座和套管坡口形状和尺寸按设计图纸进行加工，坡口及其内外壁两侧 50mm 范围内应将油、漆、垢和氧化皮等杂物清理干净，直至露出金属光泽。主汽管道上螺纹采用专用工装加工螺纹，注意加工螺纹前将管孔用干净布堵住，防止加工铁屑进入管道内部。

（3）装配。装配前应认真检查被焊接部位及其边缘 20mm 范围内无裂纹、重皮等缺陷，可采用磁粉检测，确认合格后方可组装。

先将管座与主汽管道装配，进行点固焊，然后将温度套管旋入主管道进行装配，需保证套管插入管道内部一定深度的要求。同时调整管座、套管及主管道之间的配合。

先焊接管座与主汽管道的角焊缝，然后焊接温度套管与管座的对接焊缝。

（4）点固焊要求。点固焊用的焊接材料、焊接工艺和选定的焊工技术条件应与正式焊接时相同。点固焊时，可在坡口内直接点固，不少于 2 点，并仔细检查点固焊质量。

（5）焊接材料及方法。氩弧焊打底三层，电弧焊填充和盖面。焊丝选用 ER90S-B9，$\phi2.4$mm；焊条 E9015-B9，$\phi3.2$mm。应选用正规厂家生产，且具有质量测试证明书。

（6）焊接工艺参数。氩弧焊打底时，采用 99.99%纯度氩气，流量控制为 10～15L/min。预热温度不小于 200℃，层间温度应控制为 200～250℃。焊接工艺参数见表 2-3-4。

表 2-3-4 焊接工艺参数

| 焊层 | 焊接方法 | 焊条（丝） | | 焊接电流 | | 电弧电压（V） | 焊接速度范围（mm/min） |
		型（牌）号	直径（mm）	极性	电流（A）		
打底层	TIG	ER90S-B9	ϕ2.4	正接	60～120	10～14	60～80
填充和盖面	SMAW	E9015-B9	ϕ3.2	反接	90～140	22～26	150～200

（7）焊接操作。所有执行焊接操作的人员应具有焊工资格证，否则不许进行焊接。

1）氩弧焊打底。为防止根层焊缝金属氧化，氩弧焊打底时，应在管子内壁充氩气保护。当条件不具备时，应在装配前将免充氩保护剂涂在坡口根部的内表面。打底焊时，要保证根部焊透，且根部焊层厚度不小于 3mm。焊接过程中，以肉眼或低倍放大镜检查，确认无裂纹、夹渣、气孔等缺陷后，方可继续施焊。氩弧焊填充三层后可采用焊条进行填充。

2）焊条填充及盖面。施焊时宜采用较小线能量，多层多道焊，每层焊道厚度不大于焊条直径。焊条摆动的幅度最宽不得超过焊条直径的 3 倍，接头部位要错开。每层每道焊缝焊接完毕后，应用砂轮机或钢丝刷将焊渣、飞溅等杂物清理干净（尤其应注意中间接头和坡口边缘），经自检合格后，方可焊接下一层。焊缝应均匀、整齐、圆滑过渡，或采用角磨机打磨使焊缝圆滑过渡。

（8）焊后热处理。焊后热处理工艺如图 2-3-5 所示。当焊缝整体焊接完毕，焊接接头应在 80～100℃保温 1h，及时进行焊后热处理。焊后热处理的升、降温速度以不超过 150℃/h 为宜，降温至 300℃以下时，可不控制，在保温层内冷却至室温。T91/P91 钢焊后热处理加热温度为 750±10℃。

恒温时间：P91 钢焊接接头按壁厚每 12.5mm，1h 计算，但最少不得低于 2h。

为保证焊后热处理质量，热处理的加热宽度、保温层宽度和厚度应符合 DL/T 819《火力发电厂焊接热处理技术规程》的规定。

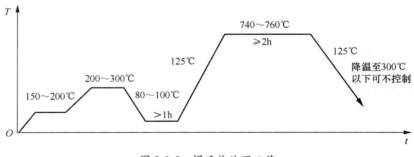

图 2-3-5 焊后热处理工艺

（9）检验。焊接完毕后，采用角磨机打磨焊缝，使之与两边母材圆滑过渡，并进行渗透检测（PT）或磁粉检测（MT）检查，表面应无裂纹、未熔合等缺陷。

采用 UT 对焊缝内部情况进行检测，如发现裂纹、未熔合、夹渣等缺陷，要进行返修，返修工艺与以上类似，但不能超过 2 次。

4．改造后运行情况

采用该方案管座结构设计，对温度管座进行修复治理后其已安全稳定运行两年，充分证明了该方案改造治理的合理性。

第四节　汽轮机转子寿命损耗评估

一、转子寿命损耗简介

汽轮机转子是汽轮机的关键部件。在转子运行过程中，其工作环境非常恶劣，锅炉产生的高温、高压蒸汽在转子的叶片间完成能量转换过程，蒸汽的温度和压力在转换前后将发生很大变化。由于与蒸汽间的强制对流换热比较剧烈，转子表面温度和蒸汽温度趋于同步变化，而转子内部的温度场变化存在一定的滞后性，因此会导致转子外表面和转子内部产生一定的温度梯度，这种现象在机组启机、停机或变负荷等情况下将变得更加明显，转子内部的温度梯度将更大。由于材料的热胀冷缩特性，转子内外热膨胀程度的不一致将导致转子产生较大的热应力。此外，在转子高速运转过程中，转子还需要承受较大的离心力。一般情况下，转子的几何结构比较复杂，在热应力和离心力等载荷的作用下，会不可避免地导致转子某些部位产生应力集中，可能导致转子某些部位的应力水平较高，甚至超过材料的屈服极限。

高温和复杂的应力载荷环境将对转子造成不可恢复的损伤。一般情况下，转子损伤可分为两大类，即疲劳损伤和蠕变损伤。对于受启停影响的疲劳损伤来说，一般是指低周疲劳损伤，是由于转子长期工作在启停机等交变载荷下造成的；蠕变损伤是指转子在高温和机械载荷作用下发生的一种非弹性变形。疲劳损伤和蠕变损伤一般同时存在，前者会导致转子材料微观晶内出现微裂纹，后者会导致微裂纹从晶间萌生。随着转子运行时间的积累，转子的损伤不断累加，可能会在转子危险部位产生裂纹，随着裂纹不断扩展和加深，最终可能导致转子发生断裂事故。因此，为了保证转子的安全稳定运转，有必要进行转子寿命损耗的评估和分析，以确定其服役期间的损伤程度。

二、转子寿命损耗评估准则

转子寿命损耗评估应考虑长时蠕变+循环载荷（机组启停机过程）引起的低周疲劳。典型的运行过程为启机→稳态运行→停机，单次启停过程中转子特定位置应变/温度-时间关系如图2-4-1所示。由于疲劳损伤和蠕变损伤的相互作用机理没有完备的理论和明确的计算公式，因此，通常采用线性累积损伤法来进行评估，即分别计算各自的损伤量，再进行线性化叠加。转子寿命损耗评估准则可表示为

$$\varepsilon_{\text{total}} = \varepsilon_{\text{creep,long-term}} + \varepsilon_{\text{cyclic}} \leq 1 \qquad (2\text{-}4\text{-}1)$$

式中　$\varepsilon_{\text{creep,long-term}}$——长时蠕变寿命损耗量；

　　　$\varepsilon_{\text{cyclic}}$——低周疲劳寿命损耗量。

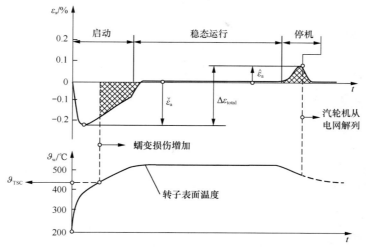

图 2-4-1　单次启停过程中转子特定位置应变/温度-时间关系

1. 长时蠕变寿命损耗

由于汽轮机转子在运行过程中承受着高温高压作用，当转子温度超过 ϑ_{TSC}（图 2-4-1，一般为 420℃）时，一般需要考虑蠕变寿命损耗。在机组稳态运行过程中，应保证机组在转子应力集中区域的长时蠕变应变累积和转子直径截面区域的长时蠕变应变累积满足长时蠕变寿命考核要求。

2. 低周疲劳寿命损耗

转子的工作环境比较复杂，极容易发生疲劳破坏。交变载荷长时间作用往往会导致疲劳破坏。转子低周疲劳寿命损耗就是由频繁启停机或变负荷过程中热应力的变化引起的。汽轮机组工作时，机组的启动需要进行加热，转子表面温度升高，此时转子表面承受一定的压应力；而在停机的时候，转子表面进行冷却，温度相对较低，此时转子表面承受一定的拉应力。因此，汽轮机组每启停一次，转子外表面就会受到一次这种交变应力的作用，如果启停时间较短，转子承受的交变应力就比较大，导致出现疲劳裂纹时的循环次数比较低，一般为 $10^2 \sim 10^5$。因此，汽轮机转子的疲劳失效形式一般为交变载荷作用下的低周疲劳失效。转子低周疲劳寿命损耗量可表征为

$$\varepsilon_{cyclic} = \sum n_i \cdot \Delta\varepsilon_i \qquad (2\text{-}4\text{-}2)$$

式中　i——冷态、稳态、热态、极热态等启停类型；

　　　n——对应启停类型下的启停机次数；

　　　$\Delta\varepsilon$——对应启停类型下单次启停机所造成的损伤量。

第五节　含缺陷部件的评定

火电机组中的一些大型部件（如汽轮机转子及汽轮发电机转子、汽包、汽缸等）往往制造、加工周期长，并且更换安装困难，若存在超标缺陷或运行中出现裂纹，可应用断裂力学方法对其安全性做出评定并估算出剩余寿命。

一、应力强度因子法

按照 GB 4161《金属材料平面应变断裂韧度 K_{IC} 试验方法》测定材料的断裂韧性。当试件尺寸难以满足 K_{IC} 测试条件时可按照 GB/T 21143《金属材料 准静态断裂韧度的统一试验方法》测定，然后通过换算得到 K_{IC}。K_{IC} 表示如下

$$K_{IC} = \sqrt{\frac{E}{1-v^2} J_{IC}} \qquad (2\text{-}5\text{-}1)$$

式中 E——材料弹性模量，MPa；

v——材料的泊松系数。

对于具体的部件可根据其形状、裂纹形状及位向、外加载荷方法等来确定部件缺陷部位的应力强度因子 K_I 的表达式，即

$$K_I = f(\sigma, a, Y) \qquad (2\text{-}5\text{-}2)$$

式中 σ——部件缺陷部位无缺陷时的应力；

a——裂纹尺寸；

Y——几何形状因子。

对部件的应力 σ 应考虑外在引起的应力、部件自重产生的应力、焊接残余应力、热应力、部件几何形状引起的应力集中，由试验确定或计算分析获得 σ，然后带入式（2-5-2）得到 K_I。

对于压力容器中三种类型裂纹（表面裂纹、穿透裂纹、埋藏裂纹）的应力强度因子 K_I 的具体形式，按照 GB/T 19624《在用含缺陷压力容器安全评定》中列出的公式确定。

部件安全性判定：当 $K_I \geqslant 0.6 K_{IC}$ 时，为不可接受的缺陷。

二、裂纹张开位移（COD）法

利用应力强度因子法可解决高强度钢质部件及大截面尺寸部件的安全性评定，但对中低强钢制部件或截面尺寸较小的部件，在裂纹尖端附近会出现大范围屈服或全屈服，这时，线弹性断裂力学的理论不再适用，需要用弹塑性断裂力学来分析和评定部件的安全性。

按照 GB/T 21143《金属材料 准静态断裂韧度的统一试验方法》测定材料的临界裂纹张开位移 δ_{cr}。

对部件缺陷进行规则化处理，确定缺陷的当量裂纹尺寸 $\bar{a}$，对压力容器的缺陷评定按照 GB/T 19624《在用含缺陷压力容器安全评定》执行。

对部件缺陷部位的应力进行分析计算，要考虑外载引起的应力、部件自重产生的应力、焊接残余应力、热应力、部件几何形状引起的应力集中等。

确定部件缺陷部位的应变 e 和材料的屈服应变 e_y $\left(e = \dfrac{\sigma}{E}, e_y = \dfrac{\sigma_y}{E} \right)$。对于高温下工作的部件，其 E、σ_y 应取高温下的性能数据。

确定部件缺陷部位的允许裂纹尺寸 a_m，具体如下

$$a_{\mathrm{m}} = \delta_{\mathrm{cr}} \bigg/ \left[2\pi e_{\mathrm{y}} \left(\frac{e}{e_{\mathrm{y}}} \right)^2 \right] \qquad e/e_{\mathrm{y}} \leqslant 1 \qquad （2\text{-}5\text{-}3）$$

$$a_{\mathrm{m}} = \delta_{\mathrm{cr}} \bigg/ \left[\pi(e + e_{\mathrm{y}}) \right] \qquad e/e_{\mathrm{y}} > 1$$

安全性判定：当 $\bar{a} < a_{\mathrm{m}}$ 时，缺陷可以接受。

三、对含超标缺陷部件的剩余寿命估算

对带缺陷部件进行安全性评定是对部件能否发生一次性破断进行评定，但工程中大多数部件是在循环加载条件下工作，即使存在超标缺陷，也不一定会立即断裂，而是在循环应力作用下，裂纹逐渐扩展达到临界值时才发生突然断裂。

按照 GB/T 6398《金属材料　疲劳试验　疲劳裂纹扩展方法》测定材料的疲劳裂纹扩展速率 $\frac{\mathrm{d}a}{\mathrm{d}N}$，即

$$\frac{\mathrm{d}a}{\mathrm{d}N} = D(\Delta K)^n \qquad （2\text{-}5\text{-}4）$$

式中　　ΔK——应力强度因子变化范围；

D、n——实验确定的材料常数。

按照 GB/T 19624《在用含缺陷压力容器安全评定》分析计算缺陷部位的循环应力范围 $\Delta\sigma$，此时不考虑静态应力，如焊接残余应力。

部件缺陷部位的应力强度范围 ΔK 中 K_{I} 的确定方法如下

$$\Delta K_{\mathrm{I}} = f(\Delta\sigma, a, Y) \qquad （2\text{-}5\text{-}5）$$

判定裂纹是否会扩展的依据：当 $\Delta K < \Delta K_{\mathrm{th}}$ 时，裂纹不扩展；当 $\Delta K \geqslant \Delta K_{\mathrm{th}}$ 时，计算疲劳裂纹扩展剩余寿命 N_{rem}（周次），具体如下

$$N_{\mathrm{rem}} = \frac{a_0(a_{\mathrm{N}} - a_0)D(\Delta K)^n}{a_{\mathrm{N}}} \qquad （2\text{-}5\text{-}6）$$

式中　　a_0——初始裂纹尺寸，mm；

a_{N}——临界裂纹尺寸，mm。

对于计算的 N_{rem} 尚需要考虑试样厚度与部件截面厚度、试验频率与部件工作频率，故对于 N_{rem} 取 20 倍安全系数，即为带缺陷部件的剩余寿命。

第六节　超期服役机组寿命评估

一、评估依据

火力发电机组主要由锅炉、汽轮机、发电机和其他附属设备组成。从国内外近几十年的研究资料可知，火电机组设备在经过修理、改造和采取必要的更换措施后，机组的实际寿命（或称潜在寿命）

远大于其设计寿命，使之继续安全稳定运行是可行的。

1. 发电机组设备运行可靠性

任何一个设备从开始使用到最后损坏都经历了一个过程，这个过程可以描述为"正常→故障→修复→正常"，根据国内外最新科研成果和可靠性理论，发电机组发生故障的规律可用"浴盆曲线"进行描述，发电设备金属部件失效的"浴盆曲线"如图 2-6-1 所示。

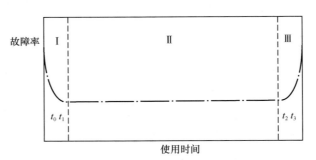

图 2-6-1　发电设备金属部件失效的"浴盆曲线"

（1）Ⅰ：早期失效阶段（$t_0 \sim t_1$）。由于设计、制造、储存、运输、磨合、启动不当等人为因素造成的失效，暴露较早、失效率较高。

（2）Ⅱ：偶然失效期（$t_1 \sim t_2$）。这是一个基本恒定期，主要是由过载、误操作、意外和一些尚不清楚的原因引起。此阶段属设备有效寿命阶段。

（3）Ⅲ：损耗失效期（$t_2 \sim t_3$）。在此期间，失效率递增，这主要是由设备老化、疲劳、磨损、蠕变、腐蚀等引起的。属设备寿命后期阶段。

从上述规律可知，通过采取必要的技术改造、维修、更换等手段，可以使损耗失效期Ⅲ阶段发生改变，使偶然失效期Ⅱ阶段延长，这样，即可达到使机组延寿的目的。

2. 火电机组设备失效机理

火电机组设备是非常复杂的，决定机组安全状况的大都是高温高压、高应力和接触腐蚀介质的设备，因此，"浴盆曲线"的Ⅲ阶段故障率较高是因为这些部件在高温高压、高应力条件下，接近设备所用材料的极限寿命，因而出现频率较高的失效。因此，在了解发电主要设备失效机理的前提下，结合失效原因，进行必要的维修、改造，就可以延长机组的寿命。

按照国内相关标准规定，把火电机组设备部件分为关键部件和一般部件。一般部件是指因部件损坏导致机组性能下降，短时间停运，不危及人身安全，损坏易做处理的设备部件。关键部件是指因部件损坏迫使机组持续停机，危及人身安全，以及修理更换费用高、时间长的部件，是机组设备安全评估的主要对象。火电机组设备部件的主要损伤机理见表 2-6-1。

表 2-6-1　　　　　　　　　　火电机组设备部件的主要损伤机理

序号	部件名称	损伤机制							
		蠕变	疲劳	蠕变-疲劳	侵蚀	腐蚀	应力腐蚀	磨损	其他
1	锅炉汽包	—	√	—	—	√	√	—	

续表

序号	部件名称	损伤机制							
		蠕变	疲劳	蠕变-疲劳	侵蚀	腐蚀	应力腐蚀	磨损	其他
2	高温过热器联箱	√	√	√	—	√	—	—	高温氧化
3	高温再热器联箱	√	√	√	—	√	—	—	高温氧化
4	锅炉下降管	—	√	—	—	√	—	—	—
5	水冷壁联箱	—	√	—	—	√	—	—	—
6	省煤器联箱	—	√	—	—	√	—	—	—
7	主蒸汽管道	√	√	√	—	—	—	—	高温氧化
8	高温再热蒸汽管道	√	√	√	—	—	—	—	高温氧化
9	导汽管	√	√	√	—	—	—	—	高温氧化
10	大口径三通	√	√	√	—	—	—	—	高温氧化
11	汽轮机高、中压转子	√	√	√	—	—	—	—	—
12	高压汽缸	√	√	√	—	—	—	—	—
13	汽轮机低压转子	—	√	—	—	—	—	√	—
14	发电机转子	—	√	—	—	—	—	√	—
15	低压转子叶轮	—	√	—	—	—	—	—	—
16	发电机护环	—	√	—	—	√	√	—	—
17	给水管道	—	√	—	—	√	—	—	—
18	过热器管	√	√	√	√	√	√	√	高温氧化
19	再热器管	√	√	√	√	√	√	√	高温氧化
20	水冷壁管	—	√	—	√	√	√	—	—
21	省煤器管	—	√	—	√	√	—	—	—
22	汽轮机叶片（末三级）	—	√	—	—	√	—	—	冲蚀
23	高温阀门	√	√	—	—	√	—	√	—
24	高温螺栓	√	√	√	—	—	—	—	应力松弛
25	除氧器	—	√	—	√	√	√	—	—
26	给水加热器	—	√	—	√	√	√	—	—
27	氢罐	—	√	—	—	√	√	—	—
28	机炉外管道	—	√	—	—	—	—	√	—
29	支吊架	—	—	—	—	—	—	—	失效

3. 依据标准

（1）GB/T 16507.2《水管锅炉　第 2 部分：材料》。

（2）GB/T 16507.3《水管锅炉　第 3 部分：结构设计》。

（3）GB/T 16507.4《水管锅炉　第 4 部分：受压元件强度计算》。

（4）GB/T 19624《在用含缺陷压力容器安全评定》。

（5）DL/T 438《火力发电厂金属技术监督规程》。

（6）DL/T 439《火力发电厂高温紧固件技术导则》。

（7）DL/T 440《在役电站锅炉汽包的检验及评定规程》。

（8）DL/T 612《电力行业锅炉压力容器安全监督规程》。

（9）DL/T 654《火电机组寿命评估技术导则》。

（10）DL/T 940《火力发电厂蒸汽管道寿命评估技术导则》。

（11）上述规程所引用的相关专业标准。

二、评估条件及范围

1. 评估条件

按照火力发电机组的典型设计，其经济寿命或设计寿命为 30 年或 20 万 h，对机组设备进行安全性评估，可实现机组安全稳定在网运行的目标。

根据 DL/T 654《火电机组寿命评估技术导则》的要求，认为有下列情况之一时应进行寿命评估：

（1）已运行 30 年或 20 万 h（含 20 万 h）以上的机组。

（2）对于长期或频繁偏离设计参数运行的机组，尤其是曾提高参数运行的机组，进行寿命评估的运行时间应适当提前。

（3）运行 20 万 h 的机组，若对其有关系统进行过改造，更换了一些一般部件但未对关键部件进行更换，当继续运行时（包括移地使用）需根据实际情况进行寿命评估。

（4）对于规定了各种工况下允许启停次数的机组，当超过规定的启停循环周次后，应对汽包、汽轮机分离器、汽轮机转子，特别是高压转子进行低周疲劳寿命估算。对启停频繁的机组或参数波动较大的锅炉，应对蒸汽管道和高温联箱的危险部位进行蠕变-疲劳寿命评估。

（5）部件有裂纹或严重超标缺陷时，首先应进行消缺处理，若消缺难度大（例如转子的埋藏缺陷）或不能及时消除时，不论其运行时间长短，均应用断裂力学方法进行安全性评定和剩余寿命评估。

（6）蒸汽管道寿命评估的条件见 DL/T 940《火力发电厂蒸汽管道寿命评估技术导则》。

（7）汽包的评估条件见 DL/T 440《在役电站锅炉汽包的检验及评定规程》。

（8）根据机组或部件的金属监督检验结果，检验师或专职工程师可提出是否进行寿命评估的建议。

2. 评估范围

火力发电机组主要由锅炉、汽轮机、发电机和其他附属设备组成，是大量复杂系统和部件的集合。对于这些不同的部件，按照其重要性可以分为关键部件和一般性部件。

关键部件是指该部件发生事故时，会迫使机组产生持续的停运，危及人身安全，修理更换费用高、时间长的部件，是机组寿命评估的主要对象；一般性部件是指该部件发生事故或故障时，可能导致机组性能下降、机组短时间停运，一般不会危及人身安全的部件，这类部件损坏时易于更换。

一般来说，超期服役机组寿命评估的具体部件主要包括：

（1）锅炉。锅炉核心部件是汽包、过热器联箱、再热器联箱、受热面管等高温、高应力部件和连接承压管道等。

（2）汽轮机。汽轮机核心部件为转子、叶轮、叶片、汽缸、隔板、螺栓、导汽管等。

（3）发电机。发电机核心部件为转子、护环、风叶等。

（4）管道。管道主要部件为高温、承压的四大管道，即主蒸汽管道、再热蒸汽管道（热段和冷段）、高压给水管道及其连接管道（管子）、管件等。

（5）压力。电力行业只有高压加热器、氢罐等属于Ⅲ类容器，其他均为Ⅰ、Ⅱ类低压容器，虽然压力容器工作温度不高、压力也不大，但由于其爆破的破坏作用严重，也要作为影响机组安全性的重要部件。

（6）机炉外管。机炉外管是指锅炉、汽轮机本体以外的管子和管件，虽然大部分为中低温、中低压管道，但分布位置广，一旦失效将对人身安全造成很大威胁，故也作为影响机组安全性的部件。

（7）辅机设备。辅机设备主要包括磨煤机、风机、空气预热器、脱硫设备、脱硝设备、给水泵、汽动给水泵汽轮机等。

上述部件直接或间接影响机组的安全性和寿命，只要监督到位，就能将"浴盆曲线"的Ⅲ阶段消除或后移，从而延长机组的寿命。

三、评估方式

寿命评估一般有三级评估法，即Ⅰ级评估（基本评估）、Ⅱ级评估（较基本评估）、Ⅲ级评估（精确评估）。上述三级评估均需要根据电厂的设计、制造和安装资料，分析机组运行历程、事故及维修记录、机组运行工况及参数、部件尺寸、高温部件的微观组织及性能。不同的是基本评估是基于查阅资料进行的初步评估，精确评估除了查阅资料以外，还需要在关键部位取样进行试验评估，以获取更精确的评估结果。

华北电力科学研究院结合对超期服役机组、发电机组关键部件的评估经验，为了能够更好地评估机组继续安全运行的可靠性，采用"基本评估+精确评估"两步走的方式。首先，根据机组的运行经历、设备状况、检修情况、缺陷处理情况、设备更换情况、历次检验结果等，在短时间内对该机组的总体情况进行基本评估，得到对其安全性的初步评估结果；在初步评估的基础上，对严重影响人身安全和设备安全的部件或重点部位采取抽样检查、取样试验等方法进行进一步的分析评估工作，并最终得出评估结论。

四、基本评估方案

基本评估是根据历史资料进行评估，需要查阅机组的全部技术资料，包括设计、制造、安装、运行等各个阶段的资料，特别是近期的运行、检修、检验、更换、失效分析等方面的资料，并以此为基础完成的评估。

1. 需要查阅的技术资料

（1）设计、制造和安装资料。包括设计依据、部件材料及其力学性能、制造工艺、几何尺寸、强度计算书、管道系统设计资料、部件出厂质量保证书、检验证书或记录等；部件安装过程中，主要安装焊口的检验资料及主要原始缺陷处理记录等。

（2）机组运行历程记录。包括机组投运时间、累计运行时间，机组典型的负荷曲线（或代表日负荷曲线），调峰方式，机组热态、温态、冷态启停次数及启停参数，强迫停机和甩负荷、发电机短路、锅炉灭火次数等。

（3）机组事故及事故分析报告。包括部件的失效分析报告，运行事故分析报告和部分部件寿命分析报告等。

（4）测量值偏离设计参数情况。机组实际运行过程中典型温度、压力测量值，是否存在长时间偏离设计参数（过热器、再热器管壁温度是否存在频繁超温，主蒸汽或再热蒸汽是否存在频繁超温）。

（5）运行工况记录。包括机、炉、电三大设备运行工况及重要附属设备运行工况记录。

（6）重要部件几何尺寸测量记录。

（7）历次检修检查记录、腐蚀状况检查记录、现场取样以及部件维修与更换记录。包括部件化学取样报告；部件微观组织取样报告记录；部件材料性能取样记录，取最低值；机组设备部件的更换情况及时间。

（8）主要安全附件的检修、维护记录和校验报告。

（9）机炉外管检查、更换记录或报告。

（10）支吊架的检查和调整记录、报告。

如果查阅的技术资料中有某些参数不满足做出评估结论的需要，则需要补充相应的试验或检验。

2．评估内容

（1）运行状态评估。基于机组或部件的服役状况、运行时间、机组负荷、调峰运行方式，以及机组热态、温态、冷态启停次数和启停参数，强迫停机和甩负荷、发电机短路、锅炉灭火次数等，综合评估机组运行状态，分析机组关键部件损伤程度，结合实际情况，制定具体的寿命评估方案。

（2）部件现状评估。基于检修结果和已经进行的专项试验结果，评估机组部件的当前现状。

（3）关键部件的分析。结合机组运行状态评估和部件的现状评估，对于其中的关键部件，按照其主要失效机理分类，分别采用不同方法进行分析。

1）蠕变为主要失效机理的部件。

a．主要部件：高温联箱、主蒸汽管道、再热蒸汽管道、导汽管以及大口径三通，过热器管、再热器管等高温受热面管。

b．评估依据：材料微观组织和力学性能测试结果。

c．评估内容：根据微观组织评估部件老化程度，根据力学性能、壁厚、尺寸等测量结果进行强度校核。

2）疲劳为主要失效机理的承压部件。

a．主要部件：汽包、高温联箱管座。

b．评估依据：锅炉冷态启停、温态启停、热态启停、变负荷运行、水压试验及安全门校验记录。

c．评估内容：按照累积损伤原则计算部件高应力区域在交变应力下的损伤程度和运行周期内的累积损伤，评估其损伤状态。

3）疲劳为主要失效机理的转动部件。

a．主要部件：汽轮机转子、发电机转子等。

b．评估依据：机组冷态启停、温态启停、热态启停及变负荷运行工况记录，电网侧的电气故障、开关操作以及异常工况等记录。

c．评估内容：评估机组不同运行工况下汽轮机高压、中压转子调速级附近的交变应力范围和应力幅值，以及网-机耦合造成的扭振损伤，并根据转子疲劳寿命曲线，计算转子的疲劳寿命损耗。

4）腐蚀为主要失效机理的部件。

a．主要部件：护环、水冷壁、省煤器等。

b．评估依据：宏观及金相、割管等检查结果。

c．评估内容：检查有无腐蚀产生的微观裂纹、腐蚀坑、腐蚀孔洞等损伤。

5）带缺陷部件的综合评估。

a．主要部件：含缺陷压力容器、联箱及管道；含缺陷的汽轮机、发电机转子大轴。

b．评估依据：检出的未进行修复且允许继续运行的缺陷，并由检验人员给出单个缺陷的位置、尺寸以及单个缺陷间距等信息。

c．评估内容：基于材料的断裂韧度进行含缺陷部件疲劳扩展寿命评估。

五、精确评估方案

精确评估是建立在基本评估的基础上，对基本评估过程中认为需要进一步检验及分析的重要部件进行补充检验或取样进行专项试验，以进一步获取所需的材料实际性能状态。

1. 重要部件抽检

根据查阅近期资料的结果，确定需要补充检验的重要部件、检验部位，采取非破坏性的检验方法，通过外部测量、试验等定量把握材质状况和设备的安全状况，进而考察和评估设备的安全性。重要部件检查项目及内容见表 2-6-2。

表 2-6-2　　　　　　　　　　　　重要部件检查项目及内容

部件名称		检验项目及内容
锅炉本体主要部件技术状况检查	汽包	1）对内表面纵、环焊缝热影响区应进行不少于 25%的表面探伤（应包括所有的 T 字焊缝）； 2）对纵、环焊缝进行超声波探伤抽查，探伤比例一般为：纵缝 25%，环缝 10%（应包括所有的 T 字焊口）； 3）对集中下降管、大口径给水管角焊缝进行 100%超声波探伤检查； 4）对集中下降管、给水管角焊缝进行 100%表面探伤检查（MT 或 PT）； 5）对安全阀、对空排气阀角焊缝进行（100%）表面探伤检查，对引入管、引出管等管座角焊缝（10%）进行表面探伤抽查
	高温过热器联箱、高温再热器联箱	1）对联箱的环缝及封头焊缝进行 100%表面探伤和超声波探伤，对主焊缝和角焊缝进行不少于 25%的表面探伤（条件许可时）； 2）对联箱进行硬度和金相检查； 3）对与联箱连接的大直径管三通焊缝进行表面探伤； 4）对吊耳、支座与联箱的角焊缝和管座角焊缝进行 10%表面探伤； 5）对联箱筒体测量壁厚； 6）对已使用 10 万 h 的联箱封头手孔盖进行无损探伤检验

续表

部件名称		检验项目及内容
锅炉本体主要部件技术状况检查	减温器联箱	1）用内窥镜检查混合式减温器内壁、内衬套、喷嘴有无裂纹、磨损、腐蚀等情况； 2）对运行已达 5 万 h 的减温器简体的主焊缝进行表面探伤和超声波探伤检查，每种减温器不少于 1 道焊缝； 3）对吊耳与联箱间的焊缝进行表面探伤； 4）对内套筒定位螺钉封口焊缝进行磁粉探伤抽查，比例 25%； 5）对减温水管管座角焊缝进行表面探伤
	水冷壁联箱	对联箱封头焊缝、环形联箱连接焊缝和弯头对接焊缝、环形联箱人孔角焊缝，孔桥部位、管座角焊缝进行表面探伤，检验比例 25%。若发现缺陷，扩大 100%检验
	省煤器联箱	对联箱封头焊缝进行表面探伤、超声波探伤，探伤比例应不少于 25%。若发现缺陷，扩大 100%检验
	锅炉受热面管子（高温过热器、高温再热器、水冷壁、省煤器）	1）对高温过热器、高温再热器、省煤器、水冷壁抽样割管，进行微观组织检查及力学性能试验； 2）对高温过热器、高温再热器的取样管进行内部氧化皮厚度及氧化裂纹深度测量
	锅炉范围内管道检查	1）对高温过热器、高温再热器出口导汽管弯头、焊缝进行无损探伤、金相、硬度抽查，抽检比例 50%； 2）抽查蒸汽、给水、减温水的弯头、三通、阀门（包括焊缝）各 1 个，进行无损探伤，对弯头外弧进行厚度测量； 3）抽查排污管、再循环管、事故放水管、疏水管、加药管的弯头各 1 个，检查表面有无裂纹、腐蚀等缺陷，必要时增加割管检查； 4）对下降管弯头进行测厚、表面探伤和超声波探伤，抽检比例 20%； 5）对大口径蒸汽连接管弯头、焊缝进行无损探伤抽查，对合金钢管进行金相、硬度抽查。每种管系各抽检 1 个
汽轮机本体部件技术状况检查		对高、中压转子表面裂纹、腐蚀、划痕、碰伤等进行外观检查，特别是对调节级凹槽及前轴封弹性槽；转子体轴端面和调节级 R 角高温高应力区进行金相、硬度检查
		对低压转子表面裂纹、腐蚀、划痕、碰伤等进行外观检查，对转子轴端进行硬度检查
		对叶轮表面裂纹、腐蚀、划痕、碰伤等进行外观检查，对叶根相连部位外表面进行无损探伤，宏观检查 100%，第 1～9（高）、10～16（中）、17～28（低）级应力集中部位（轮缘、热槽、汽封、平衡孔）MT 检查
		对叶片表面裂纹、侵蚀、点蚀坑等进行外观检查，对叶片表面进行无损探伤检查；叶根、拉筋孔、围带、铆钉进行无损探伤；对末三级叶片工作面进行 MT 检查，对司太立合金进行无损检查；销钉检查
		对汽缸及喷嘴进行检查：内外缸及喷嘴宏观检查，高应力区无损检查；汽缸结合面无损探伤检查；缸体高温高应力区金相、硬度测试
		对高温螺栓进行检查：大于 M32 螺栓，进行表面裂纹、腐蚀、划痕、碰伤等外观检查，以及硬度、金相、无损探伤检查
		对主蒸汽管道、再热蒸汽管道、调速汽门进行外观检查，以及硬度、金相、无损探伤检查
		对轴瓦检查：对主轴承乌金脱胎、龟裂等缺陷进行无损探伤检查
发电机本体部件技术状况检查		对发电机转子检查：对表面裂纹、腐蚀、划痕、碰伤等进行外观检查，对转子体进行无损探伤检查，以及硬度测试
		对发电机护环进行外观检查，以及金相、硬度检查；无损探伤检查
压力容器		对除氧器、给水加热器、定期排污扩容器、连续排污扩容器、氢罐、空气罐等涉及系统安全稳定运行的压力容器，按照国家特种设备法规进行检查
主汽管道、高温再热蒸汽管道		对外部表面裂纹、划痕、沟槽和管座角焊缝裂纹等进行宏观检查，对焊缝、弯管（弯头）进行无损探伤、测厚检查，疏水、仪表、取样等管座角焊缝进行无损探伤，焊缝及直管金相组织及硬度，蠕胀测量等
给水管道		外观检查，焊口无损探伤检查，弯头无损探伤检查，弯头与直管测厚检查，三通、阀门无损探伤检查

2. 取样试验和分析

对于一些重要部件,选择典型部位进行取样,采用破坏性的试验方法,进行相应的机械性能实验并进行组织断口状况分析、化学成分及碳化物分析,获取材料的老化、腐蚀等相关数据,而后进行综合判定,进而判定材料的剩余寿命。一般来说,取样的部件包括:

(1)主蒸汽管道、再热蒸汽管道以及高温联箱:对主蒸汽管道选取典型部位割管取样,进行持久强度试验、残余寿命评估。

(2)过热器管和再热器管:对高温过热器、高温再热器选取典型部位割管取样,进行材质鉴定、老化损伤程度评定,并结合内壁氧化皮厚度进行综合寿命评估。

(3)水冷壁管:对水冷壁管选取典型部位割管取样,进行点腐蚀状况评估。

六、评估结果

1. 综合评估

(1)成套设备整体外观状况评估。

(2)高温部件(过热器管、再热器管、主蒸汽管道、高温再热蒸汽管道、高压转子等)蠕变损伤状况评估。

(3)低温部件(水冷壁管、省煤器管等)氧化、腐蚀损伤状况评估。

(4)转动部件(转子等)疲劳寿命评估。

(5)应力开裂情况评估。

(6)压力容器的安全状况等级评定。

2. 整改措施

根据综合评估结果,对于可以延长寿命继续运行的发电机组,对存在安全隐患的部件提出消缺处理或更换的措施和要求。

第三章

锅炉本体及附属部件
失效案例

第一节 联 箱 的 失 效

一、案例1：某厂600MW机组末级过热器入口联箱管座角焊缝大量开裂

1. 基本情况

某电厂锅炉为亚临界、Ⅱ型炉，锅炉型号为HG-2070/17.5-HM8，配600MW汽轮发电机组，累计运行约47000h。4号机组进行A级检修期间，发现末级过热器入口联箱管座焊缝存在大量开裂现象，开裂联箱材质为A335-P22，联箱上有5排管座，每排104根，管座材质为12Cr1MoVG。

检验发现炉前侧数第3排，管座炉后方向大量开裂，从左侧数32处管座发生开裂，裂纹沿管座角焊缝的熔合线附近扩展开裂，管座开裂形貌如图3-1-1所示，部分管座附近可见泄漏痕迹，末级过热器入口联箱管座集中开裂位置示意图如图3-1-2所示。现场具备检验条件的第四排管座未发现开裂现象，另外，通过现场宏观检查发现第1、2排管座也有开裂现象，开裂方向位于管座炉后侧，由于当时不具备检验条件，未进行检测。在后屏过热器出口联箱检查时，发现联箱左侧支吊架断裂，联箱右侧探伤孔泄漏。

图3-1-1　管座开裂形貌

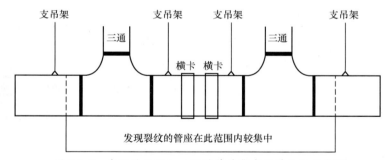

图3-1-2　末级过热器入口联箱管座集中开裂位置示意图

2. 检查分析

对管座进行取样分析，金相组织如图3-1-3～图3-1-9所示。图3-1-3为管座母材金相组织，组织为铁素体+回火贝氏体，组织球化2级。角焊缝金相组织为回火贝氏体，热影响区金相组织为铁素体+回火贝氏体，均无异常组织形貌，未发现组织老化现象。

图3-1-6～图3-1-9为管座裂纹的金相组织，由图3-1-6、图3-1-7可见裂纹萌生于焊缝热影响区。从图3-1-7可以看到，管座开裂裂纹源区的氧化皮厚度约为110μm，裂纹扩展中段的氧化皮厚度约为70μm，裂纹尖端的氧化皮厚度也达到了47μm。

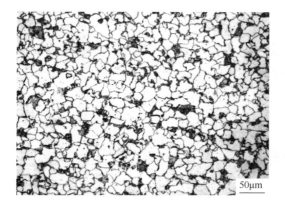

图 3-1-3　管座母材金相组织

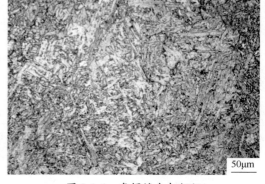

图 3-1-4　角焊缝金相组织

图 3-1-5　角焊缝小管侧热影响区金相组织

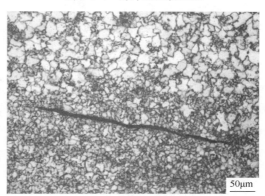

图 3-1-6　角焊缝小管侧热影响区金相组织

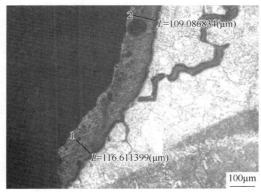

图 3-1-7　裂纹源区域金相组织

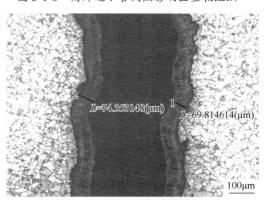

图 3-1-8　裂纹扩展中段金相组织

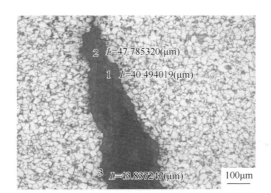

图 3-1-9　裂纹扩展尖端金相组织

对第 3 排管座开裂状况进行统计，联箱开裂状况分布如图 3-1-10 所示，从图中可见，开裂管座主要分布于三通下方以及支吊架和联箱间固定隔板附近。其中，2 个三通下方均有管座开裂以致泄漏。这表明联箱三通下方管座承受应力最大，其余开裂部位也分布在支吊架和隔板之间。末级过热器入口联箱分别与末级过热器出口联箱和末级再热器出口联箱进行刚性连接，增大了联箱的约束应力。

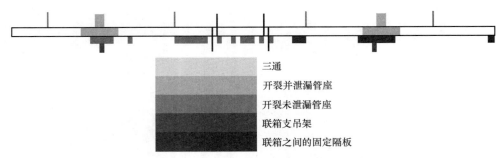

三通

开裂并泄漏管座

开裂未泄漏管座

联箱支吊架

联箱之间的固定隔板

图 3-1-10 联箱开裂状况分布（仅统计第三排管座）

比较末级再热器、末级过热器的管屏设计可以看到，只有末级过热器入口的前 3 排过热器管无膨胀弯设计。三组联箱通过刚性连接，且存在三通、支吊架等部件，导致联箱承受复杂应力状态，从管座开裂分布可以看出，三通下方承受的应力最大，但末级过热器入口联箱三通下方的第 4、5 两排管座并未发生开裂，这表明增加膨胀弯设计，可以有效释放管座承受的附加应力。

从泄漏管座表面吹损的状况来看，有 2 个管座泄漏量少，未对联箱造成明显损伤，应为大修停炉期间，工况变化导致的热应力造成管座开裂泄漏。

从取样管座的金相组织来看，过热器管母材、焊缝和热影响区组织均正常，未见组织老化现象；从开裂部位的剖面金相组织上看，裂纹表面存在较厚的氧化皮，为角焊缝早期开裂。结合前述的应力状态分析，应为机组启停负荷变化等工况下，导致管座承受交变应力，从而发生逐渐开裂。

3. 结论

结合现场检验的开裂管座分布情况、取样管座的金相组织，并联系受力状况进行综合分析，末级过热器入口联箱管座大量开裂的主要原因为入口联箱炉前数前 3 排受热面管无膨胀弯，导致该部位无法承受机组启停负荷变化带来的交变应力，从而发生逐渐开裂。

4. 知识点拓展与点评

要从开裂管座的位置和裂纹产生的具体部位，综合考虑集箱支吊架异常和管屏设计缺陷等因素，经对比发现集箱管座开裂可能由焊缝质量导致，焊缝质量差导致管座受力情况发生变化或劣化，进而使管座发生开裂失效。

二、案例 2：低温过热器入口集箱管座管孔内六方缺陷

1. 基本情况

在设备检查中发现低温过热器入口集箱管接头内部壁厚不均造成横截面形状不规则呈内六方状，

低温过热器入口集箱管接头内壁形貌如图 3-1-11 所示。集箱共有接头 390 个，大部分接头存在此问题，集箱管接头设计规格 ϕ51mm×8.5 mm，现场测量最小壁厚 7.75mm，最大壁厚 9.1mm。

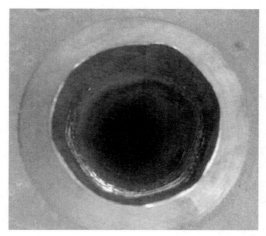

图 3-1-11　低温过热器入口集箱管接头内壁形貌

2．检查分析

内六方是指钢管内圆呈六方状，其产生于三辊定（减）径机轧制过程，多出现在减径量较大的中、厚壁钢管上。内六方产生的主要原因是钢管在减径过程中金属除了沿纵向流动外，还有一部分金属沿横向流动，即向着阻力最小点——辊缝处内壁流动，使钢管内圆呈现出有规律性的六方状。内六方一般出现在壁厚较大的管子上，是由（减）径机孔型与参数选择不合理，减径率过大导致的。

3．处理措施

由于管子内壁呈六方状，导致管子壁厚不均匀，故随机抽查进行室温力学性能试验、硬度试验、压扁试验及扩口试验，如试验结果不合格，则对管接头全部更换。

4．知识拓展与点评

内六方是由定减径时变形过大导致的。管子能否继续使用，除进行壁厚测量外，还应抽查管子的力学性能及工艺性能指标，如抗拉强度、压扁试验等是否满足技术条件要求。

另外，对于现场组合焊接对口出现错口，无法保证组合安装焊口质量的问题，可以采取对内壁进行打磨的方法解决，建议从管端开始，沿管子纵向长度不小于 20mm 的区域进行打磨。

三、案例 3：TP347H 高温过热器管弯管运行后内弧开裂

1．基本情况

2012 年 1 月 16 日，某超临界 600MW 机组的 6 号锅炉高温过热器管泄漏，并于次日停运，进入内部检查时发现标高 62m 高温过热器入口侧，左数第 1 屏的 3 根管子下方的弯管出现裂纹，其中从

内往外数第 4 根弯管的内弧面侧出现了裂纹，第 5 根弯弧背弧面侧被吹损减薄泄漏，第 6 根弯管的内弧面侧也出现了裂纹，初步确定第 6 根弯头为首爆管，TP347H 钢管弯管内弧面侧开裂如图 3-1-12 所示。经紧急消缺后 6 号锅炉于 1 月 30 日再次点火启动，2 月 10 日再次发生爆管，经查仍为高温过热器入口侧，左数第 14 屏第 4 根下弯管内弧面侧出现了环形裂纹。第 2 次泄漏形貌特征与第 1 次一致，第 1 屏第 6 根泄漏管形貌如图 3-1-13 所示。两次泄漏的弯管材质均为 SA213-TP347H，规格 ϕ51mm×11mm，弯曲角度 120°，弯曲半径 170mm。

图 3-1-12　TP347H 钢管弯管内弧面侧开裂
（第 1 屏 3 根泄漏管）

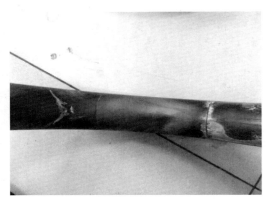

图 3-1-13　第 1 屏第 6 根泄漏管形貌
（有 2 处泄漏痕迹）

2. 检查分析

此事故出现后，对二次样品进行了化学成分分析、金相组织分析和硬度试验。其中，硬度测试位置示意图如图 3-1-14 所示，第 1 屏两根弯管不同部位环向硬度对比结果见表 3-1-1。

表 3-1-1　　　　　　　　　　　第 1 屏两根弯管不同部位环向硬度对比结果　　　　　　　　　单位：HBW

试样序号	测点					
	1 点	2 点	3 点	4 点	5 点	6 点
1-4A	149.84	150.82	151.50	157.35	151.17	154.80
1-4B	225.90	222.27	229.46	213.46	215.74	214.41
1-4C	223.41	225.22	220.02	220.58	221.70	218.85
1-4D	211.43	214.18	211.66	201.38	203.90	205.94
1-5A	148.22	150.19	151.17	141.62	141.62	144.07
1-5B	207.53	211.74	212.43	201.74	204.53	208.02
1-5C	221.14	211.23	218.02	201.90	198.47	199.43
1-5D	217.75	212.84	201.38	201.90	204.44	207.03
14-4A	152.86	150.50	148.86	150.82	150.19	151.82
14-4B	225.74	221.70	215.00	208.58	215.00	215.33
14-5A	143.76	140.10	145.10	143.15	143.76	144.07
14-5B	211.74	216.67	213.36	215.53	217.21	210.66
14-5C	213.94	215.53	209.49	209.08	211.74	214.41
14-5D	197.94	199.94	204.78	201.38	207.87	204.24

注　1-4 为第 1 屏第 4 根、1-5 为第 1 屏第 5 根、14-4 为第 14 屏第 4 根、14-5 为第 14 屏第 5 根。

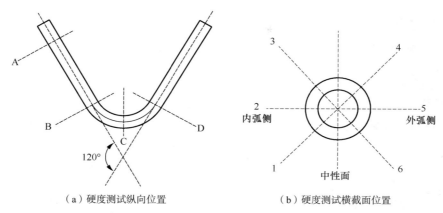

（a）硬度测试纵向位置　　　　　　（b）硬度测试横截面位置

图 3-1-14　硬度测试位置示意图（1～3 点为内弧侧，4～6 点为外弧侧）

试验结果显示，第 1 屏第 4 根弯管 A 试块硬度明显低于 B、C、D 试块硬度，平均硬度值差 70HBW，其中 B、C、D 试块内弧侧硬度高于外弧侧硬度，硬度值约差 10HBW。第 5 根弯管存在与第 4 根弯管相似的硬度值分布，只是内、外弧的硬度值差值有所减小。第 14 屏第 4、5 根弯管布氏硬度具有相似的试验结果。按照 DL/T 438《火力发电厂金属技术监督规程》的要求，TP347H 材质的管子布氏硬度不应超过 192HBW，由此可见，检验弯管的硬度值高于标准规定，并且直管段与下弯弧处硬度值差值过大。

《ASME 锅炉及压力容器规范　第 I 卷　动力锅炉建造规则》规定，在 538～677℃服役的 TP347H 钢管，冷加工后变形量大于 15% 时，应进行固溶处理；还给出了冷加工后管子弯头的应变计算公式，即

$$\varepsilon(\%)=100r/R \tag{3-1-1}$$

式中：r——管子公称外半径；

　　　ε——应变；

　　　R——管子中心线的公称弯曲半径。

结合案例具体数据，6 号锅炉高温过热器入口管下弯管的公称直径为 51mm，得出其管子公称外半径 r=25.5mm，弯曲半径 R=170mm，从而计算出弯管应变变形量刚好为 15%。也就是说，此管处于可以固溶处理和不进行固溶处理的中间状态，从经济角度考虑，此管不进行固溶处理，抗晶间腐蚀性能会下降，但经济性会更好些。

对于奥氏体钢进行冷弯加工，变形导致的加工硬化是一方面问题，另一方面是形变会诱发马氏体相变。形变量大，马氏体相变转变量也大，其力学性能的变化也大，其物理性能随之发生变化，奥氏体晶体结构为面心立方，面心立方结构是无磁性的，形变诱发形成的马氏体相变的晶体结构为体心四方结构，体心四方结构是有磁性的，因此冷弯导致弯管显现一定的磁性。在实际检验中，有人用磁铁放在直管上，察觉不到磁力作用，但在弯管上安放磁铁会明显感觉到吸力，从这一点上可看出固溶处理的效果。总之，按 ASME 标准要求，当变形量超过 15% 时，必须进行重新固溶热处理。

3. 结论

综上所述，由于冷弯工艺不当，且冷弯后未进行固溶处理，在内应力的作用下，内弧沿晶开裂，产生环向裂纹。

4．知识拓展与点评

由变形计算公式可以看出，应变量取决于弯管的外径和弯曲半径，并没有考虑壁厚的影响，如果钢管的壁厚较薄，冷弯时弯头内弧金属易于流动而充分变形，成型应变量在应变限制内，金属材料因受挤压形成的内应力小。而当钢管壁厚较厚时，冷弯时弯头的金属不易发生流动变形，而使变形量不够，尤其内弧侧金属材料受挤压，更加不容易发生金属流动，使得此区域范围承受较大的内应力，且难以释放，长期高温高压下运行，会在高应力区域产生微裂纹。而外弧侧金属易于发生流动变形，使得内应力易于释放而减小。

因此，对于小弯曲半径的弯管，弯管内弧侧的内应力要显著高于外弧侧。在不进行热处理的情况下，一个弯管在内应力的作用下会发生回弹效应，其内弧侧承受拉应力的作用，弯管回弹现象如图 3-1-15 所示。

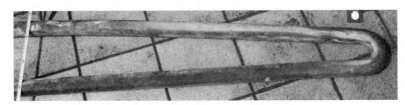

图 3-1-15　弯管回弹现象

四、案例 4：多个集箱焊缝反复出现裂纹

1．基本情况

在对某电厂二期工程 3 号锅炉集箱进行检验的过程中发现，部分集箱筒体对接焊缝、筒体与三通对接焊缝或封头焊缝存在裂纹，集箱缺陷统计见表 3-1-2。

表 3-1-2　　　　　　　　　　　　　　　集箱缺陷统计

序号	集箱名称	材质	规格（mm）	缺陷位置	处理及复检情况
1	后烟井左侧墙上集箱	SA335-P12	⌀355.6×66.68	筒体与三通对接焊缝边缘熔合线处（三通侧）存在周圈断续裂纹	缺陷处理原来裂纹位置出现新的周圈断续裂纹，扩大复检范围发现焊缝靠近三通侧熔合线处出现裂纹，处理后焊缝依然存在裂纹，同时，部分焊缝上出现细小裂纹
2	分割屏过热器进口集箱（左）	SA335-P12	⌀273.05×49.21	筒体与三通对接焊缝边缘熔合线处（三通侧）存在周圈断续裂纹	对其进行扩大复检的过程中发现其他三条焊缝熔合线处出现新的裂纹
3	炉右侧末级过热器出口集箱	SA335-P91	⌀609.6×120	两条筒体对接焊缝上存在多条细小裂纹，最长约 15mm	缺陷处理完后对其进行复检过程中发现在焊缝上出现新的细小裂纹，对其多次打磨处理检验时发现打磨后隔一定时间焊缝上会出现新的裂纹
4	水冷壁左、右侧墙下集箱	SA106-C	⌀355.6×46.05	筒体与三通对接焊缝（三通侧）熔合线处存在周圈断续裂纹	缺陷处理检验完毕后对其进行复检的过程中发现熔合线处出现新的裂纹，同时，扩大复检范围，发现原来第一次检验时无裂纹的焊缝位置出现裂纹，裂纹位置仍为三通侧焊缝熔合线处

续表

序号	集箱名称	材质	规格（mm）	缺陷位置	处理及复检情况
5	后烟井右侧墙上集箱	SA335-P12	φ355.6×66.68	筒体与三通对接焊缝边缘（三通侧）熔合线处存在裂纹1处，长约12mm	打磨消除
6	省煤器进口集箱	SA106-C	φ660.4×101.6	四条筒体对接焊缝熔合线处存在周圈断续裂纹	复检时发现3条焊缝依然存在裂纹
7	分隔屏过热器出口集箱（左、右）	SA335-P12	φ406.4×77.79	左集箱三通与筒体两对接焊缝（三通侧）熔合线处存在断续裂纹，右集箱一筒体与封头对接焊缝处存在长约15mm裂纹	打磨消除
8	后屏过热器进口集箱	SA335-P12	φ335.6×65.1	三通与筒体对接焊缝（三通侧）熔合线处存在断续裂纹	打磨消除
9	炉顶过热器进口集箱	SA335-P12	φ323.85×55.57	三通与筒体对接焊缝（三通侧）熔合线处存在断续裂纹	打磨消除
10	分隔屏过热器进口集箱（右）	SA335-P12	φ273.05×49.21	焊缝（三通侧）熔合线处存在2处长约10mm的裂纹；另一条焊缝三通侧熔合线处存在断续的细小裂纹，筒体侧熔合线处存在1处长约10mm横向裂纹	打磨消除
11	后屏过热器出口集箱	SA335-P91	φ406.4×60.3	封头焊缝上存在两条长分别约为25mm和15mm裂纹	打磨消除
12	水冷壁前墙上集箱	SA335-P12	φ273.05×46.03	右侧封头焊缝存在长约6mm裂纹	打磨消除
13	省煤器出口集箱	SA106-C	φ406.4×60.3	钢印端第1条筒体对接焊缝存在一条长约18mm裂纹缺陷	打磨消除

　　根据统计情况，3号锅炉的受热面集箱共计41个，筒体与三通存在裂纹的集箱数量为10个，材质为SA335-P12的有7个，材质为SA106-C的有2个；筒体对接焊缝存在裂纹的为3个，材质分别为SA106-C（2个）和SA335-P91（1个）；封头焊缝上存在裂纹的2个，材质分别为SA335-P91和SA335-P12。筒体与三通、筒体对接焊缝存在裂纹缺陷的共计13个，封头焊缝存在裂纹的2个，复检存在裂纹的集箱共计6个（共计复检6个，部分为扩大复检过程中发现在原来未见裂纹位置出现新的裂纹）。裂纹样貌如图3-1-16～图3-1-19所示。

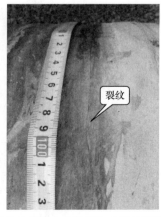

图3-1-16　后烟井左侧墙上集箱筒体三通对接焊缝熔合线处裂纹

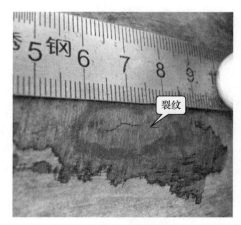

图3-1-17　末级过热器出口集箱筒体对接焊缝裂纹

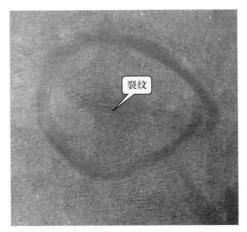

图 3-1-18　省煤器进口集箱筒体对接焊缝裂纹　　图 3-1-19　后屏过热器出口集箱封头焊缝裂纹照片

2. 检查分析

通过现场检查分析及赴集箱制造厂家现场检查和了解发现，主要存在以下问题：

（1）集箱的热处理工艺制定合理，符合规程要求，但是在执行过程中的控制不严格。如工艺要求工件热处理温度降到 400℃（或 300℃，根据工件不同制定）以下降温速度可以不进行控制，而厂家却在此温度将工件出炉。现场实地查看，炉车与厂房墙距离大概 4m，墙上与炉车高度相当的窗户大部分敞开，与大门距离大概 10m，厂房大门敞开，炉车两侧的墙上分别有 4 个大规格电扇不间断工作，炉车周围的通风环境非常好，所以工件在出炉后工件上部与工件下部、工件内壁的降温速度应该有较大差异，为应力的产生提供了条件。

（2）所有集箱无论长短只有两个支撑架，有些尺寸较长的工件中部明显下弯，该种支撑方式不合适。

（3）工件在吊装过程中吊点定位欠考虑，没有采取有效可靠的防变形措施。

（4）厂家在对集箱管座的磁粉检测过程中采用的是触头法，该方法在触头与集箱筒体接触时会产生电火花，对于 T91 和 P91 等高合金材质的工件是不适合的，也许会造成隐患。同时厂家的磁粉探伤报告只有最终结果没有过程记录，且存在较严重的漏检现象，无法对此次集箱反复出现裂纹的事件分析提供出厂前的数据资料。超声波探伤报告中扫查方向的确定与实际工作中的具体实施有较大差异。

3. 结论

综上所述，该集箱发生开裂的主要原因为制造过程中热处理过程执行不严格，由于周围环境的因素，使得工件在出炉后工件上部与工件下部、工件内壁的降温速度产生较大差异，产生了较大的应力，进而引起开裂。

4. 知识拓展与点评

对于集箱和中、厚壁管件制造过程，应严格控制热处理工艺并按工艺执行，精确控制部件的加热和冷却速率，这是由于壁厚较大，外壁与内部冷却速率差异较大，易产生较大的内应力，可能导致部件发生变形或开裂。

第二节　联 络 管 的 失 效

一、案例 1：壁式再热器至中温再热器联络管弯头内壁网状裂纹分析

1. 基本情况

某电厂 8 台锅炉设备均为同类型电站锅炉，其中 1、2 号机组锅炉型号为 DG1025/177-Ⅱ型，3、4 号机组锅炉型号为 DG1025/18.4-Ⅱ（3）型，5、6、7、8 号机组锅炉型号为 DG1025/18.4-Ⅱ（4）型，8 台锅炉均为亚临界、一次中间再热、自然循环、全悬吊、平衡通风、燃煤汽包炉。

在锅炉定期检验过程中，检验技术人员发现几台锅炉炉顶壁式再热器（低温再热器）出口联箱至中温再热器联箱的蒸汽连接管道上的（顺汽水流动方向）弯头，其背弧内表面长期运行后出现网状裂纹缺陷，且同类型锅炉已经更换弯头数个，给锅炉安全、稳定运行带来较大影响。联络管弯头形貌、内壁网状裂纹分别如图 3-2-1 和图 3-2-2 所示。

图 3-2-1　联络管弯头形貌　　　　　　　　　图 3-2-2　内壁网状裂纹

该电厂 8 台锅炉为同类型锅炉，其再热蒸汽系统流程依次分三级，即壁式（低温）再热器、中温再热器和高温再热器。壁式再热器出口联箱设置在锅炉前部左右两侧，至中温再热器联箱之间采用大口径蒸汽管道连接，锅炉炉顶过热、再热系统管道示意图如图 3-2-3 所示。管道中间设置再热减温器，对再热蒸汽系统起到辅助性的减温作用，再热减温器结构示意图如图 3-2-4 所示。减温器前后各连接一个 90°弯头，顺蒸汽流动方向，左右两侧再热减温器后连接的碳钢焊接至弯头内壁，经检测多次发现网状裂纹。

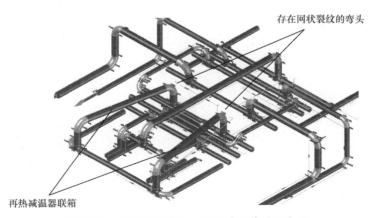

图 3-2-3　锅炉炉顶过热、再热系统管道示意图

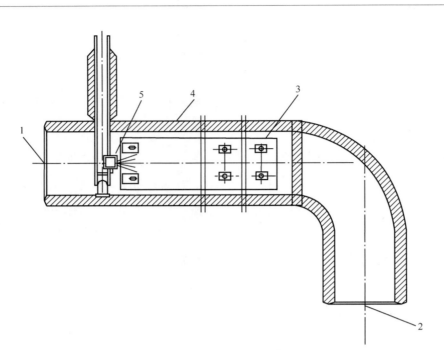

图 3-2-4　再热减温器结构示意图

1—蒸汽入口；2—蒸汽出口；3—内套筒；4—筒体；5—喷头

注　图中黑色加粗线为对接焊缝。

再热减温器规格为 ϕ609.6mm×30mm,其汽轮机排汽后低温再热器系统入口设计压力为 3.81MPa,设计温度为 387℃，壁式再热器对流受热面的面积为 413.8m^2,管内介质进口温度是 326℃，出口温度 384℃（387℃），中温再热器对流受热面的面积为 2013.7m^2，烟气进口温度 1031℃，出口温度为 909℃，管内介质进口温度 384℃（即经减温后的温度），出口设计温度是 486℃。

2 号锅炉在 2010 年 8 月检修中发现，锅炉左侧壁式再热器至中温再热器联络管弯头内壁存在网状裂纹，2 号炉弯头内壁网状裂纹形貌如图 3-2-5 所示，电厂对其进行了更换，该锅炉投产时间是 1992 年 5 月 19 日，弯头运行时间大约为 12.5 万 h。

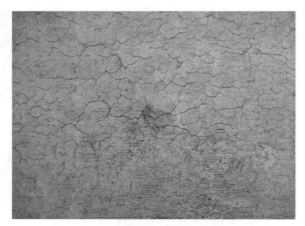

图 3-2-5　2 号炉弯头内壁网状裂纹形貌

3 号锅炉在 2011 年 4 月机组通流改造检修过程中发现，锅炉左、右两侧壁式再热器至中温再热器联络管弯头内壁均存在网状裂纹，该锅炉投产时间是 1994 年 10 月 16 日，运行时间大约为 11.8 万 h。

　　7 号锅炉投产时间是 2000 年 12 月 17 日，在 2010 年 9 月大修过程中，经无损探伤检测锅炉左、右两侧壁式再热器至中温再热器联络管弯头内壁均存在网状裂纹，锅炉运行时间是 7.6 万 h。

　　8 号机组 2001 年 8 月 27 日投产，在 2009 年 2 月检修过程中，发现壁式再热器至中温再热器联络管弯头存在网状裂纹，第一次更换锅炉左右侧 2 个弯头，运行至 2011 年 9 月，在大修锅炉定期检验过程中，再次发现左侧联络管弯头内壁存在网状裂纹，电厂对其进行了更换。

　　低温再热器联络管弯头为碳钢焊接制管件，根据调研及查找相关资料，这种大口径焊接制管件弯头制造过程一般如下：第一种无缝大口径管件弯头，如 ASME 标准中的 A106C 碳钢材料，采用热轧直管后直接弯管或者热推完成该类型管件弯头；第二种多是单道焊缝管件弯头，一般是采用较厚碳钢板材料，经过卷板机卷板矫正后，进行氩弧打底焊接，最后进行热推、热扩弯管等工艺成型管件；第三种是最常见的一种，也是该项目分析的管件弯头制造过程，采用两块同样大小厚度钢板，在下料前进行尺寸测量，符合要求后将钢板制造成梯形，然后运用所需规格的模具进行热冲压形成"西瓜皮型式"的半个弯头，另一半也同样制造，最后将两半进行焊接，并进行热处理成型。此类焊接管件弯头制造时，按照 GB/T 13401《钢制对焊管件　技术规范》的要求执行，成型后的碳钢焊接制管件一般根据不同厚度采用不同温度的热处理工艺。

　　2. 检查分析

　　（1）弯头无损检测结果分析。在锅炉定检过程中，经常采用数字化超声探伤仪器对大口径蒸汽连接管道弯头背弧外壁表面进行扫查检测，对壁厚为 30mm 的碳钢焊制管件，使用超声波仪器的探头 K 值为 1 或 1.5 两种。经现场检测分析，超声波仪器中的反射波信号超过了当量判废曲线，弯头内壁超标缺陷出现了判废情况，超声波检测情况如图 3-2-6～图 3-2-8 所示。对弯头内壁缺陷超标部位，附加衍射时差超声波（TOFD 方法）进行精确扫查检测，TOFD 扫查结果如图 3-2-9～图 3-2-11 所示，进一步确认弯头背弧内壁缺陷的性质。

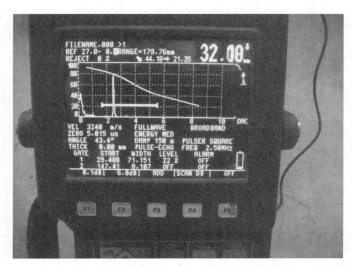

图 3-2-6　2 号炉弯头背弧外表面超声波扫查结果曲线（仪器显示界面）

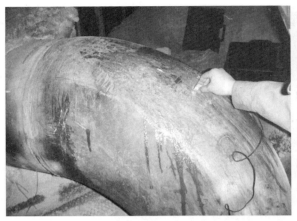

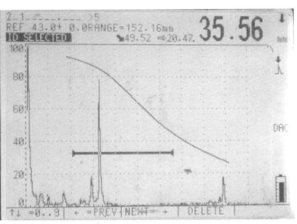

图 3-2-7　3 号炉弯头背弧外表面超声波扫查检测情况　　　图 3-2-8　3 号炉弯头背弧外表面超声波扫查结果曲线

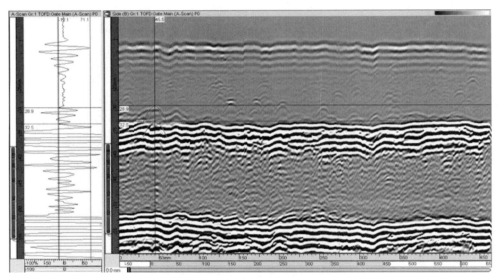

图 3-2-9　2 号炉弯头背弧焊缝中心附近 TOFD 扫查结果

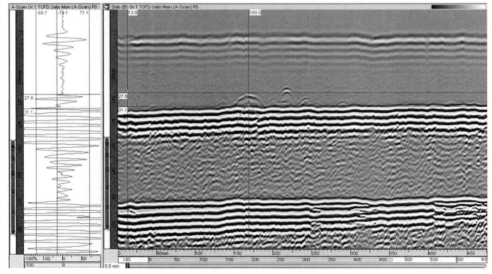

图 3-2-10　2 号炉弯头背弧母材 TOFD 扫查结果

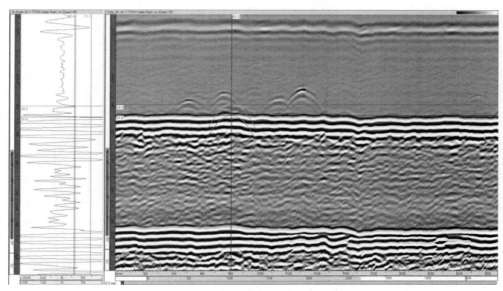

图 3-2-11　3 号炉弯头背弧母材 TOFD 扫查结果

现对 2、3 号炉现场低温再热器蒸汽联络管弯头无损检测结果分析如下：电厂 2、3 号炉弯头背弧外表面的常规超声波扫查结果显示，超声波探伤仪发现弯头内壁存在大量超过当量判废曲线的回波信号，且移动仪器探头时这种超标判废回波信号此起彼伏，在弯头内壁区域面积较大，经分析判断弯头内壁缺陷性质为裂纹缺陷，且分布在内壁表面区域较大，缺陷主要集中在弯头背弧内壁中、上部及内壁焊缝两侧熔合线区域。

为进一步分析弯头背弧内壁裂纹缺陷性质，同时采用 TOFD 方法检测技术在弯头外弧对内壁裂纹开裂形貌特征及深度进行了检测分析，衍射时差法超声波 TOFD 扫查结果显示，2、3 号炉弯头背弯内壁中上部及焊缝两侧区域存在大量裂纹形貌特征的缺陷，裂纹在背弧正应力方向深浅不一，基本符合网状裂纹开裂特征，弯头背弧及焊缝附近裂纹正应力方向的深度为 3～5mm。

（2）弯头的宏观形貌特征检查分析。壁式再热器至中温再热器联络管弯头，采用碳钢焊制管件 90°型式弯头。弯头存在 2 条对接焊缝，焊缝位于在整个弯头管件中间。经测量弯头背弧外弧长约为 1480mm，内弯外弧长约为 520mm，管件外径设计规格为 610mm，壁厚为 30mm。现场经超声波及 TOFT 检测后，电厂对背弧内壁开裂的弯头进行了更换，同时对开裂的弯头内壁表面进行磁粉探伤检测试验，2 号炉弯头内壁表面形貌、内壁形貌如图 3-2-12 和图 3-2-13 所示。试验结果显示，弯头内壁存在大量网状磁痕聚集显示，内壁存在网状裂纹开裂，这与前述超声波检测结果一致。弯头内壁网状裂纹主要集中在弯头内壁中上部区域及背弧焊缝两侧附近区域。观察弯头背弧内壁发现，网状磁痕聚集线较严重部位是在弯头内壁存在凹坑及焊缝两侧熔合线附近。相对母材，弯头焊缝在熔合线区域较容易引起材料表面的不连续性，造成应力相对较大，且背弧内壁表面的凹坑部位更能引起局部应力集中，加速了裂纹的扩展。

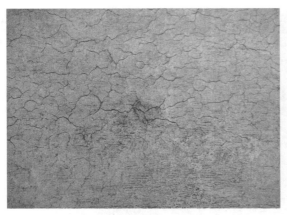

图 3-2-12　2 号炉弯头内壁表面形貌

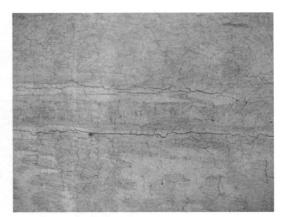

图 3-2-13　2 号炉弯头内壁形貌

2 号炉弯头内壁网状裂纹打开前形貌如图 3-2-14 所示，弯头背弧内壁表面存在网状裂纹，在试样反向弯曲后，内壁表面裂纹沿着磁痕显示严重部位从内壁向外壁开裂，开裂后灰色金属颜色部分为金属材料新茬。这一弯曲折断试验直观地反映出弯头内壁存在网状裂纹开裂形貌特征，且裂纹是在壁厚方向上存在一定的开裂深度。

图 3-2-14　2 号炉弯头内壁网状裂纹打开前形貌

（3）弯头内壁产生的温差应力分析。由于低温再热器联络管道上设置再热减温器，减温"冷水"相对弯头管道内蒸汽介质温度低很多，直接击打在弯头内壁会形成热应力，导致弯头内壁容易形成疲劳损伤。管道弯头内壁除受蒸汽介质的一次应力外，还要考虑由温差给管道造成的热应力，即二次应力。415℃、390℃弯头背弧热应力模拟分析结果如图 3-2-15 和图 3-2-16 所示。

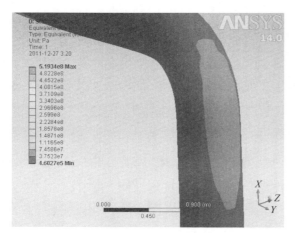

图 3-2-15　415℃弯头背弧热应力模拟分析结果

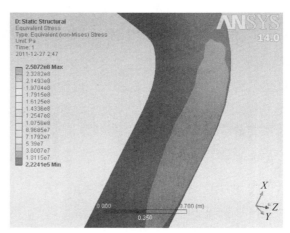

图 3-2-16　390℃弯头背弧热应力模拟分析结果

通过模拟计算分析，在再热减温水量为 5～20t/h、蒸汽介质温度为 415℃情况下，弯头背弧内壁产生的热应力为 75～185MPa；蒸汽介质温度为 390℃情况下，弯头背弧内壁产生的热应力为 35～85MPa。

（4）弯头内壁局部产生的峰值应力分析。低温再热器联络管弯头采用钢制焊接管件设计，在弯头内壁对接焊缝部位势必造成材料组织成分存在一定差异，具有不连续性；同时弯头内壁不光滑存在凹坑，在一定程度上致使表面结构不连续，导致局部地区存在应力集中较大。

综合三种应力分析计算结果可知，低温再热器联络管弯头内壁产生的热应力是较大的，管道内壁所受的一次应力和峰值应力已经超过了设计时钢板材料的许用应力 90MPa。更为严重的是，在极限情况下三种应力综合结果超过了弯头材料在工作状态下的屈服强度，引起材料发生塑性形变损伤。

3. 裂纹产生的原因分析及机理

从锅炉设计结构及运行工况分析，锅炉运行过程中温再热器系统出现超温工况时，电厂投入的再热减温水比较频繁而且用量较大。再热减温器喷头受介质冷热交变应力影响，在雾化装置的方块状喷头变截面部位容易开裂。由于减温水压力高于内部蒸汽介质压力，且温差较大，致使再热减温"冷水"在雾化行程余量较小的管道内会直接击打到弯头内壁，形成较大温差热应力，长期运行后会在内壁造成热疲劳损伤，形成网状裂纹开裂。且在弯头内表面存在凹坑及焊缝局部不连续、应力集中较大部位，这种网状裂纹开裂特征越明显。综上，再热减温水长期使用是造成弯头内壁形成较大温差应力而引起网状开裂的主要原因。

从弯头材料化学成分分析可知，弯头制造加工时采用的钢板材料符合 GB/T 713《锅炉和压力容器用钢板》中的 20g 钢的要求。经分析，弯头材料的化学元素成分基本符合标准的要求，但弯头取样金相及电镜试验分析显示，金属材料内部含有较多条带状硫化物夹杂，最长为 300～400μm，且在断口表面具有明显分层特征，这在一定程度上影响了弯头钢板材料的力学性能指标和材料本身抗疲劳的能力。

力学性能试验数据显示，弯头取样材料的力学性能指标是合格的，但室温抗拉强度 R_m 处于标准中较低水平，在一定程度上适当降低材料的硬度和疲劳极限，影响了材料抵抗疲劳的能力。弯头焊缝部位室温下的塑性指标不高，在一定程度上也反映此部位抵抗塑性疲劳的能力相对较弱。从高温力学试验数据分析可知，弯头材料在工作温度下的屈服强度 $R_{p0.2}$ 基本接近标准下限，说明弯头钢板材料在工作状态下，抵抗起始塑性变形抗力较弱，易产生塑性变形失效，对于承受热应力较大的弯头内壁是不利的。此外，焊缝部位在工作温度下断面延伸率也不高，在一定程度上影响材料抵抗塑性变形的能力。

从金相组织特征分析，裂纹比较容易在内壁凹坑及焊缝附近起始开裂，以穿晶形式向外壁延伸，裂纹内部存在氧化产物。同时，在材料金相组织中，发现条状夹杂物横穿铁素体晶粒内部。这一现象与扫描电镜观察到的冲击断口表面分层形貌结果相对应。电镜下观察网状裂纹打开后的起始部位，裂纹以穿晶的形式存在，与金相组织观察到的特征相互一致。同时，在裂纹开裂的起始部位观察到贝壳状条纹。以上金相组织和断口形貌均具有塑性疲劳开裂形貌特征，说明弯头内壁网状裂纹的形成与表面受到交变载荷的热应力有关。

从弯头内壁所受应力计算分析可知，管道内壁所受蒸汽介质的一次应力不超过设计时的许用应力，且壁厚选择也没有问题。但弯头内壁受到因温差引起的热交变应力较大，两种应力叠加后超过了材料在工作温度下的许用应力及工作温度下的屈服强度。在此种情况下，弯头钢板材料极易产生塑性疲劳失效，给锅炉安全运行带来极大影响。特别是在弯头内壁表面凹坑及焊缝等结构峰值应力较大部位，塑性疲劳开裂会更严重。

4. 结论

低温再热器联络管弯头内壁产生网状裂纹的主要原因是再热减温器长期大量投入减温水后，减温"冷水"直接击打在弯头内壁表面，较容易造成因温差引起的热疲劳开裂。同时，弯头钢板材料本身存在一定程度的缺陷，降低了材料抵抗疲劳的能力，加速了网状疲劳裂纹的出现。

5. 知识拓展与点评

（1）电厂机组实际运行情况分析。根据国家电网公司"两个细则"要求，电厂在实际运行中机组负荷升降速率较快，由原来的 3000~5000W/min 变化为 8000~9000W/min，极限情况为机组在十几分钟或 20min 内从 150MW 升至 300MW，且机组负荷升降的变化频率较频繁，锅炉再热系统超温严重，致使再热减温水投入量大。

按照电厂原设计煤种及东方锅炉厂设计要求，再热减温水是在机组启停过程中投入使用，且运行过程中主要靠调整燃烧器控制汽温变化方式，再热减温器减温水使用只作为微调辅助手段。因此，再热减温水从设计上取自给水泵抽头，即除氧器的除氧水，其压力和温度相对较低，容易控制，而没有取高压加热器后给水，以节能、经济角度考虑也是合适的。

最近几年电池燃烧煤质情况发生了变化，主要是燃烧煤质发热量变化较大，机组在运行时调整燃烧器角度有限情况下，采用了加大减温水方法来控制再热汽温的措施，增加了再热减温水的投入量。

（2）反措技术方法研讨。

1）从减温器喷头结构方面考虑。按照原设计要求，再热减温水不需大量投入，结构符合设计要求。然而实际情况中，需要投入大量减温水保证锅炉正常运行，从锅炉设计结构上无法改变减温器联箱长度，增加减温水雾化行程，以减少弯头内壁温差应力。

考虑减温器喷头结构形式，也可采用单进双喷头式，增加雾化效果和控制减温水流量，可进一步降低减温水压力，减少减温水雾化行程，防止减温"冷水"直接与弯头内壁接触，降低内壁温差应力，同时也保证锅炉受热面及出口汽温。

2）从弯头材料方面考虑。低温再热器联络管弯头材料表面宏观状态、金相组织、夹杂物及力学性能等在一定程度上影响了材料抵抗热疲劳的能力。按原设计弯头为碳钢材料（20 号钢）是满足运行工况要求的，换用其他高等级材料，在安装过程中存在异种钢焊接及管道受热膨胀后应力的问题，建议不更换材料等级。

为提高弯头材料在工作状态抵抗疲劳损伤能力，可更换无缝弯头管件，对内表面进行打磨处理增加表面粗糙度。同时，按照相关技术标准，控制弯头材料的力学性能指标、热处理工艺指标和金相组织特征等。

3）从机组运行方面考虑。优化机组运行方案，恢复原设计以锅炉摆动燃烧器来调节再热汽温为主的运行方式，每个运行班组可进行一次锅炉燃烧器的全过程手动摆动操作过程。定期校对燃烧器摆角，维护燃烧器摆动机构部件，保证燃烧器同步，防止燃烧器摆角机构卡涩。针对机组负荷变化较大且频繁，热工信号空置、延时等情况，控制锅炉煤粉投放时间及用量，监视减温水流量及出口汽温。

4）从减温水温度方面考虑。再热系统减温水温度为 150～170℃，而弯头内部介质蒸汽最高温度可达到 410℃左右，形成的温差较大，导致管内壁热应力较高，且再热减温水压力（6～10MPa）相对于蒸汽介质压力（2～3.5MPa）高，经过往复多次循环后，形成热交变应力，在弯头内壁形成网状疲劳裂纹。

提高再热减温水温度、降低温差、取高压加热器后给水均是比较有效降低热应力的办法。但以上方法会使减温水母管的温度和压力有所提高，管道上需要增加减压阀和控制阀，使用前需经核算。

二、案例2：屏式过热器出口导汽管爆管

1. 基本情况

某火电厂 1 号炉北侧 49m 后屏出口导汽管发生爆管，现场爆口形貌如图 3-2-17 所示，该导汽管材质为 12Cr1MoVG，规格为 ϕ159mm×12mm。事故导汽管自机组投运以来，未进行过更换，已运行超过 20 万 h，炉顶导汽管布置如图 3-2-18 所示。

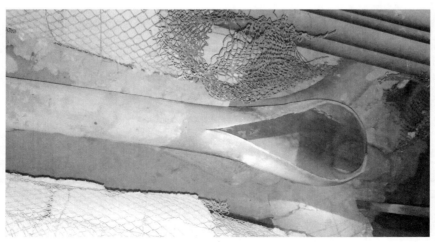

图 3-2-17　现场爆口形貌

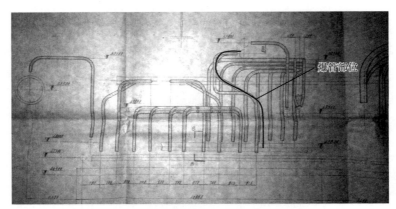

图 3-2-18　炉顶导汽管布置

2．检查分析

（1）爆口形貌分析。初步观察，爆口沿弯管背弧纵向开裂，开口尺寸约为 950mm×400mm，弯管两侧侧弧部位可见纵向分布的管壁开裂。管壁无明显减薄，爆口及开裂部位均为脆性断口特征，管子内外壁较为光滑，未见明显腐蚀、疲劳损伤痕迹。爆口形貌如图 3-2-19 所示。

图 3-2-19　爆口形貌

观察外弧中心爆口的断口宏观形貌（见图 3-2-20）可见，断口表面存在人字纹特征，在断口内壁可见断裂形成的剪切唇。观察开裂部位宏观形貌（见图 3-2-21）可知，中心爆口是由外壁向内壁扩展，中断区与管壁呈 45°，为切应力导致的剪切断口。

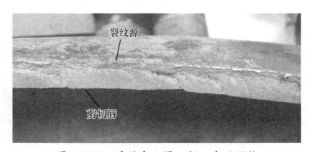

图 3-2-20　外弧中心爆口断口宏观形貌

剪切唇

图 3-2-21　开裂部位宏观形貌

（2）化学成分分析。通过直读光谱仪对材料成分进行测试，化学成分分析结果见表 3-2-1，从表中可见，S 含量不符合 GB/T 5310《高压锅炉用无缝钢管》的要求，其余合金含量均在标准范围内。

表 3-2-1　　　　　　　　　　　　　　　化学成分分析结果

化学成分	C	Si	Mn	P	S	Cr	Mo	V	Bal.
GB/T 5310 要求含量	0.08～0.15	0.17～0.37	0.40～0.70	≤0.025	≤0.010	0.90～1.20	0.25～0.35	0.15～0.30	—
爆口附近含量	0.108	0.314	0.526	0.011	0.022	1.12	0.285	0.158	—
爆口远端含量	0.107	0.307	0.516	0.011	0.020	1.11	0.291	0.158	—

（3）力学性能试验分析。

1）硬度试验。通过 XHB-3000 型布氏硬度计对取样剖面进行布氏硬度测试，布氏硬度测量结果见表 3-2-2。根据结果分析可知，爆口附近和爆口远端取样的布氏硬度值均符合 DL/T 438《火力发电厂金属技术监督规程》的要求。

表 3-2-2　　　　　　　　　　　　　　　布氏硬度测量结果

硬度		布氏硬度 HBW2.5/187.5	显微维氏硬度 HV5
DL/T 438 的要求		135～179	—
爆口附近	1 号	171	179
	2 号	171	172
	3 号	175	184
爆口远端	1 号	156	156
	2 号	158	154
	3 号	156	158

2）室温拉伸试验。沿管壁纵向取直径 ϕ5mm，比例系数 K=5.65 圆棒拉伸试样，进行室温拉伸试验，室温拉伸试验结果见表 3-2-3，分析结果可知取样室温力学性能均符合标准要求。

表 3-2-3　　　　　　　　　　　　　　　室温拉伸试验结果

试验结果	抗拉强度 R_m（MPa）	规定非比例延伸强度 $R_{p0.2}$（MPa）	断后伸长率 A（%）	断面收缩率 Z（%）
GB/T 5310 的要求	470～640	≥255	≥21	—
1	567	—	26.5	72

续表

试验结果	抗拉强度 R_m（MPa）	规定非比例延伸强度 $R_{p0.2}$（MPa）	断后伸长率 A（%）	断面收缩率 Z（%）
2	540	419	29	72
3	541	426	30.5	73

3）冲击性能试验。沿着管壁纵向取 10mm×10mm×55mm 的 V 形缺口冲击试样，在室温下进行冲击性能试验，室温冲击性能试验结果见表 3-2-4，从表中可见，取样室温冲击性能均符合标准要求。

表 3-2-4 室温冲击性能试验结果

试验结果	冲击吸收功 KV_2（J）
GB/T 5310 的要求	≥40
1	173
2	174
3	198

（4）金相组织分析。从爆口附近和爆口远端分别取样进行金相组织分析，结果如图 3-2-22～图 3-2-27 所示。

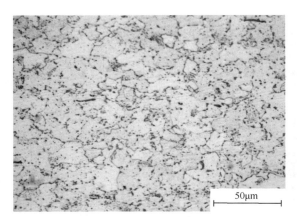

图 3-2-22 爆口附近金相组织

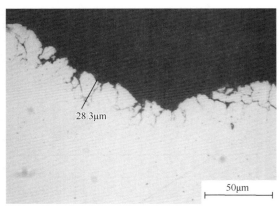

图 3-2-23 爆口附近外壁未侵蚀微观形貌

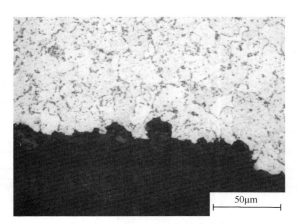

图 3-2-24 爆口附近内壁金相组织

图 3-2-25 爆口远端金相组织

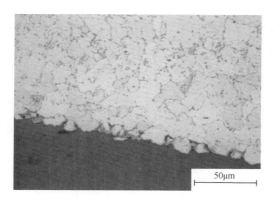

图 3-2-26 爆口远端内壁金相组织

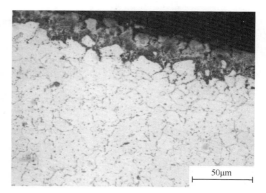

图 3-2-27 爆口远端外壁金相组织

爆口附近显微组织为铁素体+回火贝氏体，碳化物明显球化，按照 DL/T 773《火电厂用 12Cr1MoV钢球化评级标准》进行评级，可以评为 4 级（完全球化），在未侵蚀的情况下观察试样外壁附近，可以看到大量微观裂纹，深度约为 28μm，爆口部位内壁未见微观裂纹。

爆口远端的金相组织为铁素体+回火贝氏体，碳化物球化为 3.5 级（图 3-2-25），管子内外壁表面均可见微观裂纹，如图 3-2-26 和图 3-2-27 所示。

爆口部位剖面取样金相组织如图 3-3-28～图 3-2-31 所示，爆口部位外壁金相组织和管壁中间部位金相组织均可见大量蠕变孔洞和晶间裂纹，爆口部位内壁金相组织（图 3-2-21 中剪切唇尖端的金相组织形貌）可见晶粒明显发生变形。

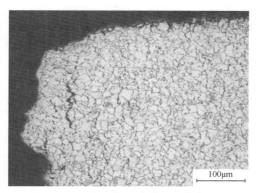

图 3-2-28 爆口部位外壁剖面金相组织

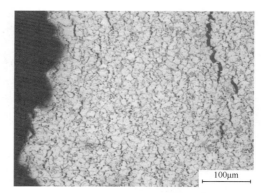

图 3-2-29 爆口部位中间剖面金相组织

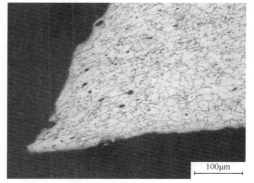

图 3-2-30 爆口部位内壁剖面金相组织

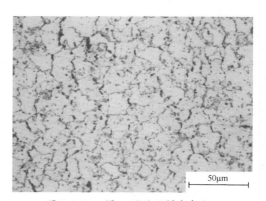

图 3-2-31 爆口附近母材金相组织

纵向取样并进行机械抛光处理，可见在纵剖面上存在较多的灰色条状分布的夹杂物（图 3-2-32、图 3-2-33），按照 GB/T 10561《钢中非金属夹杂物含量的测定　标准评级图显微检验法》中的 A 法评级，为 A 类夹杂物，在 100 倍纵向抛光平面上取 0.5mm² 正方形范围，测量夹杂物尺寸，按照 GB/T 10561《钢中非金属夹杂物含量的测定　标准评级图显微检验法》中的计算方法，爆口附近为 A 类夹杂物 3.8 级，爆口远端为 A 类夹杂物 3.0 级。

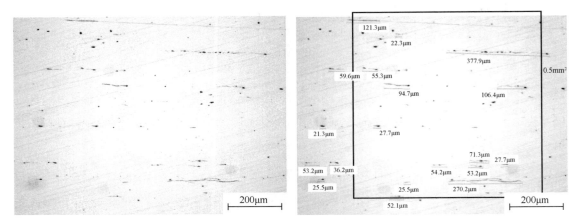

图 3-2-32　爆口附近纵剖面抛光形貌及夹杂物尺寸

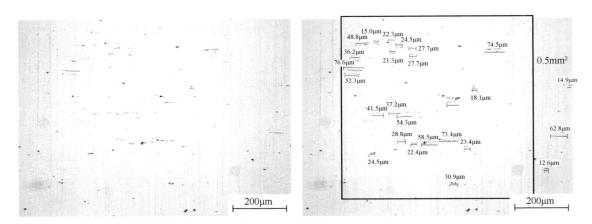

图 3-2-33　爆口远端纵剖面抛光形貌及夹杂物尺寸

3. 综合分析

从爆口形态上看，爆口部位开口较大，管壁无明显减薄，爆口及开裂部位均为脆性断口特征，管子内外壁较为光滑，未见明显腐蚀、疲劳损伤痕迹。取样进行室温拉伸性能、室温冲击性能和硬度测试，均符合相关标准要求。

根据 GB/T 5310《高压锅炉用无缝钢管》中的要求，钢管中的非金属夹杂物按 GB/T 10561《钢中非金属夹杂物含量的测定　标准评级图显微检验法》中的 A 法评级，其 A、B、C、D 类各类夹杂物的细系级别和粗系级别应分别不大于 2.5 级。爆口附近为 A 类夹杂物 3.8 级，爆口远端为 A 类夹杂物 3.0 级，不符合标准要求。夹杂物沿管子纵向分布，会导致垂直于夹杂物方向的综合力学性能显著下降，而在蒸汽内压下，管壁的应力方向正是垂直于夹杂物方向。

从金相组织上看，导汽管爆口附近组织球化为 4 级，且外壁存在 28μm 深的微观裂纹，爆口远端组织球化为 3.5 级，但内外壁均可见微观裂纹。爆口部位外壁可见明显蠕变孔洞和蠕变裂纹，内壁为变形组织，这表明爆口是从外壁开始开裂，在运行工况下，导汽管外壁表面裂纹尖端的应力水平高于正常管壁的应力水平，且导汽管经过 20 多万 h 的运行，高温性能会逐渐下降，这些因素都会导致导汽管的安全性下降。

4．结论

管子爆管是由强度不足造成的。管子母材中夹杂物超标、组织老化，以及内外壁表面可见的微观裂纹，均造成导汽管实际许用应力下降，管壁压力超过最大可承载负荷，从而发生爆管。

5．知识拓展与点评

加强锅炉管的原材验收和服役期间的金属技术监督，原材验收时严格按照 GB/T 5310《高压锅炉用无缝钢管》的要求对原材钢管进行夹杂物、金相组织和力学性能等方面的检验；服役期间对于运行达到或超过 20 万 h、工作温度不低于 450℃的蒸汽管道，应进行材质评定和寿命评估。

第三节　阀门的失效

案例：主给水电动闸阀阀体裂纹

1．基本情况

某火电厂 310MW 机组 4 号高压燃煤锅炉于 2014 年进行内部检验，该锅炉额定出力为 410t/h，设计压力 9.9MPa，出口温度 540℃。检验过程中抽取锅炉 9m 给水间的主给水 1 号阀门壳体进行表面无损检测，该主给水阀门为电动闸阀，2008 年 4 月制造，型号为 Z962Y-20，公称压力 P_N=20MPa，公称通径 D_N=225mm，最高使用温度 T_{max}≤427℃，阀体材质为 WCB。对阀门进行磁粉检测时发现阀体表面存在多处表面裂纹，其中最长一处约 40mm，表面裂纹实拍状况如图 3-3-1 所示。随后电厂经数次打磨处理、复检，详细确认了裂纹的位置，裂纹分布由外表面向内最深达阀体的 15mm 处，因打磨较深，未进行补焊处理，决定更换新阀门。电厂

图 3-3-1　表面裂纹实拍状况

发现此问题后决定扩检，又分别对 4 号炉 2 号阀门及 3 号炉 1、2 号阀门进行了表面无损检测，结果均发现存在同类型的裂纹缺陷，于是对这些问题阀门全部进行了更换。

2. 检查分析

经宏观检查，裂纹分布在阀门肩部，取样阀门宏观形貌如图 3-3-2 所示；在裂纹处将阀体沿壁厚剖开截取金相试样，发现裂纹源于阀体内，走向垂直于阀体壁厚，阀门金相试样裂纹形貌如图 3-3-3 所示；阀体金相组织中存在较多孔洞，阀体金相组织形貌如图 3-3-4 所示。分析认为这些肉眼不易分辨、细小而分散的孔洞称为缩松，是一种铸造缺陷，在运行过程中孔洞连接形成微裂纹，加之阀门肩部存在一定的应力集中，在应力作用下加速了裂纹的扩展。

图 3-3-2 取样阀门宏观形貌

图 3-3-3 阀门金相试样裂纹形貌

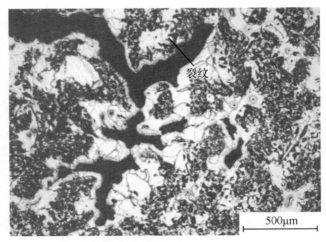

图 3-3-4 阀体金相组织形貌

3. 结论

阀门裂纹起源于阀门内部铸造缺陷，缺陷处先形成一定数量的孔洞，在运行过程中连接形成微裂纹，加之阀门肩部存在一定的应力集中，在应力作用下加速了裂纹的扩展。

4. 知识拓展与点评

阀门作为电站关键部件之一，与电厂主辅机设备和系统紧密关联，可改变介质通流面积和流动方向，控制输送介质数量，构成了电厂设备的重要组成部分。据统计，一台 300MW 电站超临界机组，配套阀门约 2000 只，其中 1/10 工作在超临界状态，工作环境非常恶劣。

从设计上看，一般将阀门壳体简化为圆筒形容器，静强度是阀门壳体的基本设计原则，但不计算阀壳的疲劳寿命。由于阀门壳体结构复杂，因此由这种初级方法设计的阀门会使阀门壳体在结构形式与尺寸等方面存在诸多不合理之处，特别是对疲劳寿命的影响。

从制造上看，限于我国的工业生产能力，大型阀门壳体大多以焊代锻或者以铸代锻。国外对于大型阀门壳体，大多采用锻焊件，我国阀门即使采用与国外相同的阀门壳体结构，由于材质和加工质量等方面的原因，国产铸造阀门和焊接阀门均存在相当数量的初始缺陷，这些缺陷对阀门壳体寿命必将产生重大的影响。

从运行上看，由于对阀壳在机组启停及正常运行工况下的力学特性缺少了解，如正常启停过程中的温度场、应力场的分布及其变化、不同事故工况下的应力分布等，因此缺乏同汽轮机转子、汽缸、锅炉汽包等部件那样明确的运行规定。此外，由于高参数、大容量超临界和超超临界火电机组的投运与电网运行要求的改变，大量原先设计稳定运行的亚临界或超高压机组现在已改为"调峰运行，日启日停"的运行工况，增加了机组部件的疲劳寿命损耗，特别是对包括阀门壳体在内的大厚壁部件。

由于对阀门壳体从设计、制造到运行都是基于经验和定性的分析，缺乏全面且深入的定量研究，因此，电站阀门频繁发生失效就难以避免。电站阀门壳体失效是个普遍性问题，且裂纹出现的时间、位置等均具有一定的统计上的规律性。对阀门壳体裂纹情况的统计发现：

（1）裂纹出现的时间具有一定的规律性。当发生裂纹的部位存在严重制造缺陷（如铸造疏松、气孔等，其中缺陷尺寸在 5mm 及以上者居多）时，此类阀门出现裂纹的时间多数在机组运行 3 万～5 万 h 以后；当发生裂纹的部位不存在制造缺陷时，裂纹发生的时间约 10 万 h。

（2）裂纹存在的机组具有一定的规律性。裂纹在如下几类阀门中出现较多：①壳体中存在铸造缺陷的；②壳体中期检查时发现空蚀坑或颗粒冲击坑的；③遇到机组启停频繁的；④阀门壳体内疏水不畅或有积水的；⑤遇到机组运行中出现汽温陡升陡降情况的阀门。

（3）裂纹出现的部位具有一定的规律性。裂纹通常出现在铸造缺陷部位。铸造缺陷轻微或不存在铸造缺陷时，裂纹起裂点大多位于阀门进汽口对面滤网槽底部，然后沿加强筋两侧向上发展。

（4）裂纹扩展速度差异较大。有的在一个大修期内（2 万～3 万 h）未见明显扩展（机组运行良好），有的则扩展至 500mm 以上（机组启停频繁，运行中汽温变化较大）。

（5）发现裂纹后的处理。浅表性裂纹一般打磨，再次出现后再次打磨；当裂纹较深较长（深度大于 10mm 或长度大于 100mm）时，一般采用挖补后焊接修复或直接更换新阀门。

第四节　三　通　的　失　效

一、案例 1：再热蒸汽管道球形三通焊接接头裂纹缺陷

1. 基本情况

2019 年 5 月 29 日，某公司 1 号机组 A 修金属检测过程中发现再热蒸汽管道球形三通炉后支管及下侧焊接接头两处裂纹缺陷，裂纹长度分别为 840、320mm，三通裂纹具体位置如图 3-4-1 所示（图中三通 H1 规格：ϕ725mm×32mm，材质 A335-P22；三通 H3 规格 ϕ890mm×40mm，材质 A335-P22）。

图 3-4-1　三通裂纹具体位置

2. 检查分析

通过磁粉检测发现 H1、H3 焊缝熔合线处发现裂纹，超声波检测确认裂纹深度和长度，裂纹未穿透。

对焊缝进行硬度检测和金相组织检验，结果均合格。

3. 措施

将发现的裂纹缺陷完全打磨消除，按标准进行补焊修复及热处理工作，复检合格后方能运行。

4. 知识拓展与点评

三通为受力复杂部件，焊缝熔合线、热影响区均为薄弱部位，在长期运行后易产生裂纹缺陷。对与三通、弯头、阀门等部件连接的焊缝，应提高检验比例，增加检验频次。

二、案例 2：再热蒸汽管道三通焊接接头裂纹缺陷

1. 基本情况

某电厂 1 号机组锅炉为型号 SG-2084/25.4-M979，超临界变压直流炉，全悬吊结构 Ⅱ 型锅炉，锅炉最大连续蒸发量为 2084t/h，额定蒸发量为 1930t/h，额定主、再蒸汽温度为 571℃/569℃，额定主蒸

汽压力为 25.4MPa，额定再热蒸汽压力 4.61MPa。再热热段三通和再热热段管道材质为 A335P91，规格为 φ716.6mm×27.5mm/φ989mm×36.5mm/φ716.6mm×27.5mm。设计参数：5.64MPa 和 574℃。

机组检修期间发现热段三通炉左侧焊缝下部发生开裂，三通开裂位置示意图如图 3-4-2 所示。磁粉检测焊缝外侧裂纹长约 885mm，沿气流方向从炉前位置往炉后位置，三通侧裂纹形貌如图 3-4-3 所示；超声检测发现焊缝内壁裂纹长度为 720mm；实测厚度满足设计要求，硬度值符合标准要求。

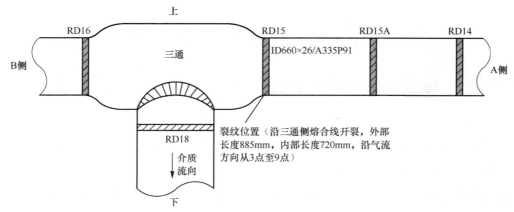

图 3-4-2　三通开裂位置示意图

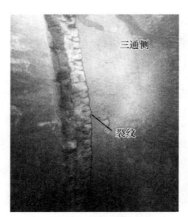

图 3-4-3　三通侧裂纹形貌

2. 检查分析

对再热热段蒸汽管道三通炉左侧焊缝裂纹进行检测，超声检测结果显示焊缝外部长度大于内部长度，初步判断裂纹由外壁起裂，向内壁扩展。根据该位置的焊缝结构，三通属于厚壁管件，与直管焊接过程中由于焊接对口需要，对三通进行削薄处理，该位置三通削薄距离较短，导致焊缝靠近三通侧存在角度偏大的台阶，该位置结构上存在应力集中，长时间运行后会在此处外壁优先开裂，裂纹由外壁向内壁扩展并最终导致开裂泄漏。

3. 结论

厚壁三通与直管焊缝连接处存在较大的坡口台阶，会在该位置处产生较大的应力集中，在机组长时间运行后，伴随负荷、温度、压力的波动，在外壁发生开裂，向内壁延伸。

4. 知识拓展与点评

对于三通或堵阀等厚壁管件与壁厚相差较多的直管焊接时，焊缝的结构设计要尽可能减小厚壁一侧的应力集中，三通与直管焊接时，三通侧对口削薄尽可能平缓，堵阀与直管焊接时，尽量在堵阀侧增加过渡短节，避免堵阀与直管直接焊接，同时在焊接、热处理时严格按照工艺执行，减小厚壁管焊接接头的应力集中。

第五节　其他部件失效案例

一、案例 1：减温器故障引起管路裂纹

1. 基本情况

某锅炉型号为 DG1025/18.2-Ⅱ4，1998 年 2 月投产，2009 年 6 月 16 日运行中发生 A 侧再热微量喷水减温器后弯头爆管。累计运行时间约 8 万 h。

发生爆管的弯头材质为 20G，规格为 ϕ609mm×29.5mm。弯头后直管材质为 20G，规格为 ϕ609mm×22mm。再热微量喷水减温器材质为 12Cr1MoVG，规格为 ϕ609mm×25mm。2006 年 10 月 9 日，炉小修时检查发现 A、B 侧再热微量喷水减温器喷嘴断裂，更换新喷嘴时发现内套筒环焊缝有裂纹，于 2008 年 3 月中修时对 A、B 侧再热微量喷水减温器进行了更换。

2. 检查分析

A 侧再热微量喷水减温器后弯头爆口沿弯头纵焊缝及弯头上、下环焊缝坡口变截面处撕开，整个纵焊缝全部撕开，爆口大张，现场照片如图 3-5-1 所示。纵焊缝沿焊缝边缘的沟槽从内壁向外壁扩展，最终断裂区壁厚最小仅剩 1.5mm，弯头纵焊缝处断裂形貌如图 3-5-2 所示。弯头下部环焊缝沿着弯头的焊缝坡口变截面处从内壁向外壁扩展，最终断裂区壁厚最小仅剩 7mm，如图 3-5-3～图 3-5-6 所示。弯头上部环焊缝无裂纹缺陷，断口呈纤维状。弯头内壁发现有大量裂纹，如图 3-5-7 所示。分析认为，首先从弯头纵焊缝下部开裂，然后弯头下环焊缝从弯头纵焊缝附近被撕开，弯头纵焊缝上部（裂纹深度较小）被撕开，最终弯头上环焊缝开裂。

图 3-5-1　现场照片

图 3-5-2　弯头纵焊缝处断裂形貌

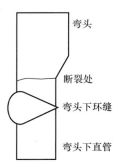

图 3-5-3　弯头下环焊缝处断裂示意图

图 3-5-4　弯头下环焊缝处内壁

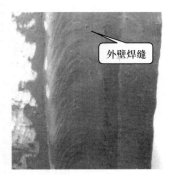

图 3-5-5　弯头下环焊缝处外壁

图 3-5-6　弯头下环焊缝处断裂形貌

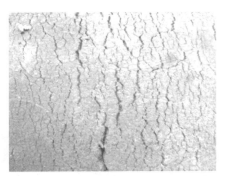

图 3-5-7　弯头内壁裂纹形貌

经现场检查发现，A 侧再热微量喷水减温器后弯头后直管、A 侧中温再热器联箱管座、A 侧中温再热器入口联箱上均存在大量裂纹，裂纹形貌如图 3-5-8～图 3-5-13 所示。其中，A 侧中温再热器联箱管座车削后肉眼可见最大深度为 7mm 密集裂纹，如图 3-5-10 所示。

图 3-5-8　弯头后直管裂纹形貌

图 3-5-9　中温再热器入口联箱管座内壁裂纹形貌

图 3-5-10　中温再热器入口联箱管座内壁裂纹形貌

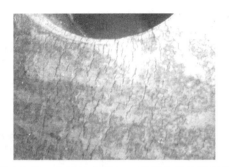

图 3-5-11　中温再热器入口联箱内壁裂纹形貌

图 3-5-12　中温再热器入口联箱内壁小管孔周围裂纹形貌

图 3-5-13　A 侧弯头内壁裂纹形貌

B 侧再热微量喷水减温器后弯头下环焊缝也发现有裂纹，裂纹长约 430mm，裂纹形貌如图 3-5-14 所示。无损检测发现弯头后直管、中温再热器入口联箱管座也存在大量裂纹。中温再热器入口联箱限于检验条件的制约，未见裂纹，但不能完全保证没有裂纹存在。

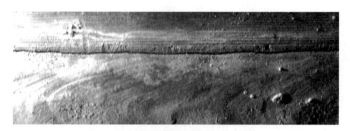

图 3-5-14　B 侧再热微量喷水减温器后弯头下环焊缝裂纹形貌

对 A 侧再热微量喷水减温器后弯头纵焊缝在断裂起源区位置取样进行金相检验，检验发现弯头金相组织为呈条带分布的铁素体+珠光体，内壁有裂纹，组织形貌和裂纹形貌如图 3-5-15～图 3-5-17 所示。对 A 侧再热微量喷水减温器后弯头下环焊缝在断裂起源区位置取样进行金相检验，检验发现直管金相组织为呈条带分布的铁素体+珠光体，内壁有裂纹，裂纹形貌、组织形貌如图 3-5-18、图 3-5-19 所示。在 A 侧再热微量喷水减温器上所割取管样上取样进行金相检验，检验发现金相组织为贝氏体，内外壁均未发现裂纹，组织形貌如图 3-5-20 所示。综上所示，发现的裂纹特征为裂纹平直、沿应力方向分布。

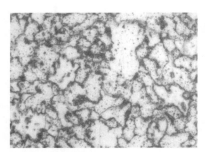

图 3-5-15 A 侧弯头纵焊缝组织形貌

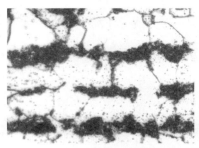

图 3-5-16 A 侧弯头组织形貌

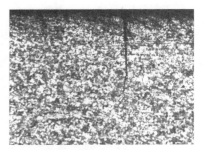

图 3-5-17 A 侧弯头纵焊缝附近组织及裂纹形貌

图 3-5-18 A 侧弯头下环焊缝附近裂纹形貌

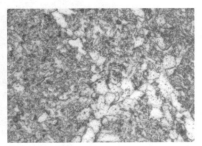

图 3-5-19 A 侧弯头下环焊缝组织形貌

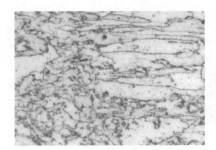

图 3-5-20 A 侧再热微量喷水减温器组织形貌

3. 结论

A、B 两侧再热微量喷水减温器、管道和联箱上所发现的裂纹属于热疲劳裂纹。出现热疲劳裂纹的原因为：①减温器喷水管断裂后，减温水未雾化直接进入减温器；②减温水投入量远大于最高设计投入量，致使没有完全汽化的湿蒸汽或水顺气流方向进入管道和蒸汽联箱。

由于湿蒸汽或水的温度与管壁温度相差较大，这样在管壁内表面产生热交变应力，使管内壁产生热疲劳裂纹。

4. 知识拓展与点评

此事故造成的金属部件失效事故损失巨大，造成锅炉顶棚设备大面积损坏，管道及联箱众多的金属部件需要更换，抢修工期长，严重影响了电厂的生产及经营。为避免此类金属问题的发生，应做好以下工作：

（1）按照相关的标准要求对减温器进行相关检查。

（2）发现减温器故障，应及时进行处理，并做好对下管路的检查工作。

（3）按设计要求使用喷水减温器，禁止长期过量投放减温水。

二、案例 2：安装不合格造成减温器喷水管频繁开裂

1. 基本情况

某热电厂装机两台 300MW 亚临界燃煤机组，3、4 号炉左右侧过热器一级减温器筒体、喷水管材质均为 12Cr1MoVG。3、4 号炉过热器一级减温器频繁出现喷水管变径处开裂、喷水管与接管座对接焊缝开裂、接管座与减温器筒体角焊缝开裂，两台锅炉减温器开裂位置、开裂方式基本相同。最近一次发生开裂为 3 号炉左侧过热器一级减温器，开裂位置为喷水管变径处及喷水管与接管座对接环焊缝处，开裂形貌如图 3-5-21、图 3-5-22 所示。图 3-5-23 为上一次 4 号炉减温器喷水管开裂照片，开裂位置为接管座与减温器筒体角焊缝熔合线。电厂对减温器开裂主要采取消缺补焊方式，或结合检修对 3、4 号炉过热器一级减温器喷水管进行更换，新更换减温器喷水管由电厂自行采购。喷水管与减温器筒体安装示意图如图 3-5-24 所示，其中减温器喷水管采用底部定位方式安装，靠喷水管末端堵头圆孔与减温器筒体内凸起定位圆柱销之间的紧密配合，起到防止介质冲刷引起喷水管振动的作用。

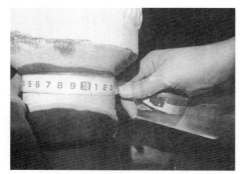

图 3-5-21　3 号炉减温器喷水管母材变径处开裂

图 3-5-22　3 号炉减温器喷水管对接焊缝熔合区开裂

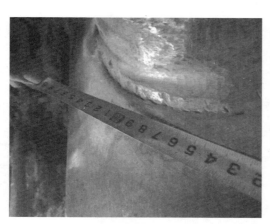

图 3-5-23　4 号炉减温器喷水管与联箱角焊缝开裂

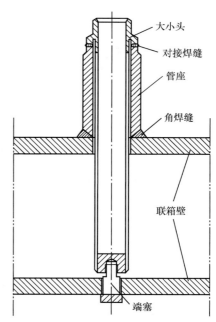

图 3-5-24　减温器喷水管与筒体安装示意图

2. 检查分析

对 3 号炉减温器喷水管进行光谱、金相、硬度等检验。喷水管光谱分析结果满足 12Cr1MoVG 材质要求。金相组织为铁素体+珠光体，珠光体球化约 3 级，金相组织正常，3 号炉减温器喷水管金相组织如图 3-5-25 所示。

图 3-5-25　3 号炉减温器喷水管金相组织

采用便携式里氏硬度计对喷水管进行硬度检测，硬度检测值为 164～172HBHLD，符合标准要求。

3 号炉检修时，检修人员对 3 号炉表面开裂的减温器喷水管更换。在喷水管更换过程中，发现 3 号炉拆解下的喷水管末端堵头已脱落，即喷水管与减温器筒体内定位圆柱销无法形成紧密配合。3 号炉末端堵头脱落喷水管如图 3-5-26 所示，4 号炉喷水管如图 3-5-27 所示，图中的喷水管 4 号炉更换后的减温器喷水管，其末端堵头未脱落。

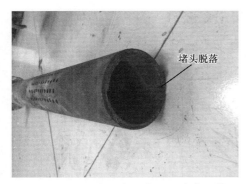

图 3-5-26　3 号炉末端堵头脱落喷水管

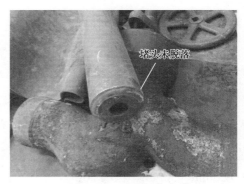

图 3-5-27　4 号炉喷水管

更换过程中同时发现，新备品喷水管末端堵头定位圆孔尺寸与筒体内定位圆柱销尺寸不配套，圆孔尺寸小于定位圆柱销尺寸，喷水管与筒体无法形成紧密稳固安装，减温器喷水管实际变为悬臂式安装结构。3、4 号炉过热器一级减温器喷水管备品采购自同一生产厂家，喷水管规格、尺寸均相同，即之前两台锅炉喷水管安装均未做到与定位圆柱销的紧密配合。

3. 结论

喷水管开裂原因总结如下：减温器喷水管末端堵头配合圆孔尺寸小于筒体内定位圆柱销尺寸，同时喷水管末端堵头断裂脱落，使得喷水管与筒体内定位圆柱销无法按设计要求进行紧密配合，导致减温器实际为悬吊式安装，运行过程受介质作用振动强烈，最终造成喷水管变径处、喷水管中部对接焊缝熔合线及喷水管与筒体角焊缝频繁疲劳开裂。

4. 措施

（1）根据联箱内定位圆柱销尺寸重新对喷嘴末端堵头圆孔进行扩径加工，确保安装后紧密配合。

（2）对减温器喷嘴母材变径处圆滑过渡处理。

5. 知识拓展与点评

减温器喷水管通常有悬臂式、穿通式和底部定位式3种结构。该案例中减温器喷水管采用底部定位式，安装前应对减温器底部固定喷水管的定位圆柱销进行试安装，确保圆柱销与喷水管定位圆孔安装间隙不超标，一般间隙应控制在不大于0.5mm，以防止喷水管在介质作用下频繁振动。

减温器工作环境恶劣，受温度调节引起的交变热应力影响，特别是喷水管泄漏或喷水管雾化装置失效，则减温水直接冲击喷水管焊缝、喷水管管座角焊缝及喷水管孔内壁，从而导致喷水管孔内壁出现辐射状热疲劳裂纹，严重时筒体内壁也会出现网状龟裂热疲劳裂纹。

异常交变热应力易造成热疲劳裂纹产生。日常检修时，除对减温器开裂部位焊接修补外，还应加强对减温器喷水管变径管、喷水管座角焊缝、减温器内套筒及减温器筒体的检验，确保其他部位无超标缺陷。若减温器筒体内壁发现裂纹，应扩大检验减温器筒体出汽侧对接焊缝、弯头、三通、阀门等部位。

三、案例3：再热减温器连接管道焊缝开裂

1. 基本情况

某电厂装机两台330MW亚临界燃煤机组，其1号机组投产以来累计运行64682h，累计启停35次。电厂1号炉再热器调温方式采用摆动燃烧器喷口为主，喷水减温器为辅，设计微调喷水减温器2个，布置在壁式再热器至中温再热器联络管上，作为再热蒸汽温度的微调使用。再热器联络管由减温器、三通、弯头、直管焊接组合而成，B侧壁式再热器至中温再热器联络管示意图如图3-5-28所示。各器件规格如下：①减温器：规格$\phi 609.6mm \times 30mm$、材质20G；②弯头（焊接组合）：规格$\phi 609.6mm \times 30mm$、材质20g；③三通（焊接组合）：规格$\phi 609.6mm \times 45mm$、材质20G；④直管：规格$\phi 609.6mm \times 22.2mm$、材质20G。另外，联络管上还布置了减温水喷管、温度管座、排空管座等。

1号炉B侧壁式再热器至中温再热器联络管炉后侧W2弯头H7焊缝热影响区发生第一次开裂，导致介质泄漏停机，裂纹长度约1700mm，弯头下H7焊缝热影响区开裂的裂纹形貌如图3-5-29所示，电厂对裂纹挖补、对焊缝加固处理后投入运行。运行21天后，1号炉再热联络管第二次泄漏，停机检查发现泄漏位置位于B侧壁式再热器至中温再热器联络管三通上H8焊缝热影响区，外壁裂纹长度

为 374 mm，三通上 H8 焊缝热影响区开裂的裂纹形貌如图 3-5-30 所示。

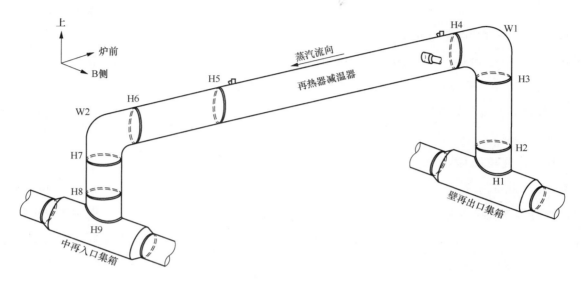

图 3-5-28　B 侧壁式再热器至中温再热器联络管示意图

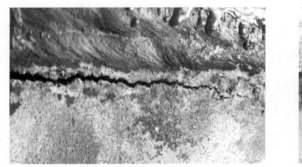 

图 3-5-29　弯头下 H7 焊缝热影响区开裂的裂纹形貌　　图 3-5-30　三通上 H8 焊缝热影响区开裂的裂纹形貌

2. 检查分析

对第一次泄漏后挖补加固的 H7 焊缝及第二次开裂泄漏的 H8 焊缝进行磁粉、超声波检测，H7 焊缝超声波检测发现内壁裂纹，裂纹长度约 1435mm，分布于焊接坡口底边折角处。H8 焊缝裂纹贯穿于内、外壁，外壁裂纹长 374mm 分布于焊缝热影响区，内壁裂纹长 450mm 分布于焊接坡口底边折角处。裂纹位置示意图如图 3-5-31 所示。

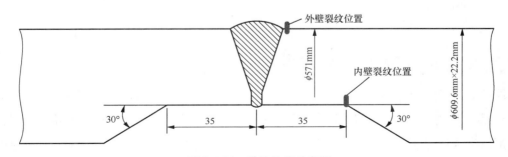

图 3-5-31　裂纹位置示意图

对 B 侧联络管减温器后另外 2 条焊缝 H5、H6 进行超声波及磁粉检测，H5 内、外壁均发现裂纹，H6 内壁发现裂纹，内壁裂纹均分布于焊接坡口底边折角处，外壁裂纹分布于焊缝热影响区。

对 A 侧联络管减温器后 4 条焊缝 H5、H6、H7、H8 进行超声波及磁粉检测，4 条焊缝内、外壁均发现裂纹，外壁裂纹分布于焊缝热影响区附近，内壁裂纹分布于焊接坡口底边折角处。内、外壁裂纹未汇合贯通，表明裂纹同时产生于内、外壁并沿壁厚方向发展。

A、B 侧联络管 8 条焊缝均发现裂纹，内壁裂纹均产生于制造厂不等厚管道对接焊缝需要车削的底边折角处，剖开检查发现，该处车削刀痕比较深，折角处凹槽明显。另外，为控制再热蒸汽温度，运行过程中出现减温水大幅调整情况，正常运行时再热减温水量为 0t/h，在调整蒸汽温度时，A 侧再热器减温水瞬时流量达到 33.5t/h，B 侧达到 40.5t/h，造成再热减温器出口蒸汽温度有较大幅度的波动，正常运行时再热减温器出口温度为 380~400℃，减温水大幅调整时，A 侧最低降至 255℃，B 侧最低降至 251℃。再热减温器出口蒸汽温度波动较大，或减温水喷雾效果不好，易使得减温器后管道内壁及焊缝热影响区受热疲劳作用而开裂。

3. 结论

综上分析，再热器联络管弯头和三通焊缝开裂是由于管道焊接坡口折角处角度过大，同时折角处加工刀痕较深，为应力集中部位易产生缺陷。机组负荷不稳定，调峰频繁，减温水频繁投退使减温器后管道及焊缝承受交变热应力，最终在管道内壁坡口折边处及管道外壁焊缝熔合线或热影响区因热疲劳而产生裂纹。

4. 措施

对 A、B 侧减温器后部联络管弯头和直管段进行更换，焊接坡口折角根部打磨圆滑过渡。运行过程中合理控制再热器减温水，避免大幅操作造成蒸汽温度突降。在运行过程中以燃烧器摆角作为再热蒸汽温度的主要调节手段，再热减温水作为辅助手段。对减温器后管道、焊缝、管座定期检验。

5. 知识拓展与点评

B 侧再热蒸汽联络管道连续两次发生焊缝贯穿开裂导致蒸汽泄漏停机，裂纹均发现于减温器后焊缝处，裂纹萌生于管道内壁坡口折边处或外壁焊缝热影响区，沿壁厚方向扩展，最终汇合贯通引起介质泄漏。对 A 侧再热蒸汽联络管道减温器后 4 条焊缝扩大检查后发现同样问题，即内壁坡口折边处、外壁焊缝热影响区或熔合线处存在裂纹。故对蒸汽管道减温器，除检查减温器喷水管、喷水管座、减温器筒体外，对减温器后对接环焊缝、管座角焊缝也应定期检查。

四、案例 4：减温器后连接管道裂纹

1. 基本情况

2015 年底，某电厂 1、2 号炉减温器及其后部管件和联箱刚更换不久发现微量喷水减温器后部弯头、垂直导管和中温再热器入口联箱等部件存在许多热疲劳裂纹。减温器后部弯头、垂直导管、中温

再热器入口联箱横向裂纹如图 3-5-32、图 3-5-33 所示。

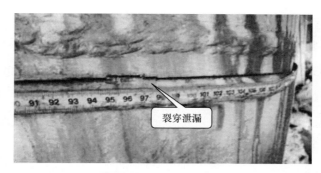

 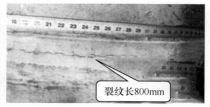

图 3-5-32　减温器后部弯头、垂直导管横向裂纹

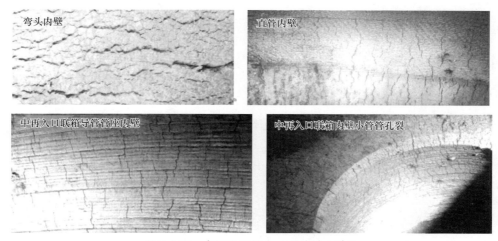

图 3-5-33　中温再热器入口联箱横向裂纹

2. 结论

调查发现，锅炉曾进行过改造，改造后运行工况发生了变化，但电厂未及时对运行规程进行修改，仍按照原来的规程进行操作，导致减温水投放操作不当，使减温器受到热疲劳作用，从而导致部件内部出现横向疲劳裂纹。此外，当锅炉改造后运行条件变化后，应及时对运行人员进行培训。

3. 处理情况

更换处理，同时对运行规程进行修改，并对运行人员进行培训。

4. 知识拓展与点评

受监部件的使用寿命与其服役工况紧密相关，当锅炉的运行工况发生改变时，应及时核查各设备的操作规程是否与设计相符，不符合要求应立即修改，防止设备在异常的服役工况下发生早期失效。

五、案例 5：防磨焊层开裂引起增压风机叶片断裂

1. 基本情况

某火电厂叶片可调轴流式增压风机发生叶片断裂，断裂叶片碎片造成增压风机 16 根叶片全部损坏。风机型号：RAF30.5-16-1；风机内径：ϕ3050mm；叶轮直径：ϕ1584mm；叶轮级数：1；叶型：DA16；叶片数：16；叶片材质：15MnV；风机转速：985r/min；风机功率（最大工况）：2996kW；电机功率：3150kW。增压风机断裂叶片如图 3-5-34 所示。15MnV 钢为旧标准钢号，现相当于 GB/T 1591《低合金高强度结构钢》中钢号 Q390。

图 3-5-34　增压风机断裂叶片

2. 检查分析

原始断裂叶片断口形貌见图 3-5-35 所示，从图中可以看出，断裂叶片断面分三个部分。叶片进气侧断口断面粗糙，有撕裂棱存在，断口表面覆盖有较多白色腐蚀产物，此区域断开时间较长，为裂纹产生的区域，即初始开裂区。叶片断口中间部分表面较光滑，断裂面烟气腐蚀产物较少，断裂面可见撕裂台阶，表明在此区域有不同方位的裂纹同时扩展，最后汇聚形成台阶，为裂纹扩展区，即裂纹产生发展到一定尺寸，随着裂纹尖端应力的增加，裂纹出现失稳扩展的区域。叶片出气侧断口表面粗糙，此时叶片有效承载截面减小，而应力不断增加，当静截面的应力达到或超过叶片材料的抗拉强度值时，便发生叶片瞬时完全断裂，为最终撕裂区。

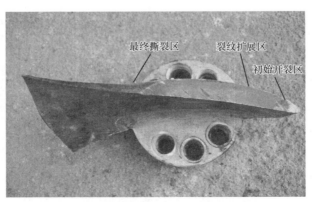

图 3-5-35　原始断裂叶片断口形貌

为了提高叶片的抗腐蚀和抗磨损性能，叶片表面覆盖有一层 0.5～2mm 厚的防磨硬质合金，进气侧硬质合金堆积层最厚。对叶片及叶片表面硬质合金采用半定量直读式光谱仪分析，叶片成分满足 Q390 成分要求，表面硬质合金主要由 Ni、Cr、W 组成，Ni+Cr+W 为 84%～85%（质量百分数）。

沿叶片纵向取拉伸试样及冲击试样，进行室温拉伸及冲击试验，室温拉伸试验、室温冲击试验结果见表 3-5-1、表 3-5-2。断裂叶片 3 个室温拉伸试样的抗拉强度值（R_m）与屈服强度值（R_{el}）均低于 GB/T 1591 规定的下限值，屈服强度值低于标准规定下限值约 30%，断裂叶片强度指标不合格。断裂叶片室温冲击试验结果合格。

表 3-5-1　　　　　　　　　　　　　　室温拉伸试验结果

试验项目	试样编号	R_m（MPa）	R_{el}（MPa）	A（%）
室温拉伸	1	470	285	25.5
	2	455	260	27
	3	455	260	26
GB/T 1591 中 Q390 的要求		490～650	≥390	≥20（横向）

表 3-5-2　　　　　　　　　　　　　　室温冲击试验结果

试验项目	试样编号	A_{kv}（J）
室温冲击	1	201.3
	2	217.1
	3	335.6
GB/T 1591 中 Q390 的要求		≥34（纵向）

垂直于叶片进气侧制取金相试样，观察叶片断面组织，叶片金相组织为铁素体+珠光体，组织未见异常。进气侧硬质合金层厚度为 0.6～2mm，硬质合金层内有多处裂纹存在，裂纹长度为 0.6～1.0mm，部分裂纹已贯穿整个硬质合金层。裂纹靠外表面张口较大，靠近叶片母材处张口较小，可判断裂纹是从外表面向内部扩展。硬质合金层内裂纹如图 3-5-36 所示。

图 3-5-36　硬质合金层内裂纹

部分硬质合金层内裂纹已扩展延伸至叶片母材，延伸至叶片母材的硬质合金层内裂纹如图 3-5-37

所示。同时，硬质合金层内发现有空洞缺陷存在，硬质合金层内空洞缺陷如图 3-5-38 所示。硬质合金层主要起防磨、防腐蚀作用，韧性较差，若熔覆质量不好，内部存在空洞等缺陷，则缺陷处易产生裂纹且向叶片母材扩展，当裂纹扩展至一定尺寸，叶片承载截面不足时，即发生断裂。

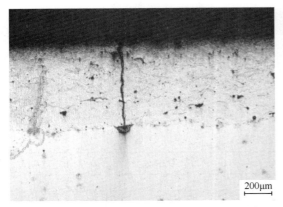
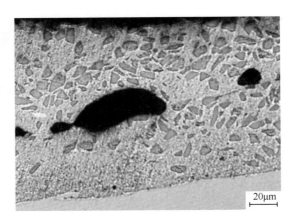

图 3-5-37　延伸至叶片母材的硬质合金层内裂纹　　　　图 3-5-38　硬质合金层内空洞缺陷

3. 结论

叶片表面硬质合金层内的孔洞、裂纹等缺陷是引起叶片开裂的主要原因。叶片母材强度指标不满足相关标准要求，加速了叶片的断裂。

4. 措施

（1）对已运行增压风机叶片定期进行宏观或无损探伤检查。

（2）加强对增压风机叶片制造过程的监造工作，同时对叶片进行安装前宏观或无损探伤检查。

5. 知识拓展与点评

增压风机叶片不属于 DL/T 438《火力发电厂金属技术监督规程》规定的金属技术监督范围内部件，故其制造质量难以得到有效的监督。尤其叶片表面堆焊的硬质合金层，脆性大，硬度可达 700HB，极易在运行中萌生裂纹并向叶片母材内部扩展。故有必要结合检修对叶片表面开展宏观、表面无损检测。

第四章

锅炉受热面失效案例

第一节 长 期 过 热

一、案例1：异物堵塞导致长期过热爆管

1. 基本情况

2014 年 12 月 7 日 17:00，某电厂 6 号机组电负荷 200MW，热负荷 60MW 稳定运行，蒸汽流量 780t/h（额定蒸汽量为 1025t/h）。17:03，运行人员发现 6 号炉主蒸汽流量与给水流量偏差增大至 100t/h，1、2 号引风机电流增大 20A，结合就地检查与 DCS 参数变化，确认 3 号外置床发生泄漏。经现场检查发现，外置床二级过热器Ⅱ后墙北数第 1 排左数第 4、5、6、7 根垂直管段有漏点，其中第 5 根管存在长约 78mm 的爆口，其余 3 根管子表面存在明显的汽水冲刷痕迹，爆管现场形貌如图 4-1-1 所示。管子材质为 T91，发生泄漏的管排为规格为 $\phi51mm \times 8.5mm$。运行时间约为 5.3 万 h，此部位运行蒸汽温度约为 500℃，外置床内灰温为 900~950℃。经查，2014 年 8 月 22 日，该外置床二级过热器后墙北数第 1 排左数第 10 根发生过爆管，是由管子长期过热引起的。

图 4-1-1 爆管现场形貌

2. 检查分析

首爆口较小，边缘粗糙不平整，爆口处内壁存在较厚的氧化皮，并有氧化皮脱落的现象，爆口周围存在纵向开裂的小裂纹，具有长期过热的宏观特征，首爆口宏观形貌如图 4-1-2 所示。爆口附近管径存在胀粗现象。对爆口附近的胀粗量进行测量，测量位置为爆口张口最大处以及两侧每隔 40mm 测量一点，最大胀粗量为 27.3%。

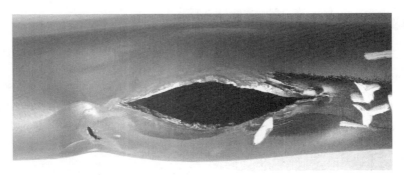

图 4-1-2　首爆口宏观形貌

在爆口处取样进行金相组织分析，首爆口处金相组织如图 4-1-3 所示，从图中可以看出在爆口边缘存在大量有一定方向性的蠕变孔洞，爆口附近金相组织严重老化，马氏体位向严重分散，老化级别为 5 级。爆口金相组织具有典型的长期过热微观形貌。

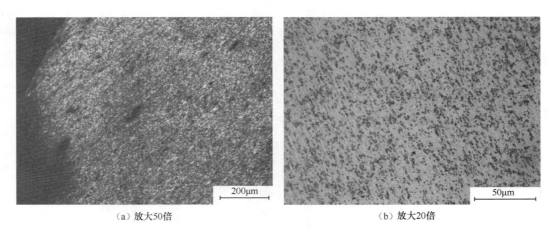

|（a）放大50倍|（b）放大20倍|

图 4-1-3　首爆口处金相组织

首爆口对侧的金相组织为回火马氏体，马氏体位向分散，晶内碳化物粒子数量较少，晶界碳化物粒子较多，呈方向性分布，金相组织老化级别为 3.5 级。经过测量管子内壁氧化皮厚度为 0.38mm。

远离爆口处金相组织为回火马氏体，晶内碳化物粒子数量减少，尺寸粗化，晶界碳化物粒子增多，马氏体位相明显分散，金相组织老化级别为 3.5 级。管子内壁氧化皮厚度为 0.29mm。

3. 综合分析

从金相组织分析可知，5 号管爆口边缘存在大量蠕变孔洞，附近金相组织严重老化，马氏体位向严重分散，老化级别为 5 级，爆管内壁存在厚度为 0.38mm 的氧化皮。爆口金相组织具有典型的长期过热微观形貌，说明此管发生爆破与长期过热有关。

电厂在对外置床二级过热器入口联箱检查时，从联箱中取出一块大小为 30mm×40mm 的片状金属，联箱中的金属异物如图 4-1-4 所示。

图 4-1-4　联箱中的金属异物

综合上述分析，管子发生爆破是由于异物存在造成热交换不良，管子局部长期过热，金相组织发生老化，管子在高温状态下有效承载能力降低，从而导致管子在锅炉正常运行过程中，在管内汽水应力作用下最终发生泄漏。

4. 结论

外置床二级过热器泄漏的原因是异物的存在使管子长期过热，从而发生爆管。

5. 反措

（1）对过热器入口及出口集箱内部进行检查，检查是否存在异物，如有立即清理。

（2）更换材质明显劣化的管子。

（3）在施工过程中，规范施工，严防异物进入集箱、管道内部。

6. 知识点拓展与点评

流化燃烧是工业化程度最高的洁净煤燃烧技术。循环流化床锅炉采用流态化燃烧，流化燃烧技术使固体颗粒处于流态化状态下，具有一系列气-固流动、热量、质量传递和化学反应特性，从而使流化床锅炉具有许多突出优点，如燃料适应性良好、负荷调节能力强、有利于机组调峰、环保效果良好。

二、案例 2：长期超温导致末级过热器管爆管

1. 基本情况

某电厂末级过热器管在运行过程中发生泄漏，泄漏管的材质为 SA-213T23，规格为 ϕ38.1mm×7.96mm，累计运行时间约为 6 万 h。

泄漏位置宏观形貌如图 4-1-5 所示，图中为发生泄漏的末级过热器管子，管子外表面及内表面氧化皮较厚，质脆，内外表面均存在明显的龟裂现象。

2. 检查分析

爆口边缘金相组织如图 4-1-6 所示。管子显微组织为铁素体+聚集态碳化物，贝氏体形态完全消失，碳化物聚集形态明显，且呈链状断续分布。

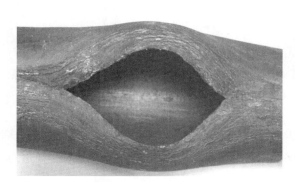

图 4-1-5　泄漏位置宏观形貌

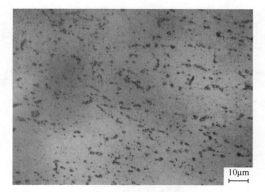

图 4-1-6　爆口边缘金相组织

爆口背面管子金相组织如图 4-1-7 所示。管子显微组织为铁素体+链状分布碳化物，贝氏体形态完

全消失，碳化物析出明显且沿原奥氏体晶界链状分布。管子内壁氧化皮厚度约为0.7mm，呈明显层状分布且层间结合松散。

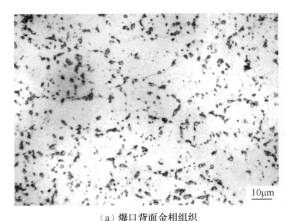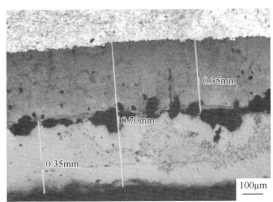

（a）爆口背面金相组织　　　　　　　　（b）爆口背面管子内壁氧化皮形态

图 4-1-7　爆口背面管子金相组织

经分析可知，爆口边缘硬度142HB，低于标准要求；爆口背面硬度152HB，接近标准下限值。

3. 锅炉启动过程高温过热器壁温波动过大

该机组检修后启机的2天后，末级过热器的蒸汽温度出现了2次突降，分别达到82.8℃和85.1℃，随后蒸汽温度又突升达到了129.5℃。根据运行资料显示，锅炉点火初期（6:00～7:00）高温过热器壁温由160℃升至300℃。平均温降（升）分别为3.3、2.4、3.2、2.3℃/min，大于规定上限值2.0℃/min。以该次爆口附近38、41屏和42屏壁温为例进行分析，锅炉启动过程中高温过热器壁温升降过程如图4-1-8、图4-1-9所示。过快的温度变化率，尤其是汽温突降会极大地加快氧化皮的脱落，使在弯头处形成堆积。

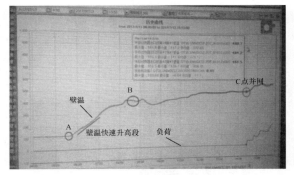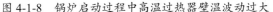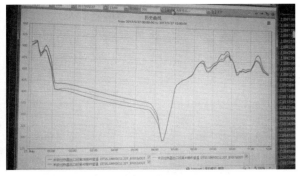

图 4-1-8　锅炉启动过程中高温过热器壁温波动过大　　　图 4-1-9　锅炉启动过程中高温过热器壁温升温速率过快

锅炉启动过程中给水流量及引风机变化如图4-1-10所示，此次启机过程在5月27日0:50左右，锅炉熄火。5:25锅炉再次点火，6:30左右锅炉再次熄火，6:50再次点火。第一次熄火引风机持续了15min。第二次熄火，引风机没有停。没有按电厂运行规程要求"锅炉熄火后对锅炉进行5min吹扫，停止引风机、送风机。"进行操作。根据壁温曲线分析可知，这是此次泄漏过热器管壁温突降的主要原因。

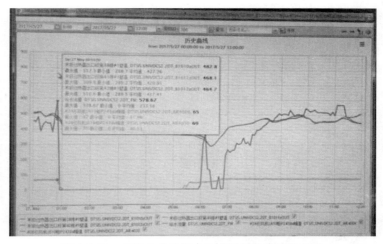

图 4-1-10　锅炉启动过程中给水流量及引风机变化

4. 结论

发生泄漏的管子显微组织明显老化，原有组织形态基本消失，碳化物聚集明显。硬度检验表明爆口边缘硬度值已低于标准要求下限，其他位置硬度值虽在标准范围内，但接近标准下限。此次发生泄漏的管子是由于长期超温导致爆管而发生的泄漏。

5. 建议

鉴于发生泄漏的管子和邻近管屏均存在明显的材质严重老化情况，且内壁氧化皮厚度较大，提出如下建议：

（1）开展管子内壁氧化皮测厚和下弯头处氧化皮堆积情况检查。

（2）依据壁温测点显示可能存在的超温区域扩大各管理化检验范围，确定受热面管子整体老化情况。

（3）加强锅炉运行管理工作，避免受热面管子长期在超温工况下运行，锅炉避免通风强冷，应采用闷炉处理（约 72h），启停过程中屏式过热器、高温过热器蒸汽的温度变化率不高于 2℃/min；加强壁温监控，制定壁温监控制度，完善壁温监控台账，壁温突变超过 80℃/h，应做出异常处理。

（4）建议对该区域受热面管子采用无损方法开展剩余寿命评估工作，对该区域受热面管子开展服役安全性评估，确保锅炉安全稳定运行。

三、案例 3：高温再热器出口爆管

1. 基本情况

2011 年 10 月 23 日，某电厂 1 号锅炉高温再热器出口右数第 4 排后数第 7 根发生爆管，爆口位于管子的直管段，距离下弯头 2m 左右。该管材质为 SA-213T91，规格为 ϕ63mm×4mm，运行约 6 万 h。

2. 检查分析

（1）宏观形貌分析。爆口宏观形貌如图 4-1-11 所示，由图中可知，爆口较大呈喇叭口状，爆口边缘锋利，爆口端有延伸裂纹，长约 150mm，爆管内、外壁均存在较厚的氧化皮，内壁部分氧化皮已

有剥落，氧化皮存在明显台阶。爆口远端形貌如图 4-1-12 所示，爆口侧内壁氧化皮呈纵向开裂，爆口侧名义壁厚为 4mm，爆口侧实际测量为 3.60mm（包括氧化皮），管壁减薄约为 10%，管外径规格为 ϕ63mm，实际测量为 ϕ64.90mm，远端管壁胀粗约为 3%。

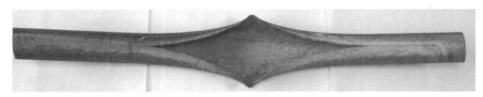

图 4-1-11　爆口宏观形貌

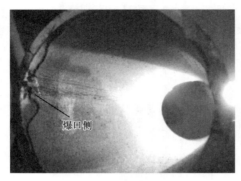

（a）内壁形貌

（b）裂纹贯穿管壁图

图 4-1-12　爆口远端形貌

（2）金相组织分析。结合爆口的宏观特征进一步对爆管做金相组织分析。在爆口处和爆口远端处分别截取金相试样记作 A、B，在显微镜下观察爆口和远端内壁氧化皮均有明显分层，且爆口内壁氧化皮中存在裂纹。爆口内壁可测量的氧化皮约为 348μm，远端内壁可测量的氧化皮约为 438μm，说明爆口内壁氧化皮已有剥落，爆口、远端内壁氧化皮分别如图 4-1-13、图 4-1-14 所示。爆口尖端组织中晶粒拉长变形，组织可见大量碳化物颗粒及蠕变孔洞，马氏体板条特征几乎不存在，老化严重（老化 4.5 级），爆口尖端金相组织如图 4-1-15、图 4-1-16 所示。爆口背面和远端的金相组织马氏体板条不明显，晶内碳化物减少，碳化物向晶界聚集，老化 3.5 级，爆口背面金相组织、爆口远端金相组织如图 4-1-17、图 4-1-18 所示。

图 4-1-13　爆口内壁氧化皮（试样 A）

图 4-1-14　远端内壁氧化皮（试样 B）

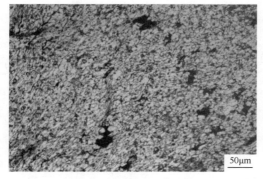

图 4-1-15　爆口尖端金相组织（试样 A，200 倍）

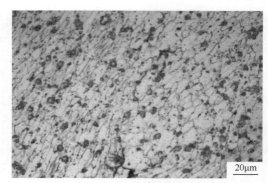

图 4-1-16　爆口尖端金相组织（试样 A，500 倍）

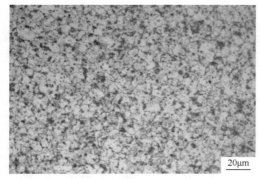

图 4-1-17　爆口背面金相组织（试样 B，500 倍）

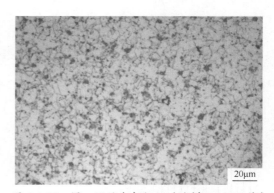

图 4-1-18　爆口远端金相组织（试样 B，500 倍）

3．综合分析

从爆管的宏观特征和组织形貌进行综合分析可知：①爆口边缘锋利，管壁减薄明显，爆口附近管子胀粗较大，爆口组织中晶粒拉长变形，具有短时超温爆管的特征；②爆口处及远端管子内外壁均有较厚的氧化皮，爆口附近和远端的金相组织均发生不同程度的老化，碳化物析出长大，爆口附近可观察到大量的蠕变孔洞，说明该管在爆管前有长期超温现象；③爆口金相组织中的大颗粒碳化物导致 T91 材料的脆性增大，加上爆管时的巨大冲击力，使得爆口端出现较长的脆性裂纹。综上分析认为，高温再热器管爆管前曾出现长时超温现象，后因短时超温而发生爆管。

爆口侧管壁减薄较为明显，管子局部过热，材料组织性能劣化，管子长期处于超温幅度不大的过热状态，在管子内外壁形成氧化皮。由于氧化皮的热阻较大，影响蒸汽介质与管壁金属的热交换，导致管壁温度进一步升高，而温度升高又加速氧化过程。随着氧化皮厚度的增加及氧化皮和金属材料的热膨胀系数的差异，在蒸汽温度波动和机组的启停次数增加等因素的影响下，管内氧化皮大量剥落，堵塞管道，进一步减少了管子的通流面积，使得管壁温度快速上升，在内部介质作用下，管子胀粗变形，在薄壁管侧壁发生爆管。

4．结论

此次高温再热器爆管是由长时超温与短时超温共同作用造成的。

5．知识点拓展与点评

如果锅炉受热面管子在运行过程中，因某些原因使管壁温度超过设计温度，在高温长时间作用下，钢材组织结构发生变化，蠕变速度加快，持久强度下降，使用寿命达不到设计要求而提早爆破损坏，称为长时超温爆管。

锅炉受热面管子在运行过程中，由于冷却条件的恶化，使管壁温度在短时间内突然上升，达到钢的临界点温度以上。在这样高的温度下，钢的抗拉强度急剧下降，在介质压力作用下，温度最高的向火侧首先产生塑性变形，管径胀粗，管壁减薄，随后产生剪切断裂而爆破。爆破时，由于介质对炽热的管壁产生激冷作用，在爆破口处往往有相变的组织结构，这种爆管称为短时超温爆管。

第二节 短 期 过 热

一、案例1：某电厂2号炉高温过热器爆管

1. 基本情况

某电厂2号机组于2016年10月17日—11月15日期间停备，11月16日启动并网，11月20日14：26发现炉膛南侧36m层有较大泄漏声，停炉后经检查确定为2号锅炉高温过热器泄漏。爆管位于高温过热器从左到右第6排，外圈往里数第4圈出口。爆口距下弯约5m处，包括位置示意图如图4-2-1所示。管材质为T91，规格为$\phi42mm\times5mm$。2号机组已累计运行约22万h。

2. 检查分析

爆管和对比试验管形貌及取样位置如图4-2-2所示。对比试验管和爆管为同一根管，分别在爆口位置、爆口近端和距爆口约900mm处（爆口远端）取3个金相试样；在距离爆口600~900mm处取4个拉伸试样，减薄区2个，编号为1-1和1-2；正常区2个，编号为1-3和1-4。爆口处进一步放大的宏观形貌如图4-2-3所示，爆口呈张开或喇叭状，管壁几乎呈180°摊平。边缘减薄明显，呈现出韧性断裂的特征。爆口附近有明显的金属撕裂飞出痕迹，且由于受到气流的反冲作用，爆口位置已由原直管变形为弯管。

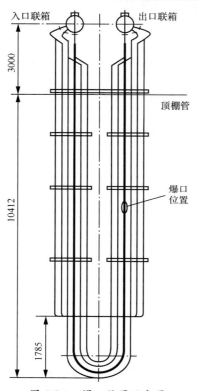

图 4-2-1　爆口位置示意图

图 4-2-2　爆管和对比试验管形貌及取样位置

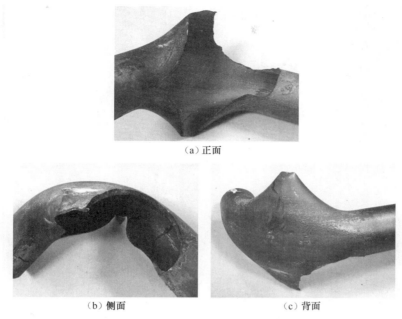

(a) 正面

(b) 侧面 　　　　　　　　　　　　(c) 背面

图 4-2-3　爆口进一步放大的宏观形貌

　　取样管距爆口不同位置的管段发生了不同程度的胀粗和减薄，爆口不同距离管段的内径和壁厚如图 4-2-4 所示。高温过热器管的规格为 $\phi42\text{mm}\times5\text{mm}$，即初始内径为 32mm、壁厚 5mm，而爆口附近管段的内径已约达 35mm，且沿图 4-2-4 水平方向稍显扁平状；图 4-2-4（a）、（b）中 C、D 两处（距结焦区 1/6 圆周位置）管壁减薄明显，只有 3.7 mm 和 4.1mm，且这两个位置发生了变形，已不是完美的圆弧形状。管内、外壁均存在一定厚度的氧化皮，正常区域氧化皮形貌、明显减薄区域氧化皮形貌分别如图 4-2-5、图 4-2-6 所示。经测量，正常区域内壁氧化皮厚度为 230～250μm、外壁的厚度为 155～170μm；明显减薄区域内外壁氧化皮剥落严重。

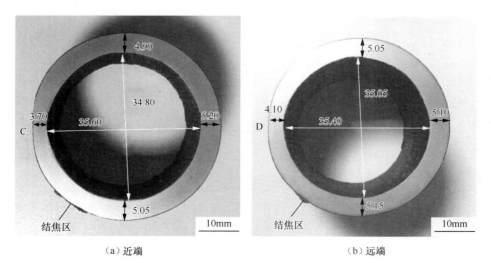

(a) 近端 　　　　　　　　　　　　(b) 远端

图 4-2-4　距爆口不同距离管段的内径和壁厚（未去氧化皮）

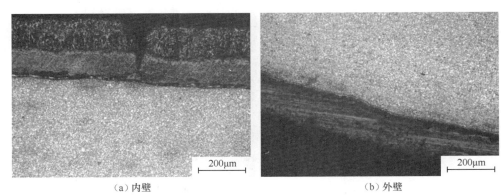

（a）内壁   （b）外壁

图 4-2-5　正常区域氧化皮形貌

（a）内壁   （b）外壁

图 4-2-6　明显减薄区域氧化皮形貌

对试样进行室温拉伸试验，室温拉伸试验参考 ASME SA-213/SA-213M 进行，距爆口 600～900mm 处管段的室温拉伸试验结果见表 4-2-1，除 1-1 号试样的屈服强度和抗拉强度、1-2 号试样的下屈服强度低于标准值外，其余指标符合标准要求。

表 4-2-1　　　　　　　　　距爆口 600～900mm 处管段的室温拉伸试验结果

序号	上屈服强度 R_{eH}（MPa）	下屈服强 R_{eL}（MPa）	抗拉强度 R_m（MPa）	断后伸长率 A_{50mm}（%）
标准值要求	—	≥415	≥585	≥16
1-1	356	346	570	29
1-2	428	414	635	28
1-3	452	445	645	30
1-4	—	441	650	29

爆口位置金相组织如图 4-2-7 所示，其中（a）为宏观形貌，显示爆口发生严重变形，并存在裂纹。进一步放大观察爆口尖端、裂纹处和爆口背面的金相组织，分别如图 4-2-7（b）～（d）所示，从图中可以看出爆口尖端的组织发生严重变形，晶粒被拉长，碳化物析出明显，已不存在板条马氏体的特征；裂纹两侧和爆口背面虽仍为马氏体组织，但已不是典型的板条状，且在晶界和晶内存在不同程度的碳化物析出。

爆口近端和远端的金相组织分别如图 4-2-8 和图 4-2-9 所示，这两处正常区域的组织与爆口背面金相组织相似，明显减薄区碳化物大量析出、尺寸粗大，晶界碳化物粒子增多，老化 3 级。

（a）宏观形貌

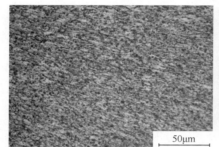

（b）尖端

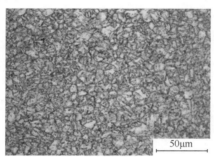

（c）裂纹处

（d）背面

图 4-2-7　爆口位置金相组织

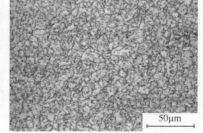

（a）明显减薄区

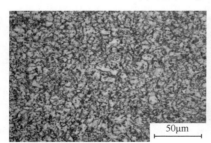

（b）正常区域

图 4-2-8　爆口近端金相组织

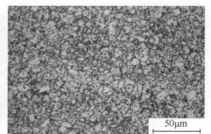

（a）明显减薄区

（b）正常区域

图 4-2-9　爆口远端金相组织

3. 综合分析

爆管管径有明显胀粗，管壁减薄。爆口较大，边缘减薄明显，为典型的短期过热爆管的宏观特征。拉伸试验结果表明减薄区力学性能偏低，为管段薄弱区；金相观察表明减薄区存在大量析出的碳化物，板条状马氏体特征不明显，组织发生了一定程度的老化，内壁存在氧化皮，最厚处可达250μm。爆裂发生时距机组重启仅4天，验证了爆管之前管段曾短期高温服役的可能性。综合以上分析，均证明管子为短期过热爆管。

4. 结论

此次高温过热器爆管为短期过热所致。

5. 措施

取样管爆口近端和远端组织均存在3级老化，建议在同管段更远处和相邻的管段上进行取样分析，检查是否有减薄和组织老化现象，对易发生堵塞的位置进行较为全面的清查。

6. 知识点拓展与点评

该案例是典型的短期过热爆管。短期过热爆管的主要宏观形貌有管径明显胀粗，管壁减薄呈刀刃状，一般爆口较大，呈喇叭状，呈薄唇形爆破。异物堵塞是经常发生短期过热爆管的主要原因。

二、案例2：异物堵塞导致过热器爆管

1. 基本情况

某火电厂2号机组为300MW亚临界机组，锅炉蒸发量为1065t/h。末级过热器A至B第41排、炉前至炉后第3根管子迎火面下弯头发生泄漏，泄漏后导致炉前至炉后第2根管子被蒸汽呲伤泄漏。截至泄漏机组运行约46415h，泄漏管规格为$\phi 51mm \times 7mm$，材质为ASME A213-T23。泄漏管及吹漏管位置如图4-2-10所示。

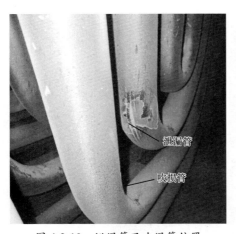

图4-2-10 泄漏管及吹漏管位置

2. 检查分析

泄漏管泄漏处张口较小，管壁厚度减薄不明显，管子外壁可见明显蓝黑色氧化物断层，管子未发生明显胀粗，管子外壁泄漏处附近有大量轴向裂纹，内外壁可见较厚氧化皮，管子呈现长时超温特征。被蒸汽吹漏管子外壁呈红棕色，仅见轻微氧化皮存在。宏观可见泄漏管子内外壁氧化皮厚度明显大于被吹漏管子，表明泄漏管子受热程度远大于被吹漏管子。

化学成分分析排除了错用管材的可能。室温拉伸试验结果显示，泄漏管抗拉强度为475～490MPa，屈服强度为293～344MPa，泄漏管室温抗拉强度和屈服强度均不合格；吹漏管抗拉强度为576～584MPa，屈服强度为476～479MPa，吹漏管室温抗拉强度和屈服强度均合格。金相组织分析结果显

示，泄漏管组织为铁素体+贝氏体，贝氏体球化 4～5 级，组织劣化严重；吹漏管组织为铁素体+贝氏体，贝氏体球化 2 级。管子金相组织变化趋势与室温拉伸试验差异一致，均表明泄漏管相比吹漏管受热程度更大、性能劣化更严重。泄漏管、吹漏管金相组织分别如图 4-2-11、图 4-2-12 所示。

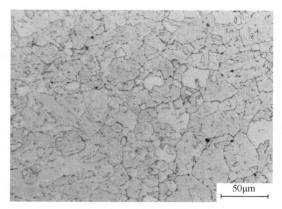

图 4-2-11　泄漏管金相组织

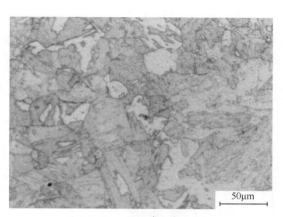

图 4-2-12　吹漏管金相组织

内外壁氧化皮测量结果显示，泄漏管内外壁氧化皮均较厚，内壁氧化皮厚度达 0.76mm，外壁氧化皮厚度达 0.53mm；吹漏管内外壁氧化皮均较薄，内壁氧化皮厚度约 0.2mm，外壁氧化皮厚度约 0.09mm。外部运行环境相同，氧化皮厚度差异表明管子受热程度不同。

垢样成分分析结果见表 4-2-2，由表可见，泄漏管内壁氧化皮除了含有 72%的 Fe_3O_4 外，还含有 27%的 FeO，而吹漏管内壁氧化皮只有 Fe_3O_4 一种。由于 FeO 一般在温度超过 570℃时方可稳定存在，进一步证明了泄漏管壁温长期超过其报警温度（565℃）。

表 4-2-2　　　　　　　　　　　　　垢样成分分析结果

垢样位置	主　要　成　分
泄漏管	磁铁矿 Fe_3O_4：72%；方铁矿 FeO：27%；未检出：1%
吹漏管	磁铁矿 Fe_3O_4：>99%

以上分析结果均表明，泄漏管长时超温过热可能与内部介质流通受阻有关，即内部存在异物堵塞。于是对该管段自末级过热器入口联箱开始排查，结果在管子垂直段发现堵塞异物，异物类似火焰切割形成的块状物及条状物，末级过热器管内堵塞异物如图 4-2-13 所示。对堵塞异物光谱分析，成分符合 T23 材质范围。

图 4-2-13　末级过热器管内堵塞异物

3. 结论

末级过热器管子内部存在异物堵塞，管子内部介质流通受阻，导致管子长时超温运行，超温运行导致管子组织劣化、性能下降，最终造成泄漏失效。管内异物应为末级过热器检修换管时采用火焰切割，且未封堵管口导致的。

4. 措施

锅炉受热面管更换时，应采用砂轮割管，严禁采用火焊切割，在管道对口焊接前须认真进行检查，确保管道内无异物。加强受热面壁温检测，对壁温异常的管子应及时排查。

5. 知识点拓展与点评

该案例中末级过热器泄漏前 30 天，同一根管子曾发生过泄漏导致机组非停，当时由于机组承担供热任务，换管抢修后即起炉运行，管内堵塞异物未及时清除，30 天后同一根管子发生第二次泄漏导致机组非停。若泄漏管子外部颜色、氧化皮厚度明显异常，管子外观明显异于邻近管子，则需考虑管子内部介质流通受阻可能性。若第一次爆管能认真排查或将此根管子暂时封堵，则可避免第二次泄漏引起的非停事故。

图 4-2-14　后屏过热器管内发现的异物

如管子壁温明显高于邻近管子壁温，则应及时进行异物堵塞排查，该案例中的电厂吸取末级过热器两次泄漏教训，壁温监测发现后屏过热器第 5 排第 9 根管子壁温异常升高，于是小修停机后利用内窥镜对壁温异常升高管子进行检查，发现异物，后屏过热器管内发现的异物如图 4-2-14 所示。

第三节　高　温　腐　蚀

一、案例 1：煤质变化与卫燃器改造导致屏式过热器外表面高温腐蚀及热疲劳裂纹

1. 基本情况

某电厂一台 350MW 燃煤发电机组锅炉为亚临界、一次中间再热、双拱形单炉膛 W 形火焰、平衡通风、固态排渣、露天布置、自然循环汽包型燃煤锅炉。累计运行时间 13 万 h 进行检修，防磨防爆检查中发现锅炉屏式过热器局部区域管子外表面产生环向裂纹，且表面腐蚀严重。屏式过热器左右共布置 8 排管屏，由三种材质管子组成，分别为 SA-213 T22、SA-213 TP316H 和 SA-213 T12（下面分别以 T22、TP316H 和 T12 表示）。环向裂纹及腐蚀主要出现在左数第 3、4、5 排管屏 T22 材质管子表面。

屏式过热器表面裂纹产生区域示意图如图 4-3-1 所示，腐蚀、环向裂纹区域主要集中在屏式过热器入口联箱出口第一和第二弯头之间直管段、第二弯头处及 EL32816 标高处焊缝上下垂直段（折焰角附近），分别见图 4-3-1 中 A、B、C 区。

2. 检查分析

（1）环向裂纹分析。环向裂纹集中出现在屏式过热器管子向火侧，背火侧无裂纹，屏式过热器向火侧表面裂纹形貌如图 4-3-2 所示。屏式过热器 T22 管子外表面腐蚀为高温腐蚀，管子腐蚀严重处腐蚀物已脱落，脱落腐蚀层厚度约 1～2.5mm，屏式过热器 T22 管子外壁腐蚀物脱落如图 4-3-3 所示。

焊缝边缘蚀物脱落后形成深度为 2～3mm 的凹槽，屏式过热器 T22 管子焊缝边缘腐蚀凹槽如图 4-3-4 所示，由图可见管壁减薄明显，管子外径无明显胀粗。

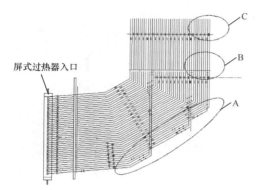

图 4-3-1　屏式过热器表面裂纹产生区域示意图

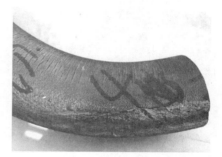

图 4-3-2　屏式过热器向火侧表面裂纹形貌

图 4-3-3　屏式过热器 T22 管子外壁腐蚀物脱落

图 4-3-4　屏式过热器 T22 管子焊缝边缘腐蚀凹槽

解剖管子后发现，向火面裂纹从外壁向内壁发展，裂纹最大深度约 3mm。在管子外表面沿环向平行密集分布，部分小裂纹呈轻度网状分布。裂纹沿厚度方向，在管壁外侧由外向内呈三角形分布，内壁充满黑褐色腐蚀产物，屏式过热器外壁裂纹如图 4-3-5 所示。

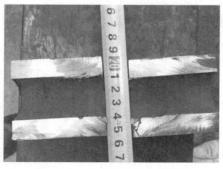

图 4-3-5　屏式过热器外壁裂纹

对两种材质屏式过热器取样管进行室温拉伸性能试验，试验结果均合格。金相组织为铁素体+贝氏体组织，未见异常。

管子外表面裂纹由外向内呈锥形生长，内部填满腐蚀物。管子裂纹内部由两种腐蚀物构成，即外部灰色腐蚀物及中心亮白色腐蚀物，屏式过热器 T22 管子外壁腐蚀物形貌、裂纹形貌如图 4-3-6、图 4-3-7 所示。

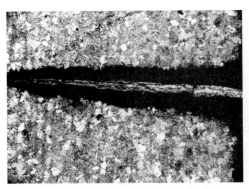

图 4-3-6　屏式过热器 T22 管子外壁腐蚀物形貌

图 4-3-7　屏式过热器 T22 管子外壁裂纹形貌

（2）腐蚀物成分分析。对 T22 管子裂纹内部腐蚀产物进行 EDS 能谱分析，中心亮白色物质包含 O、Fe、S 等元素，应该由铁氧化物与铁硫化物（硫酸盐）组成，屏式过热器 T22 管子外壁腐蚀物（中心亮白色物质）能谱分析结果如图 4-3-8 所示。

边缘灰色物质主要包含 O、Fe、Si、Cr、S 等元素，相比中心亮白色 S 元素含量低得多，应该由铁氧化物、铬氧化物及铁硫化物（硫酸盐）组成，屏式过热器 T22 管子外壁腐蚀物（边缘灰色物质）能谱分析结果如图 4-3-9 所示。

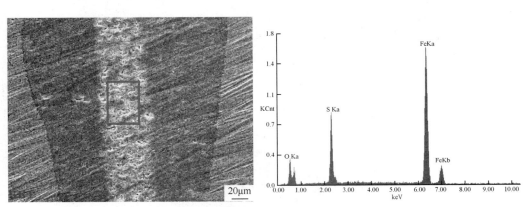

图 4-3-8　屏式过热器 T22 管子外壁腐蚀物（中心亮白色物质）能谱分析结果

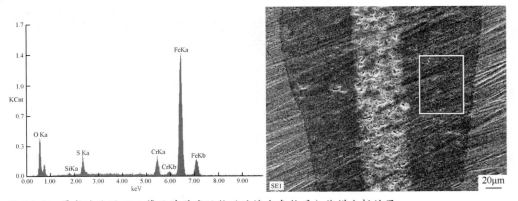

图 4-3-9　屏式过热器 T22 管子外壁腐蚀物（边缘灰色物质）能谱分析结果

根据管子裂纹内部腐蚀物的成分分析，腐蚀分两个阶段：第一阶段主要为氧腐蚀，第二阶段为在第一阶段腐蚀产物基础上的硫腐蚀。

锅炉设计煤质含硫 0.34%，实际入炉煤硫含量为 1.1%～1.3%，最高含硫量至 2.24%。燃煤中硫、碱金属及其氧化物含量越大，腐蚀性介质浓度越大，出现高温腐蚀的可能性就越大。高硫煤产生的大量 H_2S、SO_2、SO_3 和原子 S 不仅破坏管壁的 Fe_2O_3 保护膜，还侵蚀管子表面，致使金属管壁不断减薄。

锅炉原设计煤种为无烟煤，近几年来掺烧烟煤，同时大量掺烧劣质煤，配煤掺烧比例达 40%。掺烧后混煤灰熔点降低，炉膛结焦严重，卫燃带附件部位更为严重。为了解决锅炉结焦问题，三年前电厂进行了卫燃带改造。卫燃带改造后锅炉结焦问题得到改善，但出现燃烧不稳定情况，煤粉燃尽部位温度升高 150℃，即煤粉着火点延后，炉膛内火焰变大、燃烧区域变长，同时存在火检摆动、负压波动、燃尽部位温度升高、飞灰可燃物提高等现象。查看屏式过热器壁温测点记录发现，屏式过热器壁温变化率较大，10min 内壁温变化为 30～70℃。燃烧不稳定、火检摆动会使管子壁温波动导致管子经受热疲劳进而产生环向裂纹，燃尽部位温度升高使高温腐蚀速率加快，而高温腐蚀加快了热疲劳环向裂纹的加速扩展。

3. 结论

屏式过热器管高温腐蚀主要是由于入炉煤硫含量高和卫燃带改造后火焰变大、燃烧区域变长、火焰冲刷外壁造成的。

导致环向裂纹的主要原因是燃烧不稳定、火焰刷壁引起管子壁温波动。

4. 措施

（1）应加强配煤掺烧管理，尽量降低入炉煤硫分。

（2）进行锅炉燃烧动力场试验，根据试验结果调整燃烧，如增设风量挡板以调整风量及风向，来达到稳定燃烧、避免火焰直接冲刷管子外壁的目的。

5. 知识点拓展与点评

卫燃带的设计初衷是提高炉内火焰中心温度，稳定燃烧，以适应无烟煤燃点高的特点。电厂采用混煤掺烧后，为了解决燃点降低带来的结焦问题，对卫燃带加以改造，又造成燃烧不稳定、火检摆动等现象。屏式过热器管子高温腐蚀及热疲劳裂纹的产生与部件材质关系不大，主要涉及锅炉燃料、锅炉燃烧方面知识，所以对于金属部件产生缺陷或失效原因的分析，应多专业联合"会诊"，其中现场问询及资料查询尤为重要。

二、案例 2：硫元素腐蚀导致水冷壁泄漏

1. 基本情况

某电厂 4 号炉于 2014 年 9 月 22 日点火启机，于 10 月 5 日 19：03，锅炉报警，炉膛负压反正，给水流量增大 100t/h，判断炉内泄漏。停机后，发现在标高 23.5m 处，由前墙向后数第 24 根水冷壁

管泄漏，面积为 1.2～1.3m² 范围内有明显腐蚀痕迹。水冷壁管规格为 ϕ60mm×5mm，材质为 20G。

2. 检查分析

第 24 根水冷壁管存在一长约 30cm 的窗口型爆口，爆口已完全敞开，爆口边缘无明显减薄，爆口附近管段未发生明显胀粗。爆口是由 24 号管一侧鳍片焊缝处开裂，撕裂至另一侧鳍片焊缝处。与其相邻的左右各 3 根水冷壁管向火侧外壁有明显的腐蚀痕迹，腐蚀坑较深。在每根水冷壁管鳍片的焊缝处腐蚀最为严重，腐蚀坑最深，爆口管宏观形貌如图 4-3-10 所示。

图 4-3-10　爆口管宏观形貌

观察第 24 根水冷壁管爆口处横截面，发现其最薄处厚度仅为 1mm，为管壁厚度的 1/5，水冷壁管横截面如图 4-3-11 所示。腐蚀是由外壁向内壁发展的，观察整排管子的腐蚀发生位置及程度，发现腐蚀的发生有明显区域性，且在中心位置腐蚀较为严重，四周腐蚀较为轻微。在腐蚀坑较深的位置，伴有横向裂纹。管下部发现外形呈现水滴状腐蚀坑，水冷壁管外表面水滴状腐蚀坑如图 4-3-12 所示。水冷壁管内壁光滑平整，未见腐蚀痕迹。

图 4-3-11　水冷壁管横截面

图 4-3-12　水冷壁管外表面水滴状腐蚀坑

对爆口附近的金相组织进行观察。爆口附近焊缝母材金相组织为铁素体+珠光体，轻度球化。窗口上爆片的金相组织为铁素体+珠光体，轻度球化。金相组织未见异常。

对管子腐蚀位置处的金相组织进行低倍观察，焊缝区域金相低倍形貌如图 4-3-13 所示。腐蚀首先发生在焊缝的热影响区，这是由于焊缝热影响区存在晶粒不均匀现象，属于薄弱区域，因此其率先发生腐蚀，并逐渐向内部发展。

对爆口附近的腐蚀坑内的腐蚀产物进行能谱分析，结果表明腐蚀坑内主要含有 C、O、Fe 及少量 S。腐蚀产物为氧

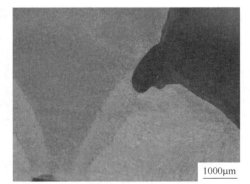

1000μm

图 4-3-13　焊缝区域金相低倍形貌

化铁，少量的 S 来自灰分。

同时，对管上白色产物进行能谱分析，结果显示该白色产物中含有大量的 O、S、Ca、Fe 及少量的 Al、Si。由于水冷壁管中的水进行过相应的化学处理，杂质元素含量低，而锅炉烟气中的 S 不会在水冷壁管某一区域大量聚集，因此该产物中大量的 S 应来自腐蚀介质。综上，可以断定该水冷壁的腐蚀与 S 的存在有关。

3. 综合分析

该次爆管为窗口型爆口，管径几乎没有变化，爆管内外壁也不存在较厚的氧化皮。爆口附近的金相组织正常，未见老化，且爆口附近的组织与和爆管附近的管段的金相组织一致，不存在明显的差别，没有明显过热现象。爆管及其邻近管段的拉伸试验的各项性能指标均满足标准要求。发生腐蚀的管段自建厂投产以来，从未进行过更换，其材质未改变。爆管及其邻近管段的内壁光滑平整，无明显的腐蚀现象，表明水质无异常。

通过宏观观察，发现爆管及其附近管子外壁发生了腐蚀，且腐蚀具有明显的区域性。在同一区域内，靠近中心处腐蚀严重，远离中心腐蚀轻微，腐蚀区域的周围还存在明显痕迹。同时，每根管子腐蚀最严重的区域发生在鳍片焊缝处，造成这种现象有两个原因：一是由于腐蚀介质在管子表面分布不均匀，在炉膛中温度和风的作用下，腐蚀介质会管子两侧鳍片位置聚集；二是由于鳍片与管子通过焊接而连接的，焊缝的热影响区存在晶粒不均匀现象，属于薄弱部位，在这个位置腐蚀最先发生。在管子下部发现了液滴状的腐蚀坑，表明腐蚀介质应为液态的。通过能谱对管子表面白色痕迹产物的分析，发现 S 含量较高。由于锅炉水质无异常及燃煤种类未变化，可推断高含量的 S 应来自外来的腐蚀介质。

腐蚀发生后，腐蚀坑会成为裂纹源。水冷壁管在热应力作用下，在蚀坑处形成了小的横向裂纹。当水冷壁管向火侧外壁鳍片焊缝处发生腐蚀，在炉膛高温作用下，腐蚀迅速向内壁扩展，造成管壁减薄，承载能力下降，最终发生窗口型爆管。

4. 结论

（1）该电厂 4 号炉水冷壁爆管是由外部介质中 S 腐蚀造成的。

（2）腐蚀发生在鳍片焊缝处，造成管子有效厚度减小，承载能力下降从而发生了爆管。

5. 知识点拓展与点评

该案例与炉膛内的高温腐蚀存在一定区别。首先，高温腐蚀的发生会在炉膛内某一高度普遍存在，而该案例中的腐蚀现象仅发生在某一局部区域。其次，高温腐蚀发生后，管子会在向火侧有明显的减薄，而该案例中减薄最严重的位置在鳍片焊缝处。

三、案例 3：超临界锅炉水冷壁的高温腐蚀

1. 基本情况

某电厂 660MW 超临界机组在 2015 年 10 月 A 级检修期间发现锅炉三层燃烧器前后墙吹灰器周围

水冷壁外表面存在腐蚀现象，水冷壁管向火侧、背火侧外表面腐蚀现象如图 4-3-14 所示。水冷壁管材质为 SA-213T2，规格为 ϕ38.1mm×7.5mm，设计压力 31.1MPa，腐蚀区域水冷壁管设计管壁温度为 432℃。

该机组于 2009 年 10 月正式投产，累计运行约 52560h。锅炉是 DG2150/25.4-Ⅱ6 型 660MW 超临界参数变压直流炉，设计热效率为 93.2%，最大连续蒸发量为 2150t/h，最大允许压力 25.4MPa，设计出口温度 571℃。

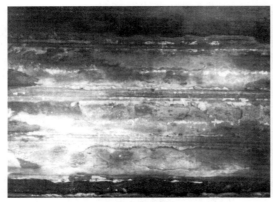 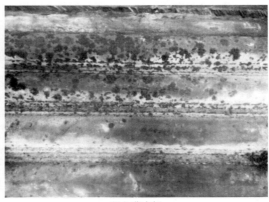

（a）向火侧　　　　　　　　　　　　　　　　（b）背火侧

图 4-3-14　水冷壁管向火侧、背火侧外表面腐蚀现象

2. 检查分析

（1）宏观检查。为分析其腐蚀原因，对腐蚀严重区域进行割管取样。对取样管进行宏观检查，管子外表面腐蚀层不均匀，靠近鳍片的部位较厚，最厚达 3mm，水冷壁管鳍片处腐蚀层如图 4-3-15 所示。对水冷壁管横截面进行观察，所取样管从两侧鳍片开始，管子存在一定的壁厚减薄，最薄处剩余壁厚为 5.5mm（同一截面上未腐蚀处壁厚为 7.5mm），水冷壁管壁厚变化如图 4-3-16 所示。

 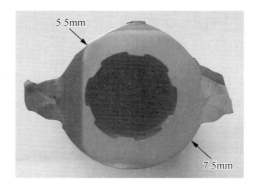

图 4-3-15　水冷壁管鳍片处腐蚀层　　　　　　　图 4-3-16　水冷壁管壁厚变化

（2）常温力学性能测试。对取样管进行常温力学性能测试，所检力学性能的塑性指标——断后伸长率低于标准要求，而其他性能指标均符合要求。断后伸长率偏低，说明材料抵抗塑性变形的能力降低，这是由水冷壁管向火侧壁厚减薄所造成的。

（3）扫描电镜及能谱分析。对取样管表面腐蚀层进行扫描电镜及能谱分析，水冷壁腐蚀层的扫描电镜形貌及其能谱图如图 4-3-17 所示，腐蚀层产物的元素组成主要为 O、Fe、S，还含有少量的 Al、Si。其中 S 为主要的大气腐蚀元素，含量约占 9.59%（Wt/%），说明腐蚀产物的主要组成为 Fe 的硫化物和 Fe 的氧化物。

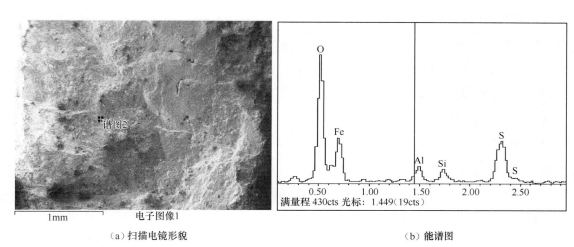

（a）扫描电镜形貌　　　　　　　　　　　　　（b）能谱图

图 4-3-17　水冷壁腐蚀层的扫描电镜形貌及其能谱图

（4）资料分析。结合电厂提供的运行方面的资料介绍，为防止锅炉内煤燃烧后产生过多的 NO_x 污染环境，该机组于 2011 年开始进行脱硝改造，并在 2012 年 5 月脱硝系统正式通过"168"试运。据现场调查情况可知，锅炉燃烧器改造后一次风大、二次风小，锅炉运行过程中处于缺氧燃烧状况，因而燃烧器区水冷壁附近容易形成还原性气氛；由于压缩风从侧面喷出，导致火焰高度变高，着火点靠近水冷壁，形成火焰刷墙现象，在燃烧器喷口附近形成高负荷区域，导致水冷壁管壁温度升高，为高温腐蚀创造了条件。一方面，煤粉在炉膛内缺氧燃烧形成的还原性气氛可以渗透到水冷壁的氧化膜中，并发生反应，生成疏松多孔的铁的氧化物；另一方面，煤粉在缺氧条件下燃烧产生了 H_2S 和游离态硫，其与管壁基体金属铁以及铁的氧化物发生反应生成铁的硫化物。这与腐蚀层能谱分析的结果是相符的，铁的硫化物和氧化物的生成必然引起硫化物型的高温腐蚀，致使金属管壁不断减薄。

3. 结论

（1）该电厂锅炉水冷壁腐蚀的主要原因为硫化物型的高温腐蚀，腐蚀产物的矿物组成主要为腐蚀生成的铁的硫化物和铁的氧化物。

（2）该电厂水冷壁管力学性能指标中断后伸长率偏低，说明材料抵抗塑性变形的能力降低，这是由高温腐蚀导致壁厚减薄所造成的。

4. 措施

根据高温腐蚀影响因素提出如下建议：

（1）选用设计煤种或含硫量较低的煤种，减缓水冷壁高温腐蚀。

（2）根据燃料特性、燃烧设备特点及其他因素降低炉内水冷壁贴壁处还原性气体体积分数。

（3）采用防腐蚀材料或技术，特别是当燃煤中含硫量高时，可采用渗铝管作水冷壁，也可在腐蚀较严重的区域装卫燃带，或在水冷壁外壁热喷涂 Ni-Cr、Ni-Cr-Al 或 Fe-Cr-Al 等合金，从而在一定程度上防止高温硫腐蚀的发生。

5. 知识点拓展与点评

电站锅炉水冷壁的硫腐蚀基本可以分为硫化物型高温腐蚀和硫酸盐型高温腐蚀两种类型。硫化物型高温腐蚀的腐蚀产物主要是铁的硫化物和氧化物，它是锅炉水冷壁高温腐蚀中较为常见的类型，引起硫化物型高温腐蚀的主要原因是煤粉在缺氧条件下燃烧产生 H_2S 和游离态硫 S，其与管壁基体金属铁以及铁的氧化物发生反应生成铁的硫化物。

（1）单质硫腐蚀。煤粉在燃烧过程中也会产生一定量的原子硫，其在 350～400℃时很容易与碳钢直接反应生成硫化亚铁（FeS）形成高温硫腐蚀，并且从 450℃开始，其对炉管的破坏作用相当严重。原子硫的生成途径主要有以下几种：

1）黄铁矿粉末随未燃尽的煤粉到达管壁上，受热分解形成单质 S，即

$$FeS_2 \rightarrow FeS + [S] \tag{4-3-1}$$

2）当管子附近有一定浓度的 H_2S 和 SO_2 时，也可以生成自由的原子 S，即

$$2H_2S + SO_2 \rightarrow 2H_2O + 3[S] \tag{4-3-2}$$

3）硫化氢与氧气反应，即

$$2H_2S + O_2 \rightarrow 2H_2O + 2[S] \tag{4-3-3}$$

4）FeS_2 与碳的混合物在有限的空气中燃烧，即

$$3FeS_2 + 12C + 8O_2 \rightarrow Fe_3O_4 + 12CO + 6[S] \tag{4-3-4}$$

5）在高温下硫化氢分解也可以产生单质硫，即

$$H_2S \rightarrow H_2 + [S] \tag{4-3-5}$$

6）生成的 S 在管壁温度达到 350℃时，发生硫化作用，即

$$Fe + [S] \rightarrow FeS \tag{4-3-6}$$

单质 S 可以直接渗透的方式穿过氧化膜，并沿金属晶界渗透，促使内部硫化，同时使氧化膜疏松、开裂，甚至剥落。

（2）H_2S 气体引起的腐蚀。H_2S 除了能促进硫化物型腐蚀外，还会对管壁直接产生腐蚀作用，是水冷壁管腐蚀的另一主要因素，其腐蚀反应为

$$Fe + H_2S \rightarrow FeS + H_2$$
$$FeO + H_2S \rightarrow FeS + H_2O \tag{4-3-7}$$

生成的硫化亚铁又进一步氧化形成铁的氧化物。铁的氧化物和硫化物的混合物是多孔性的，不起保护作用，可使腐蚀继续进行。综上所述，该锅炉实际燃煤中高含量的 S 是水冷壁管腐蚀减薄的根源。高硫煤产生的大量 H_2S、SO_2、SO_3 和原子 S 不仅破坏管壁的 Fe_3O_4 保护膜，且还侵蚀管子表面，致使金属管壁不断减薄。

四、案例 4：水冷壁管因高温腐蚀及冲刷减薄导致爆管

1. 基本情况

某厂亚临界锅炉运行中左侧水冷壁 D 层喷燃器标高处，前向后数第 20 根管发生爆破，被迫停机，累计运行 76153h。爆管处水冷壁管设计材质 20G，规格 ϕ60mm×6.5mm。水冷壁管爆破部位及管子外壁形貌如图 4-3-18 所示。

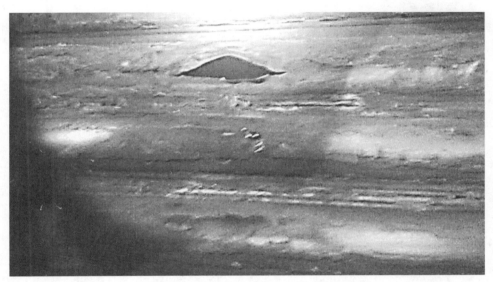

图 4-3-18　水冷壁管爆破部位及管子外壁形貌

2. 检查分析

（1）壁厚检查。停机期间经壁厚检查发现，前墙水冷壁管喷燃器 C 层上方水平位置及 D 层上方看火孔位置，壁厚检查自右向左共计 87 根，壁厚减薄超标（超 1/3 设计壁厚）1 根；后墙水冷壁管喷燃器 B 层及 D 层水平位置，壁厚检查自右向左共计 97 根，壁厚减薄超标 2 根；左墙水冷壁管标高 29.4m，D 层水平位置，壁厚检查自前向后共计 47 根，壁厚减薄超标管排 5 根；右墙水冷壁管标高 29.4m，D 层水平位置，壁厚检查自后向前共计 47 根，壁厚减薄超标 10 根；B 到 D 层燃烧器之间水冷壁管存在管壁减薄现象，且减薄位置具有规律性，偏喷燃器侧减薄严重，具有方向性，推测为未燃尽的煤粉冲刷磨损所致。

（2）宏观检查。对送样的爆破管段第 20 根管及其相邻管段第 19 根管进行宏观检查，向火侧表面有较厚灰黑色沉积物，沉积物外表面呈黄色；沉积物敲击去除后，管壁呈黑色，表面凹凸不平，沉积物内壁及管子表面有"横向纹"，爆破管管壁局部表面有"横向纹、龟裂纹"，爆破管向火侧局部形貌如图 4-3-19 所示，表明水冷壁管存在高温腐蚀倾向和火焰刷墙现象。

（3）金相组织分析。爆口从里向外张开，长 138mm，宽 25mm，边缘呈刃状，边缘明显减薄，最薄处为 0.9mm。对爆破管进行金相微观组织分析，金相组织正常，未发现组织老化，水冷壁管未发现超温过热现象，第 20 根管破口处组织形貌如图 4-3-20 所示。

　　在爆破管管壁表面横向纹及龟裂纹处取样进行金相微观组织分析，爆破管向火侧疑似裂纹处组织形貌如图 4-3-21 所示，金相组织为铁素体＋珠光体，金相组织正常，未发现组织老化，外壁欠光滑，存在凹坑，开口底部圆钝，未发现裂纹尖端。

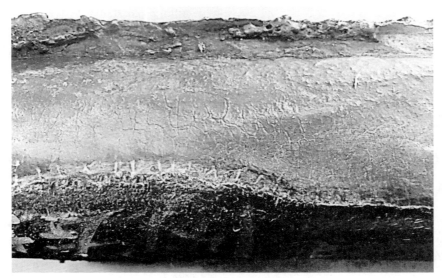

图 4-3-19　爆破管向火侧局部形貌

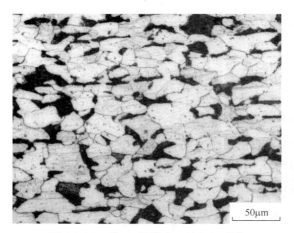

图 4-3-20　第 20 根管破口处组织形貌

图 4-3-21　爆破管向火侧疑似裂纹处组织形貌

　　（4）成分分析。为查明爆破原因，对爆破管段向火侧表面沉积物取样，进行 X 射线荧光光谱（XRF）成分分析和 X 射线衍射（XRD）物相分析，沉积物 XRF 成分分析结果见表 4-3-1，XRD 物相分析谱图如图 4-3-22 所示。

表 4-3-1　　　　　　　　　　　　　沉积物 XRF 成分分析结果　　　　　　　　　单位：%（质量百分数）

元素	O	Al	Si	P	S	Cl	K	Ca	Ti	Mn	Fe	Cu	Zn	Ga	Ge	Se	Sn	Pb	Bi	总计
含量	37.8	2.42	2.53	0.439	12.3	0.315	0.207	0.378	0.143	0.115	24.3	0.501	4.67	0.344	0.464	0.390	0.862	11.3	0.182	99.61

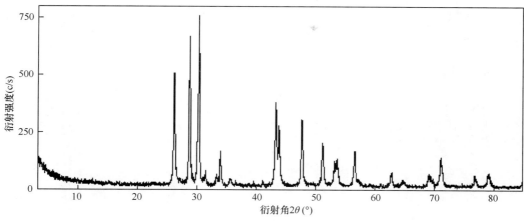

图 4-3-22　XRD 物相分析谱图

XRF 分析结果表明，沉积物中主要含 S、Fe、Pb、O、Zn 等元素，其含量相对较高。XRD 物相分析结果表明，沉积物主要由 FeS、PbS、ZnS、Fe_2O_3、Fe_3O_4、FeS_2 组成，FeS 居多。XRD 物相分析结果与 XRF 分析结果一致性较高。

水冷壁管沉积物 XRF 与 XRD 的分析结果表明，水冷壁管腐蚀减薄具有硫化物型高温腐蚀的特征。

3．结论

高温腐蚀、火焰刷墙、未燃尽的煤粉磨损等共同作用导致水冷壁减薄，减薄后的水冷壁强度不足最终爆管。

4．措施

（1）改善锅炉燃烧气氛，控制不完全燃烧程度。

（2）改善锅炉燃烧条件，防止过量空气系数过小，从而防止火焰直接接触管壁。

（3）引入贴壁风，使炉膛贴壁处有一层氧化性气膜，以便冲淡管壁处烟气中 SO_3 浓度，并使灰渣层分解出来的 SO_3 向炉膛扩散而不向管壁扩散。

5．知识点拓展与点评

引起水冷壁管烟气侧硫酸盐腐蚀的物质是正硫酸盐 M_2SO_4 和焦硫酸盐 $M_2S_2O_7$（M 表示 K 和 Na），两者的腐蚀机理不同。

第四节　低　温　腐　蚀

案例：低温再热器管

1．基本情况

某发电厂在 2016 年停电检修期间，发现 3 号炉低温再热器管存在严重腐蚀现象，腐蚀严重区域主要位于管排上方第一根，因此取左侧管组前数第 6 排上表面第一根进行试验分析。

低温再热器原设计材质为 20 号钢，2008 年进行整体改造，更换外 2 圈管子材质为 12Cr1MoV，其他管子材质更换为 20G。根据电厂提供的信息，取样管材质为 12Cr1MoV，规格 ϕ42mm×3.5mm。该部位管排上方有护板，在管排最上圈有较严重积灰。低温再热器取样管上方、下方宏观形貌分别如图 4-4-1、图 4-4-2 所示。

图 4-4-1　低温再热器取样管上方宏观形貌

图 4-4-2　低温再热器取样管下方宏观形貌

2. 检查分析

（1）宏观分析。对取样管进行观察，发现管子一侧存在明显沿纵向分布的腐蚀坑，腐蚀坑多为圆形或椭圆形，腐蚀坑内有黄色或白色残留物，未发生腐蚀部位的管子外壁为正常的红色氧化层，取样管横截面宏观形貌、取样管外部腐蚀宏观形貌分别如图 4-4-3、图 4-4-4 所示。

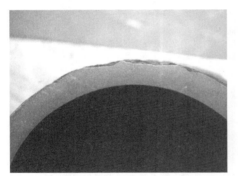

图 4-4-3　取样管横截面宏观形貌

图 4-4-4　取样管外部腐蚀宏观形貌

（2）金相组织分析。取样管金相组织为铁素体+珠光体，球化级别为 2.5 级。腐蚀坑部位覆盖有一层结焦氧化层，坑底部管子母材组织为铁素体+珠光体，球化级别为 2.5 级，正常部位、腐蚀坑部位金相组织分别如图 4-4-5、图 4-4-6 所示。

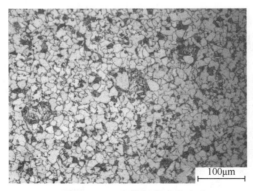

图 4-4-5　正常部位金相组织

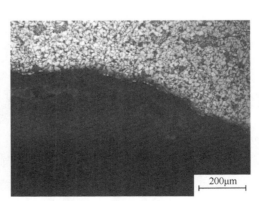

图 4-4-6　腐蚀坑部位金相组织

（3）扫描电镜能谱分析。对取样管腐蚀坑部位进行扫描电镜能谱分析，腐蚀坑部位能谱分析结果见表 4-4-1 和表 4-4-2。

表 4-4-1 　　　　　　　　　　　　　　腐蚀坑部位能谱分析结果 1

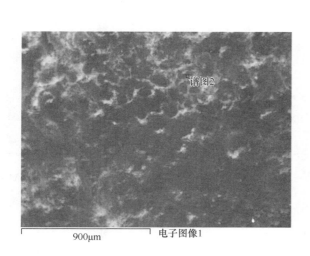

元素	质量百分比（%）
C K[a]	7.99
O K	56.29
Mg K	0.43
Al K	10.59
Si K	11.44
P K	0.30
S K	2.12
K K	0.51
Ca K	0.42
Ti K	0.30
Fe K	9.61
总量	100.00

[a]　K 线系能谱成分，以下均同。

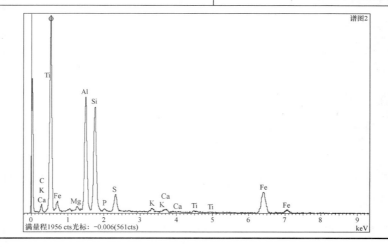

表 4-4-2 　　　　　　　　　　　　　　腐蚀坑部位能谱分析结果 2

元素	质量百分比（%）
C K	8.96
O K	55.98
Al K	0.73
Si K	0.95
S K	12.69
Fe K	20.69
总量	100.00

续表

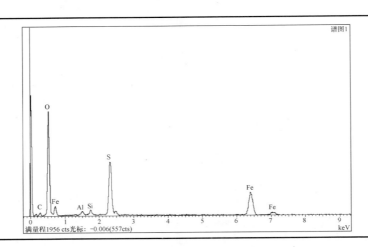

从表 4-4-1 和表 4-4-2 可见，不同部位的腐蚀产物中均含有 S，另外，还有少量 P、K、Ca、Mg、Al、Ti 等元素。

3. 综合分析

从低温再热器管的宏观形貌上看，为典型的腐蚀特征。对腐蚀管段取样进行金相组织和扫描电镜分析，金相组织为铁素体+珠光体，球化 2.5 级。腐蚀坑底部较为光滑，未见腐蚀裂纹，金相组织无明显变化，无老化过热迹象。

通过扫描电镜能谱分析，不同部位的腐蚀产物中，均含有 S，另外，还有少量 P、K、Ca、Mg、Al、Ti 等元素。

低温再热器允许管壁温度为 450℃，低温再热器进口和出口蒸汽温度 322℃ 和 407℃，进口和出口烟气温度为 580℃ 和 472℃。从烟气温度和管壁温度来看，低温再热器管温度并非常见的高温腐蚀或低温腐蚀温度区间。

从结构上看，腐蚀严重区域均位于低温再热器管排上方第一根，腐蚀管段表面存在较严重积灰现象。从腐蚀介质成分看，主要含有 S 和少量碱金属元素。通常来说，锅炉停炉过程中，当温度低于露点时，烟气中的 SO_3 和水会凝结，而受热面管表面的积灰会吸附凝结出来的介质附着于管壁，从而造成持续腐蚀。取样管上方积灰部位存在大面积腐蚀，最大腐蚀深度已达 0.75mm，而其余部位、其余管段未见腐蚀迹象，可认为积灰吸附腐蚀介质，与管壁腐蚀存在较大关系。综上可以判断，低温再热器最上排管壁大面积腐蚀，是由于管壁存在较多积灰，吸附低温下形成的腐蚀介质，导致管壁严重腐蚀，其本质仍然属于低温腐蚀类型。

4. 结论

低温过热器顶端管壁腐蚀介质中含有较多 S 和少量碱金属元素，主要腐蚀机理为低温腐蚀。造成低温腐蚀的原因是管壁存在较多积灰，吸附露点温度以下形成的腐蚀介质。

5. 措施

结合锅炉燃烧运行情况改善低温再热器管排积灰较多现象。

6. 知识点拓展与点评

低温腐蚀主要发生在尾部烟气受热面管上，最常见的是空气预热器和省煤器，低温再热器因运行温度相对较高，发生低温腐蚀的情况较少。影响低温腐蚀的因素有烟气露点、管壁凝结酸量、管壁凝结酸浓度、管壁温度。

第五节 应 力 腐 蚀

案例：硝酸盐应力腐蚀

1. 基本情况

某电厂余热锅炉高压省煤器在上水过程中发生了断裂，断裂位于省煤器管的 U 形弯管处，上水时管子处于静压状态，水温为 18℃。该省煤器管材质为 20G，规格为 38mm×3.5mm。正常工况下，管内水温为 251℃，管外烟温约为 265℃。该机组自投产运行至今，累计运行 12400h，启停 140 次。

2. 检查分析

（1）宏观分析。对断裂弯管宏观形貌进行观察，断裂弯管的宏观形貌如图 4-5-1 所示。其中一根弯管外表面被淡黄色附着物完全包裹，附着物较厚。另一根弯管外弧外表面存在红色锈层，锈层下方可见明显的白色盐层。两根弯管壁厚没有明显的减薄。断裂处较为平齐，无明显的塑性变形痕迹，具有明显的脆性断裂特征。

图 4-5-1 断裂弯管的宏观形貌

对断口进行宏观观察，发现外壁附着的盐类在部分位置已经深入金属基体。在黄褐色盐类侵入基体的前沿位置，存在明显的黑色腐蚀区域，弯管断口处形貌如图 4-5-2 所示。整个断口范围内也附着有大量的盐类，但与侵入基体位置的盐有明显区别。这些盐类可能是在管子断裂之后附着上的。断裂起始于管子外壁，断口平齐，没有明显的塑性变形痕迹。

（2）金相组织分析。对断裂弯管的金相组织进行显微观察，弯管金相组织如图 4-5-3 所示。弯管的金相组织为珠光体+铁素体，未见明显异常。弯管外弧的珠光体沿加工时的轴向变形方向分布。弯管内弧各处金相组织形态上有较为明显的差异。造成弯管内弧各处金相组织形态上存在明显差异的原因是弯管在弯制过程中，弯管内弧各处金属的沿径向的变形量不同，内壁侧较小，外壁侧变形最大。

图 4-5-2　弯管断口处形貌

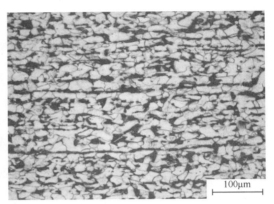

图 4-5-3　弯管金相组织

弯管外表面处可见较多明显的腐蚀坑，断裂弯管外表面形貌如图 4-5-4 所示。蚀坑中充满了腐蚀产物，蚀坑底部存在着尚未完全扩展的小裂纹。裂纹呈现树枝状，穿晶扩展，具有应力腐蚀开裂的特征。

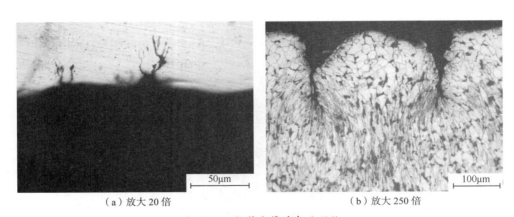

（a）放大 20 倍　　　　　　　　　　（b）放大 250 倍

图 4-5-4　断裂弯管外表面形貌

（3）能谱分析。对断裂弯管外表面附着的盐层进行能谱分析，分析位置为盐层与弯管外表面基体接触部位。分析结果表明，盐层主要含有 C、N、O、S、Fe 等元素，其中 N 含量为 9.11%，S 含量为 10.53%。

对弯管外表面的盐层成分进行 X 射线衍射（XRD）分析测试，弯管外表面盐层 XRD 分析结果如图 4-5-5 所示。由 XRD 分析结果可知，弯管外表面附着物主要由$(NH_4)_4(NO_3)_2SO_4$、$(NH_4)_2Fe_2(SO_4)_3$ 和$(NH_4)_3Fe(SO_4)_3$ 组成。其中，NH_4^+ 主要来自脱硝系统中的还原剂，NO_3^- 和 SO_4^{2-} 来自烟气。

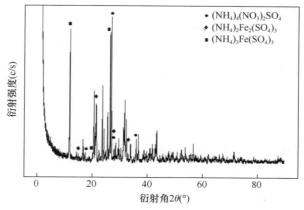

图 4-5-5　弯管外表面盐层 XRD 分析结果

3. 综合分析

宏观形貌特征显示，弯管断口较为平齐，未见明显的塑性变形。裂纹起始于弯管内弧外壁处，分别沿径向向内壁扩展、沿周向向外弧扩展。由金相组织分析结果可见，弯管内弧外壁存在较多尚未扩展的微小裂纹，裂纹呈树枝状，走向以穿晶型为主。裂纹起始于弯管内弧外壁处的腐蚀坑底部，蚀坑中充满腐蚀产物。弯管内弧处内外壁金相组织形态上存在明显差异，内壁处金相组织中铁素体及珠光体呈条带状沿管子轴向分布；外壁处的金相组织中铁素体及珠光体沿管子轴向呈条带状分布的特征已消失，晶粒沿径向方向变形明显。这是由于弯管在加工过程中，内弧各处受挤压的程度不同，外壁处受挤压程度最严重，变形量最大。由于弯管内弧外壁处变形量大，在外壁表面会形成波浪状的褶皱。在波谷处易积聚腐蚀介质，并在应力作用下发生了应力腐蚀开裂。

断裂弯头外壁附着大量盐类，在断口的局部位置存在盐类侵入金属基体的现象，且在其前沿位置，有明显的黑色腐蚀痕迹。对盐层与弯管基体接触位置进行能谱分析，表明该处主要含有 N、S、Fe、O、C 等元素，N 含量达 9.11%，S 含量为 10.53%。盐层水溶液呈酸性。对盐层进行 XRD 分析测试，结果表明盐层由$(NH_4)_4(NO_3)_2SO_4$、$(NH_4)_2Fe_2(SO_4)_3$和$(NH_4)_3Fe(SO_4)_3$三种成分构成。其中NH_4^+主要来自脱硝系统中的还原剂，NO_3^-和SO_4^{2-}来自烟气。

低碳钢在硝酸盐水溶液中会发生应力腐蚀开裂。高温省煤器紧邻选择性催化还原（SCR）反应器布置，位于喷氨栅格下游。弯管外表面盐层的产生有可能为脱硝系统中氨与烟气中的氮氧化物未发生脱硝的主反应生成氮气，而是与氮氧化物及硫的氧化物生成硝酸盐及硫酸盐，生成的硝酸盐和硫酸盐在下游的高温省煤器处积聚。查阅资料表明，SCR 脱硝技术在实际运行条件下存在以下副反应

$$4NH_3 + 4O_2 \rightarrow 2N_2O + 6H_2O \tag{4-5-1}$$

$$2SO_2 + O_2 \rightarrow 2SO_3 \tag{4-5-2}$$

$$SO_3 + H_2O + NH_3 \rightarrow NH_4HSO_4 \tag{4-5-3}$$

弯管在硝酸盐及拉应力作用下发生应力腐蚀开裂。

4. 结论

高压省煤器弯管断裂是金属在硝酸盐环境中发生应力腐蚀造成的。

5．措施

（1）检查其他高温省煤器下弯头外表面是否有盐类聚集，如有，及时更换。

（2）检查喷氨栅格雾化效果，以防雾化效果不良造成盐分在烟道聚集。

6．知识点拓展与点评

应力腐蚀开裂是指金属或合金材料在腐蚀介质和固定拉应力的共同作用下所引起的破裂（SCC），其发生需要三个基本条件：①敏感材料，合金比纯金属更容易发生应力腐蚀开裂；②拉应力；③特定的腐蚀介质，每种合金只对某些特定的介质敏感。

应力腐蚀开裂是一个典型的滞后破坏，是材料在应力与环境介质共同作用下，需经一定时间的裂纹成核、裂纹亚临界扩展，最终达到临界尺寸，此时由于裂纹尖端的应力集中程度达到材料的断裂韧性，而发生失稳断裂。这种滞后破坏过程可分为以下三个阶段。

（1）孕育期：裂纹萌生阶段，裂纹成核所需时间，约占整个事件的90%。

（2）裂纹扩展期：裂纹成核后直至发展到临界尺寸所经历的时间。

（3）快速断裂期：裂纹达到临界尺寸后，由纯力学作用裂纹失稳瞬间断裂。

第六节 其 他 腐 蚀

一、案例 1：氢腐蚀引起的水冷壁管爆管

1．基本情况

2017 年 5 月 25 日，某电厂 600MW 亚临界机组"四管"泄漏监测器 1、5 点报警，经现场检查发现，2 号角标高 24m 处看火孔上方水冷壁管爆开；锅炉 1、2、3 号角水冷壁管在标高 24m 处向火侧均存在沿管子轴向开裂的裂纹。水冷壁管材质为 SA-210A1，规格为 ϕ51mm×5.6mm。2、3 号角水冷壁管泄漏处宏观形貌如图 4-6-1、图 4-6-2 所示。

图 4-6-1 2 号角水冷壁管泄漏宏观形貌

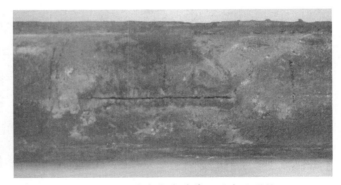

图 4-6-2 3 号角水冷壁管泄漏宏观形貌

2．检查分析

（1）宏观分析。经宏观检查，2 号角水冷壁管泄漏发生在观火孔上弯处，首爆口呈"窗口"状，

在首爆口上方存在一处裂纹。管子内壁均发生了较为严重的氧化，局部位置附着氧化产物，管壁内侧有明显减薄，2号角泄漏水冷壁管内壁形貌如图4-6-3所示。3号角水冷壁管进泄漏处位于水冷壁管向火侧中部，呈直线型狭缝状，长约6cm。整根管段向火侧内壁均发生了严重的氧化，部分位置附着氧化产物，管壁内侧内螺纹处氧化严重，局部位置内螺纹凸起已完全消失，3号角水冷壁管向火侧内壁形貌如图4-6-4所示。氧化产物厚约4mm，与管壁结合牢固，形成鼓包，鼓包去除后，内表面表现为明显凹坑。管子背火侧内壁未见严重氧化痕迹。

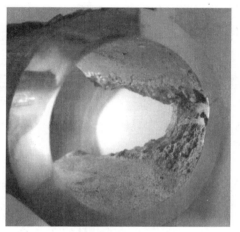

图4-6-3　2号角泄漏水冷壁管内壁形貌

图4-6-4　3号角水冷壁管向火侧内壁形貌

（2）金相组织分析。对水冷壁管进行金相组织检验，检查结果表明，距泄漏点较远部位，水冷壁管向火侧及背火侧均为铁素体+珠光体，组织正常。

2号角水冷壁管爆口附近，金相组织有明显脱碳，边缘部分位置已完全铁素体化，沿铁素体晶粒边界普遍存在微小裂纹，2号角水冷壁管爆口处金相组织如图4-6-5所示。背火侧金相组织为珠光体+铁素体，未见脱碳现象。

3号角水冷壁管泄漏处金相组织如图4-6-6所示，在开裂位置附近，组织脱碳严重，部分位置珠光体消失，同时，沿铁素体晶粒边界存在微小裂纹。3号角水冷壁背火侧组织为珠光体+铁素体，组织正常。

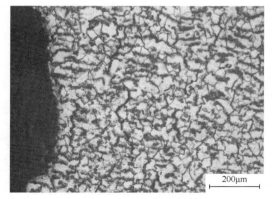

图4-6-5　2号角水冷壁管爆口处金相组织

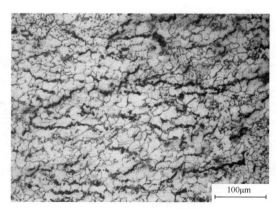

图4-6-6　3号角水冷壁泄漏位置金相组织

（3）氢含量测定。对 2、3 号角水冷壁管泄漏处向火侧进行氢含量测定，水冷壁管泄漏处钢中氢含量测定结果见表 4-6-1，泄漏处钢中的氢含量显著超过了钢中常规氢含量（0.0001%）。

表 4-6-1 水冷壁管泄漏处钢中氢含量测定结果

分析部位	氢含量（质量分数，%）
2 号角水冷壁管泄漏处	0.0018
3 号角水冷壁管泄漏处	0.002

（4）结垢量测试。对 3 号角水冷壁管垢量进行分析，3 号角水冷壁管垢量测试结果见表 4-6-2，从表中看出结垢量达 923.7g/m²，远高于正常运行机组的垢量要求（小于 250g/m²）。

表 4-6-2 3 号角水冷壁管垢量测试结果

位置	垢量（g/m²）
向火侧	923.7
背火侧	128.9

3. 综合分析

宏观形貌分析显示，2 号角观火孔弯管处存在一窗口状爆口，爆口边缘较为粗糙，未见塑性变形，内壁有一定程度的减薄。两根观火孔弯管内壁均发生了氧化，局部位置附着氧化产物，管壁内侧有明显减薄。去除氧化产物后，管子内壁呈凹坑。3 号角水冷壁管向火侧存在一直线状狭缝，长约 6cm。泄漏处与管壁外侧一直线压痕重合，破口处较为粗糙，未见塑性变形。整根管段向火侧均发生了较为严重的氧化，部分位置附着着较厚的氧化产物，管壁内侧内螺纹氧化严重，局部位置内螺纹凸起已消失。氧化产物厚约 4mm，与管壁结合较为牢固，管子内壁减薄明显。管子背火侧内壁未见明显氧化痕迹。

金相组织分析表明，2、3 号角泄漏处金相组织有明显脱碳现象，部分位置珠光体完全消失，沿铁素体晶粒边界存在微小裂纹。内壁存在较厚的氧化层，氧化层下部金相组织与爆口处类似，有明显脱碳现象，晶界处存在裂纹，均有明显的氢腐蚀特征。背火侧金相组织为珠光体+铁素体，未见脱碳现象。

氢含量测定结果表明，泄漏位置金属钢中氢含量远远超出了钢中氢的常规含量。同时，管子向火侧垢量明显超标。

经查该机组进行低温省煤器及空冷增容改造后，大量的杂质进入系统，机组重新启动后，这些杂质易在高热负荷区沉积。从水汽指标来看，给水、凝结水氢电导率达 0.4～0.6μS/cm，蒸汽 Na 含量 3～10μg/L，蒸汽 Si 含量 30～150μg/L，以上指标均远高于 GB/T 12145《火力发电机组及蒸汽动力设备水汽质量》的规定值，且持续时间较长。水汽品质劣化的水质必然导致杂质在锅炉受热面及汽轮机通流区域沉积、腐蚀、结垢，短期内水冷壁高热负荷区表现尤为明显。机组启动过程中油进入系统，蒸汽油含量高达 10～29μg/L，尽管运行人员及时发现通过加氨调节，没有发生系统 pH 值明显下降的现象，但这些分解的产物必然会进一步加剧系统的腐蚀。

4. 结论

该机组水冷壁管泄漏是由于严重氧化和高温氢腐蚀引起的。

5. 反措

（1）建议扩大割管检查的范围，割管的部位根据机组增容改造后机组的负荷及燃烧器投入的情况而定，一般在燃烧器上部 2～3m。

（2）根据检查的结果（结垢量、蠕变、鼓包、裂纹），对高负荷的部分水冷壁管进行换管处理。

（3）建议对该机组进行化学清洗。清洗的工艺、方案严格按照试验结果而定。

（4）目前机组处于运行状态，建议尽量低负荷运行，并严格控制水汽质量，给水、蒸汽氢电导率严格控制在 $0.15\mu S/cm$ 以下，炉水氢电导率应控制在 $1.0\mu S/cm$ 以下。

（5）其他机组进行增容改造或增加受热面时，应对增加的系统进行必要的清洗及水冲洗，确保机组启动后的水质满足 GB/T 12145《火力发电机组及蒸汽动力设备水汽质量》的规定要求。

（6）全厂应加强化学监督的力度，完善监督体系，执行行业相关标准的要求。当水汽质量劣化时，应严格按照 GB/T 12145《火力发电机组及蒸汽动力设备水汽质量》规定的三级处理原则进行处理。

6. 知识点拓展与点评

由于锅炉水质不合格，炉水中杂质及盐分在高负荷或流速较低区域沉积，导致水冷壁管向火侧严重氧化，而氧化皮的形成又进一步提高了管壁温度，使氧化过程进一步加剧。

水冷壁管向火侧的金属过热及汽水分离的发生，使高压蒸汽与管壁接触。在高于 $400℃$ 下，水分子与铁基体发生氧化反应并放出大量的氢，具体反应如下

$$4H_2O + 3Fe = Fe_3O_4 + 8[H] \qquad (4\text{-}6\text{-}1)$$

氢向水冷壁向火侧扩散，在钢表面，氢原子通过晶格和晶界向钢内扩散，并与钢中的渗碳体、游离碳发生如下反应，造成脱碳。

$$4[H] + Fe_3C = 3Fe + CH_4 \qquad (4\text{-}6\text{-}2)$$
$$4[H] + C = CH_4 \qquad (4\text{-}6\text{-}3)$$

反应生成甲烷（CH_4），甲烷在钢中的扩散能力很低，极易聚集在晶界原有的微观空隙内。随着反应不断进行，晶间的甲烷不断增多，形成局部高压，产生巨大的内应力，沿晶界生成晶间裂纹，从而使钢铁组织内部形成微裂纹，导致力学性能下降。氢腐蚀进一步加剧发展，管壁局部减薄越来越大，并形成应力集中；加之氧化层的存在使导热性变差，引起管壁局部温度剧增，又加速了腐蚀的进程，如此反复进行，在两方面的共同作用下，微裂纹逐渐连成网络，钢的强度、韧性下降，无法承受运行时的工作应力，最终导致水冷壁管开裂泄漏。

二、案例 2：保养不当导致水冷壁腐蚀爆管

1. 基本情况

某电厂 330MW 亚临界机组，4 号锅炉水冷壁内螺纹管标高 26m 处发生爆管，水冷壁规格为

ϕ60mm×6.5mm，材质为 25MnG，爆破管为上次检修时新换管段，长度 500mm，截至爆管运行时间约 2880h。爆口长约 134mm、宽约 59mm，爆口边缘未见减薄现象，爆口撕开部分内壁可见多处腐蚀凹坑及宏观裂纹，管子内部螺纹腐蚀减平较为严重，爆口周围管子内壁呈砖红色，管子外径未见胀粗，管子壁厚未见减薄，爆口符合脆性断裂的特征，爆口形貌如图 4-6-7 所示。

2. 检查分析

（1）宏观分析。爆破管两端有对接焊缝，焊缝另一侧短管为水冷壁原始管，运行时间较长。原始短管内壁颜色呈蓝灰色，内螺纹完整，未见严重腐蚀产物。爆破管及对接焊缝根部可见大量砖红色腐蚀产物，管子内壁形貌如图 4-6-8 所示。

图 4-6-7　爆口形貌

图 4-6-8　管子内壁形貌

爆破管内壁腐蚀产物呈砖红色，而焊缝另一侧未爆破管内壁呈蓝灰色。蓝灰色物质一般为 Fe_3O_4，Fe_3O_4 氧化层紧密结实，对管子具有良好的保护作用，可以有效防止管子进一步腐蚀。砖红色物质一般为 Fe_2O_3，为 Fe_3O_4 被氧化的二次产物，Fe_2O_3 氧化层多孔疏松，易遭受 H^+、Cl^- 离子的侵蚀破坏，更易发生沉积物下腐蚀。对爆破管内壁砖红色腐蚀产物进行 XRD 物相分析，分析结果表明管样内壁腐蚀产物中 Fe_2O_3 含量大于 97%。

爆破管更换前为露天放置，未采取防雨防腐措施，在雨水、潮湿大气作用下，管子内壁具有保护作用的 Fe_3O_4 膜被二次氧化，生成多层疏松结构的 Fe_2O_3 氧化物，管子内壁疏松腐蚀产物如图 4-6-9 所示。爆破管内壁氧化产物厚度达 1.8mm，管子运行 2880h，内壁腐蚀产物即达 1.8mm，进一步证明了管子在投入使用前即遭受较严重的氧腐蚀，管子内壁氧化物如图 4-6-10 所示。

图 4-6-9　管子内壁疏松腐蚀产物

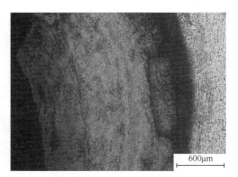

图 4-6-10　管子内壁氧化产物

（2）室温拉伸性能试验。对管子进行室温拉伸性能试验，管子室温拉伸性能合格。管子中心部位金相组织为铁素体+珠光体，珠光体球化评级为 2 级，组织未见异常。管子靠近内壁腐蚀凹坑部位组织为铁素体+少量珠光体，珠光体形态基本消失，存在明显脱碳现象。组织中可见数条沿晶微裂纹，属于典型的氢腐蚀特征，内壁边缘脱碳及微裂纹形貌如图 4-6-11 所示。

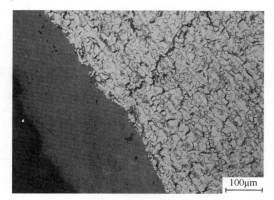

图 4-6-11　内壁边缘脱碳及微裂纹形貌

（3）氢腐蚀分析。氢腐蚀是一种脱碳过程。在水冷壁管内表面，氢原子通过晶格和晶界向钢材内扩散，这些固溶于钢中的氢可能与钢中的碳反应生成甲烷。甲烷分子较大，难以在钢中扩散，于是在晶粒间产生巨大的局部内压力，最终沿晶界生成沿晶裂纹。水冷壁内壁有较厚的氧化腐蚀层是促进氢腐蚀的因素之一。管子内表面沉积层较厚，将造成局部管壁热负荷增高，加快了氧化腐蚀层的累积形成，金属管壁与沉积物之间积累起大量氢，这些氢一部分可能扩散至金属内部，与碳化物反应生成甲烷，使金属组织脱碳，脱碳会使金属强度下降、韧性变差，则在金属薄弱部位——晶界处首先产生沿晶界分布的裂纹；同时生成的甲烷受沉积物阻挡难以扩散，使金属晶界处压力升高，形成沿晶裂纹，裂纹扩展最终导致爆管失效。

3. 结论

爆管的根本原因为氢腐蚀。管子存储不当造成内壁产生厚的氧化腐蚀层是促进氢腐蚀发生的原因。

4. 措施

（1）备品管按要求严格保养维护，防止发生严重氧化腐蚀。

（2）新更换管子使用前应检查管子内壁氧化腐蚀现象，必要时应采取除锈措施。

5. 知识点拓展与点评

氢腐蚀的最典型特征为脱碳与沿晶裂纹。氧腐蚀更易发生在省煤器管中，氧腐蚀的典型特征为溃疡状凹坑。该案例中与爆破管子焊接的另一侧管子内壁呈蓝灰色，内螺纹完整，未见严重氧腐蚀产物，表明爆破管内壁严重氧腐蚀发生在更换前，即与管子维护保养不当有关。

三、案例 3：流动加速腐蚀（FAC）引起的倒暖管爆管

1. 基本情况

某电厂倒暖管材质为 20G，位于疏水管与 4 号电动给水泵之间，两侧分别装有一次门和二次门，倒暖管位置示意图如图 4-6-12 所示。倒暖管内部热水温度为 110℃，压力为 18MPa。爆管宏观形貌如图 4-6-13 所示。

图 4-6-12　倒暖管位置示意图

图 4-6-13　爆管宏观形貌

2. 检查分析

（1）宏观分析。爆口沿管长度方向开裂约为 22mm，爆口位置位于距离焊缝 3mm 处，在沿焊缝有环向开裂裂纹。管子外观无胀粗，爆口细长两侧呈刀刃状，爆口处宏观形貌如图 4-6-14 所示。断口上没有明显的宏观塑性变形，断口齐平，有撕裂痕。

观察割管纵剖面，发现管壁厚度在与热水流动相反的方向上逐渐减薄，割管纵剖面如图 4-6-15 所示，且爆口对应的截面处减薄最严重，爆口附近无明显变形处管壁厚度不足 1mm。管子内壁有连续腐蚀凹坑。靠近爆口处凹坑细小密集，爆口远端凹坑较大，管子内壁形貌如图 4-6-16 所示。

图 4-6-14　爆口处宏观形貌

图 4-6-15　割管纵剖面

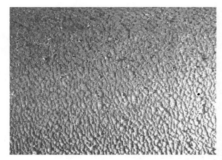

图 4-6-16　管子内壁形貌

（2）金相组织分析。对管子取样进行金相组织检验，发现外壁基本平直无明显变形，内壁有连续腐蚀坑，管子内外壁微观形貌如图 4-6-17 所示。

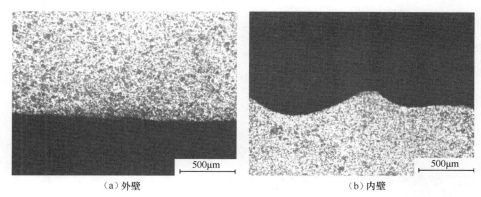

（a）外壁　　　　　　　　　　　　　　　　（b）内壁

图 4-6-17　管子内外壁微观形貌

分别观察管子减薄严重处（爆口附近）管壁母材和爆口远端（壁厚较厚）处母材金相组织，金相组织均为铁素体+珠光体，无明显球化，割管母材金相组织如图 4-6-18 所示。

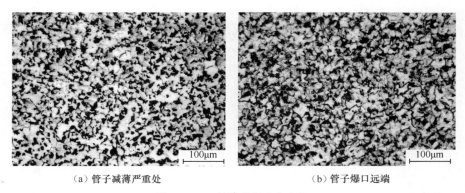

（a）管子减薄严重处　　　　　　　　　　　　（b）管子爆口远端

图 4-6-18　割管母材金相组织

根据 DL/T 5366《发电厂汽水管道应力计算技术规程》计算管道在运行工况下所需的最小壁厚，具体公式为

$$S_{\mathrm{m}} = \frac{pD_0}{2[\sigma]\eta + 2Yp} + a \tag{4-6-4}$$

式中　p——蒸汽压力，取 18MPa；

　　　D_0——管子外径，取 38mm；

　　　$[\sigma]$——在 110℃运行工况下，$[\sigma]$ 取 $\frac{R_{\mathrm{m}}}{3}$，对 20G，查表可知 R_{m}=410MPa；

　　　Y——对于使用温度不大于 482℃的铁素体钢，Y 取 0.4；

　　　η——对于无缝钢管，η=1.0；

　　　a——附加厚度。

结合以上数据，$S_{\mathrm{m}} \geqslant \dfrac{18\mathrm{MPa} \times 38\mathrm{mm}}{2 \times 137\mathrm{MPa} \times 1.0 + 2 \times 0.4 \times 18\mathrm{MPa}} = 2.4\mathrm{mm}$ 。

爆口附近无明显变形处的壁厚仅为 0.87mm，而爆口位置管材剩余壁厚更小，剩余壁厚已无法承受运行工况下的强度。

3．综合分析

倒暖管爆管材质为 20G，位于疏水管道和电动给水泵之间。爆口在焊缝附近，管径无明显胀粗，管壁厚度沿长度方向逐渐减薄，爆口细长两侧呈刀刃状，断口齐平无塑性变形，有撕裂痕。割管金相组织为铁素体+珠光体，无明显球化。爆口附近无明显变形处的壁厚仅为 0.87mm，而爆口位置管材剩余厚度更小，远小于按照 DL/T 5366《发电厂汽水管道应力计算技术规程》计算得到的最小壁厚，管子在减薄到一定程度后强度无法承受内部工质的压力而发生爆裂。

割管靠近焊缝下游处速度模拟矢量示意图如图 4-6-19 所示，靠近焊缝及管壁处流体速度方向发生变化，在 A 点下游形成液体空白区，后面液体发生倒流填充空白区，A 点附近产生相反两股液体，此处压力最低，沿焊缝下游压力逐渐增加。

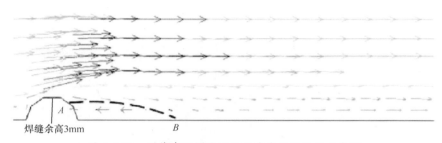

焊缝余高3mm

图 4-6-19　割管靠近焊缝下游处速度模拟矢量示意图

割管内壁有连续凹坑，倒暖管内部工质温度为 110℃，处于易发生流动加速腐蚀温度区间，倒暖管材质为 20G，根据流动加速腐蚀模型，碳钢表面覆盖一层 Fe_3O_4 保护膜，管道内中部主流区工质流速较高，靠近管壁氧化层的边界处工质流速较低。主流区不断流动的工质中溶解铁未达到饱和，促使边界层中的溶解铁不断向主流区迁移，因而边界层中的溶解铁也处于不饱和状态，导致碳钢氧化膜中的铁离子不断溶解到流动边界层中。为达到铁离子浓度平衡，需要基体不断溶解铁离子。倒暖管安装于一次门和二次门之间，运行中处于工质流速较大的位置，而焊缝附近的爆口位于汽水方向上游，离子交换速度大、腐蚀速率快，因此此位置基体减薄最严重，最终导致爆管失效。

4．结论

某电厂 4 号炉倒暖管爆管为流动加速腐蚀导致管壁减薄引起，当管壁减薄到一定程度时，管壁强度不足，发生爆裂失效。

5．反措

（1）提高管材抗冲刷腐蚀的能力。

（2）改变汽水流动特性，避免冲刷腐蚀。

6．知识点拓展与点评

流动加速腐蚀（Flow Accelerated Corrosion，FAC）是一个碳钢或者低合金钢表面保护性氧化膜溶解到水流或者湿蒸汽中的电化学腐蚀过程，它是一个由化学溶解和质量传递控制的电化学腐蚀过程，而非一个简单的物理损伤过程。在这个过程中，保护性氧化膜由于自身向边界层的溶解导致自身减薄，从而引起碳钢或者低合金钢基底的减薄，表现为管道基底表面腐蚀加速，壁面减薄速率增快将有可能造成管道突然破裂，进而造成灾难性的事故，故处于流动加速腐蚀温度、压力区间工况的管材应注意提高所选管材的抗冲刷腐蚀能力。

四、案例4：碱腐蚀（苛性脆化）引起的水冷壁管爆管

1. 基本情况

某厂 2 号锅炉为 DG1025/17.4-Ⅱ4 型亚临界压力自然循环锅炉，采用 100%精处理、给水全挥发处理（AVT）和炉水磷酸盐处理（PT）不加氢氧化钠的处理方式。2008 年 12 月投产后，汽水黑浊异常，沉积率高。2012 年 8 月小修期间，测定水冷壁向火侧垢量 280g/m²，沉积率 58g/（m²·a）。2013 年 9 月，首次化学清洗后，继续按原给水炉水处理方式运行，2013 年 10 月投入脱硝运行，2014 年 6 月 10 日发生水冷壁爆管后停机检查。发生泄漏的水冷壁材质为 SA-210C，规格 ϕ63.5mm×7.5mm。

2. 检查分析

（1）宏观分析。泄漏点较多且主要集中在后墙及左侧墙，爆口位于后墙左侧数第 86 根管，其余均为鼓包出现裂纹的泄漏。泄漏点在标高 15m 和 35m 两个高度附近最集中。管内壁可见毫米级厚度的垢，水冷壁内壁剥落的垢如图 4-6-20 所示。将有鼓包和裂纹以及标高 15m 和 35m 两个高度外观正常的管子截取横截面进行检查，发现内壁都有较多裂纹，裂纹主要分布在向火面中间部位以及两侧鳍片焊缝附近，水冷壁管内壁的裂纹分布如图 4-6-21 所示。

图 4-6-20　水冷壁内壁剥落的垢

图 4-6-21　水冷壁管内壁的裂纹分布

　　水冷壁管的失效形式有内壁腐蚀结垢管壁减薄、内壁裂纹、鼓包及外壁纵向裂纹、鼓包及纵向裂纹泄漏、爆口等。鼓包及纵向裂纹泄漏形貌、爆口分别如图 4-6-22、图 4-6-23 所示。鼓包及泄漏多处于焊口上方约 50mm 处，焊口上方的鼓包形貌如图 4-6-24 所示；相邻水冷壁双管并列鼓包也是典型的腐蚀失效形貌分布特征之一，相邻水冷壁的鼓包及裂纹形貌如图 4-6-25 所示；严重部位的鼓包密集，1m 长度有 8 个鼓包。

图 4-6-22　鼓包及纵向裂纹泄漏形貌

图 4-6-23　爆口

图 4-6-24　焊口上方的鼓包形貌

图 4-6-25　相邻水冷壁的鼓包及裂纹形貌

经大量割管检查，水冷壁垢的沉积及相应的裂纹部位归纳如下：①标高 15m 处炉水在最下层燃烧器之下，具备高沉积、高蒸发、由斜坡进入垂直流动变化、炉水初蒸发、未燃尽煤粉二次燃烧等条件；②标高 35m 处炉水在最上层燃烧器之上，是煤粉的燃尽区，对应温度、蒸发、沉积的最高部位；③人孔附近水冷壁增加拐弯和长度，沉积异常；④喷燃器四角水冷壁增加拐弯和长度，沉积异常；⑤冷灰斗下斜坡处异物剥落沉积；⑥焊口、弯头等特别扰动炉水流动、加剧的沉积部位。

（2）微观检查。裂纹起源于内壁，初生的裂纹有两种形态，一种是内壁有腐蚀坑，裂纹在腐蚀坑周围呈放射状纵向裂纹；另一种是与管内壁基本平行的层状横向裂纹。腐蚀坑周围放射状纵向裂纹、与管内壁平行的层状横向裂纹分别如图 4-6-26、图 4-6-27 所示。

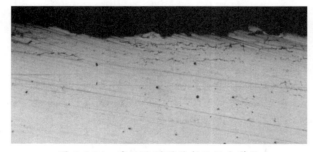

图 4-6-26　腐蚀坑周围放射状纵向裂纹

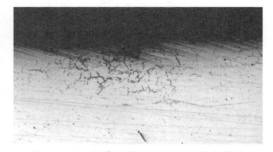

图 4-6-27　与管内壁平行的层状横向裂纹

裂纹的形态属于沿晶裂纹，在裂纹扩展的末期有少量的穿晶裂纹，在裂纹经过处组织无脱碳现象。裂纹为丛生的（在某一区域密密麻麻分布），裂纹的形态为粗壮形的，裂纹尖端为圆钝的，裂纹内充满腐蚀产物。所有检查过的管子上的裂纹都是这种特征，属于一种类型。裂纹附近组织形貌、内壁沿晶裂纹形貌如图 4-6-28、图 4-6-29 所示。

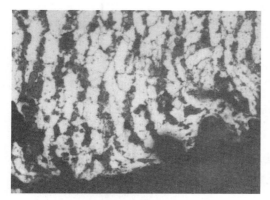

图 4-6-28　裂纹附近组织形貌

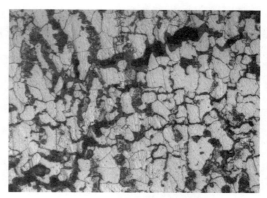

图 4-6-29　内壁沿晶裂纹形貌

（3）沉积表面能谱分析。将未出现泄漏的、内壁有裂纹的管子剖开，取出断裂面进行能谱分析，裂纹表面能谱分析取样点如图 4-6-30 所示，裂纹表面能谱分析数据见表 4-6-3。在沉积物中发现有钠（Na）存在。

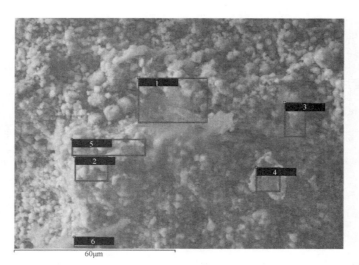

图 4-6-30　裂纹表面能谱分析取样点

表 4-6-3　　　　　　　　　　　　　　裂纹表面能谱分析数据　　　　　　　　　　单位：%（质量百分数）

能谱分析取样点	C	O	Na	Mg	Si	S	Cl	K	Ca	Cr	Mn	Fe	Tc
☑1	28.30	30.19	0.00	0.00	0.66	0.00	0.00	0.00	0.43	0.00	0.46	39.96	100
☑2	26.96	31.33	0.00	0.00	0.94	0.36	0.00	0.23	0.30	0.00	0.54	39.34	100
☑3	31.26	26.47	1.72	0.00	1.04	0.40	0.92	0.66	0.61	0.00	0.61	36.31	100
☑4	0.00	6.38	0.00	0.00	0.72	0.00	0.00	0.00	0.00	2.21	0.52	90.17	100
☑5	25.62	34.80	1.11	0.00	1.56	0.26	0.29	0.44	0.54	0.00	0.53	34.84	100
☑6	43.71	28.38	0.90	0.56	0.82	0.46	0.49	0.40	0.79	0.00	0.43	23.05	100

3. 综合分析

由现场提供情况可知，该台锅炉的脱硝系统的设计缺陷为与凝汽器负压热水井补水并联的除盐水，去脱硝配药直接进入药箱底，停泵时正压与凝汽器负压部位相连且可逆流。脱硝药液含有工业用氨和杂质 Na，其逆流侵入热力系统后炉水 pH 值升高，蒸汽钠高达 40μg/L，远远超出控制范围 5μg/L，在沉积物中发现 Na 也证明了这一问题。沉积物在内壁形成垢层，促进介质在部分区域浓缩，发生垢下腐蚀，引发内壁萌生裂纹并向基体内扩展，当剩余厚度不能满足材料强度要求时，材料发生屈服现象出现鼓包，裂纹在鼓包处应力集中进一步加剧，裂纹加速扩展而导致泄漏。

4. 结论

由于脱硝药液进入炉水后发生了碱腐蚀，在腐蚀部位萌生裂纹、扩展，从而导致水冷壁出现泄漏。

5. 反措

这是一起由设计缺陷造成的恶劣金属事故，造成锅炉大面积泄漏及内壁裂纹，损失巨大。由于检验方法的局限性，只能采用割管金相方法对内表面裂纹情况进行甄别，确定换管范围，工作量巨大，工期长，严重影响了电厂的生产及安全。

为避免此类金属问题的发生，应做好以下工作：

（1）应严格控制炉水品质，出现异常要及时分析，找出问题根源，进行根治及防范。

（2）对脱硝系统进行改造，应消除脱硝药液逆流侵入热力系统的可能。

（3）按设计要求使用喷水减温器，禁止长期过量运行。

6. 知识点拓展与点评

碱腐蚀可以看作是一种特殊的电化学腐蚀，其是由金属晶粒与晶界在高应力作用下产生电位差，形成腐蚀微电池而产生的。此时由于晶界的电位比晶粒本身低，所以晶界形成阳极而遭到腐蚀，当侵蚀性炉水（含游离 NaOH）与应力下的金属相作用时，可以将处于晶界的原子除去，从而使腐蚀沿晶界发展。

碱腐蚀发生的三个条件为介质碱性环境、介质存在浓缩的机会、拉应力。

五、案例 5：氧腐蚀引起的余热锅炉受热面泄漏

1. 基本情况

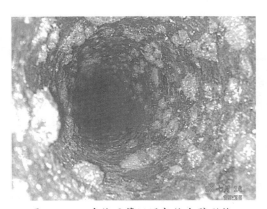

图 4-6-31　受热面管泄漏部位内壁形貌

某厂 2 台余热锅炉受热面由翅片管的模块组成，在调试阶段发现受热面模块多处管段发生泄漏，随即对模块整体进行更换。更换后对泄漏管进行观察，受热面管泄漏部位内壁形貌如图 4-6-31 所示。

2. 检查分析

（1）宏观分析。试验过程对泄漏管段、未泄漏且无鼓包的管段分别取样，标记为 A 组和 B 组，另外取与发生泄漏管段相同规格、材质、厂家的原始管子进行对比，标记

为 C 组。每组中的试样分别以阿拉伯数字标识，如 A1、B1、C1 等。A 组管样内壁有红褐色或者黑褐色的附着物，呈块状、鼓包状或溃疡状，A 组管样内壁宏观形貌如图 4-6-32 所示。用 5%稀盐酸在常温条件下浸泡试样 A1，分别静置 5h、40h 和 48h，鼓包状腐蚀物经不同时间酸液浸泡后的形貌如图 4-6-33 所示，去除附着物后内壁可见盆状、半球状的凹坑，直径为 1～6mm，深度为 0.5～2mm。B 组管样内壁未见明显腐蚀，有少量的氧化皮，呈黑色或黑褐色且质地疏松，在常温条件下使用 5%稀盐酸进行浸泡静置 10h 后使用酒精进行清洗，内壁平整无凹坑，试样 B1 内壁宏观形貌如图 4-6-34 所示。C 组管样内壁经酒精清洗后内壁未见腐蚀产物或垢层，只有极少量的锈迹。

（a）鼓包状腐蚀产物　　　　　　（b）片块状腐蚀产物　　　　　　（c）溃疡状腐蚀产物

图 4-6-32　A 组管样内壁宏观形貌

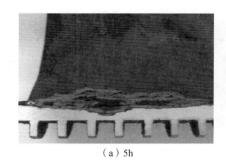  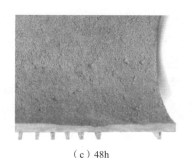

（a）5h　　　　　　　　　　（b）40h　　　　　　　　　　（c）48h

图 4-6-33　鼓包状腐蚀物经不同时间酸液浸泡后的形貌

 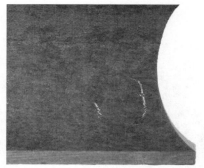

（a）清洗前　　　　　　　　　　　　　　　（b）清洗后

图 4-6-34　试样 B1 内壁宏观形貌

（2）化学成分分析。受热面管材质为 ASME SA-210A，对试样 A2 的化学成分进行分析，化学成分进行分析结果见表 4-6-4，所有元素的含量均符合相关标准要求。

表 4-6-4 化学成分分析结果 单位：%（质量百分数）

试样编号	化学元素				
	C	Si	Mn	S	P
ASME SA-210A	≤0.27	≥0.1	≤0.93	≤0.035	≤0.035
A2	0.19	0.21	0.50	0.022	0.024

（3）力学性能测试。对原始管样 C1、C2 进行拉伸试验，试样采用全壁厚纵向弧形试样，宽度为 12.5mm，长度为 300mm，所检力学性能指标全部满足要求，力学性能测试结果见表 4-6-5。

表 4-6-5 力学性能测试结果

取样方式	试样编号	温度（℃）	抗拉强度 R_m（MPa）	规定塑性延伸强度 $R_{p0.2}$（MPa）	伸长率 A（%）
	ASME-SA210A		415	255	20
剖管取样	C1-1	室温	515	—	25
	C1-2	室温	525	—	26
	C1-3	室温	525	—	28
	C1-4	室温	510	369	27
	C2-1	室温	525	—	27
	C2-2	室温	515	—	26
	C2-3	室温	515	371	26
	C2-4	室温	520	379	28

（4）金相组织分析。分别对试样 A3、B3、C3 的纵剖面进行预磨、抛光，根据 GB/T 10561《钢中非金属夹杂物含量的测定 标准评级图显微检验法》对试样的非金属夹杂物进行评估，三个试样均含有 D 类夹杂物，级别分别为 D1、D1.5、D1，参照 GB/T 5310《高压锅炉用无缝钢管》中对于碳钢的相关要求可知，夹杂物含量均未超过标准规定。

试样 A3、B3、C3 进行预磨、抛光后使用 4%硝酸酒精进行侵蚀后观察，试样 A3 金相组织如图 4-6-35 所示。其中 A3 试样经酸洗后，试样 A3 腐蚀坑处金相组织如图 4-6-36 所示，最薄区域仅仅只余 609μm；基体组织为铁素体+珠光体，内外壁未见脱碳层。B3 内壁未见明显腐蚀坑，C3 试样内壁无腐蚀痕迹。

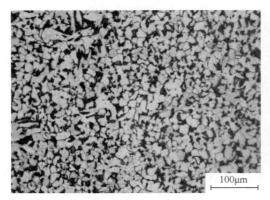

图 4-6-35 试样 A3 金相组织

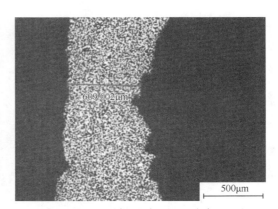

图 4-6-36 试样 A3 腐蚀坑处金相组织

（5）能谱分析。对 A1、B4、C4 等 10 个试样的内壁进行能谱测试，测试点共计 129 个，测试结果表明基体成分正常。不同层的腐蚀产物主要元素为 Fe、O，且 Fe、O 的原子比大致接近 2：3 或 3：4。从试样 A5、A6、A7 内壁刮取粉末进行 XRD 分析，试样 A6、A7 分析谱线结果如图 4-6-37、图 4-6-38 所示。由图 4-6-37 和图 4-6-38 可知 XRD 的分析结果与能谱分析结果具有一致性，内壁附着物取样均为 Fe 的氧化产物，为 Fe_2O_3 和 Fe_3O_4。

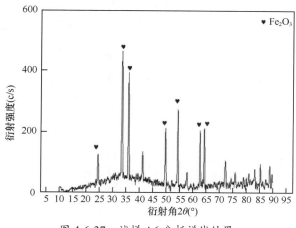

图 4-6-37　试样 A6 分析谱线结果

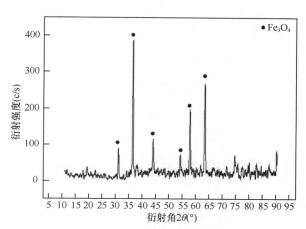

图 4-6-38　试样 A7 分析谱线结果

3. 综合分析

此次泄漏管子内壁附着物呈红色或者黑色，腐蚀产物形状呈片块状、鼓包状或溃疡状，附着物量多且厚，厚度范围为 1～5mm，经过清洗后可见腐蚀产物下存在盆状或半球状的腐蚀坑，从宏观形貌上看具有碳钢氧腐蚀的典型特征。附着物靠近表面呈现红色，向内靠近内壁则呈现黑色，根据能谱分析和 XRD 分析，表面红色附着物为 Fe_2O_3、黑色为 Fe_3O_4，这两类物质均属于典型的氧腐蚀产物。

腐蚀坑的形貌、腐蚀产物和腐蚀产物的组成均证明了管段主要失效原因为管内壁发生了局部的氧腐蚀，使得被腐蚀部位的金属变薄形成凹坑，严重时可导致管壁发生穿孔泄漏。

4. 结论

该余热锅炉受热面管发生泄漏和鼓包是由受热面管段局部发生了常温氧腐蚀导致的。

5. 知识点拓展与点评

氧腐蚀是碳钢受热面管较为常见的一种失效形式，主要是由于在潮湿的环境中铁与氧的电极电位不同而发生的电化学腐蚀。氧腐蚀是在常温有水环境的条件下相对静止的状态发生的，因此氧腐蚀发生的条件是环境中必须存在水和氧气，其速率主要与水中氧含量有关。氧腐蚀是一个逐渐进行的过程，在氧腐蚀初期氧含量较高形成 Fe_2O_3，随着氧腐蚀的进行氧含量下降会继续形成 Fe_3O_4。氧腐蚀最初阶段腐蚀产物并不会出现分层现象，只有发展到一定程度后才会逐渐发生分层，此次泄漏管段纵剖可见多层的分层现象，说明了该管子腐蚀应该经历了相对较长的一段时间。从这个角度看，熟悉腐蚀机理有助于在分析过程中判断腐蚀发生的时间。

存在泄漏点的 3 个模块管子共计 5130 根，现场检验发现泄漏的管子共有 24 根，严重腐蚀的管子约 150 根，与总体模块相比比例较低，约为 3.4%，泄漏管分布无规律，并不集中出现在某一屏或某一模块。该受热面模块的生产厂家位于沿海地区，生产过程正好处于梅雨季节，生产、保存和运输的过程均存在潮湿的空气，潮湿的气候会对加速腐蚀。另外，发生泄漏的模块经历了水压、化学清洗和试运行等阶段，这些阶段使用的介质均可能对管子产生影响。但如果是上述环境因素或生产运输过程管造成影响，应该是大面积的、普遍性的，而不会只作用于某几根管子。因此从这个角度分析，雨水、潮湿的空气、水压、酸洗和试运行几个环节并不是引起腐蚀的主要因素。从概率的角度分析，腐蚀的发生应该是个别管子内存在积水导致的，主要与管子的存放、保护有关。

六、案例 6：高温蒸汽氧化引起的氧化皮脱落爆管

1. 基本情况

某电厂 3 号锅炉为 660MW 的 Π 型、单炉膛、墙式切圆燃烧超超临界锅炉，运行约 1 年时间发生爆管，爆口位置位于后屏过热器左数第 25 屏第 8 圈后弯水平段。停机检查后发现，爆口宽 125mm、长 105mm，爆口呈喇叭状，呈现典型的短时过热特征。爆管位置有大量的氧化皮脱落，材质为 S30432。在随后的运行中，后屏过热器、末级过热器又多次发生爆管，经检查均发现了氧化皮堵管现象，且后屏过热器、末级过热器连续爆管发生的时间具有一定的规律性，均在机组启动后较短的时间内发生。该台机组的高温受热面主要材质为 SA-213TP347H 和 A-213S30432，还有少量的 SA-213TP310HCbN。采用 SA-213TP347H 和 A-213S30432 的管段内壁均未进行喷丸处理。

2. 检查分析

（1）宏观分析。以第一次后屏过热器爆管为重点研究对象进行检查，宏观可见爆口附近胀粗显著，边缘减薄明显，具有典型的短期过热特征。爆口形貌如图 4-6-39 所示。

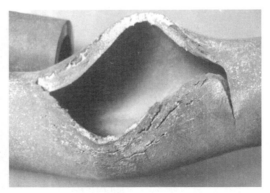

图 4-6-39　典型爆口形貌

（2）割管检查。随后对后屏过热器、末级过热器进行割管检查，在检后屏过热器、末级过热器、末级再入口管屏下弯头部位发现大量的氧化皮剥落现象，经检测分析：后屏过热器管屏下弯头割管，超标管内氧化皮质量一般为 45～70g，氧化皮剥落形态较细，呈现粉末状；末级过热器管屏下弯头割管，超标管内氧化皮质量一般为 60～100g，氧化皮剥落形态也较细，呈现粉末状；末级再热器入口管屏下弯头割管，氧化皮数量很多，超标管内氧化皮质量一般为 100～600g，氧化皮剥落形态较大，呈现片状。氧化皮形态及质量见表 4-6-6。

表 4-6-6　　　　　　　　　　　　　　　　氧化皮形态及质量

位置	末级过热器	末级再热器	高温再热器入口管屏
形态			
质量	60～100g	100～600g	称重 621g

（3）光谱、金相组织等分析。对爆管和附近管材进行材光谱分析，其主要元素符合相关标准要求；对爆管附近管段取样进行拉伸试验，结果均符合相关标准要求；对爆口附近管段取金相试样经过抛光，采用王水进行侵蚀后观察，组织为奥氏体，未见异常，爆口附近管段金相组织如图 4-6-40 所示。对爆管的内壁氧化皮厚度进行测量，氧化皮厚度在 100μm 左右。

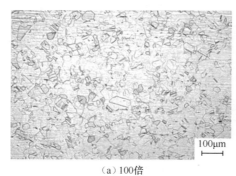
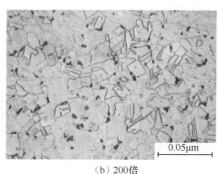

（a）100倍　　　　　　　　　　　　　　　　　　（b）200倍

图 4-6-40　爆口附近管段金相组织

3. 综合分析

后屏过热器、末级过热器中均采用了 TP347H，由于 TP347H 在 600℃下的抗氧化性能与 S30432、TP347HFG 等材质相比较弱，且内壁均未进行喷丸处理，因此经过短时间的运行后，在高温蒸汽的条件下氧化皮生长速度较快。由于氧化皮与管材的线膨胀系数相差很大，当机组停机时会造成氧化皮严重脱落。氧化皮堆积在弯头或水平段位置，当机组再次启机时会造成堵管，汽水流通不畅，从而发生过热爆管。

4. 结论

该机组连续爆管是后屏过热器、末级过热器部分管段内壁由于高温蒸汽氧化产生的氧化皮脱落造成堵管引起的。

5. 反措

（1）停炉后加强对受热面管内壁剥落氧化皮堆积量的检测和清理。

（2）加装壁温测点，以避免隐性超温。

（3）优化吹灰方式、燃烧方式，调整热偏差。

（4）优化启停机运行方式，避免氧化皮大面积脱落。

6. 知识点拓展与点评

3 号机组的主蒸汽额定温度为 600℃，设计两侧蒸汽温度偏差小于 10℃。在爆管前的运行中一直未发现超温情况。值得注意的是，原设计测点共 26 点，70%的壁温点加在管屏最外圈管上，由于每屏最外圈管没有加装节流圈，因此，其在整个管屏中流量最大，壁温处于最低值，不能有效地监视受热面的状态。后期电厂增设了多处壁温测点，发现锅炉在正常运行中过热器和再热器存在比较明显的左右侧热偏差，后屏过热器、末级过热器、末级再热器左右两侧的最大壁温差在 65℃以上，呈现左低右高的特性，后屏过热器、末级过热器和末级再热器受热面管屏长期处于隐性超温。由于测点加装不合理，锅炉运行存在隐性超温，会促使氧化皮形成并加速生长，导致短期内大量生成氧化皮，并在机组停机后大量剥落。

对于高温受热面采用 TP347H 的机组，应定期对氧化皮生长及脱落情况进行检查，必要时采用逢停必检原则。对氧化皮脱落堵塞超标的部位及时清理，清理完氧化皮焊接结束后，还应进行一次下弯头氧化皮检测，防止坡口打磨对接时，拉动管排使附近管屏晃动，造成内壁氧化皮再次脱落引起堵塞爆管。

对于高参数机组，应严格执行运行规程，并合理优化启、停机组方式，重点控制机组在启停和升降负荷过程中的温度变化率，尽量减少影响氧化皮剥落的因素。

第七节 异种钢早期失效

一、案例 1：T91 与 TP347H 异种钢焊缝的断裂

1. 基本情况

某电厂 2017 年 3 月 4 日 4 号锅炉末级过热器 T91 与 TP347H 异种钢焊缝沿 T91 侧熔合线出现断裂。4 号锅炉为 HG-1900/25.4-YM4 型超临界锅炉，于 2006 年 9 月投入运行，期间累计运行约 7.6 万 h，启

停 52 次。

末级过热器共 30 屏，每屏 20 根管，出口侧管子规格ϕ44.5mm×7.5mm，材质 TP347H，每屏出口管在顶棚过热器下方约 50mm 处存在一组 T91/TP347H 异种钢焊缝。

2. 检查分析

（1）宏观分析。出现断裂的末级过热器 T91 与 TP347H 异种钢焊缝是位于炉右数第 16 屏出口侧前数第 1 根管子上，焊缝距顶棚约 50mm，末级过热器管断裂现场形貌如图 4-7-1 所示。断裂沿 T91 侧熔合线，断面可见明显焊波，末级过热器管断口形貌、末级过热器管焊缝断口形貌如图 4-7-2、图 4-7-3 所示。焊缝根部较宽，约为 6mm。管径无明显胀粗，断口无明显减薄。

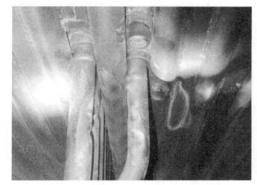
图 4-7-1　末级过热器管断裂现场形貌

图 4-7-2　末级过热器管断口形貌

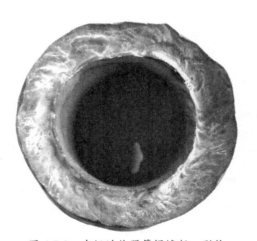
图 4-7-3　末级过热器管焊缝断口形貌

（2）取样分析。使用 XL3t980 合金分析仪对断裂的管样及断裂管附近的 5 根取样管（编号 1、2、3、4、5）材质进行光谱检测，结果表明未错用材质。

（3）金相组织分析。对断裂末级过热器管样进行金相检查，焊缝组织为奥氏体，TP347H 侧母材组织为奥氏体，T91 侧母材组织为回火马氏体，T91 侧热影响区组织为回火马氏体，所检金相组织均正常。焊缝、TP347H 侧、T91 侧、T91 侧热影响区组织形貌如图 4-7-4～图 4-7-7 所示。

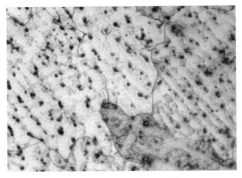

图 4-7-4　焊缝组织形貌

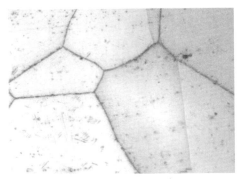

图 4-7-5　TP347H 侧组织形貌

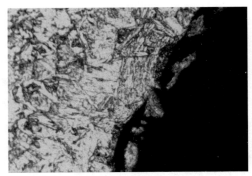

图 4-7-6　T91 侧组织形貌

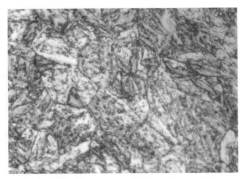

图 4-7-7　T91 侧热影响区组织形貌

（4）扫描电镜试验。使用蔡司场发射扫描电镜 SIGMA 300 对样品进行扫描电镜试验，检验结果如下：3、4、5 号样在 T91 侧熔合线附近有一个明显的碳化物聚集区，碳化物聚集长大并呈链条状分布，在碳化物聚集区同时也有 Cr、Mo 聚集。5 号样 T91 侧熔合线附近形貌及元素分布线状图、5 号样 T91 侧熔合线附近形貌及能谱分析如图 4-7-8、图 4-7-9 所示，5 号样 T91 侧熔合线附近形貌及能谱分析见表 4-7-1。1、2 号样也有上述类似情况，只是聚集程度较轻。

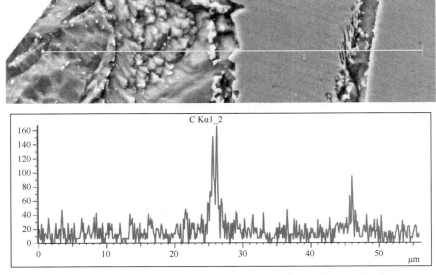

图 4-7-8　5 号样 T91 侧熔合线附近形貌及元素分布线状图（一）

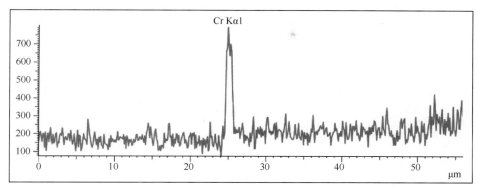

图 4-7-8　5 号样 T91 侧熔合线附近形貌及元素分布线状图（二）

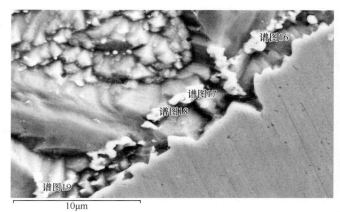

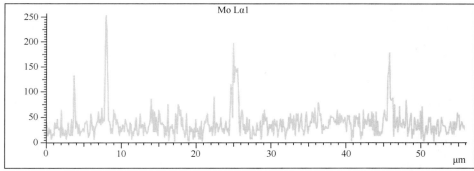

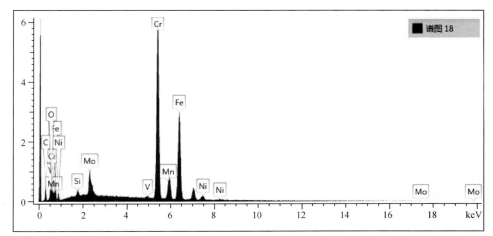

图 4-7-9　5 号样 T91 侧熔合线附近形貌及能谱分析

表 4-7-1   5 号样 T91 侧熔合线附近形貌及能谱分析

元素	线类型	质量百分比（%）	σ（%）	原子百分比（%）
Cr	K 线系	44.90	0.40	34.97
Fe	K 线系	34.94	0.37	25.34
C	K 线系	9.25	0.45	31.19
Mo	L 线系	5.66	0.26	2.39
Ni	K 线系	2.35	0.19	1.62
Si	K 线系	0.53	0.07	0.76
O	K 线系	1.09	0.21	2.77
Mn	K 线系	0.95	0.20	0.70
V	K 线系	0.33	0.09	0.26
总量	—	100.00	—	100.00

注 1　表中数据为图 4-7-9 中的谱图 19 分析结果。
注 2　σ 为材料金相组织中的一种相。

（5）力学性能试验。对末级过热器断裂管附近管子取样进行抗拉强度试验，按照 GB/T 5310《高压锅炉用无缝钢管》的规定，T91 抗拉强度不小于 585MPa、TP347H 抗拉强度不小于 520MPa。试验结果表明，3、4、5 号试样在焊缝 T91 侧的熔合线的强度都已经低于标准的下限。

3. 综合分析

（1）焊缝在高温下使用的过程中，金属中的碳向熔合线附近扩散并聚集，与熔合线附近的合金元素 Cr、Mo 结合，形成碳化物。

（2）碳迁移的过程是一个缓慢发展的过程，在这个过程中碳化物逐渐聚集长大。

（3）碳与熔合线附近的合金元素 Cr、Mo 结合，使得熔合线合金元素逐渐减少。

（4）形成的碳化物沿熔合线呈链状分布，这样在焊缝金属与链状分布碳化物之间形成一个合金元素逐渐减少的软化带。

（5）在 T91 侧熔合线出现的软化带，逐渐降低材料的机械性能，最终因为材料抗拉强度性能的显著下降而出现断裂。

4. 结论

T91 与 TP347H 异种钢焊缝 T91 侧熔合线在使用受热时碳向熔合线附近扩散，与熔合线附近的合金元素 Cr、Mo 结合形成碳化物，碳化物聚集长大并沿熔合线呈链状分布，使得材料抗拉强度逐渐下降而产生断裂。

5. 点评及反措

这是一起由于焊缝在使用后性能发生改变而引起的金属故障，这种情况出现得比较多，对今后的检查及改造具有意义。为避免此类金属问题的发生，应做好以下工作：

（1）加强对 T91 与 TP347H 异种钢焊缝的探伤检查。

（2）机组检修时割管进行性能试验，掌握 T91 与 TP347H 异种钢焊缝的性能下降情况。

（3）在 T91 与 TP347H 异种钢焊缝的性能普遍下降，低于标准要求时，进行换管处理。

二、案例 2：末级过热器管 T91/TP347H 焊接接头断裂

1. 基本情况

某电厂末级过热器管 T91/TP347H 焊接接头在运行时发生断裂失效。管子为末级过热器出口左数第 24 屏，出口段前数第 2 根焊接接头，材质为 TP347H/T91，其中 T91 侧母材规格为 ϕ44.5mm×8mm，TP347H 侧母材规格为 ϕ44.5mm×7.5mm。

2. 检查分析

（1）宏观分析。来样管子焊接接头宏观形貌如图 4-7-10 所示，来样管子断裂发生在焊接接头的 T91 侧热影响区位置，断口呈斜坡状，断口附近管子有明显胀粗，断裂处管内外壁均有龟裂纹存在。

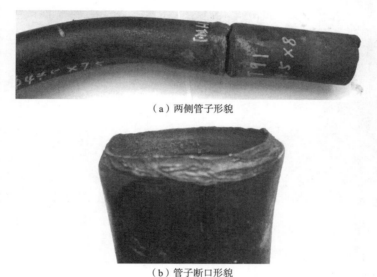

（a）两侧管子形貌

（b）管子断口形貌

图 4-7-10 来样管子焊接接头宏观形貌

末级过热器管焊接接头示意图如图 4-7-11 所示，可见 T91 侧母材实际规格为 ϕ44.5mm×9.6mm，TP347H 侧母材规格为 ϕ44.5mm×7.5mm，两段管材壁厚相差 2.1mm。实际检查发现，焊接时对 T91 侧内壁进行了过量车削，车削后的剩余厚度仅约 5.3mm。查阅强度计算书可知，该管子的最小需要壁厚为 6.14mm，车削后的管子厚度已经小于管子的最小需要壁厚。

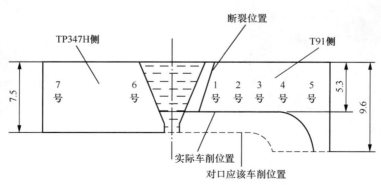

图 4-7-11 末级过热器管焊接接头示意图

（2）金相组织分析。T91 侧断口附近的金相组织形貌如图 4-7-12～图 4-7-15 所示，分析图可知断裂位置为 T91 侧热影响区位置，距 T91 侧熔合线约 4mm，断口附近管子外壁处有明显机械变形，裂纹起源于管子内壁，外壁变形量大的位置为最终断裂点。断口边缘组织为铁素体+碳化物，机械变形明显，碳化物析出聚集，部分碳化物呈块状。

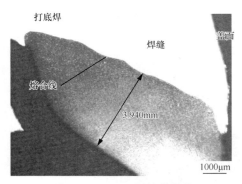

图 4-7-12　T91 侧低倍形貌

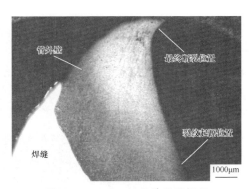

图 4-7-13　T91 侧断裂位置形貌

图 4-7-14　断口边缘形貌

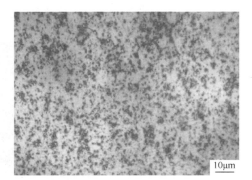

图 4-7-15　断口附近组织

车削位置低倍形貌、组织分别如图 4-7-16、图 4-7-17 所示，由图可见车削位置剩余壁厚仅有 5.327mm，车削位置管内壁有 0.134mm 厚的氧化皮，组织为铁素体+碳化物。

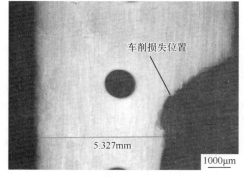

图 4-7-16　车削位置低倍形貌

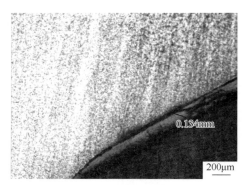

图 4-7-17　车削位置组织

分析 T91 侧远离断口位置的金相组织形貌，内、外壁附近金相组织、截面组织如图 4-7-18～图 4-7-20 所示，由图可见管内壁有厚约 0.33mm 的氧化皮，管外壁有厚约 0.152mm 的氧化皮。组织晶粒细小，晶粒度 7～8 级，组织为铁素体+碳化物，未见马氏体位相，碳化物明显聚集长大。

图 4-7-18　内壁附近金相组织　　　　　　　　　　　　　图 4-7-19　外壁附近金相组织

（a）放大100倍　　　　　　　　　　（b）放大500倍

（c）放大1000倍

图 4-7-20　截面组织

（3）力学性能试验。硬度试验结果显示，T91 侧硬度均低于标准要求的下限，TP347H 侧硬度符合要求。

3. 结论

此次检验的异种钢焊接接头断裂发生在 T91 侧热影响区位置，接头焊接为不等壁厚焊接，T91 侧存在过量车削，剩余壁厚仅约 5.3mm。T91 侧断裂边缘、车削位置和远离断裂的位置的硬度均低于标准要求的下限，组织老化严重，管子存在超温运行现象。

此次异种钢接头发生断裂的原因：焊接接头中 T91 侧车削后的厚度小于管子的最小需要壁厚，同时该处管子存在超温现象，管材加速老化，强度下降。异种钢接头两侧弹性模量和刚度的差异使得接头存在轴向热胀应力,长期高温高压条件下运行,焊接接头 T91 侧热影响区由于强度不足而发生胀粗,并在管内壁热影响区应力集中位置产生裂纹,裂纹在轴向热胀应力作用下向外壁方向扩展,最终引起管子环向开裂。

4．措施

（1）鉴于来样 T91 侧远离断口位置组织老化严重,硬度低于标准要求的下限,管子存在超温运行现象,建议进一步割管检查,确认 T91 管材的老化程度。同时加强受热面管温度监控,防止超温运行。

（2）建议加强对异种钢焊接接头的检查力度,对于存在过度切削的接头进行逐步更换。

第八节　热疲劳失效

一、案例 1：水冷壁大面积横向裂纹

1．基本情况

某电厂 2 号锅炉为 350MW 亚临界、π 型炉。在一次 C 级检修时,发现标高 30～36.5m 处炉膛四面墙的内螺纹管膜式水冷壁向火侧有大量与管子轴线垂直的直线丛状横向裂纹,裂纹位置相对集中,管子正面、侧面均有裂纹,但偏向吹灰器一侧、受两台吹灰器交叉影响的区域开裂程度相对严重。发现存在裂纹的水冷壁管材质为 SA210A1、规格为 ϕ 57.2mm×6.4mm,宏观检查未见明显的胀粗和鼓包变形,外表面氧化皮不明显。至此次 C 修,机组累计运行 180341h。水冷壁向火侧裂纹形貌如图 4-8-1 所示。

图 4-8-1　水冷壁管向火侧横向裂纹形貌

2．检查分析

经过分析认为该锅炉运行时间已超 18 万 h,水冷壁处于高热负荷区,管壁温度较高,在运行吹灰过程中由于冷热交替会产生热应力,而向火侧壁温变化最大,产生的交变热应力也最大。当管壁温度超过允许值或管壁温度长期波动时,导致向火侧管壁外侧发生疲劳破坏。另外,烟气中含有一定量的硫和硫化物,腐蚀介质与管壁金属发生反应造成腐蚀,易成为应力集中点和裂纹源。在轴向交变应力和腐蚀介质的共同作用下,金属的疲劳强度降低,最终水冷壁管产生横向裂纹。

影响水冷壁热疲劳和高温腐蚀共同作用的主要因素有:

（1）锅炉设计的影响。吹灰器的投运会加速管壁表面腐蚀产物的剥落,强化高温硫腐蚀过程,最终使该区域腐蚀更为严重。

（2）燃烧高硫煤的影响。锅炉设计煤种含硫量为 0.47%,现烧煤种硫含量为 0.8%～1.2%,现烧煤种含硫量高于设计值较多,煤种含硫量的高低对高温腐蚀有一定影响。

（3）低氮燃烧的影响。由于采用低氮运行方式，锅炉主燃区缺氧运行，水冷壁部分区域形成较强还原性气氛，是水冷壁高温腐蚀的主要原因。

3. 结论

水冷壁的横向裂纹为热疲劳机制导致的损伤，往往伴随有高温腐蚀，其形成与燃烧方式、煤种变化、低氮燃烧导致水冷壁表面形成还原性气氛、燃烧不充分造成火焰刷壁有关。

4. 措施

（1）扩大检查范围，及时进行更换。

（2）开展燃烧调整试验，增加贴壁风，提高两侧墙近壁烟气含氧量，降低还原性气氛烟气含量。

（3）对高温腐蚀及横向裂纹区域进行热障涂层喷涂防护。

5. 知识点拓展与点评

水冷壁管向火面环向裂纹是温度、应力、腐蚀共同作用的产物，是在温度偏差和温度波动产生的轴向交变应力主导下的腐蚀疲劳开裂。

水冷壁管向火面环向裂纹从早期孕育到扩展的完整过程：在温度偏差和温度波动导致的轴向交变弯曲应力作用下，该应力虽然一般低于水冷壁的金属疲劳极限，但足以导致水冷壁向火侧表面覆盖的灰焦氧化层开裂，高温运行环境下管壁附着的含有硫化物等腐蚀性成分的熔融液体或腐蚀性气体进入开裂的缝隙，与水冷壁管金属发生腐蚀反应；在交变弯曲应力的不断作用下，腐蚀产物从中间出现裂隙，腐蚀性介质继续沿着裂隙进入，与内部的金属继续发生反应，这一阶段，可以理解为轴向交变弯曲应力参与条件下的腐蚀占主导。当腐蚀发展到一定深度，缺口应力集中越来越明显，在交变弯曲应力的作用下，裂纹疲劳扩展的成分逐渐占主导，腐蚀在裂纹扩展中的作用逐渐减弱，随着裂纹深度增加，裂纹疲劳扩展速度逐渐加快，直至裂纹穿透管壁，发生泄漏。

二、案例 2：脱硝改造后水冷壁管发生热疲劳裂纹

1. 基本情况

某电厂在 2016 年 5 月检修期间对 3 号炉水冷壁进行了检查，检查中发现左右两侧墙水冷壁外壁有大量裂纹，随后在对前后墙检查中发现其也存在局部微小裂纹。

该电厂 3 号锅炉为型号为 B&WB-1900/25.4-M 的"W"火焰超临界锅炉。3 号机组于 2009 年 7 月投入运行，水冷壁材质为 15CrMo，规格为 $\phi28mm \times 6mm$。

2. 检查分析

（1）宏观分析。左、右侧墙水冷壁有较大面积的程度不一的裂纹区域，通过目视及结合表面磁粉检测，所确定的裂纹范围有：①左侧墙 113 根（炉前数第 52～165 根），从 26.2m 标高往上至燃尽风喷口中心部位，单根长度 8.5m；②右侧墙 122 根（炉前数第 35～157 根），从 24.6m 标高往上至燃尽风喷口中心部位，单根长度 10.1m；③前、后墙标高 29～34m 区域的局部水冷壁管。

（2）裂纹形貌。水冷壁管外壁裂纹全部是横向裂纹，裂纹密度大，大小裂纹间隔约 0.5mm，裂纹开口较宽，表面粗糙，内壁无裂纹，裂纹相貌如图 4-8-2～图 4-8-5 所示。水冷壁鳍片上也分布着较多裂纹，性质与管子上裂纹类似，左侧墙鳍片剖面裂纹形貌如图 4-8-6 所示。

图 4-8-2　左侧墙裂纹形貌

图 4-8-3　右侧墙裂纹形貌

图 4-8-4　左侧墙纵向剖面裂纹形貌

图 4-8-5　后墙纵向剖面裂纹形貌

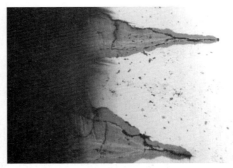

图 4-8-6　左侧墙鳍片剖面裂纹形貌

（3）历史检修情况。锅炉投产以来两侧墙及翼墙结焦严重，2012 年以来开始逐步进行卫燃带改造工作，至 2014 年已将两侧墙卫燃带全部去除干净。2016 年结合机组检修进行了 3 号炉低氮燃烧器改造，两侧墙标高 34.78m，各增加了两路燃尽风。在对两侧墙中下部水冷壁检查时发现较明显高温腐蚀，但未发现裂纹迹象，并对该区域进行了金属防腐蚀喷涂。

（4）显微检查。

1）左侧墙管样。水冷壁管组织为铁素体+珠光体，组织正常，按照 DL/T 787《火力发电厂用 15CrMo

钢珠光体球化评级标准》的标准判定，向火侧组织球化级别为 2 级，左侧墙管样向火侧组织如图 4-8-7、图 4-8-8 所示，背火侧组织与向火侧组织无区别，左侧墙管样背火侧组织如图 4-8-9 所示。裂纹呈横向，开口很宽，裂纹多发、无分支、尖端圆钝，裂纹内充满腐蚀产物，左侧墙管样向火侧裂纹形貌如图 4-8-10 所示。

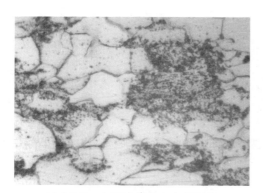

图 4-8-7 左侧墙管样向火侧组织

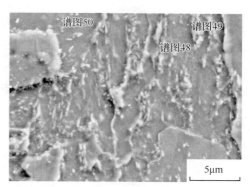

图 4-8-8 左侧墙管样向火侧组织（电镜）

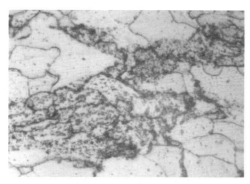

图 4-8-9 左侧墙管样背火侧组织

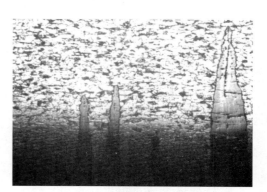

图 4-8-10 左侧墙管样向火侧裂纹形貌

2）后侧墙管样。水冷壁管组织为铁素体+珠光体，组织正常，按照 DL/T 787《火力发电厂用 15CrMo 钢珠光体球化评级标准》的标准判定，向火侧组织球化级别为 2 级，后墙管样向火侧组织如图 4-8-11 所示，背火侧组织与向火侧组织无区别。裂纹呈横向，开口很宽，裂纹多发、无分支、尖端圆钝，裂纹内充满腐蚀产物，后墙管样向火侧裂纹形貌如图 4-8-12 所示。

图 4-8-11 后墙管样向火侧组织

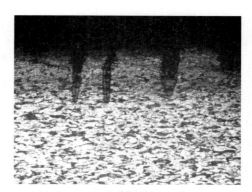

图 4-8-12 后墙管样向火侧裂纹形貌

（5）裂纹腐蚀产物检验。对左侧墙水冷壁管样裂纹内腐蚀产物进行能谱分析，结果如下：裂纹内的腐蚀产物主要是氧，还有少量的硫。裂纹腐蚀产物取样位置及能谱分析如图 4-8-13 所示。

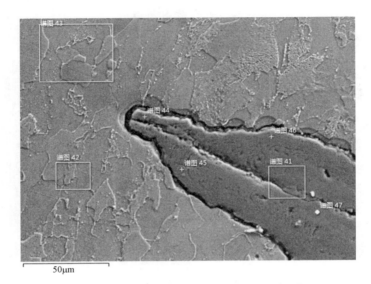

图 4-8-13　裂纹腐蚀产物取样位置及能谱分析

3. 综合分析

（1）水冷壁管表面横向裂纹是轴向交变应力作用下产生的热疲劳裂纹，炉膛内腐蚀介质的存在加速了裂纹的扩展。

（2）从向火侧微观形貌看，金相组织没发生明显的球化，说明管壁温度在正常的温度范围，但却处于长期剧烈的波动状态。

（3）2016 年低氮改造前，水冷壁管没有横向裂纹现象，表面有轻微的腐蚀，进行了对应的防腐处理。低氮改造后温度场发生变化，火焰中心上移，燃尽风对炉膛燃烧的扰动，空气预热器出现堵塞引起炉膛负压周期性变化，这些变化引起了处于炉膛热负荷较高区域的温度波动。

（4）处于上层燃烧器附近的水冷壁管，由于燃烧器喷出燃煤中的硫而处于一个有腐蚀介质的环境。在水冷壁形成热疲劳裂纹后，腐蚀介质会在裂纹中浓缩而形成腐蚀性热疲劳，加速裂纹扩展。

（5）低氮改造前，前墙的平均壁温及温差都要高于其他墙，所以锅炉出现左右墙大面积的严重的热疲劳裂纹及前后墙轻微的热疲劳裂纹是由低氮改造后环境的改变造成的。

（6）热疲劳裂纹的出现与热负荷变化的高低及变化频率有关。

4. 结论

水冷壁管外表面出现的裂纹是由于在炉膛热负荷较高区域出现温度的急剧变化而产生的交变热应力作用下产生的热疲劳裂纹，炉膛内腐蚀介质的存在加速了裂纹的扩展。

5. 点评及反措

这是一起由脱硝改造引起的金属故障，由于脱硝改造后，火焰中心提高，受燃尽风的扰动燃烧不稳，以及深度调峰、低负荷运行、炉膛负压波动等不利因素引起温度剧烈波动，最终使所改造的水冷壁出现热疲劳裂纹，使得检修工期延长，影响了电厂的正常发电，又造成电厂经济上的损失，对今后电厂的工程监督检查及改造具有意义。

为避免此类金属问题的发生，应做好以下工作：

（1）加强燃烧调整，合理配风，确保炉膛火焰中心位置适宜，不发生偏斜或冲刷炉墙的现象。

（2）在机组启停、调峰过程中，严格操作规程，在裂纹严重部位加装温度测点，严密监视壁温变化，避免水冷壁管壁温大幅度波动。

三、案例 3：水冷壁膜态沸腾导致爆管

1. 基本情况

某电厂 2 号炉于 2017 年 7 月 28 日水冷壁管发生爆管。2 号锅炉是 DG2030/17.6-Ⅱ3 型锅炉，其主要型式为亚临界参数、自然循环、双拱炉膛、中间一次再热、尾部双烟道、平衡通风、露天布置、全钢结构、全悬吊结构、固态排渣、"W"火焰锅炉，于 2006 年 6 月投产。水冷壁管材质为 15CrMoG，规格为 $\phi76mm \times 9mm$。

2. 检查分析

（1）宏观检查。爆管发生在锅炉左墙水冷壁标高约 30.5m 处前数第 41 根水冷壁。爆口长约 550mm、宽约 140mm，爆口在内壁的两侧撕开，使得张口加大，爆口形貌如图 4-8-14 所示；爆口的边缘为粗糙的钝边，厚度约为 3.40mm；在爆口两侧及前沿有小范围的表面小裂纹，小裂纹呈纵、横两向，宽度约为 25mm、长度约 1.5m，外表面纵、横小裂纹形貌如图 4-8-15 所示。

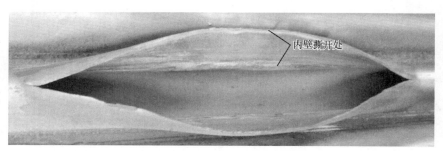

图 4-8-14　爆口形貌

图 4-8-15　外表面纵、横小裂纹形貌

爆口上下近 200mm 管段有肉眼可见胀粗，爆口向下 300mm 处已无胀粗（外径测量 76.4mm），爆口向上 500mm 处无胀粗（外径测量 76.2mm）；在爆口向上约 800mm、向下约 300mm 管段向火面纵向正中区域有壁厚明显薄的现象，薄的程度从爆口部位向两端逐步减小，爆口管壁厚情况如图 4-8-16

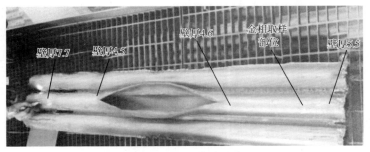

图 4-8-16　爆口管壁厚情况

所示；相邻水冷壁管未见明显异常。

（2）显微检查。爆口管样金相组织为铁素体+珠光体，在同一截面上，在管子向火面中间部位（有纵、横小裂纹）组织珠光体球化，按照 DL/T 787《火力发电厂用 15CrMo 钢珠光体球化评级标准》的规定评定球化级别为 5 级，爆口管向火面中间部位组织如图 4-8-17 所示；在管子向火面中间与鳍片之间管子壁厚正常部位金相组织正常，没有珠光体球化现象，爆口管向火面中间与鳍片之间组织如图 4-8-18 所示。外壁的纵、横小裂纹是开口很宽的疲劳裂纹，爆口管向火面中间小裂纹形貌如图 4-8-19 所示。在爆口管上方约 800mm 及下方约 300mm 处取样，金相组织均正常。邻近管样金相组织为铁素体+珠光体，组织正常，无球化现象，第 40、42 根管向火面中间部位组织如图 4-8-20、图 4-8-21 所示。

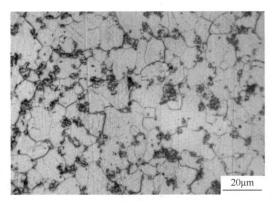

图 4-8-17　爆口管向火面中间部位组织

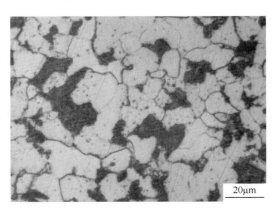

图 4-8-18　爆口管向火面中间与鳍片之间组织

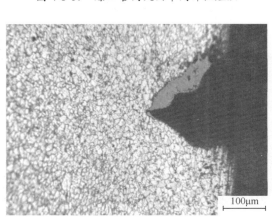

图 4-8-19　爆口管向火面中间小裂纹形貌

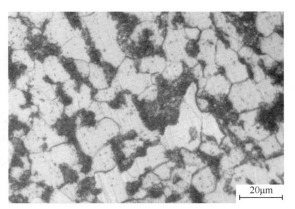

图 4-8-20　第 40 根管向火面中间部位组织

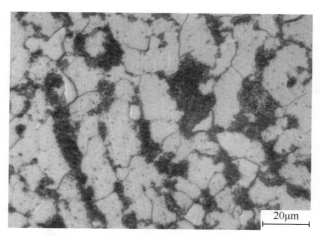

图 4-8-21　第 42 根管向火面中间部位组织

3. 综合分析

（1）从检查结果看，水冷壁管存在一段局部过热的管子，在向火面上管子中间部位，长度约 1.5m，这段管子珠光体球化 5 级。

（2）珠光体球化与温度和应力有关，说明管壁局部有超温现象。

（3）外表面的小裂纹属于热疲劳裂纹，是由温度剧烈波动造成的。

（4）爆口管既有局部过热又有温度波动产生的热疲劳裂纹，说明此处水冷壁管处于膜态沸腾状态，膜态沸腾下汽膜将介质与管壁隔开，汽膜下的管壁冷却变差，壁温升高，使得汽膜附近管壁处于过热状态，而汽膜的上下跑动，使得壁温处于剧烈波动状态，从而产生了过热和热疲劳。

4. 结论

由于水冷壁管在此处存在膜态沸腾的现象，水冷壁管局部出现过热和热疲劳，过热后材料强度下降，出现塑性变形而使管壁减薄，在外表面热疲劳裂纹和管壁减薄的共同作用下，最终产生爆管。

5. 点评及反措

由于亚临界锅炉存在汽水共存的两相流状态，应考虑锅炉出现膜态沸腾的可能，因热负荷过高而引起的传热恶化称为第一类膜态沸腾，出现传热恶化时的热负荷称为临界热负荷。锅炉运行时要始终保持水冷壁的热负荷低于临界热负荷，锅炉才不会出现膜态沸腾现象。传热恶化是一种局部现象，在锅炉众多的受热面中只有少量管子达到传热恶化的条件（此次事件左侧墙有 20 根管）。这是由于锅炉受热不均匀，热负荷分布不均匀，局部分布偏高，在热负荷最大区域出现。在一根管子上，沿横截面上的温度分布也是不均匀的，在向火面的中间部位温度最高，所以传热恶化首先出现在这里。

为避免此类金属问题的发生，应做好以下工作：

（1）应避免在低负荷下长期运行，并避开能够引起传热恶化的负荷条件。

（2）加强停炉时对热负荷高区域的检查，防止出现爆管。

第九节 原 始 缺 陷

一、案例 1：直道缺陷导致的省煤器管开裂

1. 基本情况

某电厂 2 号炉省煤器 02 组出口中间联箱处下部第 112 排 03 根管发生泄漏，泄漏部位在该管的弯头背弧处，省煤器管泄漏部位如图 4-9-1 所示。泄漏管规格为 ϕ51mm×6mm。据电厂有关人员介绍，在查阅泄漏前 2 号炉运行参数曲线时，发现主蒸汽压力波动变化较为频繁，DCS 画面显示，二级过热器入口温度，屏式过热器出口温度波动较大，在 90s 内能变化 60℃左右。

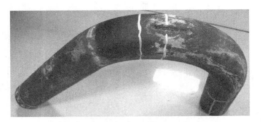

图 4-9-1　省煤器管泄漏部位

2. 检查分析

（1）宏观分析。在弯头背弧处，存在一处纵向裂缝，长约 50mm，开裂较直，其周围有吹损痕迹，应为管子开裂后，管内介质将其冲刷所致。泄漏管未见明显胀粗、氧化现象，省煤器管开裂部位的宏观形貌如图 4-9-2 所示。将管子泄漏处和远端直管处剖开后可见管子壁厚不均匀，内径不圆，管子内壁存在较多直道，直道上覆盖一层氧化产物，剖管后内壁的直道形貌、剖管横截面的宏观形貌如图 4-9-3、图 4-9-4 所示。

图 4-9-2　省煤器管开裂部位的宏观形貌

（a）远端部位

（b）开裂部位

图 4-9-3　剖管后内壁的直道形貌

图 4-9-4　剖管横截面的宏观形貌（壁厚不均匀、内径不圆）

（2）金相组织分析。在泄漏部位和正常管段截取金相试样，经 4%硝酸酒精腐蚀后，金相组织为铁素体+珠光体，泄漏的弯头和远端的直管内壁均存在明显的直道。直道部位的金属流动痕迹清晰可见，管子内壁的直道缺陷如图 4-9-5 所示。直道底部圆钝，没有出现尖锐的裂纹似的形态，直道管段内壁横截面、直道管段尖端微裂纹金相组织分别图 4-9-6 和图 4-9-7 所示，由图可见，直道顶端存在微裂纹，局部存在不均匀现象。

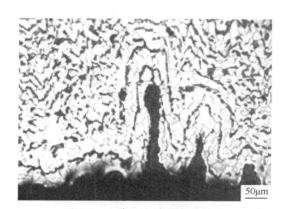

图 4-9-5　管子内壁的直道缺陷

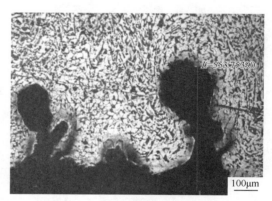

图 4-9-6　直道管段内壁横截面金相组织

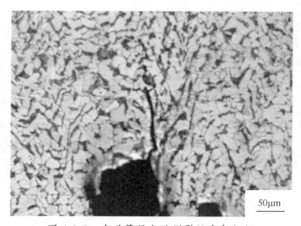

图 4-9-7　直道管段尖端微裂纹金相组织

3. 结论

泄漏管存在原始加工缺陷，管子壁厚严重不均匀，内径不圆，且内壁存在轴向直道。相关标准规定，冷轧（拔）钢管内表面的直道缺陷不大于公称壁厚的 4%，且最大深度为 0.2mm；热轧（挤压、扩）钢管内表面的直道缺陷不大于公称壁厚的 5%，且最大深度为 0.4mm。综上，此管内壁直道最深已达 0.6mm，明显超出标准要求，且部分直道顶端存在裂纹。同时据电厂介绍，该机组为调峰机组，频繁启停，且启停速度较大，导致管子受到较大的交变应力，对裂纹扩展起到了促进作用。

省煤器管的泄漏是由于管子存在超标的原始加工缺陷，在较大交变应力作用下开裂所导致的。

4. 知识点拓展与点评

GB/T 5310《高压锅炉用无缝钢管》对管道表面质量有如下要求：

（1）钢管内外表面不允许有裂纹、折叠、结疤和离层等。这些缺陷应完全清除。缺陷清除深度不超过壁厚的 10%，缺陷清除处的实际壁厚不应小于壁厚所允许的最小值。

（2）钢管内外表面上直道允许的深度应符合如下规定：对于冷拔（轧）钢管，不大于壁厚的 4%，且最大为 0.2mm。

二、案例 2：重皮导致受热面开裂

1. 基本情况

某电厂 1 号机组为 660MW 的超临界机组，2012 年 10 月 3 日发现其屏式过热器管第 4 排第 1 屏第 7 个弯的前弯内弧面存在一条裂纹，引起泄漏，同时造成第 4 排第 1 屏第 8 个弯的前弯泄漏，第 4 排第 1 屏第 6 个弯的前弯被吹损，泄漏、吹损管位置如图 4-9-8 所示。据了解，分隔屏过热器换热面积为 2470m²，设计压力 28.7MPa，工作压力 26.27MPa，运行温度 570℃，无超温、超压记录，至此次停机为止已累计运行 10756h。泄漏的屏式过热器规格为 $\phi44.5mm\times8mm$，材质为 SA-213T91、TP347H。

图 4-9-8　泄漏、吹损管位置

分别取泄漏的第 7、8 个弯管的前弯，吹损的第 6 个弯管的前弯以及第 6、7、8 个弯管的后弯进行分析，为方便描述，以下叙述将送检管分别标记为 6-前弯、6-后弯、7-前弯、7-后弯、8-前弯、8-后弯。

2．检验分析

（1）宏观分析。8-前弯在其弯管外弧处存在严重的吹损，并发生泄漏，由其形貌判断，泄漏是由于管壁被严重吹损减薄而造成的。而 6-前弯弯弧侧面也有明显吹损痕迹。

7-前弯在其近内弧侧存在一纵向开裂裂口，长约 90mm，裂口周围有吹损痕迹和一处泄漏点，由裂口与吹损、漏点位置关系以及吹损、漏点的宏观形貌可判断，漏点和吹损是受其他管泄漏的蒸汽吹损所致，与裂口泄漏无关。7-前弯外表面开裂宏观形貌如图 4-9-9 所示。

模拟现场中 6-前弯、7-前弯、8-前弯的相对位置，可见 7-前弯内弧的裂口为首个泄漏点，7-前弯开裂后吹漏第 8 个弯管的前弯背弧侧，8-前弯的漏点反过来将 6-前弯、7-前弯管局部吹损，同时吹漏 7-前弯的内弧侧。

图 4-9-9　7-前弯外表面开裂宏观形貌

将第 7 个弯的前弯开裂部位剖开，7-前弯开裂内表面及横截面宏观形貌如图 4-9-10 所示，可见其内表面有翘起薄片，是典型的重皮特征，重皮与钢管的基体相连接，并折合到表面上形成了翘起的薄片。观察裂口横截面，裂纹源自重皮与管子基体的结合处，并贯穿管壁，扩展至管子外表面形成开裂。同时，在第 7 个弯管后弯的内表面，也存在重皮现象，7-后弯内表面及截面宏观形貌如图 4-9-11 所示。

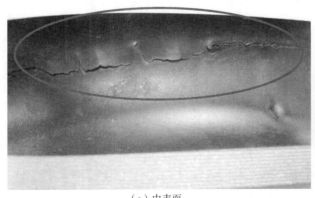
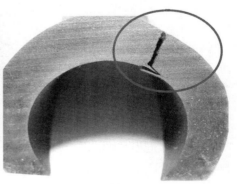

（a）内表面　　　　　　　　　　　　　　　（b）横截面

图 4-9-10　7-前弯开裂内表面及横截面宏观形貌

（a）内表面　　　　　　　　　　　　　　　（b）纵剖面

图 4-9-11　7-后弯内表面及截面宏观形貌

（2）金相组织分析。7-前弯-1 号试样的开裂部位内表面存在重皮，7-前弯-1 号内壁重皮如图 4-9-12 所示，并在有重皮存在的部位产生裂纹，扩展贯穿管壁引起开裂，裂纹以沿晶方式扩展，7-前弯-1 号开裂端部金相组织如图 4-9-13 所示。重皮附近晶粒度不均匀，存在混晶现象，开裂管段除重皮外，其他部位金相组织为奥氏体组织，未见明显异常，7-前弯-1 号开裂附近金相组织如图 4-9-14 所示。

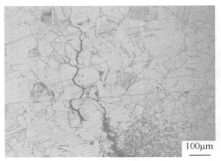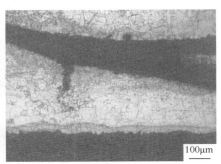

（a）侵蚀前　　　　　　　　　　　　　　　（b）侵蚀后

图 4-9-12　7-前弯-1 号内壁重皮

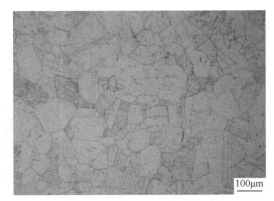

图 4-9-13　7-前弯-1 号开裂端部金相组织　　　　图 4-9-14　7-前弯-1 号开裂附近金相组织

7-前弯-2 号试样内表面同样存在重皮现象，7-前弯-2 号内壁重皮如图 4-9-15 所示。裂纹始于重皮处，并向管材中部扩展，裂纹主要为沿晶扩展，局部裂纹穿晶，重皮部位晶粒度不均匀，存在混晶现象，7-前弯-2 号内壁重皮处金相组织如图 4-9-16 所示。除重皮位置以外，7-前弯正常管段的其他部位金相组织正常，为奥氏体组织。

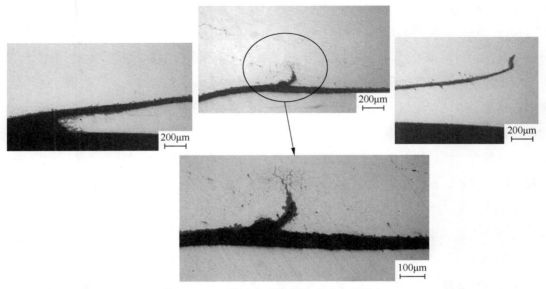

图 4-9-15　7-前弯-2 号内壁重皮（未侵蚀）

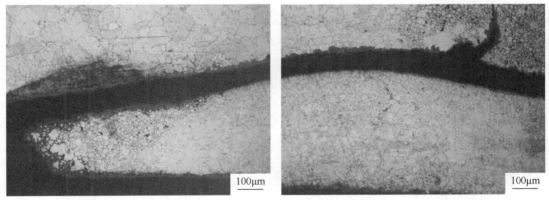

图 4-9-16　7-前弯-2 号内壁重皮处金相组织

（3）力学性能试验。分别在第 6、7、8 个弯管的前弯、后弯切取拉伸试样进行常温短时力学性能试验，所取力学性能试样的抗拉强度、断后伸长率均满足标准要求。

同时，对上述试样进行布氏硬度测试，除材质为 SA-213T91 的 8-前弯、8-后弯取样管布氏硬度合格外，材质为 TP347H 的 6-前弯、6-后弯以及 7-前弯、7-后弯 4 段管段的上取样管的布氏硬度值均高于标准要求（≤192HBW）。

3. 综合分析

由宏观形貌分析可知，第 4 排第 1 屏第 7 个弯管前弯的内弧侧裂口为首个泄漏口，7-前弯内弧侧开裂后，造成其他相邻管段吹损。下面着重分析了 7-前弯发生开裂的原因。

从材料因素分析，屏式过热器第 4 排第 1 屏第 7 个弯管前弯的材质为 TP347H，其主要化学成分符合相应标准的规定，排除了错用材质的可能。7-前弯送检管除内表面缺陷位置附近局部存在混晶、晶粒度不均匀外，其他部位金相组织未见明显异常，为奥氏体组织。

所检第 7 个弯管前弯的拉伸试样，其抗拉强度、屈服强度和断后伸长率均符合标准要求，但布氏硬度的平均值（194HBW）略超出标准要求的上限值（192HBW）。但鉴于硬度仅略高于标准上限，且开裂只发生在 7-前弯，故分析认为硬度超标不应是导致管子开裂的主导因素。

7-前弯开裂管段的内表面存在重皮缺陷，且开裂源于重皮存在的部位。重皮是钢管在轧制时，多余的金属被挤压形成的管坯表面未与基体金属完全结合的重叠或夹层，主要是由于皮下气泡、非金属夹杂物的连铸坯或钢锭经轧制后皮下气泡和非金属夹杂物不但没有焊合，反被轧破而与基体金属分开造成的。重皮属裂纹性缺陷，是管子在制造过程中产生的一种比较严重的缺陷。管子内表面存在重皮的部位极易萌生裂纹，在长期高温高压的运行过程中，裂纹进一步扩展，最终导致管子开裂。同时，7-前弯的开裂位于管子的弯管近内弧侧，其残余应力相对较大，对裂纹的扩展起到一定的促进作用，故相对于直管段来说，重皮存在于弯管的内表面更易引起开裂。

4. 结论

屏式过热器第 4 排第 1 屏第 7 个弯管前弯发生开裂主要是由于前弯内表面在制造过程中存在重皮缺陷导致的。

5. 知识点拓展与点评

在受热面管的失效分析过程中，首个泄漏点的确定至关重要，由于管子泄漏后相互吹损致使原始泄漏信息不易被发现，需要根据宏观形貌、相对位置等信息综合分析后确定，只有确定了首个泄漏点才能对其泄漏原因展开分析。

同时，受热面的运行环境比较复杂，可导致其泄漏的原因较多，需结合材料性能、结构、运行工况等信息进行综合分析，在分析过程中，有时会存在多个可致泄漏的可疑因素，要善于运用排除法，层层剖析、逐一排除，以获得导致泄漏的主要原因。

第十节 加 工 工 艺

一、案例 1：加工质量不佳导致的异径管接头开裂

1. 基本情况

某电厂超临界机组 1 号锅炉启动运行不到 1 个月，末级再热器管制造焊口上部发生断裂，断裂管子位于末级再热器管屏左数第 26 排前数第 3 根。停炉后通过表面探伤检查，在其他管屏的多根管子相似位置也发现了明显裂纹。

2. 检查分析

割管检查时发现，管子断裂位置在内壁变径焊接接头上部，焊缝两侧母材的规格分别为 $\phi 60mm \times 14.5mm$、$\phi 60mm \times 4mm$，管子材质均为 HR3C，管子内壁变径情况如图 4-10-1 所示。

图 4-10-1　管子内壁变径情况

该案例中两侧管子的内壁尺寸不相等而外壁要求平齐，两侧管子的厚度差为 $\delta_2-\delta_1=14.5\text{mm}-4.0\text{mm}=10.5\text{mm}$，根据 DL/T 869《火力发电厂焊接技术规程》中的要求可知，厚壁侧消薄角度应为 30°，但从图 4-10-1 可看出，该管子的厚壁侧消薄角度远低于 30°，因而该处会形成应力集中。

3. 结论

该末级再热器管子的变径处由于结构原因，刚性突然变小，而且断裂位置正好位于顶棚高度，在末级再热器出口集箱产生较大热位移后，管子在该处受到较大的弯曲应力，再加上变径处的加工质量不佳引起的应力集中，当管子内壁加工粗糙、倒角不到位时，会进一步加剧应力集中。机组运行过程中，在管子内压作用下，首先在变径位置应力集中较大的部位萌生裂纹，随后管子由内向外扩展，最终发生断裂。

4. 反措

在异径管焊接过程中，严格执行 DL/T 869《火力发电厂焊接技术规程》等相关标准中不同厚度焊件组对的要求，避免因加工工艺不良导致应力集中加剧。

5. 知识点拓展与点评

异径管是电站锅炉受热面不同规格管子对接的常见方式。DL/T 869《火力发电厂焊接技术规程》要求，不同厚度焊件组对时，其厚度差应按照下列方法进行处理：

（1）内壁（或根部）尺寸不相等而外壁（或表面）要求齐平时，可按图 4-10-2（a）形式进行加工。

（2）外壁（或表面）尺寸不相等而内壁（或根部）要求齐平时，可按图 4-10-2（b）形式进行加工。

（3）内、外壁尺寸均不相等时，可按图 4-10-2（c）形式进行加工。

（4）焊件壁厚不相等，且厚度差不超过 5mm 时，可在不影响焊缝强度的情况下，可按图 4-10-2（d）形式进行加工。

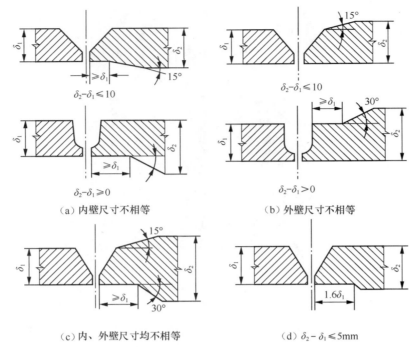

（a）内壁尺寸不相等　　　　　（b）外壁尺寸不相等

（c）内、外壁尺寸均不相等　　　　（d）$\delta_2 - \delta_1 \leqslant 5mm$

图 4-10-2　DL/T 869《火力发电厂焊接技术规程》要求的部件对口处理方法

二、案例 2：小弯曲半径 SA-210C 省煤器管弯管内弧开裂

1. 基本情况

某电厂 1000MW 超超临界机组 3 号锅炉烟道省煤器管，蛇形布置，共 378 屏，每屏 7 根，总计有 2646 支小 R 弯头（R 为弯曲半径）。管子弯曲半径 R=45mm，材料为 SA-210C，规格为 ϕ44.5mm×7.5mm。原材料由某锅炉制造厂提供，原材料入厂时进行了复检，均合格。管子弯制设备是进口弯管机，每个台班大约可弯制 80～100 支弯头。管子于 2008 年 3 月初开始生产，弯管时在小 R 弯管内弧位置，陆续发现有 8 支弯管的增厚面，即内弧面出现裂纹，小 R 弯管内弧裂纹开裂形貌如图 4-10-3 所示。

图 4-10-3　小 R 弯管内弧裂纹开裂形貌

2. 检查分析

根据《ASME 锅炉及压力容器规范　第 I 卷：动力锅炉建造规则》，冷加工后管子弯头的应变计算公式如下

$$\varepsilon(\%) = 100r/R \qquad (4\text{-}10\text{-}1)$$

式中　r——管子公称外半径；

　　　ε——应变；

　　　R——管子中心线的公称弯曲半径。

管子公称直径为 44.5mm，因此公称外半径为 r=22.25mm，弯曲半径 R=45mm，计算出的弯管应变变形量 ε 为 49.4%。

该弯管的变形量接近 50%，应变变形量极大，使得弯头处的残余应力极大，如果不进行消除应力热处理，极易导致应力开裂。对于奥氏体钢，相关标准规定当变形量超过 15% 时，必须进行重新固溶处理。SA-210C 虽然是铁素体钢，在变形量过大时，仍然需要进行去应力热处理。同时还要注意的是，在冷弯时如果变形过快，可能导致冷弯后发生冷脆硬化现象，这也会加剧应力开裂倾向。

3. 结论

该弯头的应变变形量大，使得残余应力增大，且弯管后未进行消除应力热处理，导致开裂。

4. 反措

为防止弯管出现开裂，以下消除残余应力的措施是可行的：

（1）弯制时要控制一定的弯曲速度和顶墩力。

（2）对于小弯曲半径弯管弯，要进行 100% 消除应力热处理。

（3）对已弯制好的弯头，进行 100% 的磁粉（MT）检测。

（4）为检查内部质量，对已弯制好的弯头进行 20% 的 X 射线（RT）抽检。

三、案例 3：未固溶处理造成分隔屏过热器夹持管泄漏

1. 基本情况

某电厂分隔屏过热器夹持管在运行过程中发生泄漏失效。泄漏管子为左数第 2 屏，前数第 1 排第 18、19 根，材质为 TP347H，规格为 ϕ54mm×9mm，累计运行时间为 48293h。泄漏位置及断口整体形貌如图 4-10-4 所示。

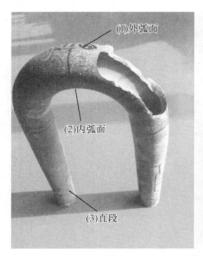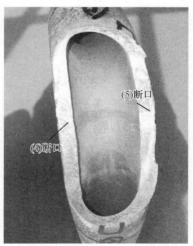

图 4-10-4　泄漏位置及断口整体形貌

2. 检查分析

（1）宏观分析。由图 4-10-4 可知，泄漏管子在外弧面附近发生爆管，爆口从弯头底部延伸至直管段，长约 110mm、宽约 54mm，爆口处无明显塑性变形，且管壁无明显减薄，断口齐整并存在管壁崩落现象。泄漏管子爆口附近均有弱磁性。

在泄漏管子的直管段取力学性能试样进行室温拉伸试验，泄漏管子室温力学性能试验结果及标准要求见表 4-10-1。对图 4-10-4 中位置（1）～（5）横截面进行布氏硬度测试，位置（1）～（5）横截面的布氏硬度试验结果及标准要求见表 4-10-2。对图 4-10-4 中位置（1）～（5）横截面从内壁到外壁进行显微维氏硬度测试，泄漏管子不同位置显微硬度分布如图 4-10-5 所示。

表 4-10-1　　　　　　泄漏管子室温力学性能试验结果及标准要求

样品	抗拉强度（MPa）	屈服强度（MPa）	断后伸长率（%）
1	630	320	51.2
2	640	310	45.6
3	660	325	49.4
4	645	330	53.2
SA 213/SA 213M 中对 TP347H 的要求	≥515	≥205	≥35

表 4-10-2　　　　　位置（1）～（5）横截面的布氏硬度试验结果及标准要求

布氏硬度测点	硬度（HB）
位置（1）	228
位置（2）	190
位置（3）	172
位置（4）	228
位置（5）	235
DL/T 438 中对 TP347H 的要求	140～192

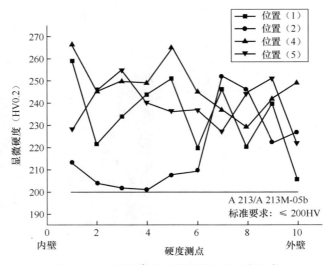

图 4-10-5　泄漏管子不同位置显微硬度分布

由表 4-10-1 和表 4-10-2 可知，泄漏管子直管段的室温力学性能均符合标准要求，管子直段的布氏硬度符合标准要求，管子内弧面位置的布氏硬度为标准上限值，外弧面和断口处布氏硬度均高于标准要求。由图 4-10-5 可知，管子内弧面、外弧面和断口处从内壁到外壁的显微维氏硬度均高于标准要求。

（2）金相组织分析。对泄漏管子的外弧面、内弧面、直管段及断口处进行金相组织观察，泄漏管子外弧面、内弧面、位置（4）断口处、位置（5）处断口、直管段金相组织如图 4-10-6～图 4-10-10 所示。由图 4-10-6 可知，管子外弧面内壁、外壁和中间组织晶粒大小极不均匀，且晶粒破碎，并存在针状形态的形变马氏体，大量第二相从基体析出，部分在晶界位置聚集。

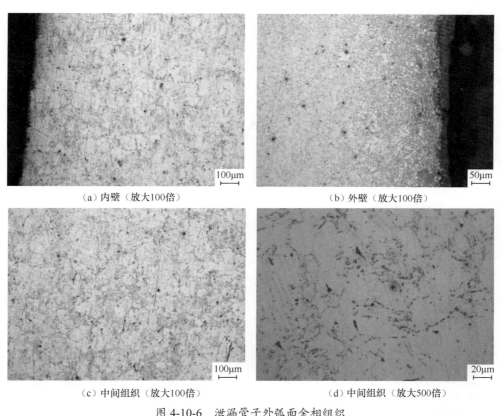

（a）内壁（放大100倍）　　　　　　　　（b）外壁（放大100倍）

（c）中间组织（放大100倍）　　　　　　（d）中间组织（放大500倍）

图 4-10-6　泄漏管子外弧面金相组织

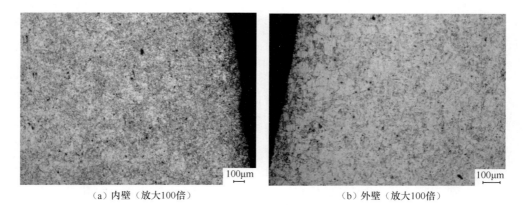

（a）内壁（放大100倍）　　　　　　　　（b）外壁（放大100倍）

图 4-10-7　泄漏管子内弧面金相组织（一）

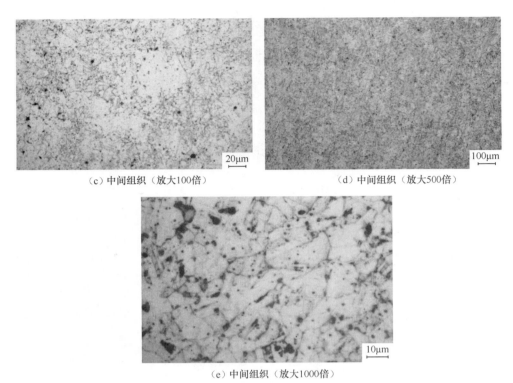

（c）中间组织（放大100倍） （d）中间组织（放大500倍）

（e）中间组织（放大1000倍）

图 4-10-7　泄漏管子内弧面金相组织（二）

由图 4-10-7 可知，管子内弧面内壁、外壁和中间组织晶粒大小极不均匀，且晶粒破碎，大量第二相从基体析出，部分在晶界位置聚集。

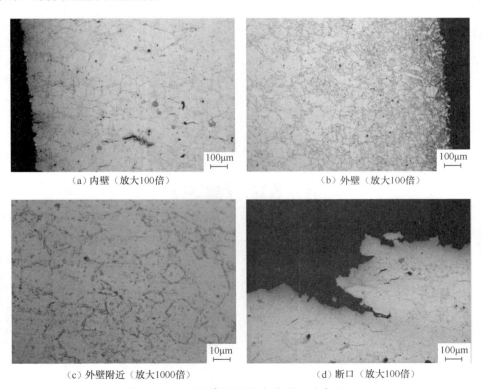

（a）内壁（放大100倍） （b）外壁（放大100倍）

（c）外壁附近（放大1000倍） （d）断口（放大100倍）

图 4-10-8　泄漏管子位置（4）断口金相组织

　　由图 4-10-8 可知，位置（4）处断口内壁晶粒大小不均匀，且内壁及内壁附近存在晶间腐蚀裂纹，且裂纹内部存在氧化物；外壁晶粒大小极不均匀，且晶粒破碎，并存在针状形变马氏体，外壁附近组织中大量第二相从基体析出，部分在晶界位置聚集；主断口裂纹走向为沿晶型，靠近主断口内壁附近存在晶间腐蚀裂纹和衍生二次裂纹。

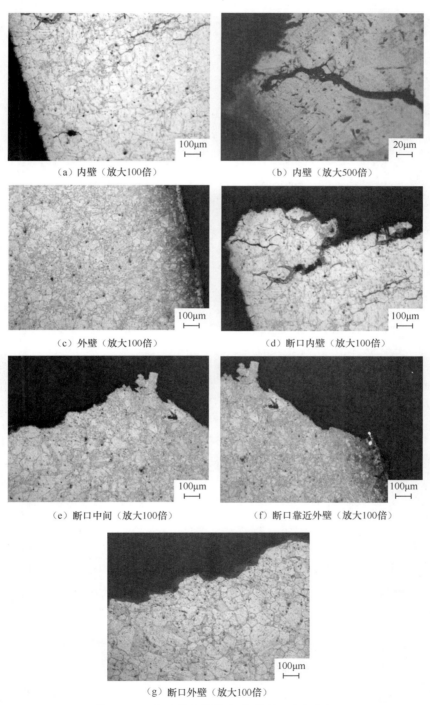

（a）内壁（放大100倍）　　　　　　　　　　（b）内壁（放大500倍）

（c）外壁（放大100倍）　　　　　　　　　　（d）断口内壁（放大100倍）

（e）断口中间（放大100倍）　　　　　　　　（f）断口靠近外壁（放大100倍）

（g）断口外壁（放大100倍）

图 4-10-9　泄漏管子位置（5）处断口金相组织

由图 4-10-9 可知，位置（5）处断口内壁晶粒大小不均匀，组织中较多第二相沿晶界和基体析出，部分第二相呈聚集分布。内壁及内壁附近存在晶间腐蚀裂纹，裂纹内部存在氧化物；外壁晶粒大小极不均匀，且晶粒破碎，并存在形变马氏体；主断口裂纹走向为沿晶型，裂纹内部存在氧化物，且主断口附近存在晶间腐蚀裂纹和二次衍射裂纹内部均存在氧化物。

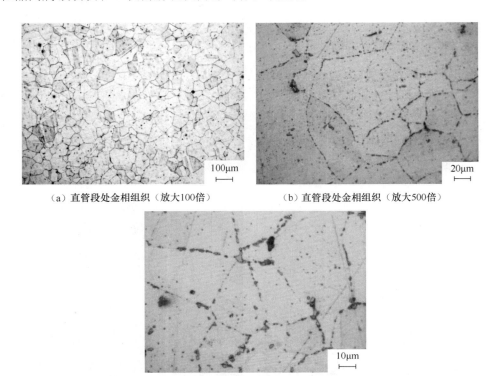

（a）直管段处金相组织（放大100倍）　　　　（b）直管段处金相组织（放大500倍）

（c）直管段处金相组织（放大1000倍）

图 4-10-10　泄漏管子直管段处金相组织

由图 4-10-10 可知，直管段管子的金相组织为均匀的单相奥氏体，并存在少量孪晶，部分第二相在晶内析出，少量第二相在晶界位置聚集，老化级别为 2 级。

3. 结论

分隔屏过热器夹持管发生开裂失效是由于冷弯后未进行固溶处理或固溶处理不完全，使得弯管加工产生的残余应力、位错塞积、相变产物及晶粒大小不均等因素叠加，加速了铬的碳化物在晶界析出，晶界边缘基本贫铬，削弱了晶界的抗腐蚀性。最终在残余应力等外部因素综合作用下，在弯管最薄弱的外弧面内壁（介质侧）形成晶间腐蚀裂纹（沿晶）并扩展，最终造成管子的脆性开裂。

4. 反措

（1）追溯管子弯制及固溶处理工艺流程，排查类似位置其他弯管是否存在共性问题，同时利用检修工期对同批次管子弯管部位扩大割管检验范围。

（2）采购奥氏体型耐热钢弯管备品备件时，应要求生产厂家严格按照热处理工艺要求开展弯制后的固溶处理工序，并对入厂奥氏体型耐热钢弯管进行制造质量抽检。

四、案例4：分隔屏过热器管泄漏

1．基本情况

某电厂分隔屏过热器管在运行时发生泄漏。分隔屏过热器管子材质为 15CrMo，水平加持管材质为 TP347H；分隔屏过热器固数第二大屏的第 6 排第 8 圈中蒸汽由第 9 根进，第 8 根出（编号从炉后往炉前数），下弯头处规格为 $\phi51mm \times 7mm$，出口管规格为 $\phi51mm \times 6mm$。

现场勘查发现损坏受热面：（从烟气出口往进口方向）第 8、9 根管发生断裂，第 5、6、7 根管子因吹损减薄而爆破。管屏固侧的定位管变形严重，扩侧定位管有一处漏点，同时第 11～16 根管段受到吹损。顶棚管 3 处受到抛甩冲击变形，第 8 圈第 9 根甩到后屏过热器固数第 9 排，将迎火侧数第 9～13 根吹损。

此次有两根管子发生断裂，导致附近位置多根管子因吹损减薄而泄漏，另外，断裂管子变形严重，未能保持泄漏前后的初始形态。割管后，通过还原原始管段位置，确认第一漏点在分隔屏过热器固数第二大屏的第 6 小屏第 8 圈炉后向炉前数第 8 根上（简称"第 8 根"）。来样管子宏观样貌如图 4-10-11 所示，图 4-10-11（a）为还原第 8 根和第 9 根管子的位置图，由图可见，第 8 根和第 9 根管子的断口基本处于同一水平面上，第 9 根管子断口表面机械折断现象明显。第 8 根管子的下弯头处有一呈喇叭口状的爆口，爆口附近有明显的氧化皮。图 4-10-11（b）中第 8 根管子断口边缘尖锐，表面氧化皮明显，断口下方有两处漏点，漏点表面氧化皮明显。图 4-10-11（c）为距离第 8 根管子约 300mm 距离的端面，由图可见管子周向壁厚不均，经测量，壁厚最薄处为 3.7mm。

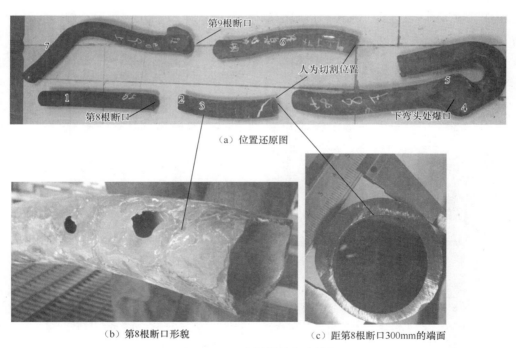

（a）位置还原图

（b）第8根断口形貌　　　　（c）距第8根断口300mm的端面

图 4-10-11　来样管子宏观样貌

2．检查分析

（1）壁厚检查。按照 GB/T 16507《水管锅炉》的规定，按照式（4-10-2）和式（4-10-3）对不同计算壁温下的管子应具有的最小需要壁厚进行计算，不同计算壁温下 15CrMo 的最小需要壁厚见表 4-10-3。

$$\delta_{\mathrm{L}} = \frac{pD_{\mathrm{W}}}{2\varphi_{\mathrm{h}}[\sigma] + p} \tag{4-10-2}$$

$$\delta_{\min} = \delta_{\mathrm{L}} + C_{1} \tag{4-10-3}$$

表 4-10-3　　　　　　　　　　不同计算壁温下 15CrMo 的最小需要壁厚

计算壁温（℃）	470	500	510	520	530	540	550
许用应力（MPa）	120	96	82	69	59	49	40
最小需要壁厚（mm）	4.11	4.94	5.62	6.47	7.35	8.52	9.99

注　应用式（4-10-2）、式（4-10-3）计算时，部分取值如下：p=18.3MPa，D_{w}=51mm，C_{1}=0.5，φ_{h}=1.0。

从表 4-10-3 中不同温度下 15CrMo 钢管的最小需要壁厚可以看出，随着温度的升高，管子所需要的最小壁厚明显增大，即温度升高后管子必须达到一定的厚度才能满足强度的需求。查阅锅炉说明书，分隔屏过热器壁厚为 6mm 的管子允许工作温度为 471℃，壁厚为 7mm 的管子允许工作温度为 505℃，15CrMo 的抗氧化温度为 550℃。若按照锅炉说明书中的规定来运行，管子具有足够的强度。

实际检查发现第 8 根管子断裂附近管周向壁厚不均，最薄处仅余 3.7mm，按照表 4-10-3 中计算得到的最小需要壁厚，3.7mm 的管子厚度不能满足 470℃下的运行强度需要。

（2）金相组织分析。1 号位置金相组织形貌如图 4-10-12 所示，该位置在第 8 根管子断口上方。由图可见管子外壁有厚约 0.11mm 的氧化皮，近内壁附近珠光体呈带状分布，晶粒细小，晶粒度 6 级。管子金相组织为铁素体+珠光体，珠光体区域的碳化物呈小球形，但仍保留原有的区域形态，部分碳化物分布在铁素体晶界位置，球化 2～3 级。

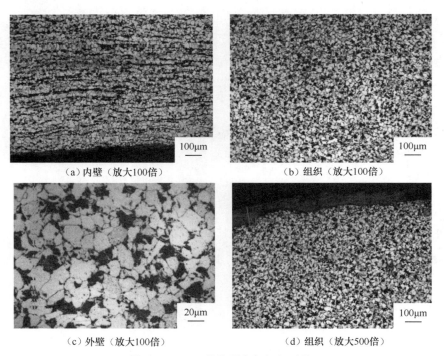

（a）内壁（放大100倍）　　　　　　　　（b）组织（放大100倍）

（c）外壁（放大100倍）　　　　　　　　（d）组织（放大500倍）

图 4-10-12　1 号位置金相组织形貌

　　2 号位置金相组织形貌如图 4-10-13 所示，该位置为第 8 根管子断口边缘。由图 4-10-13（a）、（b）可见，管子边缘尖锐，组织中带状组织明显；由图 4-10-13（c）、（d）中可见，断口边缘内外壁两侧均有脱碳层存在，中间组织为呈带状分布的铁素体+珠光体，断口边缘组织为单一的铁素体。断口附近管内壁有厚约 0.21mm 的氧化皮，管外壁有厚约 0.23mm 的氧化皮，组织中珠光体呈条带状分布，部分珠光体呈条束形穿插在铁素体中。

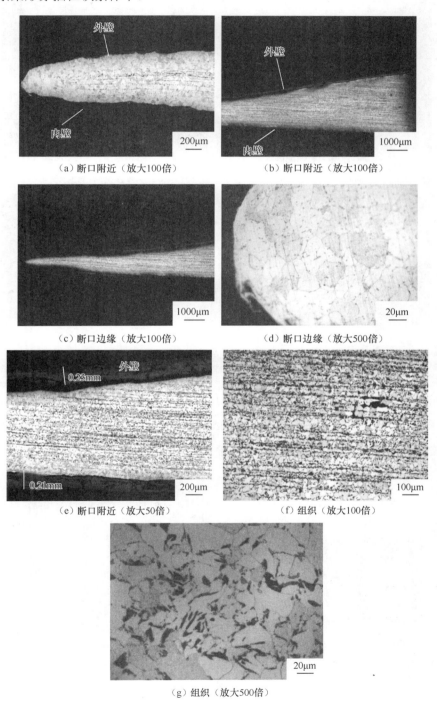

（a）断口附近（放大100倍）　　　　　　　（b）断口附近（放大100倍）

（c）断口边缘（放大100倍）　　　　　　　（d）断口边缘（放大500倍）

（e）断口附近（放大50倍）　　　　　　　（f）组织（放大100倍）

（g）组织（放大500倍）

图 4-10-13　2 号位置金相组织形貌

　　4 号位置金相组织形貌如图 4-10-14 所示，该位置是第 8 根管子下弯头附近的爆口边缘。由图可见，爆口边缘组织为铁素体，爆口边缘外壁附近有厚约 0.7mm 的氧化皮，内壁附近有厚约 0.56mm 的氧化皮，基体组织为铁素体+珠光体，珠光体保留原有的区域形态，珠光体中的碳化物呈球形，部分细小的碳化物分布在铁素体晶界上，球化 2～3 级。

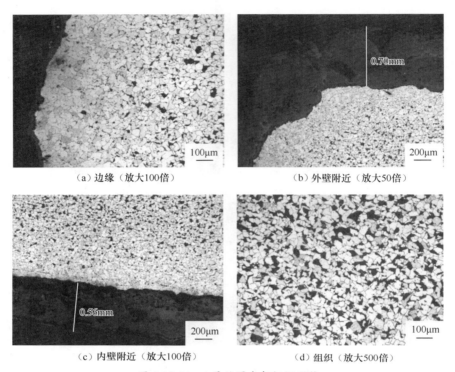

(a) 边缘（放大100倍）　　　　　　　（b）外壁附近（放大50倍）

(c) 内壁附近（放大100倍）　　　　　　（d）组织（放大500倍）

图 4-10-14　4 号位置金相组织形貌

　　5 号位置金相组织形貌如图 4-10-15 所示，该位置是第 8 根管子下弯头的背面。由图可见，管外壁附近有厚约 0.32mm 的氧化皮，内壁附近有厚约 0.38mm 的氧化皮，为铁素体+珠光体，珠光体保留原有的区域形态，碳化物呈层片状分布在珠光体中，球化 1～2 级。

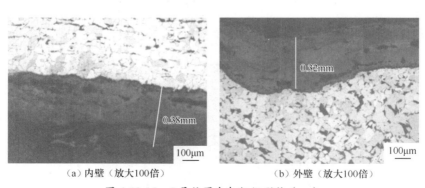

(a) 内壁（放大100倍）　　　　　　　（b）外壁（放大100倍）

图 4-10-15　5 号位置金相组织形貌（一）

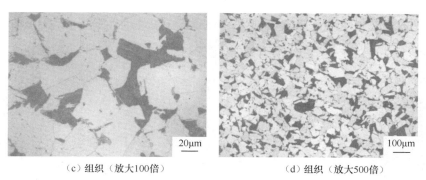

（c）组织（放大100倍）　　　　　　　（d）组织（放大500倍）

图 4-10-15　5 号位置金相组织形貌（二）

　　6 号位置金相组织形貌如图 4-10-16 所示，该位置是第 9 根管子断口下方。由图可见，管外壁附近有厚约 0.42mm 的氧化皮，内壁附近有厚约 0.18mm 的氧化皮，基体组织为铁素体+珠光体+贝氏体，球化 1~2 级。

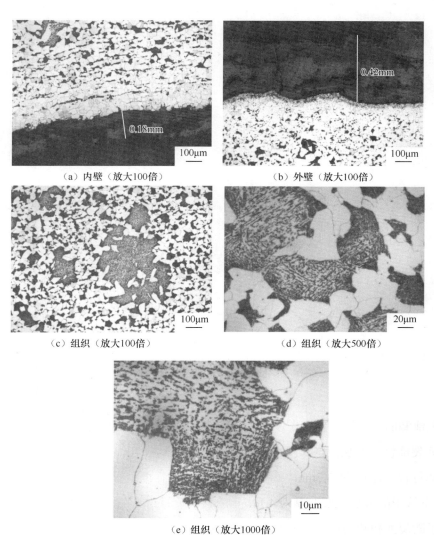

（a）内壁（放大100倍）　　　　　　　（b）外壁（放大100倍）

（c）组织（放大100倍）　　　　　　　（d）组织（放大500倍）

（e）组织（放大1000倍）

图 4-10-16　6 号位置金相组织形貌

7 号位置金相组织形貌如图 4-10-17 所示，该位置是第 9 根管子断口上方。由图可见，管内外壁未见明显的氧化皮存在，基体组织为贝氏体+珠光体，球化 1～2 级。

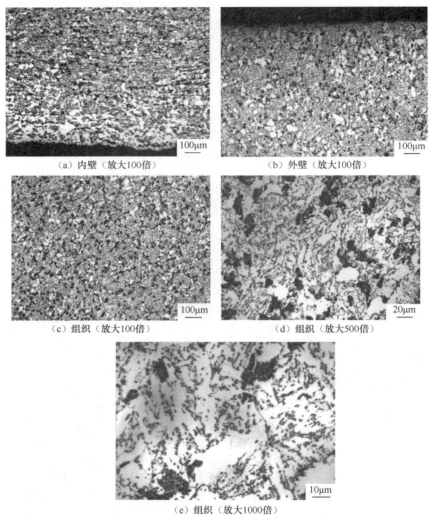

（a）内壁（放大100倍）　　　　　　　　（b）外壁（放大100倍）

（c）组织（放大100倍）　　　　　　　　（d）组织（放大500倍）

（e）组织（放大1000倍）

图 4-10-17　7 号位置的金相组织形貌

（3）力学性能试验。对不同位置的试样分别进行硬度检测，结果表明 2、3 号位置的硬度值均接近标准规定的下限，4 号位置硬度低于标准规定的下限，其他位置硬度满足相关标准要求。

3. 结论

通过对发生泄漏的管子进行位置还原，结合泄漏形态及检验结果分析，此次发生泄漏的第一点位于第 8 根管子断裂部位。宏观检查发现管子断裂位置向下大约 300mm 范围内管壁存在偏心现象，壁厚不均匀，最薄位置壁厚仅有 3.7mm。经查阅锅炉说明书，此处分隔屏过热器管子允许工作温度为 471℃，此温度下管子的最小需要壁厚为 4.11mm，管子最薄处的实际壁厚小于最小需要壁厚。

第 8 根管子断裂处和断裂位置下方的漏点处金相组织中，珠光体全部呈带状分布，且珠光体呈条带状穿插在铁素体中，组织不均匀，硬度约为 120HB，接近材料硬度合格范围的下限。第 9 根管子断裂处下部管子的金相组织为铁素体+珠光体+贝氏体，上部管子的金相组织为珠光体+贝氏体，组织差别较大。管子周向壁厚的不均匀、严重的带状分布、组织不均匀和硬度偏低都与管子拉拔过程中的工艺控制不当有关。

综合上述原因分析，此次发生爆管的原因：管子在拉拔过程中工艺控制不当，部分区段管子存在偏心、壁厚不均匀且金相组织异常，硬度接近材料合格范围的下限，同时，在长时间运行条件下，随着内壁氧化皮不断产生，管子有效壁厚进一步减小，在二者综合作用下，最终在管壁最薄的位置发生爆管泄漏。发生爆管泄漏后，蒸汽溢出，管内蒸汽流量不足，导致下方弯头位置短时超温爆管。

4. 反措

（1）利用检修机会加强分隔屏过热器的宏观检查和壁厚测量。鉴于部分管子存在强度接近标准范围下限的情况，建议壁厚测量过程中将判定标准较最小需要壁厚上浮 10%，提高安全裕度，确保安全运行。

（2）增加温度测点，加强受热面管的温度监控，避免受热面管超设计温度运行。

第十一节 焊接工艺不当

一、案例 1：焊接缺陷导致中隔墙低温过热器管泄漏

1. 基本情况

某电厂中隔墙低温过热器管在运行发生泄漏，泄漏管位置为中隔墙低温过热器管固侧数第 63、64 根。发生泄漏的管子累计运行时间约为 1.3 万 h，材质为 15CrMo，规格为 ϕ38mm×9mm。

2. 检查分析

（1）宏观分析。中隔墙低温过热器泄漏管宏观形貌如图 4-11-1 所示。图 4-11-1 为来样中隔墙低温过热器管子泄漏位置的宏观图片。两根管子上有大小不一的多处漏点，诸多漏点相互吹损导致鳍片大面积吹损缺失。由于管子各漏点间吹损严重，根据各个漏点处的宏观形貌及蒸汽流向，大致判断图 4-11-1（a）中①为第一泄漏点（白色箭头指示蒸汽走向）。来样管子鳍片焊缝表面存在密集型气孔，见图 4-11-1（a）中③和图 4-11-1（b）中④。

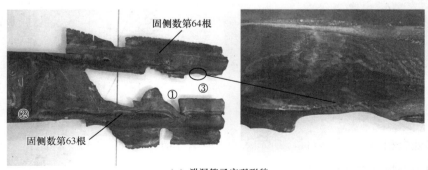

（a）泄漏管子宏观形貌

图 4-11-1 中隔墙低温过热器泄漏管宏观形貌（一）

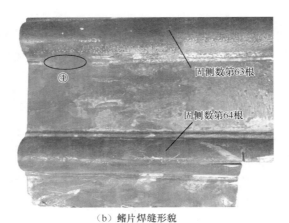

（b）鳍片焊缝形貌

图 4-11-1　中隔墙低温过热器泄漏管宏观形貌（二）

（2）金相组织分析。泄漏管子①处金相组织如图 4-11-2 所示，由图可见，由于管子泄漏后蒸汽吹损，管外壁材料缺失严重，管内壁保持原有的弧度，管子无明显变形。漏点附近金相组织为铁素体+珠光体，珠光体区域完整，无明显老化迹象。泄漏管未被吹损位置的鳍片焊缝中，靠近熔合线的位置有 1 条长约 1.1mm 的裂纹，裂纹内部有氧化物存在，鳍片焊缝组织为针状马氏体。

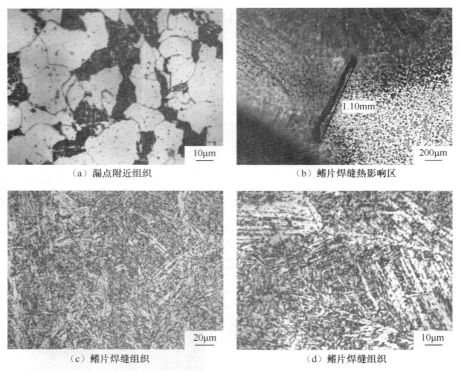

（a）漏点附近组织　　　　　　　　　　　（b）鳍片焊缝热影响区

（c）鳍片焊缝组织　　　　　　　　　　　（d）鳍片焊缝组织

图 4-11-2　泄漏管子①处金相组织

泄漏管子④处金相组织如图 4-11-3 所示，由图可见焊缝表面气孔较浅，截面表现为浅的凹坑。鳍片与管子连接的焊缝根部有两处未焊透，尺寸分别为 0.57mm×0.44mm 和 0.26mm×0.35mm，焊接熔合线附近有气孔存在，焊缝组织为针状马氏体。管子母材组织为铁素体+珠光体，珠光体区域完整，基体组织晶粒度 6 级左右。此外，硬度试验结果显示，来样管子母材硬度符合标准要求，鳍片焊缝硬度远高于管子母材硬度。

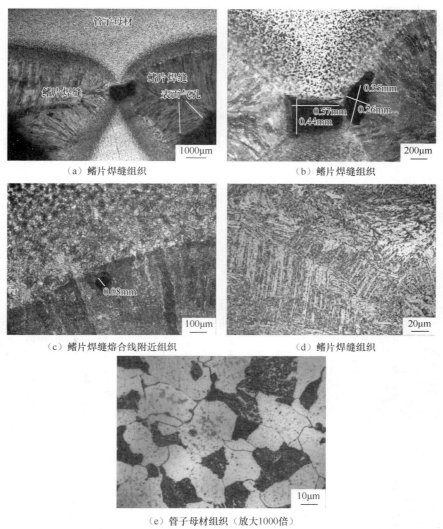

（a）鳍片焊缝组织　　　　　　　　（b）鳍片焊缝组织

（c）鳍片焊缝熔合线附近组织　　　　（d）鳍片焊缝组织

（e）管子母材组织（放大1000倍）

图 4-11-3　泄漏管子④处金相组织

3. 结论

综上，泄漏管子的鳍片焊缝有表面气孔、根部未焊透、裂纹、内部气孔及淬硬组织等焊接缺陷，表明管子鳍片焊接工艺控制不严。15CrMo 钢在不当的焊接工艺下形成淬硬的马氏体组织时，极易产生裂纹，随着运行时间的增加，裂纹从焊缝向管子母材扩展，最终导致管子发生泄漏。

4. 反措

（1）利用检修期加大检查力度，割管检验其他位置的鳍片焊接质量。

（2）加大中隔墙过热器管鳍片焊缝的检查力度，对焊缝外观成型不良或者气孔密集区域进行表面探伤，确定是否有表面裂纹存在。

二、案例 2：分隔屏过热器和水平夹层管泄漏事故分析

1. 基本情况

某电厂分隔屏过热器和水平夹层管在运行时发生泄漏，泄漏位置为分隔屏过热器扩侧向固侧数第 2 大屏，炉前向炉后数第 6 小屏，炉后向炉前数第 9 根管子和与其对着的水平夹持管。分隔屏管子材质为 15CrMo，规格为 $\phi 51mm \times 7mm$。水平夹持管材质为 TP347H，规格为 $\phi 51mm \times 7.5mm$。

2. 检查分析

（1）宏观分析。泄漏管段宏观形貌如图 4-11-4 所示，图 4-11-4（a）显示水平夹持管有一漏点，垂直的分隔屏管子由于发生断裂已经脱落。图 4-11-4（b）为还原水平夹持管与分隔屏过热器管子的现场位置示意图，图中可见水平夹持管漏点与垂直的分隔屏管子断口最薄的位置正对，两处漏点中有一处先发生泄漏，蒸汽吹损导致另一处发生泄漏。图 4-11-4（c）为水平夹持管漏点图，漏点呈孔状，周围吹损痕迹明显，呈不规则形式。漏点两侧有两处焊护瓦的位置，漏点原始状态应在护瓦下方，漏点旁边有一处高于管子外壁的凸起（疑似焊瘤）。

（a）现场图片

（b）现场还原图

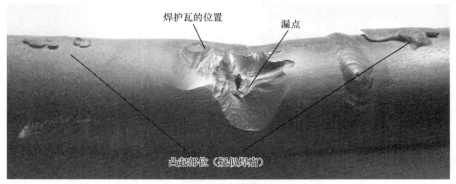

（c）水平夹持管漏点

图 4-11-4　泄漏位置宏观形貌

（2）金相组织分析。分隔屏断裂管子断口边缘金相组织如图 4-11-5 所示，分析图可知，断裂的边缘位置和管内外壁组织均为铁素体+珠光体，珠光体保留原有形态，部分细小的碳化物在基体中弥散分布，珠光体球化 2 级左右。

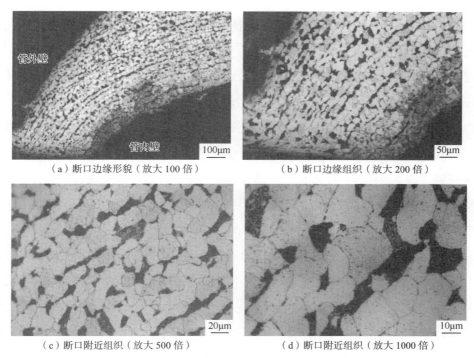

（a）断口边缘形貌（放大100倍）　　　　（b）断口边缘组织（放大200倍）

（c）断口附近组织（放大500倍）　　　　（d）断口附近组织（放大1000倍）

图 4-11-5　分隔屏断裂管子断口边缘金相组织

水平夹持管外壁凸起附近金相组织如图 4-11-6 所示，由图可见在管外壁位置存在一处焊接的痕迹，尚保留有约 1mm 宽度的焊缝，焊缝组织为典型的树枝晶。母材组织为单相奥氏体，晶粒细小晶粒度 5～6 级。

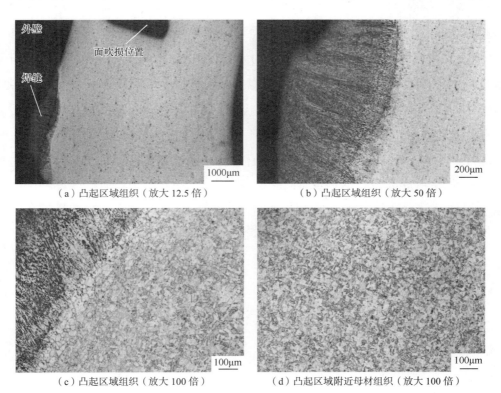

（a）凸起区域组织（放大12.5倍）　　　　（b）凸起区域组织（放大50倍）

（c）凸起区域组织（放大100倍）　　　　（d）凸起区域附近母材组织（放大100倍）

图 4-11-6　水平夹持管外壁凸起附近金相组织

（3）力学性能试验。水平夹持管外壁的焊缝硬度远高于母材硬度。

3. 结论

分隔屏过热器断裂管子断口附近组织和硬度均正常，由于水平夹持管漏点吹损导致其减薄产生泄漏，管子在漏点蒸汽喷射反作用力下发生断裂。水平夹持管漏点附近存在一处补焊痕迹，焊缝硬度远高于母材，焊接残余应力较大。补焊位置可能是此处存在碰磨等表面缺陷，但补焊区域焊接质量差，焊补后此处加装了护瓦，导致焊接痕迹在检修过程中难以发现。补焊位置经历长期运行，焊缝及其热影响区组织逐渐劣化，导致局部强度不够产生泄漏，继而吹损补焊焊缝及周边区域管材，导致补焊区域大面积吹损缺失，仅在局部边缘位置残存少量焊缝区域。

4. 反措

（1）加强受热面管子补焊的全过程管理，严格按照焊接工艺流程开展相关工作，对补焊区域应打磨圆滑过渡，降低应力集中程度，同时对补焊区域进行相关无损检测检测，确保补焊区域无缺陷存在。

（2）将存在缺陷的补焊部件纳入监督运行范围，严格执行行业及集团公司金属技术监督管理制度，结合停机检修开展相关检查检验，加强金属技术监督管理工作。

三、案例3：焊后热处理不当引起的 P91 钢管道组织异常

1. 基本情况

由于缺陷，某厂检修期间对一段主蒸汽弯头（标记为 A）进行更换，被更换的弯头的规格 $D451mm \times 41.5mm$，背弧长度不足 1m，内弧长度不足 0.5m，材质为 P91。更换前对于新弯头（标记为 B）进行金相硬度检验、表面磁粉和超声波检验，硬度约为 200HBHLD，弯管外弧金相组织为回火马氏体，磁粉检验和超声波检验均未发现可记录缺陷。随后对弯头进行更换和热处理，最后对弯头 B 进行检验，发现硬度约为 140HB，金相组织可见大量块状铁素体，马氏体板条位向不明显。

2. 检查分析

按照《T91/P91 钢焊接工艺导则》的要求，P91 钢焊接热处理工艺曲线如图 4-11-7 所示。回火温度为 760℃±10℃，即 760～770℃。回火时间按照每 25mm 壁厚保温 1h，但最少不低于 4h 进行计算，其回火保温时间应为 4h，实际工艺制定的保温时间为 5h。

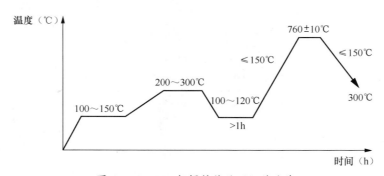

图 4-11-7　P91 钢焊接热处理工艺曲线

实际回火热处理曲线如图 4-11-8 所示,从图中可以看出,在恒温保温时间为 5h 前,有断续在 750～760℃近 5h 的升温段,这严重偏离了设计的热处理曲线。同时由于该弯管较小,在分别对弯管两侧焊口进行热处理时,弯管外弧部位受到两次热循环的影响,出现了过回火现象。经测试其硬度仅约为 134HBHLD,组织中出现了一定的铁素体块,软化的 P91 钢的金相组织如图 4-11-9 所示。

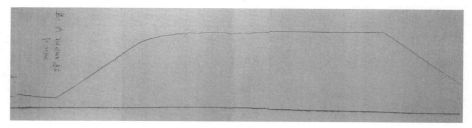

图 4-11-8　实际回火热处理曲线

图 4-11-9　软化的 P91 钢的金相组织

3. 综合分析

对硬度值为 160HB 的 P91 钢蒸汽管道进行力学性能测试,其结果见表 4-11-1、表 4-11-2。分析两表可见,软化后的 P91 钢的力学性能出现了大幅度下降。

表 4-11-1　　　　　　　　　硬度值为 160HB 的 P91 钢蒸汽管道的力学性能结果

序号	温度 t（℃）	抗拉强度 R_m（MPa）	屈服强度 $R_{p0.2}$（MPa）	断面延伸率 A（%）	断面收缩率 Z（%）	冲击吸收功 K_{V2}（J）
1	室温（均值）	560	282.5	33.8	70.5	126.3
	GB/T 5310	≥585	≥415	≥20（纵向）	—	—
2	540	313	185	42.3	81.8	253.3
	GB/T 5310	—	269.2	—	—	—
3	566	275	161.5	39	83.8	249.5
	GB/T 5310	—	240	—	—	—
4	600	245	152	50.3	89.3	242.7
	GB/T 5310	—	198	—	—	—

表 4-11-2　　　　　　硬度值为 160HB 的 P91 钢力学性能与相关数据对比下降结果

序号	温度 t（℃）		抗拉强度变化率	屈服强度变化率
1	室温	与 ASME SA335 室温数据对比	↓4%	↓32%
2	540	与 GB/T 5310 对比	—	↓31%
3	566	与 GB/T 5310 对比	—	↓33%
4	600	与 GB/T 5310 对比	—	↓23%

　　同样，对软化的 P91 钢进行高温持久强度试验，其结果见表 4-11-3。160HB 的 P91 钢的 10 万 h 的持久强度与 GB/T 5310《高压锅炉用无缝钢管》相比，下降了近一半，可见，软化的 P91 钢，其安全性值得重视。

表 4-11-3　　　　　　依据现阶段试验结果外推的 10000h 和 100000h 持久强度　　　　　　单位：MPa

序号	硬度（HB）	温度（℃）	$\sigma_{1\times10^4}^t$	$\sigma_{1\times10^5}^t$	GB/T 5310 推荐值
1	160	566	92	74	133
2		540	117	95	166
3	180	566	144	120	133
4		540	178	155	166

　　一般来说，材料冷变形后通过适当的加热和保温会发生一系列的组织和性能变化，这个变化可分为回复、再结晶和晶粒长大三个阶段。在回火过程中 P91 钢同样会出现回复、再结晶现象。

　　未经变形的马氏体板条是相对稳定的，即使在回火过程中也保持不变，因为马氏体板条中存在大量高密度位错，很难发生再结晶现象，这归因于细小的碳化物抑制边界的迁移，而延迟了再结晶的发生。因此通常的研究认为，在淬火中形成的马氏体的位错畸变能不足以使马氏体产生再结晶，而只出现回复现象（但也有些报道阐述了马氏体组织会出现再结晶的现象）。在实际生产中对于弯头、弯管，许多制造商研发了热挤压、隧道法加工等制作方法，经过对 P91 管道进行二次变形加工，给马氏体增加了一定变形能，或者由于回火时间的增长，增加了材料的内能，这使得马氏体的再结晶的出现形成了动力学的可能，也即工艺控制不当会造成铁素体的出现。

　　P91 钢的强度主要依靠 $M_{23}C_6$、MX 相等第二相的弥散析出强化、固溶强化、马氏体板条的高密度位错、精细亚结构强化和细晶强化等。P91 钢的弱化机理与强化机理正好相反。一方面，强度的下降在一定程度上是由 $M_{23}C_6$、MX、Laves 相发生了变化和位错、亚结构消失或部分消失造成的，这就引起了硬度的下降。另一方面，当 P91 钢出现异常软化时，常常伴随金相组织的异常，即在组织中可见块状铁素体。这是引起 P91 钢软化的重要原因。

4. 反措

　　综合考虑 P91 钢热加工后消除应力的需要和回火过程中软化的问题，热处理的最佳工艺应是：恒温温度 760℃±10℃；恒温时间按壁厚 δ≤50mm 时，不少于 4h；50mm＜δ≤75mm 时，不少于 5h；

75mm＜δ≤100mm 时，不少于 6h；升、降温速度以 6250/壁厚（单位：℃/h）进行计算，并严格控制在 700℃ 以上阶段的升、降温速度，力求达到或尽可能接近理论计算值。

5. 知识点拓展与点评

P91 钢回火马氏体中产生的铁素体来源于三种机制：一是回火温度超过 Ac1（相变临界点）出现的铁素体；二是回复再结晶出现的铁素体；三是对于厚壁部件，在正火过程中冷速过慢导致先产生了少量的铁素体。

四、案例 4：锅炉受热面-非正常焊接导致水冷壁泄漏

1. 基本情况

2012 年 9 月 22 日 05：30 发现某电厂 2 号炉炉前墙右侧 65m 垂直水冷壁炉管泄漏，泄漏点位置如图 4-11-10 所示，当日 08：30 检修人员联系堵漏公司利用冲击钻对泄漏管的外侧漏点进行带压堵漏，之后观察运行。当晚 23：40 巡检发现原漏点又发生泄漏，23 日凌晨继续堵漏，04：30 堵漏结束，完工后继续观察运行。23 日 23：20 巡检发现 2 号炉前墙右侧 65m 垂直水冷壁处原漏点再次发生泄漏。24 日采取补焊方式堵漏，虽然外侧堵漏成功，但是内部漏点无法施工，之后 2 号炉带病运行，至 10 月 13 日 24：00 停炉准备换管处理为止已经带病运行 21 天。泄漏水冷壁垂直段管子的材质为 12Cr1MoVG，规格为 ϕ31.8mm×7.2mm，鳍片材质为 SA387-Gr22CL1，厚度为 6.4mm。

泄漏管所在的水冷壁管屏，是将制造厂生产的管排经过现场组焊后形成的，现场组焊施工时间为 2008 年冬季，泄漏的管段即发生在现场组焊的焊口附近。同时还可见，以泄漏处的现场安装焊口为中心轴，两边管排并不在一条直线上，而是微呈一定的角度，应是管排在进行现场组焊时强行对接形成，现场组焊管排形貌如图 4-11-11 所示。

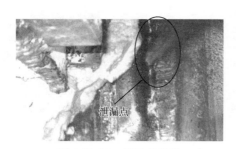

图 4-11-10　泄漏点位置

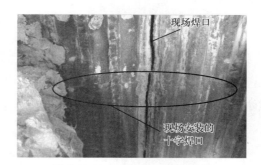

图 4-11-11　现场组焊管排形貌

此外，泄漏点附近装有张力板，张力板是利用两个倒三角通过销钉固定在管排上的，泄漏点附近张力板形貌如图 4-11-12 所示。

泄漏管段单面焊接如图 4-11-13 所示，由图可见，送检的泄漏管和相连的管段之间有一段金属条，两管是通过分别与这条金属进行焊接连接在一起的，但是，在泄漏点下方，金属条与两管的焊接只进

行了单面焊接。

图 4-11-12　泄漏点附近张力板形貌

图 4-11-13　泄漏管段单面焊接

2. 检验分析

（1）宏观分析。泄漏发生在管排现场安装焊口附近的同一根管子上，泄漏点共有三处。

1）一处位于炉外现场安装鳍片焊口处（为方便叙述，以下描述将其定义为补焊漏点，标号为漏点 1），在管子发生泄漏后，曾经用冲击锤带压堵漏过，冲击锤堵漏宏观形貌如图 4-11-14 所示，图中小坑为冲击锤锤击痕迹，之后还进行过漏点补焊，漏点补焊后形貌如图 4-11-15 所示。

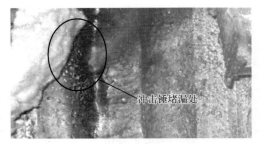

图 4-11-14　冲击锤堵漏宏观形貌　　　　　　　图 4-11-15　漏点补焊后形貌

2）一处漏点在炉内侧，在补焊漏点的后上方，为方便描述，编号为漏点 2，炉内侧漏点宏观形貌如图 4-11-16 所示。由图可见，炉内侧的漏点 2 周围有较深的吹损痕迹，从其外观形貌判断，漏点 2 是其他部位泄漏后受汽水冲刷最终而形成的。但是由于其他漏点泄漏后曾进行过带压堵漏或补焊堵漏，之后机组又持续运行 21 天，导致漏点及其周围原始形貌受到破坏，故无法明确找出漏点 2 的确切来源，仅从其周围形貌判断，漏点 2 实为管子受吹损后减薄而产生的泄漏。

图 4-11-16　炉内侧漏点宏观形貌

3）此外，泄漏管段还有一处开裂漏点，在漏点 1 和漏点 2 之间，为一横向贯穿焊缝的裂口，管子横向开裂宏观形貌如图 4-11-17 所示。在裂口边上的焊缝，有严重被外力损伤变形的痕迹，横向开裂始于损伤焊缝处。将此段管子纵向剖开，开裂在管子内表面呈近似横向扩展，开裂裂口较整齐，受力撕裂特征明显，同时在内表面还可见纵向裂纹。

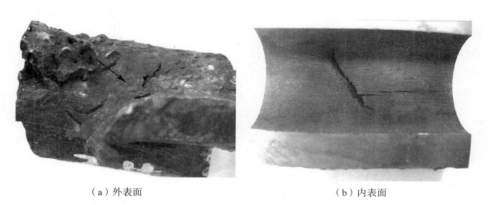

（a）外表面　　　　　　　　　　　　（b）内表面

图 4-11-17　管子横向开裂宏观形貌

由于漏点 1 在泄漏后先后经过带压堵漏和补焊，原始漏点遭到严重破坏，此处取样观察金相组织已失去有效价值，仅用金相和体式显微镜观察了其内表面形貌，补焊漏点内表面穿晶裂纹、补焊漏点内表面的开裂形貌分别如图 4-11-18、图 4-11-19 所示，从其内表面看，补焊处的漏点应为沿焊缝纵向的开裂裂口，在其内表面可见较多穿晶裂纹。

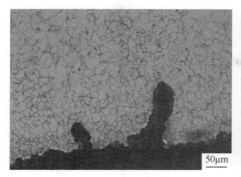

图 4-11-18　补焊漏点内表面穿晶裂纹

图 4-11-19　补焊漏点内表面的开裂形貌

（2）金相组织分析。在漏点 2 附近截取管段进行金相组织检验，金相组织如图 4-11-20～图 4-11-22 所示。由图可见，漏点 2 附近的母材组织正常，为铁素体+贝氏体，但焊缝组织异常，存在马氏体，说明在焊接过程中热处理工艺不当，冷却速度过快。同时在漏点 2 对应焊缝的内壁处存在拉裂裂纹，裂纹为穿晶裂纹，漏点 2 焊缝对应内壁裂纹如图 4-11-23 所示。

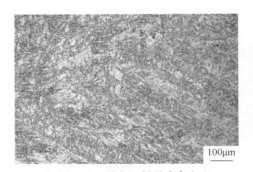

图 4-11-20　漏点 2 焊缝金相组织

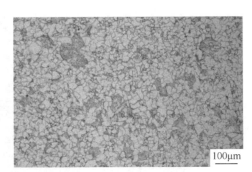

图 4-11-21　漏点 2 熔合线金相组织

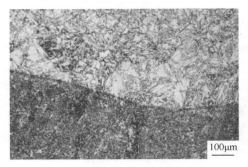

图 4-11-22　漏点 2 母材金相组织

图 4-11-23　漏点 2 焊缝对应内壁裂纹

（3）力学性能试验。在泄漏管及其相连管段上切取试样，进行室温短时力学性能试验，所检试样的抗拉强度、屈服强度和断后伸长率均符合标准要求。

3. 结论

造成水冷壁泄漏的根本原因是管子在现场组焊中存在强行对接和单面焊接，造成应力集中，且组织中存在淬硬马氏体，最终在较大的应力作用下开裂。

4. 知识点拓展与点评

锅炉受热面所处位置复杂，安装、运行环境较恶劣，尤其在焊接时，现场位置经常难以施焊，若再加上施焊人员操作不规范、焊接工艺控制不当，将会埋下隐患，导致管子早期失效，该案例即是如此。

从结构和受力上分析，该案例泄漏水冷壁所在的管屏以现场组焊位置为中心有一定小夹角，正常情况是所有管子应处在同一个水平线上，这说明在现场焊接过程中存在强行对口的现象，这种情况将会造成此处管子应力集中严重。同时，泄漏管与其相连管之间的焊接为单面焊接，增加了焊缝的残余应力。此外，在管子泄漏点处装有张力板，张力板的存在增加了对管子变形的约束，使其在热胀冷缩的过程中受到限制，产生一定的弯曲应力。

泄漏水冷壁管的微观组织表明，在其焊缝中出现了淬硬马氏体组织，其属于12Cr1MoVG钢焊缝的异常组织，马氏体的存在会降低材料的韧性，增加焊缝的脆性开裂倾向。这充分说明此水冷壁管在焊接过程中冷却速度过快，存在焊接工艺控制不当的现象。同时，据电厂相关人员介绍，此泄漏水冷壁的现场组焊是在冬季进行的，冬季施工气温较低，加上焊接工艺控制不佳，极易造成管子材质冷却速度过快，形成马氏体，这也与实际的金相检验结果相符。

综合分析认为，施工中强行对接和单面焊接会造成较大的应力集中，同时泄漏管焊接质量不佳，存在淬硬马氏体组织，而管子焊缝所受的弯曲应力对裂纹的扩展起促进作用，综合作用下最终导致管子在焊缝处开裂。至此，该案例水冷壁管的失效原因已完全明确。

第十二节　运行工况及设计因素

一、案例1：运行工况对于受热面失效分析的影响

1. 基本情况

某300MW亚临界机组的锅炉四管泄漏报警器出现短暂的报警信号后消失，7天后突然出现锅炉补水量异常，并伴随四管泄漏报警。机组紧急停炉后现场检查发现烟道竖井前包墙左起第31、32根管及附近集箱密封板均有不同程度吹损痕迹，烟道竖井前包墙左起31、32根吹损痕迹如图4-12-1所示。前包墙左起第30根管位于顶棚处有一较大爆口，前包墙30号管顶棚处爆口如图4-12-2所示。该机组前包墙过热器管材质为SA-210C，自投入运行后未进行过大面积的更换。

图4-12-1　烟道竖井前包墙左起31、32根吹损痕迹　　　　图4-12-2　前包墙30号管顶棚处爆口

2. 首处泄漏位置的确定

依据现场提供信息，四管泄漏报警出现短暂报警信号后消失，7 日后才再次报警并发生补水量异常情况，停炉后发现包墙过热器泄漏。该工况表明初始发生的泄漏点不可能是包墙管顶棚处大爆口，否则在最初报警就应该引起补水量明显变化。31、32 号管以及密封板的痕迹和相对位置表明两根管子的多处损伤是由相互吹损导致的。32 号管与密封板采用双面角焊缝半圈连接，检查发现 32 号管沿仰焊角焊缝融合线开裂，并且延伸至焊缝尾端后向炉后侧母材发展，32 号管泄漏点宏观形貌如图 4-12-3 所示。从宏观上表明，该部位的开裂更有可能是原始泄漏位置，应在试验和分析中予以更多关注。

（a）侧视　　　　　　　　　（b）扩展部位

图 4-12-3　32 号管泄漏点宏观形貌

3. 检查分析

对 30 号管的横截面的金相组织进行观察，爆口尖端、尖端附近及背面的金相组织均为铁素体+珠光体，30 号管爆口附近金相组织如图 4-12-4 所示。32 号管母材为铁素体+珠光体，金相组织正常。在开裂附近观察焊缝的金相组织，32 号管焊缝金相组织（开裂处）如图 4-12-5 所示，焊缝组织为铁素体+回火贝氏体，部分铁素体呈针状分布，存在量的魏氏组织。

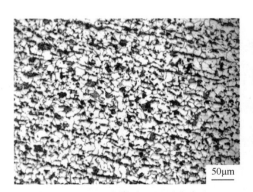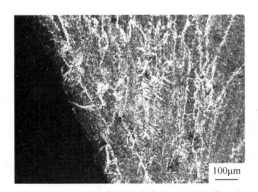

图 4-12-4　30 号管爆口附近金相组织　　　　图 4-12-5　32 号管焊缝金相组织（开裂处）

在 30 号管垂直管段上取样做力学性能试验，管子的各项指标均满足相关标准的要求，30 号管拉伸试验结果见表 4-12-1。

表 4-12-1 30 号管拉伸试验结果

试样编号	抗拉强度 R_m（MPa）	屈服强度 $R_{p0.2}$（MPa）	断后延长率 A（%）
ASME SA-210C 的要求值	≥485	≥245	≥30
30-1	515	无明显屈服	31
30-2	535	360	30
30-3	540	380	30
30-4	525	380	31

4. 综合分析

30、32 号管母材的组织均为铁素体+珠光体，金相组织正常；30 号管的各项拉伸性能指标均符合标准要求。

由宏观形貌和运行资料确定首个泄漏点不是 30 号管的大爆口，针对 32 号管的焊缝开裂进行进一步分析。从宏观分析，32 号管与密封板是采用双面角焊缝连接，仰焊角焊缝处与母材的连接过度不良，形成尖锐夹角。从微观上观察，焊缝（开裂处）的组织为铁素体+回火贝氏体和魏氏组织，并不是理想状态的焊缝组织，在基体中魏氏组织会降低基体韧性，增加焊缝的脆性开裂倾向。从 32 号管的受力角度分析，32 号管与密封板是双面角焊缝连接，与其他包墙管之间采用鳍片相互焊接相连。由于鳍片与密封板的作用开裂部位的管段在三维方向上的位移均受到约束，当有外力作用、下部管段加持不牢固时，应力会叠加在焊缝根部，同时三个方向的固定也会使管子本身的膨胀受阻。这些因素均会导致焊缝处应力集中，在焊缝质量不佳的情况下极易使焊缝发生开裂。32 号开裂形式和走向恰恰证明了 32 号管的开裂应该是沿仰焊角焊缝的中部向炉左、右两个方向发展，延伸至焊缝尾端后沿熔合线向上和向炉后方向接续开裂。综合上述分析，32 号管角焊缝是首处开裂泄漏位置。

32 号管在焊缝中间位置的热影响区首先发生开裂，泄漏的汽水冲刷吹损了邻近的 31 号管和密封板，导致 31 号管也产生漏点，两根管子漏点泄漏的汽水进一步相互冲刷使管子和周围的密封板损伤面积扩大，最终 30 号管被冲刷减薄到一定程度，不能承受管内压力时发生爆管。

5. 结论

此次事故是由于 32 号管与密封板的角焊缝处首先发生开裂，附近其他管被吹产生漏点，各泄漏点相互吹损最终导致 30 号管被冲刷减薄至破裂。

6. 知识点拓展与点评

在锅炉受热面管的失效分析过程中，由于现场环境复杂很多信息易被忽视。关注失效部件的运行情况，有时能迅速找到突破点，提高效率。例如，此案例中关于首爆口的确定，由于 30 号管的破口形貌呈大喇叭状，与短期过热的爆口极为相似易被推断为首处泄漏点，但结合实际运行工况细节分析，该锅炉的四管报警最初出现后消失，被认为误报警，说明最初发生的泄漏点很小，蒸汽断续从泄漏位置中流出，偶尔被报警器捕捉到，并未造成补水量的明显变化；但在 7 天后发生补水量异常，报警器持续发出提示，说明此时已发生大量的蒸汽流水，导致补水量异常，因此可以判断 30 号管的大爆口是补水量异常的那段时间形成而并非首个泄漏点。明确找到首个泄漏位置后，此案例后续分析就迎刃而解了。

二、案例 2：烟气冲刷减薄导致受热面泄漏

1. 基本情况

某电厂 600MW 机组 2006 年开始运行，自从 2008 年 12 月 19 日以来曾有不同区域的 11 个位置发生间断性的报警，直至 2009 年 2 月 7 日报警严重停炉检查。经现场检查后发现中隔墙过热器左数 3～6 号管和与之相对的 2～5 号低温再热器直管段以及 5 号低温再热器管弯头内弧处发生泄漏，中隔墙过热器与低温再热器位置如图 4-12-6 所示。中隔墙过热器材质为 15CrMoG，规格为 ϕ57mm×7mm，运行压力 15～17MPa。低温再热器管弯头材质为 15CrMoG，直管段材质为 SA-210C，规格均为 ϕ60mm×4.5mm，运行压力为 1.4～3.1MPa。

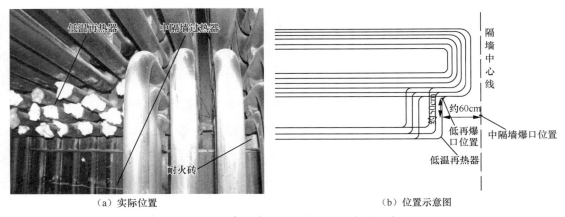

（a）实际位置　　　　　　　　（b）位置示意图

图 4-12-6　中隔墙过热器与低温再热器位置

2. 检查分析

中隔墙过热器爆口宏观形貌如图 4-12-7 所示，从形貌看，3、4、5 号管爆口均外翻，3 号管爆口周围有较多被蒸汽长时间冲刷过的痕迹；4 号管爆口较大，减薄明显；6 号管爆口是在鳍片与管子焊接处爆开的一条窄缝，与爆口两端正对的鳍片和 5 号中隔墙过热器管上有很深的冲刷痕迹。5 号低温再热器弯头内弧爆口宏观形貌、2～5 号低温再热器爆管宏观形貌分别如图 4-12-8、图 4-12-9 所示，5 号弯头内弧面明显减薄，在最薄处有大小两个爆口，其周围有很深的冲刷痕迹。

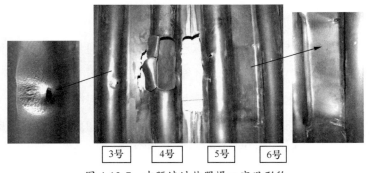

3号　4号　5号　6号

图 4-12-7　中隔墙过热器爆口宏观形貌

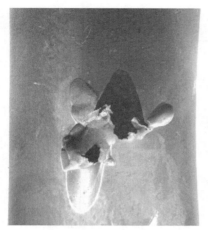
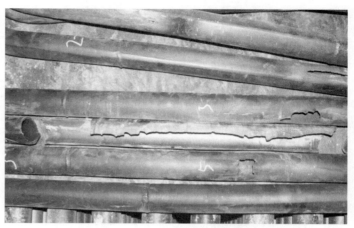

图 4-12-8　5 号低温再热器弯头内弧爆口宏观形貌　　　　图 4-12-9　2～5 号低温再热器爆管宏观形貌

　　在 5 号低温再热器管弯头内弧爆口处截取试样进行金相组织分析，组织无异常变化，为铁素体+珠光体，5 号低温再热器管爆口边缘、爆口附近外壁、爆口附近内壁、爆口附近金相组织分别如图 4-12-10～图 4-12-13 所示。

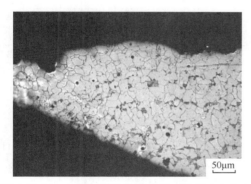
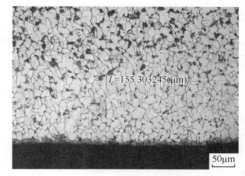

图 4-12-10　5 号低温再热器管爆口边缘金相组织　　　图 4-12-11　5 号低温再热器管爆口附近外壁金相组织

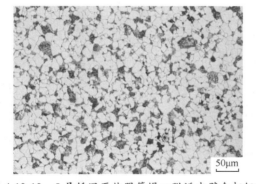
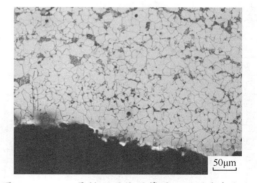

图 4-12-12　5 号低温再热器管爆口附近内壁金相组织　　　图 4-12-13　5 号低温再热器管爆口附近金相组织

　　对低温再热器中段 B 侧 1～178 排 3 弯头内弧进行测厚，低温再热器弯头内弧壁厚测量结果见表 4-12-2。

表 4-12-2   低温再热器弯头内弧壁厚测量结果

弯头编号	厚度 (mm)	磨损率 (%)	弯头编号	厚度 (mm)	磨损率 (%)	弯头编号	厚度 (mm)	磨损率 (%)
1	4.2	6.67	51	3.1	31.11	93	3.3	26.67
6	4.2	6.67	52	4.3	4.44	94	4.1	8.89
7	4.1	8.89	53	3.3	26.67	95	2.8	37.78
8	4.2	6.67	54	2.8	37.78	96	4.3	4.44
9	3.3	26.67	55	4.2	6.67	97	4.2	6.67
10	4.4	2.22	56	3.9	13.33	98	4	11.11
11	4	11.11	57	4	11.11	99	3.9	13.33
12	4	11.11	58	3.7	17.78	100	4.1	8.89
13	3.1	31.11	59	3.8	15.56	101	4.1	8.89
14	4.1	8.89	60	4.4	2.22	102	4.3	4.44
15	4.2	6.67	61	3.7	17.78	103	4.2	6.67
16	4.4	2.22	62	4.3	4.44	104	4.2	6.67
17	4	11.11	63	3.4	24.44	105	4.4	2.22
18	4.2	6.67	64	4.4	2.22	106	4.3	4.44
19	3.9	13.33	65	3.5	22.22	107	4.2	6.67
20	4.2	6.67	66	3.2	28.89	108	3.4	24.44
21	3.8	15.56	67	2.9	35.56	109	4.2	6.67
22	3.1	31.11	68	4	11.11	110	3	33.33
23	4.3	4.44	69	4.1	8.89	111	3.7	17.78
24	4.1	8.89	70	2.9	35.56	112	4.1	8.89
25	4.4	2.22	71	2.8	37.78	113	3.9	13.33
26	4.2	6.67	72	4.4	2.22	114	3.6	20.00
27	4.2	6.67	73	3.7	17.78	115	4	11.11
28	4.3	4.44	74	3.8	15.56	116	4.2	6.67
29	4.4	2.22	75	4.3	4.44	117	4.1	8.89
30	3.8	15.56	76	4.2	6.67	118	4.1	8.89
31	4.4	2.22	77	4.1	8.89	119	4.2	6.67
32	4.2	6.67	78	3.8	15.56	120	4.3	4.44
34	4.2	6.67	79	3.1	31.11	121	4	11.11
35	4.3	4.44	80	3.4	24.44	122	4	11.11
36	4.2	6.67	81	4.3	4.44	123	3.4	24.44
37	4.2	6.67	82	3.5	22.22	124	4.2	6.67
38	4.3	4.44	83	3.9	13.33	125	4.1	8.89
39	4.2	6.67	84	4	11.11	126	4	11.11
40	4.3	4.44	85	4.4	2.22	127	4.1	8.89
41	2.8	37.78	86	3.1	31.11	128	4.2	6.67
42	4	11.11	87	3	33.33	129	4	11.11
46	3.2	28.89	88	4.1	8.89	130	3.7	17.78
47	3.4	24.44	89	4.2	6.67	131	3.4	24.44
48	4.1	8.89	90	3.4	24.44	132	4.1	8.89
49	3.2	28.89	91	4.1	8.89	133	4.2	6.67
50	4	11.11	92	2.7	40.00	134	4	11.11

续表

弯头编号	厚度(mm)	磨损率(%)	弯头编号	厚度(mm)	磨损率(%)	弯头编号	厚度(mm)	磨损率(%)
135	3.1	31.11	150	4.3	4.44	165	3	33.33
136	3.7	17.78	151	4.3	4.44	166	4	11.11
137	3.5	22.22	152	4.1	8.89	167	3.9	13.33
138	4.1	8.89	153	3.2	28.89	168	3.2	28.89
139	4.2	6.67	154	3.6	20.00	169	3.8	15.56
140	4	11.11	155	4	11.11	170	3.6	20.00
141	4	11.11	156	2.9	35.56	171	3.8	15.56
142	4	11.11	157	3.8	15.56	172	2.7	40.00
143	3.9	13.33	158	3.5	22.22	173	3.6	20.00
144	4.1	8.89	159	4	11.11	174	3	33.33
145	3.8	15.56	160	3.9	13.33	175	2.9	35.56
146	4.1	8.89	161	4.4	2.22	176	4	11.11
147	4.2	6.67	162	4.3	4.44	177	4	11.11
148	4.2	6.67	163	4.3	4.44	178	4.1	8.89
149	4.3	4.44	164	4.3	4.44			

3．综合分析

从结构上分析，在低温再热器管弯头下方和中隔墙过热器管排之间设有耐火砖，以防止形成烟气走廊，但是运行时烟气的走向是由上而下的，当烟气经过耐火砖时，容易形成涡流，导致低温再热器管弯头内弧面冲刷严重，根据数据统计，磨损量大于10%的管子91根，大于20%的管子44根，大于30%的管子24根，而此次爆开的5号低温再热器管弯头内弧面的壁厚已经减薄到2.8mm。

5号低温再热器管弯头内弧泄漏处有很明显的气流冲刷痕迹，并且冲刷出来的沟槽很深，表明开裂时间较长。根据低温再热器与中隔墙过热器的位置关系推断，如果5号低温再热器管弯头内弧先泄漏气流完全可以冲刷到对面的中隔墙过热器管，从中隔墙过热器的宏观照片上也可以看出其管壁有被气流冲刷过的痕迹，最明显的就是3号中隔墙过热器管爆口周围。3、4、5号中隔墙过热器管爆口的边缘均外翻，并且爆口周围的壁厚有明显的减薄，考虑到中隔墙过热器内部压力较大，可以推断出3、4、5号管爆口均是在管壁减薄的情况下，由内而外瞬时爆破，而管壁减薄则是由于受到5号低温再热器管弯头泄漏气流的长时间冲刷。其中4号中隔墙过热器管爆口较大，呈窗口状，爆口边缘减薄明显，应该是最后瞬时爆破，所以也不能排除4号中隔墙过热器管在经受5号低温再热器管冲刷的同时也受到来自先爆破的3、5号中隔墙过热器管的冲刷，最终当4号中隔墙过热器管发生爆破后，巨大的气流将对面的2、3、4、5号低温再热器直管段吹爆。

由此可见，5号低温再热器管弯头内弧泄漏处为首爆口。

4．结论

5号低温再热器管弯头内弧泄漏处为首爆口，其泄漏原因是烟气冲刷使5号低温再热器管弯头内弧壁厚减薄。

5. 知识点拓展与点评

由于受热面管布局紧密，一旦出现漏点，多会导致相邻多根管子同时泄漏，进而引起管子相互吹损，原始宏观形貌被毁，只有明确首个泄漏点，才能进行后续分析。同时，由于受热面结构、运行环境复杂，关注泄漏点周围管子的整体情况、相对位置和泄漏管周围的特殊结构等，可获得有效信息，突破难点，找到确切的泄漏原因。

三、案例 3：脱硝改造 SNCR 氨水喷枪口水冷壁焊缝热裂纹

1. 基本情况

某电厂 3 号锅炉为型号为 B&WB-1900/25.4-M 的"W"火焰超临界锅炉，于 2009 年 7 月投入运行。2016 年 7 月，3 号炉在检修期间进行了选择性非催化还原（SNCR）脱硝改造，改造后先后出现 3 次 SNCR 改造口处水冷壁焊缝泄漏，在处理时又发现 SNCR 氨水喷枪口水冷壁弯管焊缝处有裂纹。水冷壁材质为 15CrMo，规格为 $\phi 28mm \times 6mm$。

2. 检查分析

所送检的水冷壁管样：1 号泄漏管样，即前墙水冷壁新增 SNCR 脱硝装置最下层右数第 7 个氨水喷枪口右侧弯管下部焊缝；2 号裂纹管样（割取后发现）。

（1）宏观分析。1 号泄漏管样：泄漏点是一处位于焊缝上的裂纹，裂纹的方向与焊缝垂直，裂纹开口较宽，长约 11mm。在主裂纹前方及两侧附近都有较多的小裂纹，1 号管焊缝裂纹形貌、打磨后 1 号管焊缝裂纹形貌如图 4-12-14、图 4-12-15 所示。焊缝根部较宽，余高较高，1 号管焊缝根部形貌如图 4-12-16 所示。

图 4-12-14　1 号管焊缝裂纹形貌	图 4-12-15　打磨后 1 号管焊缝裂纹形貌	图 4-12-16　1 号管焊缝根部形貌

2 号裂纹管样：裂纹处于焊缝上，裂纹的方向与焊缝垂直，裂纹开口较宽，长约 14mm。在主裂纹前方及两侧附近都有较多的小裂纹，2 号管焊缝裂纹形貌、打磨后 2 号管焊缝裂纹形貌如图 4-12-17、图 4-12-18 所示。将管样从裂纹中间刨开，观察横截面，主裂纹较深，开口较宽，附近有许多小裂纹，

2 号管焊缝裂纹形貌、2 号管横截面焊缝裂纹形貌如图 4-12-19、图 4-12-20 所示。焊缝根部较宽，余高较高。

图 4-12-17　2 号管焊缝裂纹形貌

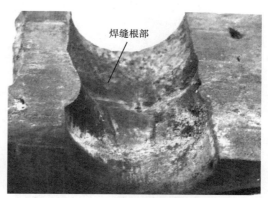

图 4-12-18　打磨后 2 号管焊缝裂纹形貌

图 4-12-19　2 号管焊缝裂纹形貌

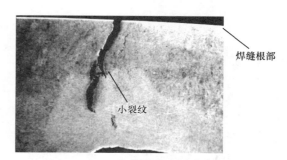

图 4-12-20　2 号管横截面焊缝裂纹形貌

（2）金相组织分析。1 号泄漏管样：水冷壁管母材金相组织为铁素体+贝氏体+珠光体，组织正常，1 号样水冷壁管组织形貌如图 4-12-21 所示。焊缝金相组织为贝氏体，晶粒粗大，1 号样焊缝组织形貌如图 4-12-22 所示。裂纹分布于焊缝及热影响区之间，裂纹呈纵向，开口很宽，裂纹多发、有分支、呈沿晶特征，裂纹断面呈氧化特征，1 号样焊缝裂纹尖端、裂纹附近小裂纹、裂纹及小裂纹、沿晶裂纹形貌如图 4-12-23～图 4-12-26 所示。

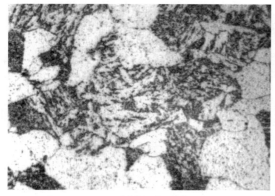

图 4-12-21　1 号样水冷壁管组织形貌

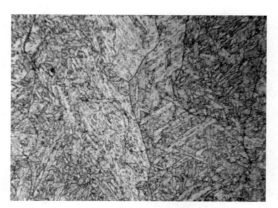

图 4-12-22　1 号样焊缝组织形貌

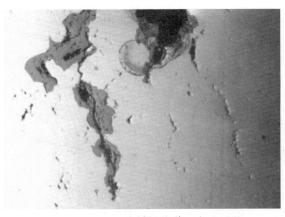

图 4-12-23　1 号样焊缝裂纹尖端形貌

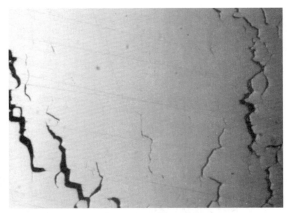

图 4-12-24　1 号样焊缝裂纹附近小裂纹形貌

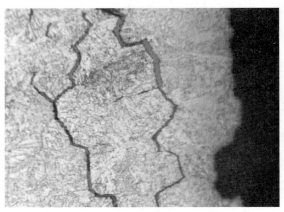

图 4-12-25　1 号样焊缝裂纹及小裂纹形貌

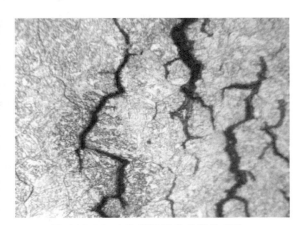

图 4-12-26　1 号样焊缝沿晶裂纹形貌

　　2 号裂纹管样：水冷壁管母材金相组织为铁素体+珠光体，组织正常，2 号样水冷壁管组织形貌如图 4-12-27 所示。焊缝金相组织为贝氏体，晶粒粗大，2 号样焊缝组织形貌如图 4-12-28 所示。裂纹分布于焊缝及热影响区之间，裂纹呈纵向，开口很宽，裂纹多发、有分支、呈沿晶特征，裂纹断面呈氧化特征，2 号样焊缝裂纹尖端、裂纹附近小裂纹、裂纹及小裂纹、沿晶裂纹形貌如图 4-12-29～图 4-12-32 所示。

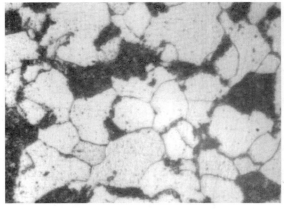

图 4-12-27　2 号样水冷壁管组织形貌

图 4-12-28　2 号样焊缝组织形貌

图 4-12-29　2 号样焊缝裂纹尖端形貌

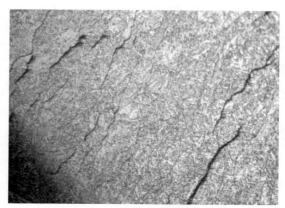

图 4-12-30　2 号样焊缝裂纹附近小裂纹形貌

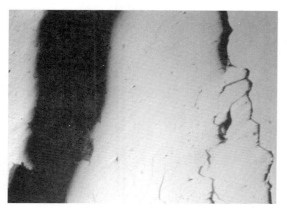

图 4-12-31　2 号样焊缝裂纹及小裂纹形貌

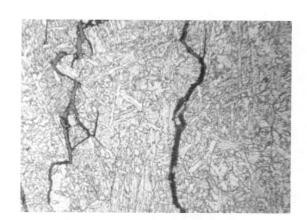

图 4-12-32　2 号样焊缝沿晶裂纹形貌

3. 综合分析

从所提供的泄漏管及发现裂纹的管样分析可知，裂纹的各项检查结果基本一致，是同一种裂纹类型。

从裂纹形态及微观形貌看，裂纹处于焊缝及热影响区之间，开口很宽，裂纹多发、呈沿晶特征，焊缝裂纹具有热裂纹典型特征。

焊缝热裂纹是焊缝和热影响区金属冷却到固相线附近的高温区时所产生的裂纹，是冶金因素与力学因素共同作用的结果，是在高温下形成的低熔点共晶相在力的作用下沿晶界开裂形成的。由于裂纹是在高温下形成的，所以裂纹断面上有氧化痕迹。

焊接线能量对焊接热裂纹影响较大，输入的热量多，所形成的组织晶粒粗大，晶界上的低熔点共晶相就多，同时焊缝的焊接应力也增加，热裂纹的倾向增大。

在焊缝的凝固末期焊缝受力也是形成焊缝热裂纹的条件。从焊缝的成型看，根部成型不良，根部凸出较高，焊接对口时存在异常。

4. 结论

由于在焊接时焊接施工工艺控制不当，焊接线能量大，焊接过程中焊缝受力，致使焊缝在凝固末期出现大量沿晶热裂纹。

5. 措施

为避免此类金属问题的发生，应做好以下工作：

（1）严格控制焊接工艺，应尽量减少焊接时焊件的约束，减少焊缝凝固时的受力。

（2）严格按照规程要求进行探伤检查。

6. 知识点拓展与点评

这是一起由于施工不当所造成的金属失效，由于施工空间受限，焊接过程中采用强力对口，致使焊缝在凝固末期受力，探伤检查弄虚作假，造成锅炉多次泄漏，两次停炉处理，最终所改造的焊缝全部重新焊接，既影响了电厂的正常发电，又造成电厂经济上的损失，对今后电厂的工程监督检查及改造具有意义。

第一节　汽轮机叶片、叶根开裂

由于叶片的安装、喷丸工艺、叶型设计、蒸汽腐蚀等原因，导致叶片根部应力集中系数增大，且抗疲劳性能不足，从而产生疲劳开裂。需要对容易开裂部位加强检查，并且考虑从叶片的工艺、结构角度解决。

一、案例1：加工因素引起的低压次末级叶片断裂

1. 基本情况

某350MW超临界机组在试运行30h后发生低压转子叶片次末级断裂事故。该机组低压次末级叶片正反共计196（98×2）片，叶片无拉筋，属于自带冠整圈自锁型叶片，次末级叶片安装前表面经过喷丸处理，材质为0Cr17Ni4Cu4Nb。现场发现两片叶片断裂，安装位置近似对称。

2. 检查分析

取断裂叶片进行分析，在断口附近取样D1～D3，使用体视显微镜和扫描电镜对断口进行观察；在靠近断口的位置截取金相试样J1；在叶片根部取拉伸试样L1、冲击试样C1，分别对叶片的拉伸、冲击性能进行测试。

（1）宏观形貌分析。断裂发生在距叶根约20mm处，断裂叶片宏观形貌如图5-1-1所示，断裂表面呈现典型的疲劳断口特征，可见裂纹源、扩展区和终断区三个区域。根据宏观疲劳条纹的指向可以判断，疲劳裂纹起始于叶片出汽侧内缘；扩展区约占整个断面的4/5，宏观疲劳条纹较为明显；终断区在靠近叶片进汽侧。

使用体式显微镜观察，叶片内、外表面的加工痕迹较为明显，叶片内弧表面状态如图5-1-2所示。按照规定断裂的叶片应进行喷丸处理，而实际观察喷丸不均匀，叶片内弧表面较为稀疏，尤其是靠近出汽侧刃部边缘的部位甚至没有喷丸痕迹。

图5-1-1　断裂叶片宏观形貌　　　　图5-1-2　叶片内弧表面状态

（2）力学性能。按照GB/T 8732《汽轮机叶片用钢》中的有关规定，对于0Cr17Ni4Cu4Nb叶片用钢有Ⅰ、Ⅱ、Ⅲ三种热处理类型，并规定除需方要求按Ⅰ、Ⅱ热处理类型外，0Cr17Ni4Cu4Nb钢的热

处理通常要按Ⅲ的规定执行。

在靠近叶根的部位分别取拉伸、冲击试样进行试验，横纵向圆棒拉伸试样直径为ϕ5mm，标记为L1，横向冲击试样规格 55mm×10mm×10mm，标记为 C1。对上述试样进行力学性能试验（试验温度为室温），试样力学性能试验结果见表 5-1-1，所检力学性能指标满足Ⅲ级标准要求。

表 5-1-1   试样力学性能试验结果

试样编号	规定非比例性延伸强度 $R_{p0.2}$（MPa）	抗拉强度 R_m（MPa）	断后伸长率 A（%）	断面收缩率 Z（%）	冲击吸收功 K_{V2}（J）
GB/T 8732 的要求值	755～890	890～1030	≥16	≥55	—
L1/C1	816	905	22.0	76	231

（3）金相组织。在靠近断口的位置上截取横向试样 J1，研磨抛光后用氯化铁盐酸水溶液侵蚀，试样金相组织如图 5-1-3 所示，为回火马氏体，是 0Cr17Ni4Cu4Nb 材料的正常组织，同时根据 GB/T 10561《钢中非金属夹杂物含量的测定　标准评级图显微检验法》的要求进行分析，叶片材质中的夹杂物为 B 类 2 级，符合标准要求。

（4）断口扫描电镜（SEM）分析。观察断口处的微观形貌，根据主放射花纹的走向可以确定疲劳源的位置是在叶片出汽侧刃部边缘的内弧侧，疲劳源区（叶片出汽侧）附近微观形貌如图 5-1-4 所示；在裂纹扩展区可以观察到宏观的疲劳条纹，扩展区疲劳条纹如图 5-1-5 所示；微观可见准解理形貌，扩展区准解理形貌如图 5-1-6 所示。

图 5-1-3 试样金相组织

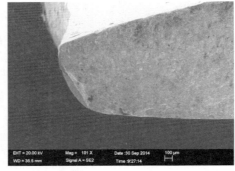

图 5-1-4 疲劳源区（叶片出汽侧）附近微观形貌

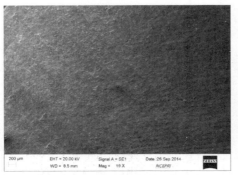

图 5-1-5 扩展区疲劳条纹

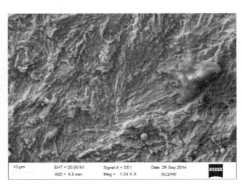

图 5-1-6 扩展区准解理形貌

对叶片的两侧表面进行观察，可见出汽侧内弧表面加工痕迹十分明显，与体视显微镜下观察的结论相符。在靠近断口的位置发现，断口的走向几乎都是沿着加工痕迹的方向扩展，叶片开裂方向如图 5-1-7 所示；在刀痕较深的部位有已萌生的裂纹，叶片上的二次裂纹如图 5-1-8 所示。叶片表面可观察到喷丸的痕迹，但喷丸叶片内弧表面较为稀疏，靠近出汽侧刃部边缘的甚至没有，叶片出汽侧内弧表面如图 5-1-9 所示。

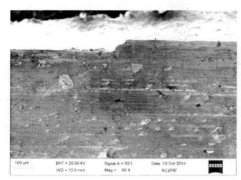  

图 5-1-7　叶片开裂方向　　　图 5-1-8　叶片上的二次裂纹　　　图 5-1-9　叶片出汽侧内弧表面

3．综合分析

叶片的组织为回火马氏体，拉伸、冲击性能均符合标准的相关要求，说明叶片本身材质正常。

从表面质量分析，存在加工刀痕明显和喷丸不佳的问题。叶片表面存在较深的加工刀痕，叶片开裂的方向几乎与附近的加工刀痕方向一致。由于加工刀痕过深会导致局部应力集中，在该位置易产生裂纹和扩展，微观上观察到沿着加工刀痕萌生的裂纹也证明了这一观点。喷丸的是在部件表面留下的较密集的、均匀分布的凹坑，目的是产生表面压应力并限制裂纹的形成和扩展。但此次断裂的叶片在出汽侧表面的喷丸质量分布并不是很均匀，特别是发生开裂的出汽侧内弧表面，喷丸的凹坑较少甚至没有，这样的表明状态完全不能达到喷丸的目的，无法起到限制裂纹的效果。

从叶片的结构和受力方面分析，开裂叶片为次末级叶片，其工作条件和受力情况都极其复杂，次末级叶片本身尺寸较大，由叶片自身离心力引起的拉应力、弯曲应力和扭转应力相应较大，这些应力传递到叶根部位时还会产生剪切应力。另外，在叶根、叶冠装配的过程中，如果装配不良还可能引起较大的激振应力。复杂的受力状态会促进裂纹的扩展，加速叶片断裂。

该机组刚刚处在调试阶段，并未正式运行，因此可排除水冲击导致叶片断裂的可能性。叶片表面进汽侧和出汽侧均可观察喷丸痕迹，虽然分布不是很均匀，但也排除空蚀导致开裂的可能性。

4．结论

该机组发生断裂叶片的出汽侧存在较深的加工刀痕，易在此位置萌生裂纹；同时叶片表面喷丸存在不均匀现象，未在叶片表面形成压应力，不能有效地阻止裂纹的萌生和扩展，在复杂的应力状态下扩展开裂。

5. 知识点扩展及点评

随着火电机组参数不断提高，对叶片的性能要求也逐渐提高，不仅在材料等级发生变化，还引起叶片在设计、结构、加工等方面出现一系列的变化。传统的叶片性能主要是依靠叶片本身的材质性能、焊接质量、热处理工艺等实现的，但随着叶片设计理念的不断发展，许多新机组叶片功能需要通过结构、装配、加工工艺来保证实现，例如表面喷丸、区域淬火等。这些设计和技术的应用对叶片的加工工艺和加工精度提出了非常高的要求，一旦不能满足要求就会对叶片本身产生较大的影响。

该案例中断裂次末级叶片表面质量不佳，加工刀痕明显，会由加工刀痕处萌生裂纹。另外，按照设计要求叶片表面需要通过喷丸处理进行强化，但在实际检验情况中发现叶片表面喷丸很不均匀，部分区域没有喷到，不能达到设计预想的效果，即不能有效地阻止裂纹的萌生和扩展。因此，事故的发生与叶片的加工质量有着必然联系。

二、案例 2：俄罗斯汽轮机低压转子叶轮叶根槽裂纹

1. 基本情况

我国在 20 世纪末先后投产了一批俄罗斯乌拉尔汽轮机厂生产的带工业抽汽及采暖供热的双抽汽轮机组，汽轮机型号为∏T-140/165-130/15-2，此类机组在运行到 2015 年 3 月，先后发现低压转子叶轮叶根槽部位存在裂纹甚至发生断裂等问题。如，北京某热电厂此类机组在 2015 年 3 月 13 日发生了低压转子叶轮叶根槽部位断裂情况，导致汽轮机剧烈振动，并在轴瓦处发生氢气爆炸，引起火灾。再如，洛阳某热电厂、兰州某热电厂各 2 台同型号汽轮机在 2015 年 10 月的检修中均发现低压转子叶轮叶根槽存在裂纹的情况。

试验材料取自洛阳某热电厂 1 号机低压转子第 19、20 级叶轮叶根槽（此 2 级叶轮叶根槽在超声相控阵检查时发现有缺陷反射信号），第 19 级叶轮为整体锻造，材料为 25Cr2NiMoV；20 级叶轮为套装结构，材料为 34CrNi1Mo。该汽轮机组于 1999 年 5 月投产，至发现裂纹缺陷累计运行时间约 12 万 h，期间共经历启停次数 29 次。

2. 检查分析

（1）宏观检查。分别在低压转子第 19、20 级叶轮叶根槽部位取样，第 19 级叶轮叶根槽形貌及裂纹缺陷如图 5-1-10 所示。使用 XPZ 体视显微镜分别对第 19、20 级叶轮叶根槽端角部位进行宏观观察。第 20 级叶轮叶根槽裂纹宏观形貌及扩展形貌如图 5-1-11 所示。

由图 5-1-10（b）可知，第 19 级叶轮叶根槽部位存在多处裂纹缺陷，裂纹起源于内角表面，并不断向里扩展；裂纹开口较宽，并表现为粗壮特征；裂纹在扩展过程中基本呈直线扩展，偶尔处有分叉，裂纹尖端较为圆润。

由图 5-1-11（b）可知，第 20 级叶轮叶根槽裂纹有如下特点：叶根槽部位仅存在 1 处裂纹源，裂

纹起源于内角表面，在扩展过程中裂纹呈曲折扩展；裂纹形貌有较多分支，呈树枝状，裂纹细小且尖端处较为尖锐。

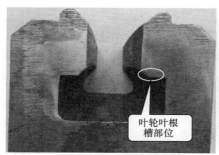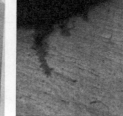

（a）叶轮叶根槽形貌　　　　　　　　　（b）裂纹缺陷

图 5-1-10　第 19 级叶轮叶根槽形貌及裂纹缺陷

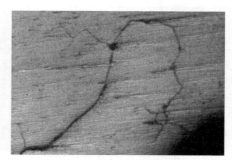

（a）裂纹宏观形貌　　　　　　　　　（b）裂纹扩展形貌

图 5-1-11　第 20 级叶轮叶根槽裂纹宏观形貌及扩展形貌

第 19 级叶轮叶根槽加工工艺粗糙；第 20 级叶轮叶根槽加工工艺粗糙，端角内 R 角很小，而且表面有明显的腐蚀坑，第 19、20 级叶轮槽加工形貌及表面腐蚀情况如图 5-1-12 所示。

（a）19 级　　　　　　　　　　　（b）20 级

图 5-1-12　第 19、20 级叶轮槽加工形貌及表面腐蚀情况

（2）室温拉伸试验。使用 UTM5305HA 型电子万能试验机对第 19、20 级叶轮叶根槽进行室温拉伸试验，室温拉伸性能检验结果见表 5-1-2。25Cr2NiMoV 室温拉伸试验结果评定参考《火力发电厂金属材料手册》，34CrNi1Mo 室温拉伸试验结果评定参考 JB/T 1267《50MW～200MW 汽轮发电机转子锻件　技术条件》。第 19、20 级叶轮叶根槽抗拉强度及断后伸长率均符合标准要求。

表 5-1-2 室温拉伸性能检验结果

部位	抗拉强度（MPa）	断后伸长率（%）	备注（标称材质）
第 19 级	763、768、765	52、49、58	25Cr2NiMoV
第 20 级	661、666、663	50、48、46	34CrNi1Mo
第 19 级标准要求	≥745	≥40	25Cr2NiMoV
第 20 级标准要求	≥585	≥35	34CrNi1Mo

（3）冲击性能试验。对第 19、20 级叶轮叶根槽部位材质进行冲击性能试验，冲击试验仪器为
PTM2302-D 型摆锤冲击试验机，冲击性能试验结果见表 5-1-3。25Cr2NiMoV 冲击试验结果评定参考
《火力发电厂金属材料手册》，34CrNi1Mo 冲击试验结果评定参考 JB/T 1267《50MW～200MW 汽轮发
电机转子锻件　技术条件》。第 19、20 级冲击韧性均符合标准要求。

表 5-1-3 冲击性能检验结果（A_{KU}）

部位	试样尺寸（mm×mm×mm）	冲击韧性（J）	备注（标称材料）
第 19 级	55×10×10	108、115、98	25Cr2NiMoV
第 20 级	55×10×10	64、72、56	34CrNi1Mo
第 19 级标准要求	55×10×10	≥59	25Cr2NiMoV
第 20 级标准要求	55×10×10	≥50	34CrNi1Mo

（4）显微组织分析。使用蔡司 Axio Obersver 3m 显微镜对第 19、20 级叶轮叶根槽进行金相组织
分析，第 19 级叶轮叶根槽倒角附近金相组织及叶轮叶根槽内 R 角裂纹形貌如图 5-1-13 所示，其组织
为回火索氏体，显微组织未见异常。裂纹形貌特征与体视显微镜分析结果相同。第 20 级叶轮叶根槽
倒角附近金相组织及叶轮叶根槽内 R 角裂纹形貌如图 5-1-14 所示，其组织为回火索氏体，显微组织
未见异常。裂纹在内 R 角区域呈单发特征裂纹，为沿晶形裂纹，裂纹尖端尖锐。裂纹在三叉晶界处局
部有腐蚀坑。

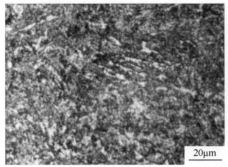 

（a）倒角附近金相组织　　　　　　　　　（b）内 R 角裂纹形貌

图 5-1-13　第 19 级叶轮叶根槽倒角附近金相组织及叶轮叶根槽内 R 角裂纹形貌

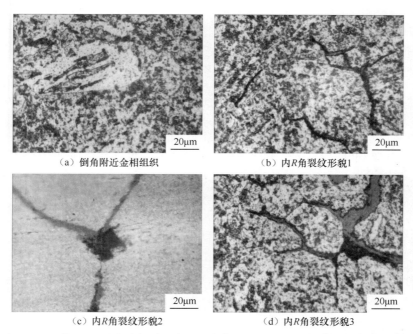

（a）倒角附近金相组织　　　　（b）内 R 角裂纹形貌1

（c）内 R 角裂纹形貌2　　　　（d）内 R 角裂纹形貌3

图 5-1-14　第 20 级叶轮叶根槽倒角附近金相组织及叶轮叶根槽内 R 角裂纹形貌

3. 综合分析

（1）加工工艺不规范、表面粗糙度较大、叶轮叶根槽内 R 角偏小，从而导致内 R 角处应力高度集中。

（2）低压转子的末几级工作处于湿蒸汽区，发电机组的水处理很难完全消除腐蚀介质，在干、湿蒸汽交替的位置腐蚀介质浓度更高。另外，叶片叶根装在叶根槽里，在几何上形成了窄缝空间，湿蒸汽中的水分表面张力小，腐蚀介质很容易渗透到叶根槽的缝隙中去，因此叶根槽是最容易发生腐蚀的部位。低压转子的叶轮在选材上应考虑应力腐蚀、腐蚀疲劳的问题。

（3）从对第 19 级叶根槽的检验结果看，第 19 级的叶根槽裂纹属于腐蚀疲劳。金属材料在腐蚀介质的作用下形成一层覆盖层，在交变应力作用下覆盖层破裂，局部发生化学侵蚀形成腐蚀坑，交变应力作用下产生应力集中进而形成裂纹。腐蚀疲劳的影响因素：循环载荷的交变幅度增大，腐蚀速度也随之增大，温度明显加快腐蚀速度。当 pH<4 或 pH>12 时，腐蚀疲劳性能降低，寿命减少。

（4）从对第 20 级叶根槽的检验结果看，第 20 级的叶根槽裂纹属于应力腐蚀。裂纹走向曲折，裂纹为沿晶裂纹，裂纹在三叉晶界处有腐蚀坑，这些都符合应力腐蚀裂纹的特征。发生应力腐蚀的三个条件：特定的腐蚀介质、拉应力、材料的成分和组织状态。首先腐蚀介质是特定的，这种腐蚀介质一般都很弱，如果没有拉应力的同时作用，材料在这种介质中腐蚀速度很慢。也就是说，每种材料只对某些介质敏感，而这种介质对其他材料可能没有明显作用。拉应力是发生应力腐蚀的必要条件，应力值越大，应力腐蚀越严重。

4. 结论

造成第 19、20 级叶轮叶根槽处出现裂纹的原因：由于叶轮叶根槽内角加工的不规范，在使用时有较大的应力集中，叶根槽在使用中有腐蚀介质存在，第 19 级在叶根槽内角处出现腐蚀疲劳裂纹；由于第 20 级叶轮叶根槽材料在特定的腐蚀介质中长期使用而出现了应力腐蚀现象，出现应力腐蚀裂纹。

5. 措施

（1）两种裂纹形式都与腐蚀有关，也与内角的加工不规范有关，所以应加强对叶轮叶根槽内角的探伤检查。

（2）由于目前所使用的探伤方法只能检测到扩展到一定程度的裂纹，对微小裂纹难以发现，应增加探伤的频次。

（3）应很好地控制水质，对控制裂纹的发展起到抑制作用。

（4）在改造时应提高材料等级，增加叶轮材料抵抗应力腐蚀、腐蚀疲劳的能力。

6. 知识点扩展及点评

大型转动部件在发电设备中起着举足轻重的重要作用，它的安全稳定运转是发电厂经济效益的基石。相反，大型转动部件发生失效是电力企业不能承受之重，损失大、恢复周期长，严重影响了发电企业的经济效益。大型转动部件的加工尤其应该慎之又慎，近几年因加工不当引起电力设备损坏屡见不鲜，应引起对加工问题的重视。

三、案例 3：汽轮机低压转子第 6 级 515mm 叶片因装配问题而产生的裂纹

1. 基本情况

某厂 1 号机组的汽轮机为 N600-16.7/538/538-1 型亚临界、一次中间再热、三缸、四排汽（双分流低压缸）单轴凝汽式 600MW 汽轮机。1 号机组于 2006 年 4 月投产，2017 年 3 月停机进行 A 级检修，目前机组已累计运行超 4 万 h。在 A 级检修期间检查发现 A、B 低压转子第 6 级（次末级）叶片存在 12 处肉眼可见裂纹。

第 6 级叶片材料为 05Cr17Ni4Cu4Nb，叶片长度 515mm。

2. 检查分析

（1）宏观检查。肉眼可见裂纹分布如下：A 低压转子正向第 6 级 2 条、A 低压转子反向第 6 级 5 条、B 低压转子正向第 6 级 4 条、B 低压转子反向第 6 级 1 条。

裂纹编号及在背汽侧的长度：

1）A 低压转子正向第 6 级：44 号长约 40mm（见图 5-1-15）、65 号长约 35mm。

2）A 低压转子反向第 6 级：22 号长约 70mm（见图 5-1-16）、41 号长约 50mm、96 号长约 40mm、77 号长约 45mm、59 号长约 30mm。

3）B 低压转子正向第 6 级：47 号长约 45mm、62 号长约 70mm、30 号长约 105×60mm 一块（见图 5-1-17）、20 号长约 50mm。

4）B 低压转子反向第 6 级：48 号长约 50mm（见图 5-1-18）。

图 5-1-15　A 低压转子正向第 6 级 44 号形貌

图 5-1-16　A 低压转子反向第 6 级 22 号形貌

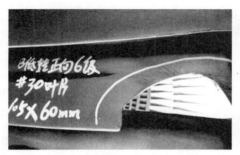

图 5-1-17　B 低压转子正向第 6 级 30 号形貌

图 5-1-18　B 低压转子反向第 6 级 48 号形貌

随机对 A 低压转子反向第 6 级肉眼没发现裂纹的部分叶片进行磁粉探伤抽查，共抽查了 20 片，发现有裂纹的叶片 12 片，裂纹长约 5～8mm。裂纹形貌如图 5-1-19～图 5-1-22 所示。

对 A 低压转子反向第 6 级的 96 号叶片、磁粉探伤检查发现有裂纹的两片叶片（见图 5-1-20 和图 5-1-22）以及磁粉探伤检查没有裂纹的叶片取样，进行试验和分析。

试验样品的编号：1 号样——A 低压转子反向第 6 级的 96 号叶片；2 号样——A 低压转子反向第 6 级的探伤裂纹（见图 5-1-22）叶片；3 号样——A 低压转子反向第 6 级的探伤无裂纹叶片；4 号样——A 低压转子反向第 6 级的探伤裂纹（见图 5-1-20）叶片。

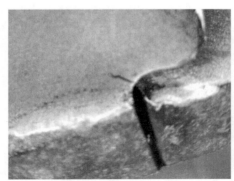

图 5-1-19　A 低压转子反向第 6 级 96 号叶片
裂纹形貌

图 5-1-20　A 低压转子反向第 6 级探伤有裂纹
叶片裂纹形貌（叶片 1）

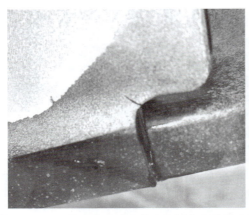

图 5-1-21　A 低压转子反向第 6 级探伤无裂纹叶片
裂纹形貌

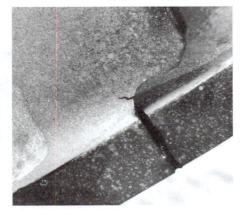

图 5-1-22　A 低压转子反向第 6 级探伤有裂纹叶片
裂纹形貌（叶片 2）

宏观检查结果如下：

1 号样：裂纹处于叶片的出汽侧，叶顶与叶片侧面转角的 R 弧处，在迎汽侧长度约为 48mm，在背汽侧长度约为 36mm；裂纹起源于侧面转角的 R 弧处，在迎汽侧与背汽侧分别起源。1 号样 R 弧处裂纹形貌如图 5-1-23 所示。裂源处无明显的腐蚀坑，R 弧处有两个叶顶互相碰磨所出现的金属变形，R 弧处表面加工十分粗糙。1 号样 R 弧处表面粗糙形貌如图 5-1-24 所示。断裂面上迎汽侧的面积占主要部分，断裂面上迎汽侧的断裂扩展区可见明显的扩展贝纹线。1 号样断口形貌如图 5-1-25 所示。

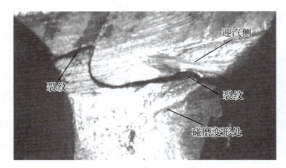

图 5-1-23　1 号样 R 弧处裂纹形貌

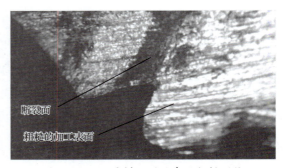

图 5-1-24　1 号样 R 弧处表面粗糙形貌

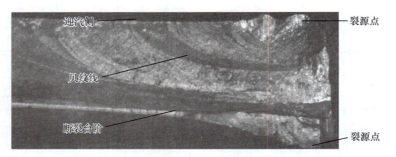

图 5-1-25　1 号样断口形貌

2 号样：裂纹处于叶片的出汽侧，叶顶与叶片侧面转角的 R 弧处，在迎汽侧长度约为 5mm，在背汽侧长度约为 4mm；裂纹起源于侧面转角的 R 弧处，在迎汽侧与背汽侧分别起源。2 号样 R 弧处、背汽侧、迎汽侧裂纹形貌如图 5-1-26～图 5-1-28 所示。裂源处无明显的腐蚀坑，R 弧处有两个叶顶互相碰磨所出现的金属变形，R 弧处表面加工十分粗糙。2 号样 R 弧处表面粗糙形貌如图 5-1-29 所示。

图 5-1-26　2 号样 R 弧处裂纹形貌

图 5-1-27　2 号样背汽侧裂纹形貌

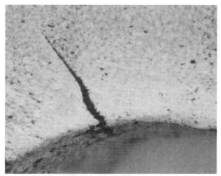

图 5-1-28　2 号样迎汽侧裂纹形貌

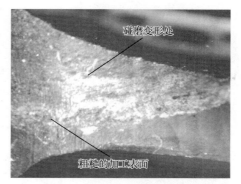

图 5-1-29　2 号样 R 弧处表面粗糙形貌

4 号样：裂纹处于叶片的出汽侧，叶顶与叶片侧面转角的 R 弧处，裂纹全部分布于迎汽侧，有三条，长度分别约为 5、3、1mm；裂纹起源于侧面转角的 R 弧处。4 号样 R 弧处、迎汽侧裂纹形貌如图 5-1-30、图 5-1-31 所示。裂源处无明显的腐蚀坑，R 弧处有两个叶顶互相碰磨所出现的金属变形，R 弧处表面加工十分粗糙。4 号样 R 弧处表面粗糙形貌如图 5-1-32 所示。

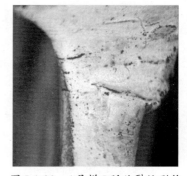

图 5-1-30　4 号样 R 弧处裂纹形貌

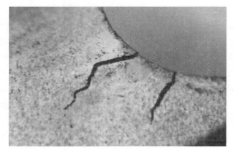

图 5-1-31　4 号样迎汽侧裂纹形貌

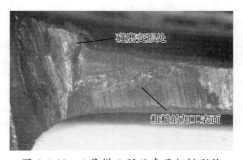

图 5-1-32　4 号样 R 弧处表面粗糙形貌

（2）微观检查。1号样：组织为回火马氏体，组织正常（见图5-1-33）。裂纹平直，为穿晶裂纹，裂纹尖端尖细（见图5-1-34、图5-1-35）。

2号样：组织为回火马氏体，组织正常（见图5-1-36）。裂纹平直，为穿晶裂纹，裂纹尖端尖细（见图5-1-37）。

3号样：组织为回火马氏体，组织正常（见图5-1-38）。

4号样：组织为回火马氏体，组织正常（见图5-1-39）。裂纹平直，为穿晶裂纹，裂纹尖端尖细（见图5-1-40、图5-1-41）。裂纹两侧在起源处的 R 弧处已经不处于同一平面（见图5-1-42）。

图 5-1-33　1 号样组织形貌

图 5-1-34　1 号样裂纹尖端形貌

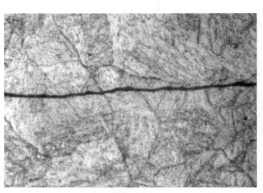

图 5-1-35　1 号样裂纹穿晶形貌

图 5-1-36　2 号样组织形貌

图 5-1-37　2 号样裂纹尖端形貌

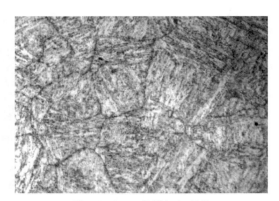

图 5-1-38　3 号样组织形貌

图 5-1-39　4 号样组织形貌

图 5-1-40　4 号样迎汽侧裂纹形貌

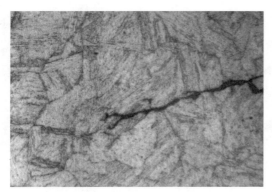

图 5-1-41　4 号样背汽侧裂纹形貌

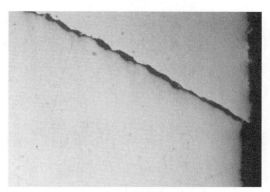

图 5-1-42　4 号样裂源处形貌

3. 综合分析

（1）断裂起源于叶顶与叶片侧面 R 弧处的两侧，是叶片在出汽侧叶顶的 R 弧处摆动引起的双向疲劳断裂，在断裂面形成疲劳贝纹线，在两侧裂纹相交处形成台阶。

（2）R 弧处是叶顶与叶片的变截面处，在 R 弧处有应力集中。R 弧处表面加工粗糙，也引起微小的应力集中。

（3）现场对叶顶间隙测量，叶顶工作面之间整圈总间隙 0.1mm 塞尺不入。由于叶顶与叶顶之间采用了紧装的方式，使用中紧靠太紧密，叶片扭转恢复的作用下，在叶片叶顶与叶片侧面 R 弧处的应力集中部位产生较大的附加应力，另外使得两个叶片在叶顶与叶片侧面 R 弧处产生碰磨，叶顶与叶片侧面 R 弧处的弯曲应力增加。

（4）按照汽轮机生产提供的新的安装工艺进行安装，即对叶根边缘进行倒圆 R3，按原位置回装叶片。回装叶片时修配叶片的围带背径向面，使每只叶片装入轮槽中都应有 1～2mm 的摆动量，即能在轮槽中自由摆动，保证整圈的松度，如单只叶片无法摆动，允许修磨中间体下表面保证摆动量要求。每只叶片在转至 4～8 点钟范围内，围带工作面间隙应为 0.03mm；在 12 点钟位置，每隔 6 只叶片检查一处叶片的围带间隙，间隙值应为 1～3mm；转子静止状态下围带工作面整圈总间隙要求为 4.9～9.8mm。

4. 结论

由于叶片安装时采用了紧装工艺，叶顶工作面之间整圈无间隙，使用中在叶片扭转恢复的作用下，在叶片叶顶与叶片侧面 R 弧处的应力集中部位产生较大的附加应力，而产生疲劳裂纹。

5. 措施

（1）应严格按照制造厂提供的安装工艺进行松装。

（2）对无宏观裂纹的叶片，抽样进行微观检查，发现裂纹应全部更换。

（3）松装后，每次 A 修都要对此部位仔细认真的探伤检查。

6. 知识点扩展及点评

近几年发生过较多的汽轮机叶片的断裂，某些型号的汽轮机在一些特定部位大量出现裂纹、断裂，这给电力企业的安全稳定产生了极大的干扰。这种情况的出现与国外先进技术的引进吸收有很大的关系，出现的问题看似与加工、安装有必然的联系，实际上是更深层次的国外先进技术的吸收消化问题。

四、案例 4：汽轮机低压转子末 3 级叶片断裂分析

1. 基本情况

某厂 2 号汽轮机 2012 年 3 月 3 日低压第 5 级动叶片发生断裂。2 号汽轮机为 600MW 超临界、一次中间再热、单轴、三缸四排汽凝汽式汽轮机。2007 年 12 月 10 日投入运行，共计运行 30242h，启停机 32 次。

发生断裂的低压第 5 级叶片材料为 1Cr12Ni2W1Mo1V，围带为自带冠。

2. 检查分析

（1）宏观检查。发生断裂的叶片为低压 A 缸转子正向第 5 级 65 号片动叶片，断裂处距叶根约 55mm，断裂从出汽侧裂向进汽侧（见图 5-1-43）。通过对叶片进行探伤，共发现 A、B 缸第 5 级有 20 片有宏观裂纹，每一片上都有多条裂纹。裂纹分布为 A 缸正向 8 片、反向 2 片，B 缸正向 8 片、反向 2 片。选取其中裂纹最长、数量最多的 B 缸正向 57 号做样品，进行相关试验。

B 缸正向 57 号叶片背弧面沿出汽侧共有 12 条裂纹，最长裂纹约有 37mm，其中有 4 条裂纹裂透至内弧面，裂纹分布在距叶根 86～254mm 处（见图 5-1-44～图 5-1-47），裂纹走向为基本与出汽边垂直。

图 5-1-43　A 缸第 5 级正向 65 号片叶片断裂形貌　　图 5-1-44　B 缸正向 57 号叶片裂纹距叶根距离

图 5-1-45　B 缸正向 5 号 7 叶片裂纹形貌

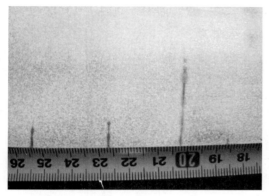

图 5-1-46　B 缸正向 57 号叶片裂纹距叶根距离

图 5-1-47　B 缸正向 57 号叶片内弧面裂纹形貌

（2）金相组织分析和力学性能分析。试验试样选取位置如图 5-1-48 所示，在 A、B、C、D 4 处无宏观裂纹区域取叶片横截面做硬度检测和金相组织分析，选取第②段和编号第 11 条裂纹处做背弧面的金相组织分析，选取编号第 10 条裂纹做断口分析。

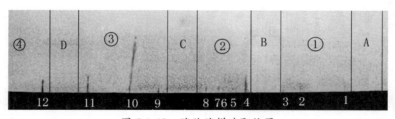

图 5-1-48　试验试样选取位置

1）硬度检测。所取 A、B、C、D 无宏观裂纹试样，使用 18.7 布洛维硬度计及 HV-1000A 维氏硬度计进行横截面硬度检测，硬度检测位置如图 5-1-49 所示。维氏硬度所测范围距出汽边约 15mm，维氏硬度所用力为 1000g，硬度检测结果见表 5-1-4。

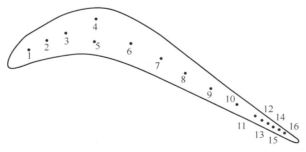

图 5-1-49　硬度检测位置图

表 5-1-4   硬度检测结果

试样	1	2	3	4	5	6	7	8	9	10	11	12	13	14	15	16
	HB										HV					
A	268	273	274	274	276	276	278	281	277	276	295	287	282	288	289	293
B	279	277	276	276	276	271	274	277	277	276	299	383	388	396	397	399
C	279	276	276	276	276	279	279	277	276	285	269	257	267	264	268	267
D	277	277	281	277	277	277	279	276	271	277	308	407	422	422	422	422

按 DZ 2.15.4.7《金属材料技术条件 不锈钢》的规定，锻件热处理后布氏硬度范围为 293～31HB，试验布氏硬度低于标准。按相应标准要求，维氏硬度范围为 303～341HV，其中 A、C 试样维氏硬度低于标准，B、D 试样维氏硬度高于标准。

对裂纹编号为第 10、11 两处裂纹试样的外弧面，距裂纹约 2mm 处进行维氏硬度检验，结果显示，第 10 条裂纹硬度为 417、417、420HV，第 11 条裂纹硬度为 390、398、410、404HV。试样维氏硬度高于标准。

2）断口分析。A 缸转子正向第 5 级 65 号断裂叶片：断裂起源于出汽侧，距出汽边约 7mm 范围内断面粗糙为断裂起源区，断裂向进汽侧扩展，扩展区平坦，有清晰的疲劳贝纹线，最终的瞬间断裂区面积约占整个断面的 1/5（见图 5-1-43）。

B 缸正向 57 号叶片第 10 号裂纹：取断口样进行断面分析。在距出汽边约 12mm 范围内断口呈颗粒状，断面上有二次裂纹（见图 5-1-50～图 5-1-52）。

图 5-1-50　57 号叶片断裂形貌

图 5-1-51　57 号叶片断口形貌

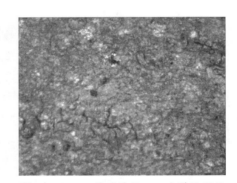

图 5-1-52　57 号叶片断口二次裂纹形貌

3）金相组织分析。在 A、B、C、D 横截面试样（见图 5-1-48）、第②段和第 11 条裂纹处做背弧面进行微观金相组织检验。

在对第②段和第 11 条裂纹处背弧面进行腐蚀时发现，在相同的腐蚀时间下，沿出汽边边缘部位与其他部位腐蚀速度不一致，呈波浪形，大致在距出汽边约 13mm 区域内，波浪宽为 8～15mm，波浪中心部位腐蚀速度慢，裂纹出现在这些颜色浅的腐蚀较慢的区间内（见图 5-1-53）。波浪的中心部位组织与叶片其他部位的组织有差别，波浪的中心部位组织晶粒细，颜色浅，叶片其他部位的组织晶粒粗，颜色深，说明在靠近出汽边的位置经过了局部热处理（见图 5-1-54～图 5-1-56）。在叶片背弧面靠近出汽边的附近发现大量的微观小裂纹，小裂纹为沿晶裂纹，裂纹都距出汽边有一定距离（见图 5-1-57～图 5-1-59）。在这些原生态的小裂纹上，没发现腐蚀现象。

图 5-1-53 沿出汽边局部热处理形貌

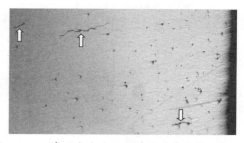

图 5-1-54 靠近出汽边显微裂纹（箭头所示）形貌

图 5-1-55 波浪的中心部位组织形貌

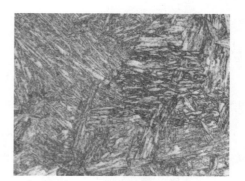

图 5-1-56 其他部位组织形貌

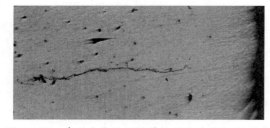

图 5-1-57 靠近出汽边显微裂纹形貌（放大 50 倍）

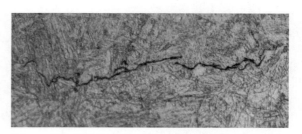

图 5-1-58 靠近出汽边显微裂纹形貌（放大 500 倍）

图 5-1-59 靠近出汽边裂纹尖端显微形貌（放大 500 倍）

第 11 条裂纹：裂纹呈树枝状，多分叉，沿晶裂纹。裂纹形态清晰，主裂纹沿晶断裂特征完整，裂纹中无明显的腐蚀现象（见图 5-1-60、图 5-1-61）。

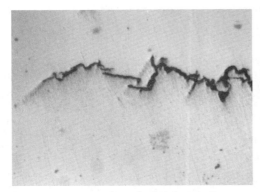

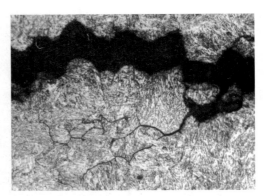

图 5-1-60　第 11 条裂纹尖端形貌　　　　　　图 5-1-61　第 11 条边缘二次裂纹形貌

3. 综合分析

（1）从断口形貌看，断裂属于高周疲劳。断裂扩展区面积远大于瞬断区面积。说明断裂所承受的应力较小，其断裂持续时间较长。

（2）综合宏观分析及组织分析情况可知，裂纹的起源点均位于叶片背弧面靠近出汽边的位置，不在出汽边上，裂纹向下（内弧面）向两侧（出汽边、进汽边）扩展。

（3）金相组织分析发现，在叶片背弧面靠近出汽边处存在呈波浪状的局部受热区域，在此区域内受热不均匀，在两个波浪之间硬度低，在波浪的中心区域硬度高，超过标准，金相组织与其他部位组织有差异。裂纹均起源于波浪的中心区域，与之有对应的关系。

（4）在出汽边局部热处理时，因受热不均匀，造成局部材料性能有较大的差异。材料硬度高时，虽说强度增加，但残余组织应力增加，塑性差。由于疲劳裂纹常从表面开始，所以表面的组织结构及应力状态对疲劳有显著的影响。在强度较高的叶片材料中残余应力的应力集中现象非常显著，而且在应力循环过程中得以保持。虽说任何增加材料抗拉强度的热处理通常都能提高材料的疲劳抗力，但金属材料的组织不均匀性及其性能的较大差异所引起的残余应力是造成疲劳断裂的重要原因。

（5）裂纹的形成应排除腐蚀的影响，裂纹的起源点不是在有腐蚀的地方。

4. 结论

叶片出汽侧在局部热处理时，因加热温度不均匀造成局部材料性能有较大的差异。材料的组织不均匀性及其性能的较大差异所引起的残余应力，造成在硬度较高区域首先出现沿晶疲劳裂纹，最终发生脆性疲劳断裂。

5. 措施

（1）因在 2 号机低压第 5 级动叶片中发现较多有裂纹的叶片，建议全部更换第 5 级动叶片。

（2）新叶片出汽侧在局部热处理时，应保证加热均匀，并进行喷丸处理，以消除残余应力。

（3）对运行机组的叶片应加强探伤检查。

6. 知识点扩展及点评

600MW 超临界汽轮机发生过很多机组的低压第 5 级动叶片断裂。这些出现的裂纹、断裂可以归结为环境、加工精度、热处理等因素，真正反映的却是引进机组制造厂叶片设计、制造工艺的不成熟。

五、案例 5：汽轮机低压转子次末级叶片断裂原因分析

1. 基本情况

某电厂 2 号机组的汽轮机为 CLNZK660-24.2/566/566 型超临界、一次中间再热、单轴、直接空冷凝汽式汽轮机。该机组于 2011 年 6 月正式投入运行，10 月 10 日其Ⅰ低压转子次末级第 32 级叶片发生断裂，至断裂为止累计运行约 2000h。Ⅰ低压转子次末级叶片断裂位置如图 5-1-62 所示，其隔板、静叶、末级叶片以及相邻的次末级叶片均不同程度受到损伤，断口位于整个叶型的 2/5 处，叶片断裂后分为两部分，上半部分已经断裂脱落，后在停机前受其他叶片碰撞、挤压已发生损伤，断口源区部位变形，下半部分仍留在原安装处，外观基本完好，未见损伤变形。低压转子共 2×2×6 级，叶片叶根型式均为枞树型。每只次末级叶片安装前表面经过喷砂处理，喷砂用材料为碳化硅粒子，直径为 0.4mm。次末级叶片叶型高 352mm，材质为 0Cr17Ni4Cu4Nb，叶片上无拉筋，属于自带冠型整圈自锁叶片。低压转子末级叶片与次末级有所不同，为拉金结构。低压转子末级叶片的热处理工艺为 1045℃固溶处理+650℃空冷，为Ⅰ型热处理类型。

图 5-1-62　Ⅰ低压转子次末级叶片断裂位置

2. 检查分析

（1）宏观分析。第 32 级次末级叶片断裂位置距叶片顶端约 250mm，将断裂叶片与其相邻的第 33 级完整叶片进行对比，32、33 级叶片对比如图 5-1-63 所示，由图可见，在两个叶片的叶盆侧均有明显的红色锈迹，叶片断裂的形状与锈迹的走向相似，类似的情况在其他次末级叶片中也有体现，次末级叶片锈迹如图 5-1-64 所示。第 32 级叶片断落的部分（以下称"匹配断口"）因受其他叶片碰撞、挤压已发生变形、损伤，断裂叶片剩余部分（以下称"32 级叶片断口"）基本完好，断裂表面未受损伤，也未见明显的变形现象。

图 5-1-63   32、33 级叶片对比

图 5-1-64   次末级叶片锈迹

断口宏观形貌如图 5-1-65 所示，由图可见，断裂表面明显分为三个区域，即光滑区、纤维区和裂纹源。光滑区即疲劳裂纹扩展区，在叶片的进汽侧，约占整个断面的 2/3，此区域宏观疲劳条纹极为明显，宏观疲劳条纹为周期载荷的作用留下的痕迹。根据宏观疲劳条纹的指向可以判断，疲劳裂纹起始于叶片进汽侧外缘，疲劳裂纹的起始位置即疲劳源所在，在疲劳源部位存在一亮斑区域。

图 5-1-65   断口宏观形貌

（2）金相组织分析。采用体式显微镜观察，32 级叶片断口进汽侧和叶盆表面均有深浅不一的加工刀痕，个别地方加工刀痕深度明显（见图 5-1-66），同时表面存在凹坑，凹坑分布较不均匀，局部密集，局部稀疏甚至没有。在匹配断口进汽侧刃部的纵剖面发现存在裂纹（见图 5-1-67），裂纹与叶片加工刀痕方向一致，部分裂纹起始于加工刀痕的根部，且开裂部位的刀痕深度较大（见图 5-1-68）。

（a）放大 25 倍   （b）放大 45 倍
图 5-1-66   断口表面刀痕和凹坑形貌

图 5-1-67 匹配断口进汽侧刃部剖面

图 5-1-68 匹配断口进汽侧刃部上的裂纹

将纵剖面上的裂纹部位机械抛光后，在金相显微镜下观察，可见裂纹深入基体最长约达 0.2mm，仍然可见部分裂纹起始于加工刀痕处（见图 5-1-69），侵蚀后，发现裂纹有穿晶扩展的趋势。

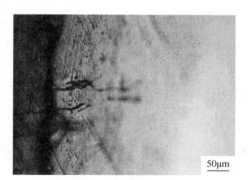
图 5-1-69 进汽侧刃部抛光后裂纹形貌

分别在第 32 级叶片距断口 8mm 的横截面、叶根纵剖面、断口亮斑的纵剖面处、断口横截面和叶根纵剖面取样，其金相组织均为回火马氏体，夹杂物为 B 类 2 级，符合标准要求。

（3）力学性能试验。分别在第 32 级和 33 级叶片上取样进行常温短时力学性能试验，第 32 级叶片所检力学性能指标满足 I 级标准要求，第 33 级力学性能指标满足 II/III 级标准要求，即 32 号断裂叶片的抗拉强度和屈服强度与 33 号完整叶片相比均较低，尤其是屈服强度比正常叶片要低 18%，而断后伸长率、断面收缩率以及冲击吸收功较完整叶片要高，表明第 32 级叶片的强度比第 33 级的完整叶片要低。

对第 32、33 级叶片分别进行硬度检查，断裂叶片和完整叶片的硬度值均高于标准要求上限，断裂叶片的硬度分布较不均匀，进汽侧的硬度低于叶片中间部位约 30HBW，同时也较正常叶片的进汽侧要低。

（4）微观分析。分别在 32、33 级叶片的有代表性的不同部位取样进行扫描电镜观察。从微观的放射花纹的走向进一步确定疲劳源的位置是在叶片进汽侧刃部边缘的小平面，32 号叶片疲劳源区形貌如图 5-1-70 所示，其局部表面被一层较厚的物质覆盖，能谱分析显示此附着物层的成分为 SiO_2。边缘最厚，随着向扩展方向观察，附着物的厚度逐渐减薄，在最边缘处有局部附着物脱落。

观察断口取样进汽边侧叶盆侧锈迹及其附近的微观形貌，可见叶盆侧的锈迹成分仍为 SiO_2，这些 SiO_2 大多紧密地附着在叶片基体表面，也有局部存在于叶片的横向加工刀痕内，32 号叶片进汽边侧叶盆侧微观形貌如图 5-1-71 所示。

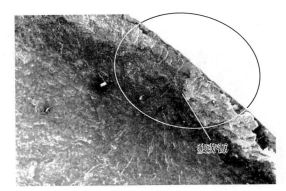

图 5-1-70　32 号叶片疲劳源区形貌

图 5-1-71　32 号叶片进汽边侧叶盆侧微观形貌

在匹配断口进汽边的刃部，存在大量大小不一的凹坑，从凹坑的形貌可判断，凹坑明显为受外来物质机械击打所致。32 号叶片匹配断口进汽侧刃部微观形貌如图 5-1-72 所示，由图可知凹坑有大小两类，大凹坑形状较圆滑，直径为 0.1～0.2mm（100～200μm），是在叶片喷砂过程中留下的痕迹。小凹坑形态不一，有较小圆形的、也有扁长的，基本呈不规则形的，尺寸为 0.01～0.02mm（10～20μm），部分小凹坑内被附着物完全覆盖，部分凹坑内还存在未完全脱落掉的附着物。

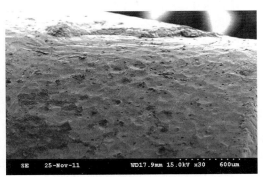

（a）未脱落的 SiO_2

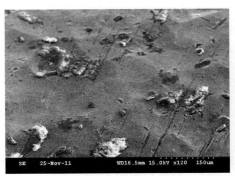

（b）凹坑内 SiO_2 局部脱落

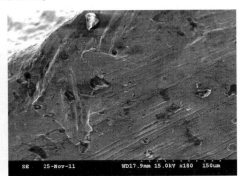

（c）SiO_2 全部脱落后的凹坑

图 5-1-72　32 号叶片匹配断口进汽侧刃部微观形貌

3. 综合分析

从叶片的材料因素分析，第32级断裂叶片和第33级正常未断裂叶片的化学成分均符合GB/T 8732《汽轮机叶片用钢》的规定，两只叶片各部分金相组织均为正常的回火马氏体组织。但是两只叶片的性能存在差异，第32级叶片的各项强度指标虽均在标准要求范围之内，但其抗拉强度、规定非比例性延伸强度和布氏硬度值均明显低于第33级叶片，尤其是屈服强度要比正常叶片低18%，32级叶片的屈服强度低，其相应的疲劳极限也更低，则其与正常叶片相比更易发生疲劳，这是第32级叶片更易发生疲劳断裂的材料方面的因素。

在第32级叶片断口疲劳源区域和断口下部约8mm处试样的叶盆侧，局部 SiO_2 剥落的区域有腐蚀坑存在，但这仅局限于局部位置，大部分位置却未见腐蚀坑，而且在断口进汽侧刃部及其附近和正常的33级叶片上均未见有腐蚀坑的存在。因此，腐蚀的存在并不是导致叶片断裂的主要原因，断口疲劳源区的腐蚀坑也只是起加速疲劳扩展的作用。

现场在对整级次末级叶片进行检查后，未发现存在大量叶片发生变形的现象，唯一一个有变形的叶片是第32级断叶片脱落掉的上半部分，是在其脱落之后受其他叶片碰撞、挤压而导致的变形，因此可排除水冲击导致叶片断裂的可能性。

虽然叶片表面存在凹坑，但这不是空蚀现象。由于叶片其他不裸露部位，如叶根、叶顶等部位也存在着凹坑，且尺寸一致，因此分析认为这是制造中喷砂留下的痕迹。但在观察中看到其均匀性欠佳。

从断口疲劳源的微观形貌分析，疲劳源局部区域较平滑，能谱确定此处为基体成分，电镜观察后未发现此处存在疲劳裂纹起始或者扩展的痕迹，同时也没有断口之间相互摩擦过的痕迹。表明这个疲劳源的平滑区并不是因附着物覆盖或者被摩擦而变成的平面，探讨其形成的原因可能是由于此处曾存在微区缺陷，其在断裂时或取样运输过程中脱落留下的，同时根据平滑面的尺寸（约宽0.1mm，长度部分被 SiO_2 附着物覆盖）接近加工刀痕的深度，所以也可能是加工刀痕截面形貌。

从叶片的宏观、微观形貌方面分析，次末级叶片在叶盆侧均存在红色的锈迹，能谱分析表明，这些锈迹全部为 SiO_2 的附着物，第32级叶片断裂的位置以及断裂扩展的形貌几乎与叶片叶盆侧的锈迹边缘走向一致。此外，对断裂的第32级叶片的断口进行扫描电镜观察，疲劳源区在叶片进汽侧，源区和疲劳扩展区覆盖着一层坚硬的 SiO_2，源区最多，随着疲劳的扩展 SiO_2 含量逐渐减少。同时，在进汽侧的刃部靠近疲劳源的位置，存在大量大小不一的凹坑。没有证据证明那些较小的、尺寸为0.01～0.02mm的凹坑会对正常叶片表面产生严重的影响。而直径为0.1～0.2mm的凹坑为叶片安装前喷砂留下的痕迹，一般来说，喷砂后留下的较密集的、均匀分布的凹坑可以在表面形成压应力，在一定程度上限制裂纹的形成和扩展，但是在进汽侧刃部发现喷砂粒度不够，凹坑的分布并不是很均匀，局部区域凹坑较少甚至没有，凹坑少或没有的地方其压应力就不足，相对于其他部位就是薄弱环节，无法起到限制裂纹形成和扩展的作用。

从叶片的结构和受力方面分析，叶片的应力状态也较复杂，承受的应力主要有两类。第一类为静应力，包括转子转动时叶片的离心力产生的对叶片的拉应力、蒸汽流动时对叶片造成的弯曲应力和安装时叶片偏离叶轮辐射方向而产生的弯曲应力，叶片越长，转子直径越大，转速越高，叶片的拉应力就越大。一般情况下，叶片的进汽侧受力高于出汽侧。第二类是激振应力，叶片运行中，受到流动蒸汽流力的作用，叶片产生振动，这种力为激振应力。叶片受到激振力的作用将产生强迫振动，一般来说，强迫振动的振幅较小时，不会对叶片造成损伤，但当强迫振动的频率与叶片的自振频率相同或成倍数时，就会引起共振。共振振幅较大，会使叶片很快发生断裂。此次断裂的第 32 级次末级叶片属于自带冠形整圈自锁叶片，在运行中叶片受力后发生一定的扭转，使叶冠互相锁紧，不形成自由叶片，以降低共振的风险，因此，自带冠形整圈自锁叶片是靠叶片的设计、加工、安装等来保证其安全运行的，对装配间隙和安装、加工精度要求也极为严格，安装和运行过程中稍有不慎就会引起共振。

对叶片来说，其接近根部区域尺寸较宽厚，其刚度较大，尤其是在 1/5~2/5 叶型长度区域，叶片运行时的扭转应力和激振应力也较大，随着向叶顶方向发展，叶片厚度变薄，刚度也随之降低，此次断裂叶片的位置即在叶形的 2/5 位置处，同时在对断裂叶片的检查中发现，在断口上部约 2~5mm 的进汽侧刃部的纵剖面位置上存在裂纹，部分裂纹起始于叶片表面的加工刀痕，裂纹的存在说明此处所受疲劳载荷较大，所以从这些方面可以推断动应力过大是导致叶片断裂的直接原因。

4. 结论

2 号机 Ⅰ 低压转子次末级第 32 级叶片的断裂原因：叶片断裂位置所受动应力大且复杂（制造、安装中任何一点偏差都会造成叶片动应力增大，甚至在运行中存在共振），加之进汽侧刃部有较深的加工刀痕，存在一定的应力集中，同时又由于其 32 号叶片的性能指标与其他叶片相比力学性能相对较低，在几种因素的共同作用下，在进气侧刃部萌生裂纹，受拉应力、弯曲应力和激振力等应力的综合作用，疲劳扩展加速，最终导致叶片疲劳断裂。

根据叶片表面宏观检查结果发现，叶片表面喷丸存在不均匀现象，有些区域根本没有喷到，在叶片表面不能形成压应力，也会使材料的疲劳极限下降，进而会促进疲劳断裂的产生。

5. 措施

（1）鉴于叶片的振动特性受制造尺寸、叶片质量、表面质量、安装配合间隙和叶片固有频率等因素的影响较大，稍有偏差都会造成叶片的疲劳断裂，建议该叶片使用Ⅱ级以上热处理方式以获得较高的强度等级。

（2）2 号机共有两个低压转子，Ⅰ 号低压转子的次末级叶片上已发现大量的 SiO_2，应对Ⅱ号低压转子叶片进行检查。同时进一步研究 SiO_2 的来源与危害。

（3）加强对新换叶片的喷丸工艺与效果的监督与检查。

6. 知识点扩展及点评

汽轮机组对叶片在制造过程中的制造质量、加工精度及装配质量要求均比较高，叶片的材质缺陷、表面质量、圆角过渡和安装不当等都有可能导致叶片的早期失效，同时叶片尺寸及质量还可能会改变其固有频率，导致叶片在转动过程中发生共振动。因此，加强对叶片生产制造流程的质量控制、加强加工完成后的质量检验对预防叶片在服役过程中发生断裂显得十分重要。

第二节　大型铸锻件开裂

案例：高压内缸缸体开裂

1. 基本情况

某电厂于 2017 年 3 月对 2 号机组检修过程中发现高压缸内壁高压侧有 1 处约 190mm 裂纹缺陷，同时该厂于 6 月对 1 号机组检修过程中发现高压缸同一位置也有 1 处约 160mm 长的裂纹缺陷，裂纹缺陷如图 5-2-1 所示。

图 5-2-1　裂纹缺陷

2. 检查分析

裂纹位于铸件厚壁和薄壁的过渡区域，结构复杂，在受到热膨胀和振动时，此位置属于应力集中区域，同时在缺陷挖除过程中，发现除裂纹缺陷以外，还有多处近表面和内部的铸造性缺陷，铸造性缺陷如图 5-2-2 所示。据了解，该电厂启停机较频繁，平均每月启停机 1 次，频繁的启停机导致缸体经过多次膨胀收缩的过程，加速裂纹的产生。

 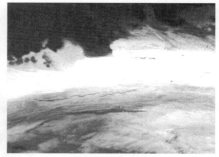

（a）缺陷宏观形貌　　　　　　　　　　（b）裂纹走向

图 5-2-2　铸造性缺陷

3. 结论

缸体铸件的裂纹缺陷以及近表面和内部的铸造性缺陷导致了缸体的开裂，结构原因及频繁启停也加速了裂纹的产生。

4. 措施

对此类缸体裂纹缺陷的处理，现场往往采用挖除补焊的方式进行处理，常用的处理方式主要有以下两种：

（1）同性材料的热补焊：淬硬倾向较大，需进行焊后热处理消除焊接应力，工艺简单容易实施。

（2）镍基或奥氏体焊材的冷补焊：可不进行焊后热处理，但焊接工艺控制较复杂，焊接应力不易控制。

对于现场补焊的情况，应充分考虑以下不同于制造厂焊接的特点：①因大型铸件结构等原因，不易进行充分预热和焊后热处理；②因大型铸件体积大、散热快，导致焊接时冷却速度过快；③结构刚性大，导致拘束度大，局部补焊易产生较大拘束应力。

5. 知识点扩展及点评

大型铸件在铸造过程中容易产生夹杂、气孔、缩孔、疏松等缺陷，这些缺陷不仅降低了基体的强度，而且易形成应力集中。汽缸作为大型铸件，具有结构复杂、厚度较大、材料等级高等特点，在高温高压和一定的温差、压差作用下长期工作，工作条件相当恶劣，承受的载荷也比较复杂，除易在铸造缺陷部位产生裂纹外，在汽缸的进汽区（如厚的法兰、凸肩与缸壁的连接处）也容易产生裂纹。随着机组参与深度调峰，汽缸的受力状况更加复杂，更易出现汽缸开裂失效事故，因此对调峰机组要加强日常监督管理，发现问题及时采取措施。

第三节　高温紧固件的失效

一、案例 1：热处理不当导致中压调节阀螺栓断裂

1. 基本情况

某电厂中压调节阀螺栓在运行时发生断裂失效，该螺栓材质为 Inconel783。断裂螺栓如图 5-3-1 所示，由图可见螺栓裂纹起源的位置为螺杆的变截面处，该位置是整个螺栓结构中应力集中最大的位置。主裂纹由外壁向内壁扩展，螺栓剖开后发现局部有未贯穿内外壁的闭合性裂纹存在。

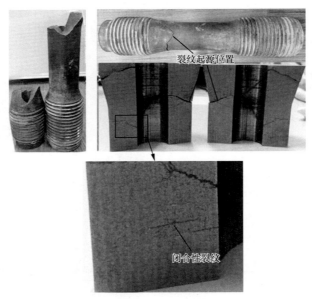

图 5-3-1　断裂螺栓

2. 检查分析

未断裂螺栓横截面试样的金相组织如图 5-3-2 所示，由图可见其组织由奥氏体和金属间化合物组

成，奥氏体晶粒大小不均，部分晶粒无完整的晶界。基体中有块状和棒状的金属间化合物存在。

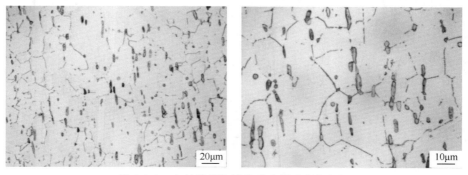

图 5-3-2　未断裂螺栓横截面试样的金相组织

断裂螺栓横截面试样的金相组织如图 5-3-3 所示，由图可见组织由奥氏体和金属间化合物组成，奥氏体晶粒大小不均，部分晶粒无完整的晶界。基体中有块状和棒状的金属间化合物存在。

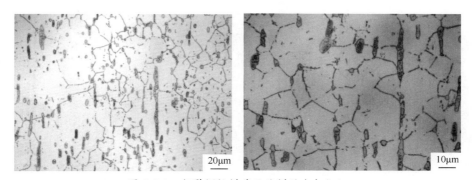

图 5-3-3　断裂螺栓横截面试样的金相组织

断口附近的金相组织如图 5-3-4 所示，图 5-3-4（a）、（b）中二次裂纹的形貌和走向可见主裂纹应是由外壁向中心孔方向扩展；图 5-3-4（c）中可见中心孔壁附近组织相对较为均匀；图 5-3-4（d）中显示靠近螺栓外表面附近晶粒大小不均，奥氏体晶界不完整；图 5-3-4（e）中主裂纹边缘有氧化物存在，二次裂纹中充满氧化物。

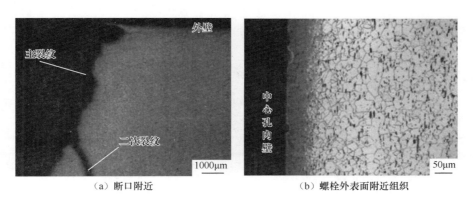

（a）断口附近　　　　　　　　　　　　　（b）螺栓外表面附近组织

图 5-3-4　断口附近的金相组织（一）

（c）主断口附近组织

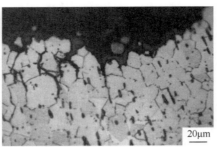
（d）主断口边缘组织

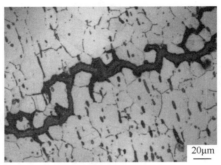
（e）二次裂纹附近组织

图 5-3-4　断口附近的金相组织（二）

闭合性裂纹附近的金相组织如图 5-3-5 所示，由图 5-3-5（a）可见在螺栓中存在一条没有贯穿中心孔和外壁的闭合性裂纹，同时附近存在一条延伸到中心孔壁的裂纹；图 5-3-5（b）中可见延伸到中心孔壁的裂纹并非起源于中心孔壁，而是起源于螺栓内部，裂纹沿晶扩展，内部有氧化物存在；图 5-3-5（c）中可见闭合性裂纹沿晶扩展，该裂纹总长约 8mm，由多段裂纹组成，裂纹末端呈树枝状分叉结构，裂纹内部有氧化物存在。

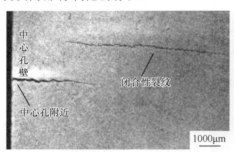
（a）组织（放大12.5倍）

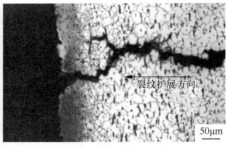
（b）组织（放大500倍）

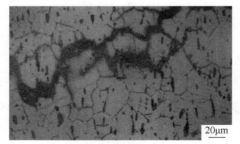
（c）闭合性裂纹附近组织（放大500倍）

图 5-3-5　闭合性裂纹附近的金相组织

经检查，所有样品的强度、硬度和延伸率均符合要求，样品的室温冲击韧性都较低。未发生失效断裂的螺栓比失效断裂的螺栓具有相对较高的强度和硬度，较低的冲击韧性。

3. 综合分析

此次检验螺栓的化学成分和室温强度满足要求，金相组织中显示晶粒大小不均，奥氏体晶界不完整，块状和棒状的金属间化合物分布在基体中。该螺栓发生了脆性沿晶断裂，断裂性质为应力加速晶界氧化脆性断裂。螺栓热处理不当导致组织不均，奥氏体晶界不完整，晶界未生成网状较窄且连续的 β 相。此种状态的螺栓在高温高应力环境下服役时，氧在应力场的作用下沿晶界扩散，晶界偏聚的氧原子进一步产生氧化物，导致晶界脆化。当局部晶界强度低于外加应力时便会萌生沿晶裂纹，裂纹在基体中不断扩展，最终导致螺栓断裂。

4. 结论

螺栓热处理不当导致组织不均，螺栓发生了脆性沿晶断裂，断裂性质为应力加速晶界氧化脆性断裂。

5. 措施

（1）加强入厂设备检验，对新型镍基合金螺栓受限于现场试验条件，建议取样进行实验室检验。

（2）现场安装过程中热紧螺栓时，应规范操作，加热螺栓中心孔应均匀，避免超温。

（3）此种螺栓使用过程中应加强监督，缩短螺栓检修周期，有检修机会就进行超声波检测。

6. 知识点扩展及点评

螺栓制造时热处理加热温度过高、奥氏体化温度过高或回火温度过低，都会导致持久塑性降低和缺口敏感性增加，使螺栓在高温下长期运行过程中发生脆化程度加大，容易导致螺栓早期失效。然而，奥氏体化温度过低或回火温度过高，由于固溶体合金化不充分，碳化物过于粗大，虽然可以获得较好的塑性，但螺栓的高温性能（蠕变极限、持久强度、抗松弛性能等）会变差，对螺栓长期稳定运行不利。因此，要严格控制螺栓制造过程中的热处理工艺。

二、案例2：某1000MW机组主汽调节联合阀螺栓断裂失效

1. 基本情况

2011年1月30日，某电厂4号机C级检修时，发现主汽门两根螺栓发生断裂，分别为1号与2号主汽门第11根和第23根螺栓。在随后的检修过程中，又发现1号主汽门第8根和2号主汽门第19根螺栓以及3号调速汽门第25、30、34根螺栓断裂，主汽调节联合阀断裂螺栓分布如图5-3-6所示。该机组为1000 MW超超临界机组，主汽调节联合阀是由日本生产、国内整套进口使用。主汽门、调速汽门螺栓材质为K62N68A，属于日本牌号，类似于国内GH4145高温镍基螺栓。

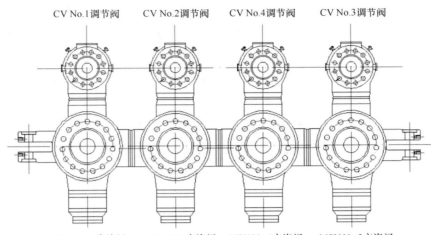

图 5-3-6　主汽调节联合阀断裂螺栓分布

2. 检查分析

（1）宏观形貌。对 1 号主汽门第 11 根和 3 号调速汽门第 34 根断裂螺栓（记为 1、2 号螺栓）进行失效分析。螺栓断裂部位宏观形貌如图 5-3-7 所示，两根螺栓的断裂部位较为相似，均断在整个螺栓的光杆段，而非螺纹处。其中，1 号螺栓断在距离下螺纹 10cm 处，2 号螺栓在距离下螺纹 6.5cm 处断裂。两根螺栓光杆段外表面的表面粗糙度较好，无咬边、磕碰、斑点等缺陷。

（a）1 号螺栓断裂位置

（b）2 号螺栓断裂位置

图 5-3-7　螺栓断裂部位宏观形貌

螺栓断口宏观形貌如图 5-3-8 所示，由图 5-3-8（a）可见，1 号螺栓断口颜色相对暗灰，无明显塑性变形，断口相对齐平并垂直于拉伸载荷方向，呈岩石状花样，立体感较强。反方向沿放射状花样可发现内壁存在多处裂纹源［如图 5-3-8（a）中箭头所示］，终断区位于螺栓边缘，占整个螺栓 1/6，为拆卸螺栓时扭断，整个断口呈脆性断裂特征。由图 5-3-8（b）可见，除与 1 号螺栓类似的断口形貌外，2 号螺栓还呈现疲劳断裂的性质，疲劳源为沿内壁多处，隐约可见贝壳纹，瞬断区为沿贝壳纹方向［如图 5-3-8（b）中箭头所示］，断口呈脆性断裂与疲劳断裂混合特征。

（a）1号螺栓断口宏观形貌 （b）2号螺栓断口宏观形貌

图 5-3-8 螺栓断口宏观形貌

螺栓电烧蚀后宏观形貌如图 5-3-9 所示。图 5-3-9（a）～（c）为 1 号螺栓烧蚀宏观形貌，由图可见，烧蚀处在 1 号螺栓内壁，紧邻断口下方，呈半圆状，且面积较大；将 1 号螺栓沿纵截面剖开，发现在断口下方沿内壁 5cm，下螺纹 1/2 处，还存在一处电烧蚀的痕迹；通过局部放大照片，可见螺纹下方的烧蚀处呈小坑状，且烧蚀坑较深，烧损面积不大，金属液体飞溅严重，出现"卷边"的形貌特征。仔细观察烧蚀坑边缘，不难发现烧蚀坑尖端处存在微裂纹，呈放射状向螺栓上部蔓延。图 5-3-9（d）～（f）为 2 号螺栓烧蚀宏观形貌，由图可见，烧蚀坑仍然在 2 号螺栓内壁，断口下方 2cm 处，剖开纵截面观察局部烧蚀处，可见 2 号螺栓烧蚀坑较浅，无金属液体严重飞溅的现象，但烧损面积有所增大，微裂纹变粗变长，有二次裂纹产生，并沿螺栓纵向、横向扩展。

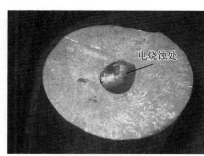
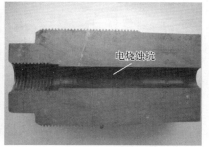

（a）1号螺栓电烧蚀宏观形貌 （b）1号螺栓纵截面宏观形貌

（c）1号螺栓电烧蚀坑放大形貌 （d）2号螺栓电烧蚀宏观形貌

图 5-3-9 螺栓电烧蚀后宏观形貌（一）

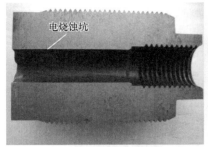

(e) 2号螺栓纵截面宏观形貌　　　　　　(f) 2号螺栓电烧蚀坑放大形貌

图 5-3-9　螺栓电烧蚀后宏观形貌（二）

（2）化学成分分析。在 1、2 号螺栓断口附近分别取样进行化学成分分析，螺栓合金元素化学成分分析结果见表 5-3-1。两根螺栓的化学成分全部符合 TOSHIBA PN KS01951-a《东芝公司采购标准》（以下简称"采购标准"）的规定。

表 5-3-1　　　　　　　　　　　螺栓合金元素化学成分分析结果　　　　　　　　　　单位：%

合金元素	C	Si	Mn	P	S	Cr	Ni	Mo	Co
采购标准	≤0.08	≤0.35	≤0.35	≤0.015	≤0.015	17.00～21.00	50.00～55.00	2.80～3.30	≤1.00
1 号螺栓	0.0025	0.055	0.050	0.005	0.0006	17.88	53.62	2.64	0.14
2 号螺栓	0.0031	0.050	0.075	0.005	0.0005	17.66	54.04	3.04	0.15
合金元素	Al	Ti	Nb+Ta	B	Cu	Pb	Bi	Se	Fe
采购标准	0.20～0.80	0.65～1.15	4.75～5.50	≤0.006	≤0.30	≤0.0005	≤0.00003	≤0.0003	剩余
1 号螺栓	0.57	0.92	5.23	0.0025	0.029	合格	合格	合格	—
2 号螺栓	0.54	0.90	5.22	0.0031	0.035	合格	合格	合格	—

（3）力学性能试验。

1）硬度试验。在两根螺栓断口附近横截面取样进行布氏硬度试验，结果见表 5-3-2。参照采购标准的规定，K62N68A 螺栓固溶+时效供应状态 HBW10/3000 应不低于 331。由表 5-3-2 可见，两根螺栓的布氏硬度均符合采购标准，且 1、2 号螺栓及同根螺栓的不同部位，硬度值较为均匀。

表 5-3-2　　　　　　　　　螺栓不同部位硬度值（布氏硬度 HBW 10/3000）

位置	靠近内壁	1/2 处	靠近外壁
1 号螺栓	425	420	421
2 号螺栓	433	431	435

2）拉伸、冲击试验。在 1、2 号螺栓杆分别取样，按照 JIS Z2201《金属材料拉伸试验》和 JIS Z2202《金属材料冲击试样》的规定，加工成 ϕ14mm 的棒状拉伸试样和 55mm×10mm×10mm 的 V 形缺口冲击试样，在室温下进行拉伸和冲击试验。

拉伸试验结果见表 5-3-3，由表可见，两根螺栓的抗拉强度、屈服强度、断后伸长率及断面收缩率均符合采购标准规定。

表 5-3-3 室温拉伸试验结果

编号	抗拉强度（N/mm²）	屈服强度（N/mm²）	断后伸长率 A（%）	断面收缩率 Z（%）
采购标准要求值	≥1280	≥1035	≥12	≥15
1-1	1377	1181	21	44
1-2	1381	1179	20	44
2-1	1397	1209	21	43
2-2	1397	1211	21	45

冲击试验结果见表 5-3-4，结果表明，两根螺栓的室温冲击性能均满足采购标准的要求。

表 5-3-4 冲击试验结果

编号	冲击吸收功（J/cm²）
采购标准要求值	≥20
1-1	42
1-2	42
2-1	36
2-2	36

（4）金相组织分析。沿两根螺栓烧蚀处横截面取样进行金相组织观察，螺栓电烧蚀处横截面金相组织如图 5-3-10 所示。未腐蚀时，明显可见裂纹沿 1、2 号螺栓内壁烧蚀处向外壁扩展，长度分别为 1.41mm 和 0.40mm，如图 5-3-10（a）、（b）所示；采用王水腐蚀后，可见 1、2 号螺栓为奥氏体组织，晶粒没有发生明显的塑性变形，2 号螺栓较 1 号螺栓晶粒细小，同时发现两根螺栓均存在沿晶裂纹，贯穿整个视场，如图 5-3-10（c）、（d）所示；在更高倍数下观察晶界，印证了裂纹走向为沿晶，局部裂纹呈龟裂状，还可见在奥氏体基体上有鸠灰色棒状碳化物析出，特别是三叉晶界上此类棒状碳化物富集较为严重，晶内则分布着点状析出物，如图 5-3-10（e）、（f）所示。

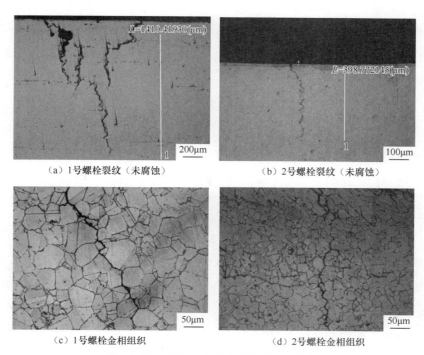

（a）1号螺栓裂纹（未腐蚀）　　（b）2号螺栓裂纹（未腐蚀）

（c）1号螺栓金相组织　　（d）2号螺栓金相组织

图 5-3-10　螺栓电烧蚀处横截面金相组织

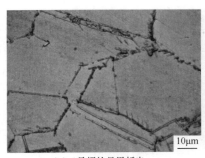 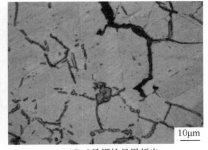

（e）1号螺栓晶界析出　　　　　　　　　　（f）2号螺栓晶界析出

图 5-3-10　螺栓电烧蚀处横截面金相组织

3. 综合分析

（1）宏观形貌分析。两根螺栓均在光杆段断裂，而光杆段外表面的表面粗糙度较好，无咬边、磕碰、光谱斑点等原始缺陷，因此可以排除表面外伤作为裂纹源，诱发此次螺栓断裂的可能。

从断口形貌分析，1 号螺栓属脆性断裂性质，2 号螺栓属于脆性+疲劳断裂性质。螺栓内壁萌生裂纹后，在高温拉应力载荷作用下，伴有汽轮机设备较高的振动频率，裂纹扩展速率很快，容易导致无明显塑性变形的脆性开裂与疲劳断裂。

在两根螺栓内壁均发现了电烧蚀痕迹。据电厂人员介绍，4 号机主汽调节联合阀在安装调试时，采用电加热棒从螺栓中心孔伸入，对螺栓加热实施热紧，而后复查时也发现了加热棒绝缘陶瓷有破损。因此电烧蚀的产生可能使加热棒绝缘陶瓷破损，近距离接触螺栓内壁时，击穿空气介质，在内壁表面起弧，导致螺栓发生熔化。1 号螺栓较 2 号螺栓击穿坑深，烧蚀面积小，这是由于加热棒破损部位距离内壁表面的间距不同造成的。虽然两根螺栓的材质相同（其耐电压强度是一定值），但 2 号螺栓加热时，加热棒破损部位距离内壁更远，烧蚀坑周围的电弧分散明显增多，电弧有向周围连续、无规则运动的趋势，从而电弧寿命更长，金属液体均匀而持续地熔化、飞溅，致使 2 号螺栓烧损面积增大，烧蚀坑也变浅。螺栓内壁的烧蚀坑作为缺口而起作用，服役时在缺口处产生较大的应力集中，极易萌生裂纹。在高应力与高振动频率的作用下，微裂纹快速扩展，当剩余有效横截面不足以承受所加载荷时即发生断裂。

综合来看，汽轮机运行时，主汽调节联合阀螺栓受高温、拉应力作用，同时设备振动较大，而烧蚀坑的存在诱发了微裂纹的萌生及扩展，螺栓极易以此作为裂纹源发生断裂。

（2）化学成分分析。两根螺栓的主要合金元素化学成分均符合采购标准的规定，不存在错用材质的情况。

（3）力学性能分析。两根螺栓的布氏硬度值符合采购标准的规定，其中 2 号螺栓硬度较 1 号螺栓高 10HBW，同根螺栓横截面的硬度分布较为均匀。室温拉伸、冲击试验值符合采购标准规定，不存在螺栓长期运行后老化失效的可能。

（4）金相组织分析。两根螺栓在未腐蚀时，可见裂纹由内壁向外壁扩展。经腐蚀后，发现奥氏体基体上有碳化物（MC 或 $M_{23}C_6$）及析出物（Ni_3Al 或 Ni_3Ti），分布在晶界和晶内。采购标准规定，

K62N68A 材质螺栓采用固溶+时效热处理工艺。碳化物的形成是由于在热处理时，碳化物优先在晶界等位错缺陷堆积的区域形成，随着热处理时间的延长，碳化物不断地形核、长大，并伴随着小颗粒溶解，大颗粒吞并小颗粒的 Ostwald 熟化现象。与此同时，基体中的过饱和固溶体在失效时脱溶分解并以一定形式析出，弥散分布在基体中形成更加细小的析出沉淀相。综合分析，两根螺栓金相组织正常，但若有裂纹源萌生，极易在晶界弱化区域脆性开裂，造成沿晶断裂。

4. 结论

此次主汽调节联合阀螺栓断裂的原因是热紧时电加热棒破损，击穿空气介质后烧蚀螺栓内壁，形成烧蚀坑，烧蚀坑诱发了裂纹的萌生及扩展。在高温、高应力状态和高振动频率的服役环境下，造成螺栓缺口敏感脆性和疲劳综合作用引起的脆性+疲劳断裂。

5. 措施

采用电加热棒对螺栓进行热紧时，应小心操作，防止加热棒损坏；热紧后，应仔细检查加热棒是否破损，如有破损，需对螺栓中心孔进行内窥镜检查和无损检测，以检查螺栓内壁是否被烧蚀，若确认有烧蚀情况，需及时维修或更换。

6. 知识点扩展及点评

机组检修时，通常需要将螺栓拧紧至一定程度（冷紧），然后用专门的电加热装置通过螺栓中心孔对螺栓进行加热，待螺栓受热伸长后，再拧紧螺母，使螺栓预紧力达到要求。如果加热不当（譬如加热棒破损），造成螺栓中心孔局部过热甚至烧熔，形成裂纹导致螺栓脆性断裂。该案例是由于外界损伤造成失效的典型代表，金属技术监督部件在检修、使用过程中，常常会受到外界因素的影响，甚至发生损伤，这就需要判断当部件与外界作用后，部件是否有发生损伤的可能，必要时应进一步采用无损检测的方法确认。

三、案例3：中低联轴器螺栓低应力断裂失效

1. 基本情况

某电厂 1 号机中低联轴器螺栓在安装预紧力（83～91MPa）达到 67MPa 时突然发生断裂。该螺栓的制造标准为其生产公司工厂标准 B40170—2005，其材质为 30Cr2Ni4Mo，属合金结构钢。

2. 检查分析

宏观检查发现断裂螺栓端部螺纹内部中空，中空底部对应螺栓外表面第一扣螺纹，断裂部位在螺栓的旋入端第一扣螺纹根部附近，断裂螺栓外观如图 5-3-11 所示。此处为螺栓应力集中部位，螺栓预紧过程中，此处应力最大。

肉眼观察螺栓断口，发现断口附近无明显塑性变形，断口上有两种深浅不一的颜色区域，断口主要部分（浅色区域）几乎垂直于螺栓长度方向，三个主要的断裂面间存在断面扩展台阶，断裂面之间存在裂纹扩展，断口边缘部分（深色区域）与螺栓长度方向呈一定角度夹角，螺栓断口宏观形貌如

图 5-3-12 所示。通过扫描电镜观察断口微观形貌，发现断口形貌呈"冰糖状"，晶粒明显，且立体感强。从断口宏观和微观形貌来看，螺栓断裂属脆性断裂。

（a）螺栓断裂位置（局部放大）

（b）螺栓断裂位置（局部）

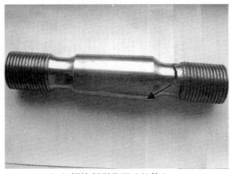
（c）螺栓断裂位置（整体）

（d）螺栓端部外观

图 5-3-11　断裂螺栓外观

（a）螺栓断口宏观形貌1

（b）螺栓断口宏观形貌2

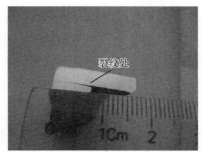
（c）螺栓内部裂纹位置及大小

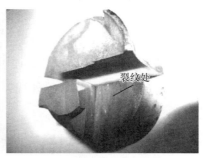
（d）螺栓内部裂纹位置

图 5-3-12　螺栓断口宏观形貌

对螺栓取样进行化学成分分析和金相组织分析，发现其主要合金元素含量全部符合工厂标准，不存在错用材质的情况；断口下方裂纹处和断口边缘及附近，金相组织均为回火索氏体，未发现明显差别，为30Cr2Ni4Mo回火后的正常显微组织，热处理工艺控制较好。

3. 综合分析

众所周知，化学成分、金相组织是决定螺栓材料的力学性能的基础，螺栓材料的化学成分和金相组织均合格，其力学性能不应出现重大偏差。从螺栓的力学性能试验数据看，反映局部性能的布氏硬度符合工厂标准的规定，但反映整体性能的室温拉伸的抗拉强度、下屈服强度均低于工厂标准规定。此外，在螺栓杆部取样，加工三个 55mm×10mm×10mm 的 V 形缺口冲击试样，粗加工过程中，其中一个发生无明显外力下的断裂，后补加两个试样进行试验，4 组试验数据显示其中 2 个试样冲击吸收功符合工厂标准规定，而另外 2 个试样的冲击吸收功明显低于工厂标准规定，且 4 组数据表现出很大的离散性。力学性能试验说明螺栓试样中很可能存在能够引起整体性能大幅降低的和偏离的缺陷，在无缺陷部位，性能就能达到该种材质的正常水平。

从失效过程可知，螺栓是在较低的预紧力下发生的低应力脆性断裂。材料本应具有良好塑性，螺栓在较低应力下发生脆性断裂，说明螺栓材料本身存在问题。材料内部的缺陷既提高了局部应力，又加剧了材料对有害环境的反应，大的缺陷甚至可能使零件部件一次加载就断裂。由于螺栓结构原因，螺栓成品后不能通过超声检测了解内部缺陷情况，从而可能导致原始坯料缺陷漏检被带入成品中。此外，螺栓旋入端第一扣螺纹根部是螺栓应力集中部位，螺栓预紧过程中，此处应力最大。在外界拉应力作用下，带有原始缺陷的螺栓发生裂纹横向扩展，多条裂纹同时扩展形成断层台阶，与螺栓宏观断口形貌相符。裂纹扩展导致螺栓有效承载截面大幅度减小，最后在远低于名义应力的低载荷下发生瞬时断裂。

4. 结论

螺栓内部存在原始缺陷，再加上螺栓旋入端第一扣螺纹根部是螺栓应力集中部位，因此螺栓在此处发生低应力下的瞬时断裂。

5. 措施

限于取样条件和现有检测手段，已经不能说明其他同批次同结构的螺栓是否存在内部裂纹类原始缺陷。建议更换同批次螺栓，并尽可能改进结构，实现成品检验环节把关。

6. 知识点扩展及点评

螺栓用钢冶炼时工艺控制不当，会造成锻件中心非金属夹杂物超标或者产生其他内部缺陷，并在锻造过程中诱发裂纹并扩展，为避免此类原材料缺陷问题的发生，应该增加原材料的超声波探伤检验程序。

螺栓的结构形式、加工质量对螺栓的早期失效影响较大。以直杆螺栓为例，螺纹和螺栓光杆部分的过渡处无过渡圆角，或圆角半径过小，会造成过渡部分产生应力集中，使螺栓过早地发生脆性破坏。控制好螺栓和螺纹的结构形式和加工质量对预防螺栓早期失效的作用是显而易见的。据资料介绍，集中在螺栓第一扣螺纹上的应力相当于承受全部负荷的 50%，因此大部分螺栓断裂部位发生在螺栓固定端工作颈与螺纹交界处或者第一扣到第三扣螺纹之间。当螺栓内部存在原始缺陷时，则会加速失效的发生。

四、案例 4：某厂中调节阀螺栓粗晶断裂分析

1. 基本情况

某电厂于 2010 年投入运行的机组，在 2016 年 4 月小修期间，发现 11 根中调节阀螺栓断裂（每个中调节阀有 32 根螺栓，共有 2 个中调节阀）。螺栓材质为 20Cr1Mo1VTiB，断裂螺栓相对位置不详，规格厂家未给出，根据测量，测得为 M32×270mm 规格的柔性螺栓，断裂螺栓规格及形貌如图 5-3-13 所示。

图 5-3-13　断裂螺栓规格及形貌

2. 检查分析

（1）宏观形貌。对从现场取回的三根螺栓进行标记，分别标号为 1、2、3。三根螺栓断裂位置不同：1 号螺栓断裂位置在 R 角处，2 号螺栓断裂位置在第 1、2 条螺纹之间，3 号螺栓断裂位置靠近 R 角的螺杆上。

三根螺栓的断口处均无明显塑性变形，断口平齐，三根螺栓断口的宏观形貌如图 5-3-14 所示。1、2 号断口呈放射状，有明显的放射状撕裂棱，为典型的脆性断口。1、2 号断口的放射状撕裂棱的放射源即为断裂的起始位置，方向为脆性断裂的走向，1、2 号螺栓断口形貌如图 5-3-15、图 5-3-16 所示。3 号断口呈现出晶粒外形，有发亮的小刻面，无剪切唇，为脆性断口，3 号螺栓断口形貌如图 5-3-17 所示。三根螺栓断口表面灰暗，证明已断裂一段时间。

图 5-3-14　三根螺栓断口的宏观形貌

图 5-3-15　1 号螺栓断口形貌

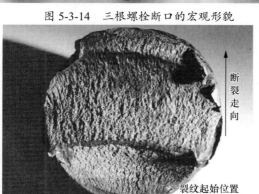

图 5-3-16　2 号螺栓断口形貌

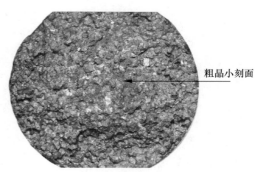

图 5-3-17　3 号螺栓断口形貌

　　（2）金相组织分析。解剖断口取金相试样，取样位置如图 5-3-13 画线处所示。对编号为 1、2、3 的试块研磨抛光腐蚀后进行金相组织观察。试样 1、2 金相组织正常，为回火贝氏体，1、2 号螺栓试样金相组织如图 5-3-18、图 5-3-19 所示。3 号螺杆试样晶粒粗大，观察试样 15、50、100 倍和 200 倍的组织形态，发现 3 号试样晶粒平均直径为 1.5～0.5mm，3 号螺栓试样在不同倍数下的金相组织如图 5-3-20 所示，根据 DL/T 439《火力发电厂高温紧固件技术导则》中规定，晶粒平均直径为 1.5～0.5mm 的为宏观粗晶；低倍下观察组织，不同位相的晶粒间有较大的反差，高倍下金相组织呈框架状贝氏体结构的晶粒，晶粒级别为 2 级。依此判断 3 号螺栓为宏观粗晶，晶粒级别 2 级。

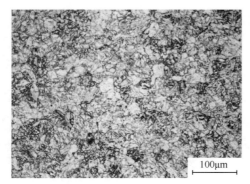

图 5-3-18　1 号螺栓试样金相组织

图 5-3-19　2 号螺栓试样金相组织

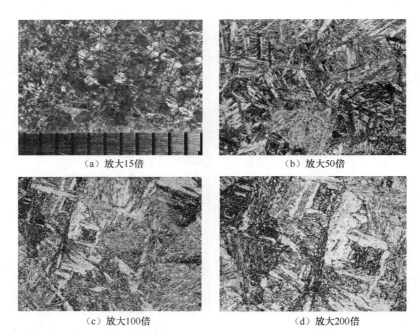

（a）放大15倍 （b）放大50倍

（c）放大100倍 （d）放大200倍

图 5-3-20 3 号螺栓试样在不同倍数下的金相组织

（3）硬度测试。室温下采用 XHB-3000 型布式试验机，根据 GB/T 231.1《金属材料 布式硬度试验 第 1 部分：试验方法》的要求，分别对 1、2、3 号试样进行硬度测试，分别测试 3 个试样沿直径方向上距离相等 3 点的硬度，试验压痕中心距试样边缘的距离、任意两个相邻压痕中心之间的距离均满足标准要求。螺栓试样硬度测试结果见表 5-3-5。根据 DL/T 439《火力发电厂高温紧固件技术导则》中规定，20Cr1Mo1VTiB 的硬度值范围是 255～293HBW，3 个试样硬度值均符合标准。

表 5-3-5 螺栓试样硬度测试结果（HBW2.5/187.5）

试样编号	1	2	3	平均值
1	271	268	265	268
2	277	275	273	275
3	265	262	260	263

对螺栓取样进行化学成分分析和金相组织分析，发现其主要合金元素含量全部符合工厂标准，不存在错用材质的情况；断口下方裂纹处和断口边缘及附近，金相组织均为回火索氏体，未发现明显差别，为 30Cr2Ni4Mo 回火后的正常显微组织，热处理工艺控制较好。

3. 综合分析

1 号螺栓断裂位置在 R 角处，2 号螺栓断裂位置在第 1、2 条螺纹之间，3 号螺栓断裂位置靠近 R 角的螺杆上。1、2 号两根螺栓的断裂位置是整根螺栓应力最大的位置。对三根断裂螺栓的断口处观察，1、2 号螺栓断口齐平，未见明显的塑性变形和疲劳纹，有明显的放射状撕裂棱，为典型的脆性断口；3 号螺栓断口呈现出晶粒外形，有发亮的小刻面，无剪切唇，为粗晶脆性断口。对 3 根断裂螺栓的螺杆部位进行取样，分别对螺杆截面处进行测试分析，三根螺栓所检部位的硬度值均符合

DL/T 439《火力发电厂高温紧固件技术导则》的规定。其中，1、2 号螺栓金相组织正常，为回火贝氏体。3 号螺栓有明显的粗晶组织，根据 DL/T 439《火力发电厂高温紧固件技术导则》的规定，3 号螺栓晶粒为宏观粗晶，晶粒级别 2 级。宏观粗晶导致螺栓韧性降低，使用性能不能满足要求，在复杂的工况下易发生断裂。根据 DL/T 439《火力发电厂高温紧固件技术导则》的规定，晶粒级别为 1、2 级的螺栓应报废。此机组 2014 年 3 月 A 级检修期间发现的 4 根中调节阀螺栓断裂原因，经分析为中调节阀螺栓承受较大应力而导致的脆性断裂。

4. 结论

3 号断裂螺栓为 2 级宏观粗晶，粗晶螺栓韧性降低，首先发生断裂。粗晶螺栓断裂后，其他位置螺栓受力增大，超过许用应力，进而引发多根螺栓发生过载断裂。

5. 措施

对此批螺栓进行金相组织复查，报废粗晶螺栓。

6. 知识点扩展及点评

20Cr1Mo1VNbTiB（争气 1 号）钢和 20Cr1Mo1VTiB（争气 2 号）钢是我国自行研制的低合金高强度钢，主要用于制造工作温度在 570℃以下的螺栓，其供货状态为调质，金相组织为回火贝氏体+珠光体。由于自身的特点（具有严重的组织遗传性），在生产过程中经常出现粗晶现象，导致螺栓力学性能特别是冲击韧性降低，使用性能不能满足要求，在复杂的工况下易发生断裂。

第四节　阀　门　问　题

一、案例 1：阀门卡涩分析和治理

1. 基本情况

某电厂 2×660MW 超超临界空冷汽轮发电机组，采用一次中间再热、单轴、三缸两排汽、直接空冷凝汽式。机组高调节阀、中调节阀均为立式结构，汽门阀杆衬套为镶嵌/喷焊司太立套筒结构。高调节阀、中调节阀运行（包括传动试验）和停机过程中均出现过不同程度卡涩，如左侧高调节阀关至 11.2%出现卡涩，右侧高调节阀关至 10.6%出现卡涩，右侧中主门关至 8%出现卡涩。中调节阀门芯与衬套卡涩如图 5-4-1 所示。

2. 检查分析

（1）中调节阀解体检查情况。阀碟与阀套间隙要求为 0.84～0.91mm，调节阀碟材质为 10Cr9W2MoVNbBN+渗氮，调节阀衬套材质为 10Cr9W2MoVNbBN+渗氮（密封环），此处氧化皮严重，

图 5-4-1　中调节阀门芯与衬套卡涩

导致间隙消失产生卡涩。中压调节阀门阀套氧化情况如图 5-4-2 所示。

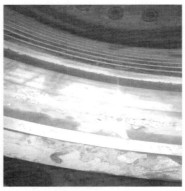

图 5-4-2　中压调节阀门阀套氧化情况

（2）高调节阀解体检查情况。阀芯与阀芯套间隙要求为 0.362～0.412mm，调节阀碟材质为 10Cr9Mo1VNb，调节阀衬套材质为 10Cr9Mo1VNb，检修解体前高调节阀空拉行程达不到设计要求，解体发现阀碟与衬套处卡涩严重。高压调节衬套卡涩情况如图 5-4-3 所示。

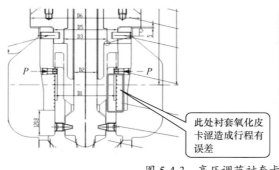

此处衬套氧化皮卡涩造成行程有误差

图 5-4-3　高压调节衬套卡涩情况

（3）中主门解体检查情况。阀门解体后，发现半环卡涩严重，导致阀杆卡涩，拆除困难，机组原半环材质为 Co3W3，升级后材质为 GH901，主汽阀碟材质为 10Cr9W2MoVNbBN。预启阀阀芯均出现卡涩现象，拆除困难，预启阀导向套处、门杆与阀芯配合处氧化皮也非常严重。中主门解体检查情况如图 5-4-4 所示。

图 5-4-4　中主门解体检查情况

3. 结论

解体气缸发现，汽轮机侧存在严重氧化皮脱落现象。随着运行时间的增加，阀门部件氧化厚度增加，导致动静间隙变小，门芯与衬套之间发生卡涩。相关研究也表明，阀杆与衬套间氧化皮并非完全由阀杆处脱落导致，其他部件处产生的氧化皮在汽水流通过程中在门芯与衬套等窄间隙处聚集，也会造成调节阀开合过程中的卡涩问题。

4. 措施

对 2 台机组阀门衬套喷涂司太立结构，更换卡环密封环等配件，调整相关部件间隙，详细的改造方案如下。

（1）高压主汽阀。阀芯件整体更换为新件，高压主汽阀改造部分示意图如图 5-4-5 所示，更换件见图 5-4-5 中涂色部分。

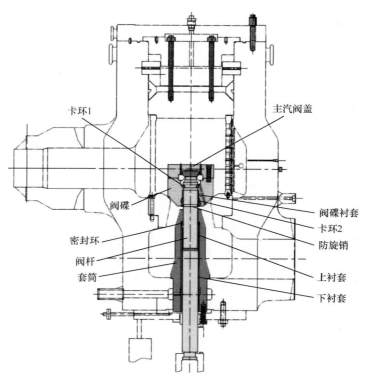

图 5-4-5　高压主汽阀改造部分示意图

优化方案如下：

1）卡环 1 材质由 2Cr12NiMoW1V 升级为 GH901。

2）阀碟内孔（与卡环配合处）喷焊司太立，原阀碟内圆未作处理。

3）阀碟衬套、上衬套、下衬套由镶嵌司太立更换为喷焊司太立。

4）防转销材质由 2Cr12NiMo1W1V 升级为 GH4169。

5）卡环 2 导向槽内喷焊司太立，原卡环未作处理。

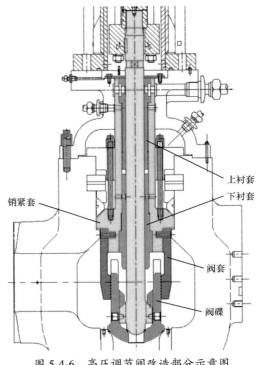

图 5-4-6 高压调节阀改造部分示意图

6）密封环材质由 F91 优化为 FB2。

（2）高压调节阀。阀芯件整体更换新件，高压调节阀改造部分示意图如图 5-4-6 所示，更换件见图中涂色部分。

优化方案如下：

1）阀碟外圆由氮化改为喷焊司太立。

2）阀套内孔（与阀碟配合处）由氮化改为喷焊司太立。

3）上、下衬套由镶嵌司太立结构更换为喷焊司太立结构。

4）阀碟与阀套间隙由 0.362～0.412 调整为 0.80～0.90。

（3）中压调节阀。芯件整体更换新件，中压调节阀改造部分示意图如图 5-4-7 所示，更换件见图中涂色部分。

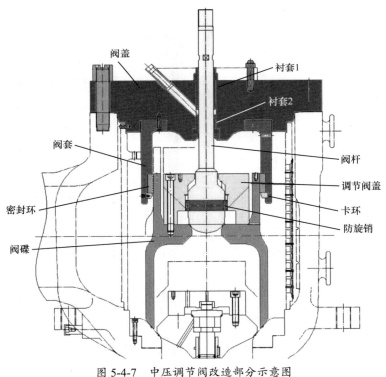

图 5-4-7 中压调节阀改造部分示意图

优化方案如下：

1）阀碟（与密封环配合处）由氮化改为喷焊司太立。

2）密封环（与阀碟配合处）由氮化改为更换为喷焊司太立结构。

3）调节阀盖内圆及导向键槽处由氮化改为喷焊司太立。

4）防旋销材质由 10Cr11Co3W3NiMoVNbNB 更换为 GH4169。

5）衬套 1、2 由镶嵌司太立结构更换为喷焊司太立结构。

6）中调阀碟间隙由 0.84～0.91mm 调整为 1.1～1.2mm。

7）阀盖与衬套 1、2 为过盈装配，故需一并更换新件。

（4）中压主汽阀。阀芯件整体更换新件，中压主汽阀改造部分示意图如图 5-4-8 所示，更换件见图中涂色部分。

优化方案如下：

1）卡环材质由 10Cr11Co3W3NiMoVNbNB 更换为 GH901。

2）阀碟内孔喷焊司太立，原阀碟未作处理。

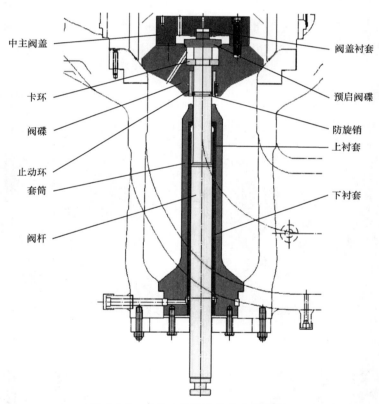

图 5-4-8　中压主汽阀改造部分示意图

3）预启阀碟材质由 10Cr9MoW2VNbBN 更换为 GH901。

4）阀盖衬套由镶嵌司太立结构更换为喷焊司太立结构。

5）防旋销材质由 1Cr11Co3W3NiMoVNbNB 更换为 GH4169。

6）止动环内圆由氮化更改为喷焊司太立。

7）上、下衬套由镶嵌司太立结构更换为喷焊司太立结构。

5. 知识点扩展及点评

调节阀卡涩问题涉及的影响因素众多，该案例主要涉及材料抗氧化性和阀门结构间隙的影响。材料在服役条件下的抗氧化性，包括材料本身、服役温度、时间和环境介质（汽水品质）的影响。

二、案例 2：机中压调节阀阀杆断裂失效分析

1. 基本情况

2012 年 6 月初，某电厂 2 号机中压调节阀阀杆运动困难，随即停机对阀体进行检查，发现两根阀杆断裂，材质为 2Cr12Ni1Mo1W1V，编号为 1、2。

2. 检查分析

（1）宏观分析。两根断裂阀杆的宏观形貌如图 5-4-9～图 5-4-13 所示，对比发现阀杆断裂部位相同，均为靠近阀杆一端的销孔部位。在断口下方截取试样仔细观察，发现断口部位均存在两个孔径相同的销孔。两个销孔与中心孔垂直，且销孔相互呈 90°分布。观察 1、2 号阀杆断口，可见两个断口宏观形貌十分相似，裂纹均起始于中心孔内壁、下部销孔与中心孔交汇处，沿阀杆杆壁向上部销孔处扩展，直至最后断裂。

观察 1、2 号阀杆中心孔内壁，发现内壁存在明显的加工刀痕，刀痕较深，贯穿整个中心孔内壁。在 2 号阀杆中心孔与销孔内壁相交部位发现较多的表面裂纹，裂纹深度较深，沿阀杆杆壁横向、纵向扩展。

图 5-4-9　断杆宏观形貌

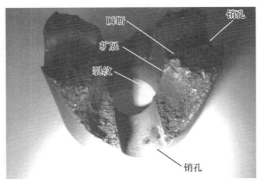

图 5-4-10　1 号阀杆断口形貌

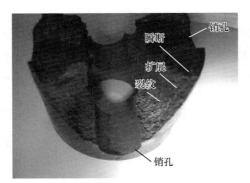

图 5-4-11　2 号阀杆断口形貌

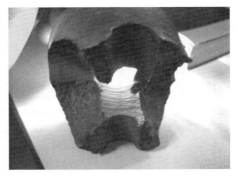

图 5-4-12　1 号阀杆内壁加工刀痕

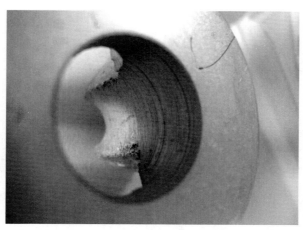

图 5-4-13 2 号阀杆内壁加工刀痕

在 1、2 号阀杆断口下方横截面处测量不同位置壁厚。横截面壁厚测量位置示意图如图 5-4-14 所示，在单个阀杆横截面处顺时针取 4 点，用游标卡尺测量壁厚，每点测量 3 次取平均值。杆壁的壁厚测量数据见表 5-4-1，由表可见，1 号阀杆 1、2 测量点壁厚相比 3、4 点较薄，其中最大薄厚差值为 0.32 mm；2 号阀杆 1、2 测量点壁厚亦比 3、4 点薄，薄厚差值增大为 1.62 mm。

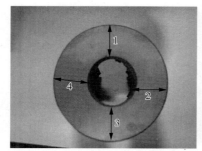 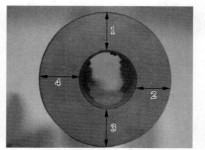

1号阀杆断口下方壁厚测量示意　　　　　　　　2号阀杆断口下方壁厚测量示意

图 5-4-14 横截面壁厚测量位置示意图

表 5-4-1 　　　　　　　　　　　　　杆壁的壁厚测量数据　　　　　　　　　　　　　单位：mm

测点	1 次	2 次	3 次	平均值
1-1	14.69	14.59	14.59	14.62
1-2	14.68	14.66	14.74	14.69
1-3	14.82	14.85	14.86	14.84
1-4	14.97	14.93	14.92	14.94
2-1	13.82	13.80	13.74	13.79
2-2	14.12	14.04	13.99	14.05
2-3	15.16	15.06	15.07	15.09
2-4	15.40	15.40	15.44	15.41

（2）化学成分分析。对两根阀杆分别进行化学成分分析，合金元素化学成分分析结果见表 5-4-2。阀杆的化学元素成分除 Ni 含量稍高于标准外，其余元素均符合 DL/T 439《火力发电厂高温紧固件技

术导则》的要求。

表 5-4-2 　　　　　　　　　　　　合金元素化学成分分析结果 　　　　　　　　　　单位:%(质量百分数)

合金元素	V	Cr	Mn	Ni	Mo	W	Cu
标准规定数值	0.20~0.30	11.00~12.50	0.50~1.00	0.50~1.00	0.90~1.25	0.90~1.25	≤0.25
1 号阀杆	0.22	11.51	0.63	1.01	0.92	0.96	0.09
2 号阀杆	0.24	11.66	0.72	1.04	0.95	0.90	0.10

（3）金相组织分析。在断口下方截取金相试样观察金相组织，1、2 号阀杆断口附近金相组织如图 5-4-15、图 5-4-16 所示。由图可见两根阀杆金相组织较为均匀，均为回火索氏体；在低倍光学显微镜下观察，发现阀杆心部金相组织中晶粒较为粗大；在阀杆外壁存在较薄的氧化皮。

（a）1号阀杆外壁金相组织

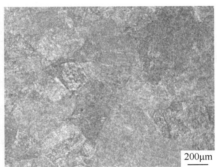
（b）1号阀杆中心孔金相组织

图 5-4-15　1 号阀杆断口附近金相组织

（a）2号阀杆外壁金相组织

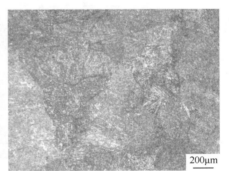
（b）2号阀杆中心孔金相组织

图 5-4-16　2 号阀杆断口附近金相组织

3. 综合分析

对两根断裂阀杆进行宏观形貌、化学成分、横截面壁厚测量和金相组织分析，试验结果表明，两根阀杆化学成分除 Ni 含量稍高于标准外，其他元素含量均符合标准规定，可以确认阀杆材质未用错。

通过宏观形貌分析可知，阀杆断裂起始于杆身靠近阀体一侧的销孔内壁，由于该部位在较近的距离内存在相互垂直的两个销孔，因此降低了阀杆杆体的有效承载面积，从而可能导致杆身强度低于要求强度，发生断裂。此外在中心孔内壁存在大量较深的加工刀痕，特别是销孔与中心孔交汇处的加工刀痕会形成应力集中，产生微裂纹，从而导致断裂抗力降低。

由于阀杆的中心孔为后钻孔加工而成，因此有必要检验加工中心孔与阀杆是否为同一圆心。在断口下方测量横截面壁厚，发现两根阀杆横截面壁厚均有不同程度的偏差，最大差值为 1.62mm，说明加工的中心孔与原始阀杆存在轴心偏心的情况。在机组运行中，阀杆要在高振频、高拉拔次数等条件下服役，阀杆中心孔轴心偏心，将会造成中心孔周围壁厚不均，易在销孔相交等薄弱部位造成应力集中而发生断裂。

4．结论

此次 2 号机中压调节阀阀杆断裂失效，主要原因是阀杆一端存在相互垂直的两个销孔，降低了该处杆体的有效承载面积，进而导致该处杆身强度降低。此外，阀杆内壁较深的加工刀痕是裂纹的潜在起源，由于加工中心孔时的偏心情况，导致壁厚不均匀，薄壁侧在使用时承受了相对更大的应力，导致断裂易发生于此处。

5．措施

改变销孔的设计方案，保证销孔的存在不会使该处杆身的强度低于许用应力；控制机加工精度，避免存在较深的加工刀痕，保证中心孔内壁的表面粗糙度和轴心的同心性。

6．知识点扩展及点评

该案例说明了结构设计问题（阀杆上销孔设计不合理）和机加工精度问题（加工刀痕和轴心偏心）是导致部件失效的原因之一。因此，优化结构设计和保证机加工精度是必要的。

三、案例 3：表面加工质量不良导致的门阀杆断裂

1．基本情况

2014 年 6 月 16 日，某电厂高压调节阀油动机门阀杆发生断裂。拆卸后，发现门阀杆在螺纹处发生两处断裂，门阀杆的材质为 40CrNiMoA，工作压力约为 13MPa，温度约为 80℃，运行介质为空气。该门阀杆使用时间约为半年。

2．检查分析

（1）宏观分析。门阀杆在螺纹处发生两处断裂，断裂为三截。其中一处断裂发生在第一条螺纹处，另一处断裂发生在整段螺纹中部，两处断口呈疲劳断口形貌，都有明显的疲劳弧线。第一条螺纹处断口形貌如图 5-4-17 所示，由图可知疲劳源位于断口上部，起始于螺纹根部，并在应力作用下，逐渐向门杆芯部扩展。断口下部发白区域为瞬断区，断面粗糙，呈颗粒状，无明显塑性变形，为脆性断裂终断区。螺纹中部断口形貌如图 5-4-18 所示，由图可知，疲劳源位于断口上部，起始于螺纹根部，逐渐向螺纹对侧扩展。该断口没有明显的瞬断区，这是由于断口位于螺纹中部，在实际使用过程中，处于螺母的紧固中。门阀杆螺纹部分与螺母之间的间隙较小，不会产生较大的位移，所以没有产生明显的瞬断区。

图 5-4-17　第一条螺纹处断口形貌　　　　图 5-4-18　螺纹中部断口形貌

对门阀杆螺纹区进行进一步观察，在螺纹表面发现两处明显的裂纹。其中一条裂纹起始于螺纹牙侧，该处可见明显的切削加工刀痕，裂纹向两侧和内部逐渐扩展，裂纹在牙侧起始区形貌如图 5-4-19 所示。另一条裂纹起始于螺纹牙底的加工刀痕处，并向两侧及内部逐渐扩展。

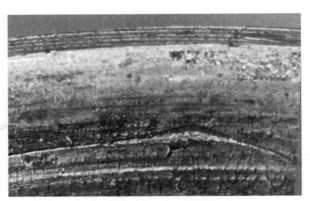

图 5-4-19　裂纹在牙侧起始区形貌

对断裂门阀杆螺纹表面状态进行了宏观观察，螺纹牙侧、牙底表面形貌如图 5-4-20、图 5-4-21 所示。从图中可知螺纹牙侧及牙底较为粗糙，存在大量密集而明显的切削刀痕。这可能是由于在螺纹加工过程中，切削速度过快或进刀量过大造成的。这些刀痕为螺纹上的薄弱部位，裂纹多萌生于此处。

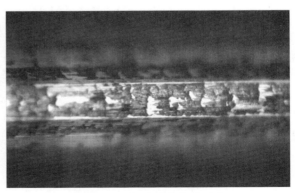

图 5-4-20　螺纹牙侧表面形貌　　　　图 5-4-21　螺纹牙底表面形貌

（2）金相组织分析。在断裂门阀杆不同位置取样，进行显微组织观察，各个位置的金相组织都为回火索氏体，金相组织未见异常。但在螺纹牙侧表面能见到明显的切削痕迹和微小的裂纹，螺纹牙侧表面金相组织如图 5-4-22 所示。

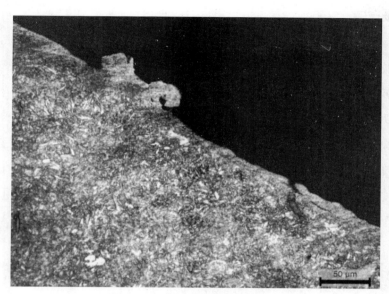

图 5-4-22　螺纹牙侧表面金相组织

3. 综合分析

对断裂门阀杆断口附近的金相进行观察，其组织都为回火索氏体，所检部位的金相组织未见异常。对门阀杆试样进行力学性能测试，发现门阀杆抗拉强度略低于标准要求，断后延长率、断面收缩率和冲击功都满足标准对 40CrNiMoA 材质的要求。

断口宏观分析表明，两处断裂均为疲劳断裂。门阀杆在螺纹加工过程中，由于切削速度过快或进刀量过大，在螺纹牙侧及牙底表面产生大量的切削刀痕和微小的裂纹。这些刀痕和微小裂纹成了疲劳断裂的裂纹源，从另外两处未完全断裂的裂纹处也可以证明裂纹源萌生于螺纹表面的切削刀痕和微小裂纹处。由于该门阀杆的抗拉强度较低，会加速疲劳裂纹的扩展，使门阀杆在短时间内断裂。

根据实际运行工况，可判断出两次断裂的先后顺序，第一次断裂应发生在螺纹中部，该处断裂发生后，还有部分螺纹与螺母相互咬合，使得门阀杆可以继续工作。当螺纹中部发生断裂后，应力在剩余螺纹上更加集中。最终，在第一条螺纹处发生断裂，使得门阀杆无法继续工作。

4. 结论

该电厂高压调节阀油动机门阀杆断裂属于螺纹区域的疲劳断裂。裂纹源萌生于螺纹表面在加工过程中产生的切削刀痕和微小裂纹，由于门阀杆的抗拉强度低，会加速疲劳裂纹的扩展，最终发生断裂。

5. 措施

（1）对同批次门阀杆螺纹进行宏观检查，发现螺纹表面状态不良的，及时更换。

（2）重视门阀杆等受力部件的表面质量的检查，尤其是在螺纹的应力集中位置。

6. 知识扩展及点评

零件的机械加工表面质量是指加工表面层的微观几何形状和物理机械性能。微观几何形状主要是指表面粗糙度，是影响零件的耐疲劳强度的重要因素之一。在交变载荷作用下，表面粗糙度波谷处容易引起应力集中，产生疲劳裂纹，且表面粗糙度越大，表面划痕越深，纹底半径越小，其抗疲劳破坏能力越差。表面层残余压应力对零件的疲劳强度影响也很大。当表面层存在残余压应力时，能延缓疲劳裂纹的产生、扩展，提高零件的疲劳强度；当表面层存在残余拉应力时，零件则容易引起晶间破坏，产生表面裂纹而降低其疲劳强度。表面层的加工硬化对疲劳强度也有影响。适度的加工硬化能阻止已有裂纹的扩展和新裂纹的产生，提高零件的疲劳强度；但加工硬化过于严重会使零件表面组织变脆，容易出现裂纹，从而使疲劳强度降低。

四、案例 4：某厂热再中压主汽门阀座密封面脱落分析及处理

1. 基本情况

某燃机电厂二托一机组 3 号机在检修中发现，2 号热再中压主汽门门座底口密封面脱落（出口侧），脱落长度约 600mm，热再中压主汽门密封面脱落如图 5-4-23 所示。阀门型号 28-55506，材质 C12A；接管尺寸 ϕ711mm×16mm，管道材质 SA-335P91。阀门设计温度 572℃，压力 3.2MPa。

图 5-4-23 热再中压主汽门密封面脱落

2. 检查分析

对脱落的密封面的化学成分进行光谱分析，为司太立 6 号 NiCrWCo 系硬质合金。

对脱落的密封面和阀座基体断口进行宏观观察，断口表面存在整齐焊道熔合痕迹，密封面与基体

呈剥离断裂，断口表面无塑性变形，具有脆性断裂特征，脱落密封面宏观形貌如图 5-4-24 所示。

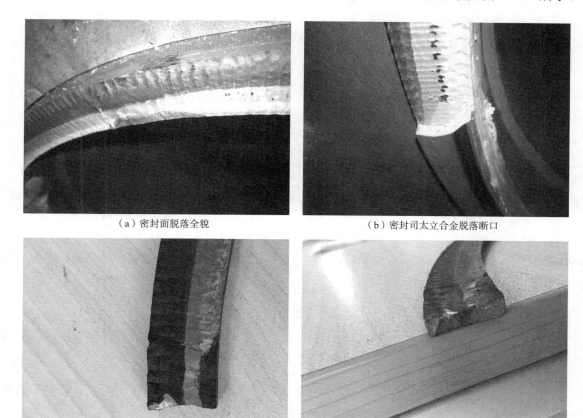

（a）密封面脱落全貌　　　　　　　　　　　　（b）密封司太立合金脱落断口

（c）脱落司太立合金全貌　　　　　　　　　　　（d）司太立合金断口形貌

图 5-4-24　脱落密封面宏观形貌

3. 综合分析

为保证阀座的密封性，阀门制造厂家通常在密封面堆焊司太立硬质合金，以增加耐磨性。司太立合金为 NiCrWCo 系高合金钢，阀座基体母材通常 1Cr、2Cr 或 9Cr 系耐热钢，合金含量远低于司太立合金，因此其在与基体母材的焊接过程中，接头熔合区存在合金元素的稀释，不完全混合区中产生一层超硬度层，脆性增大，而阀座密封面长期承受高速汽流的冲刷、振动和阀杆头部的撞击，密封面容易产生剥离或开裂。此次阀座密封面开裂原因初步推测为司太立硬质合金与基体的热膨胀系数存在差异，堆焊司太立时焊接工艺控制不良，致使结合强度欠佳，阀座密封面在长期运行中，承受阀瓣的多次冲击和汽流冲刷，导致密封面脱落。

4. 结论

堆焊司太立合金工艺控制不良，密封面与基体结合强度不良，在汽流冲刷，阀瓣多次冲击下，导致密封面脱落。

5. 反措

在阀门关闭时，控制关闭速度，尽可能减少对阀座密封面的冲击力。

6. 知识点扩展及点评

（1）司太立合金的焊接工艺控制要点。汽轮机阀座密封面堆焊材料通常选用司太立 6 号，司太立 6 号硬质合金焊丝化学成分见表 5-4-3，司太立 6 号硬质合金属于钴基耐热合金，合金含量中钴含量大于 50%。司太立合金基本结构是 M_7C_3 碳化物和铬在钴中的固溶体。司太立合金在高温下有相当好的抗应力松弛性能。堆焊一层后，焊道及其近缝区将存在较大的拉伸残余应力，这一区域易产生结晶裂纹。为防止裂纹产生，应采用较小的焊接热输入。

表 5-4-3 　　　　　　　　　　司太立 6 号硬质合金焊丝化学成分　　　　　　　单位：%（质量百分数）

元素	C	Si	Mn	Ni	Cr	W	Mo	Fe	Co
含量	0.9~1.4	0.4-2.0	≤1.0	2.0~3.0	26.0~32.0	3.0~6.0	≤1.0	≤3.0	余量

（2）司太立合金 MIG 堆焊工艺。焊材选用 STELLOY6、ϕ1.2mm 焊丝，焊接采用气体保护电弧焊（MAG），小规范进行焊接。焊前加热至 350~400℃，焊接过程中层温度不得低于 350℃。焊接工艺参数：焊接电流 200~220A，电压 25~29V，氩气流量 20~25L/min。焊后进行焊后消应力热处理，温度不小于 650℃。

（3）焊接修复情况。之前由于操作空间限制、尺寸要求，通常采取现场破坏性拆卸后返厂维修或更换，这样的结果是价格高、周期长，有时无法满足机组检修要求。目前，国内阀门制造厂和一些研究院所开发了阀门密封面在线修复技术，多采用去除原司太立合金层和热影响区，堆焊铁基、镍基和钴基堆焊层，并现场进行热处理和密封面加工，达到了良好的效果。

五、案例 5：某电厂 1 号机组主汽门杆开裂原因分析

1. 基本情况

某电厂 1 号机为 N600-16.7/538/538-1、亚临界、一次中间再热、单轴、三缸四排汽、凝汽式汽轮机。额定功率 600MW；额定主蒸汽压力 16.67MPa，温度 538℃；额定再热蒸汽进口压力 3.282MPa，温度 538℃。在 1 号机检修时，发现门杆表面有环状裂纹，将门杆拆下用角磨砂轮对裂纹处打磨，约 3~5mm 后仍可见裂纹。主汽门门杆一侧连接自动装置，一侧带动节止阀阀芯工作，门杆材料、热处理状态不详。

2. 检查分析

（1）宏观分析。主汽门门杆长约 1500mm，直径约 ϕ92mm。一端有长约 100mm 螺纹，连接螺纹的杆面上有约 110mm 长一截光亮表面，光亮区中间有两条环状裂纹，裂纹宏观形貌如图 5-4-25、图 5-4-26 所示，从外部无法判定裂纹深度和分布。为确定表面裂纹分布状况，截取门杆表面光亮一段，沿中心纵向剖开，分别沿裂纹处压断，宏观断口分析表明，表面裂纹已形成环状，最深处 5mm，最浅处 3mm，同时还有表面掉皮现象，说明门杆环状裂纹为表面裂纹，表层有部分与基体结合较弱，有分层现象。

图 5-4-25　门杆表面环状裂纹宏观形貌

图 5-4-26　断口宏观形貌

（2）低倍试验分析。做门杆表面光亮区之外横截面低倍热酸浸试验，门杆表面光亮区之外横截面低倍热酸浸试验结果见表 5-4-4。

表 5-4-4　　　　　　　门杆表面光亮区之外横截面低倍热酸浸试验结果

项目	一般疏松	中心疏松	区域偏析	一般点状偏析	缺陷
全截面	1.5 级	0.5 级	0.5 级	0 级	无
标准要求	≤3.0 级	≤3.0 级	≤3.0 级	≤1.5 级	无

试验结果表明，低倍组织致密性、均匀性良好，未发现肉眼可见不允许存在的缺陷，截面热酸浸低倍宏观形貌如图 5-4-27 所示，由图可见低倍截面内外均匀一致，无表面附加层。

图 5-4-27　截面热酸浸低倍宏观形貌

（3）化学成分分析。门杆基体化学成分试验分析和表层材料直读光谱成分试验，门杆基体化学成分试验分析和表层材料直读光谱成分试验结果见表 5-4-5。

表 5-4-5　　　　门杆基体化学成分试验分析和表层材料直读光谱成分试验结果　　　单位：%（质量百分数）

元素 试样	C	Mn	S	P	Si	V	Cr	Ni	Mo	W	Co
门杆基体	0.26	0.61	0.007	0.028	0.21	0.24	12.03	0.94	0.94	0.97	—
外表层	—	—	—	—	—	—	26.45	1.54	0.30	4.50	47.07

续表

元素 试样	C	Mn	S	P	Si	V	Cr	Ni	Mo	W	Co
AISI 422	0.20 0.25	≤1.00	≤0.030	≤0.040	≤0.75	0.15~ 0.30	11.5~ 13.5	0.50~ 1.00	0.75~ 1.25	0.75~ 1.25	—

试验结果表明，基体材料成分与马氏体型耐热钢美国钢号 AISI 422（或日本 UNS S42200）的要求基本相符，只是碳含量略高于标准要求。表层为类似钴基硬质合金。

（4）金相试验。门杆钢中非金属夹杂物检测结果见表 5-4-6。

表 5-4-6　　　　　　　　　门杆钢中非金属夹杂物检测结果

A 类	B 类	C 类	D 类	DS 类
2.0 级	1.5 级	1.5 级	1.0 级	1.0 级

试验结果表明，各类夹杂物级别均在合格范围内，说明钢中纯净度较好。

显微组织分析表明，基体组织为回火马氏体，晶粒度 2.0～3.0 级，组织较为粗大。表面有约 3.5mm 堆焊层，堆焊层组织为 Co 基固溶体加碳化物呈粗大树枝晶状分布。同时在堆焊层中发现有裂纹，主裂纹较粗从表面至堆焊层过渡区，裂纹断续曲折，沿固溶体枝晶间发展，在堆焊层与基体打底层更是有较多分叉小裂纹沿熔合线分布，具体基体组织如图 5-4-28～图 5-4-37 所示，具有凝固裂纹特征。

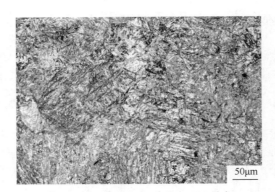

图 5-4-28　基体组织（放大 500 倍）

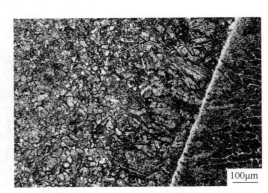

图 5-4-29　靠近堆焊层基体组织（放大 500 倍）

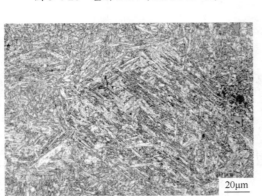

图 5-4-30　堆焊层过渡区组织（放大 100 倍）

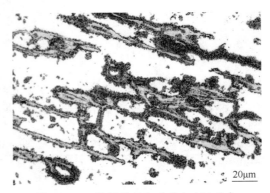

图 5-4-31　堆焊区组织（放大 100 倍）

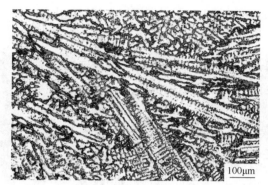

图 5-4-32　堆焊区组织细节（放大 500 倍）

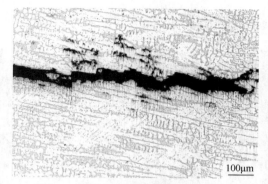

图 5-4-33　堆焊层裂纹（放大 100 倍）

图 5-4-34　堆焊层裂纹末端（放大 100 倍）

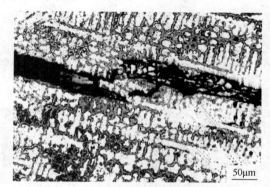

图 5-4-35　堆焊层裂纹组织（放大 200 倍）

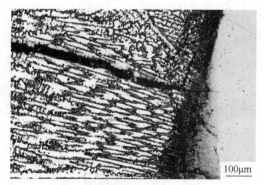

图 5-4-36　堆焊层过渡区裂纹组织（放大 100 倍）

图 5-4-37　堆焊层过渡区裂纹组织（放大 500 倍）

（5）扫描电镜断口分析。浅色裂纹区断口扫描电镜分析表明，裂纹起源于门杆表面或亚表面，裂纹沿粗大柱状晶晶界开裂，具有沿晶自由开裂特征，一次晶和二次枝晶有明显突起，说明裂纹形成的温度较高，中间区还可见横向分布支裂纹，具有焊接凝固裂纹特征。裂纹形貌如图 5-4-38～图 5-4-42 所示。

深色裂纹区断口扫描电镜分析表明，裂纹起源于门杆表面或亚表面，四周裂纹扩展区宽窄有所不同，裂纹断口有明显两个区，外表面区裂纹沿粗大柱状晶晶界开裂，具有沿晶自由开裂特征，中间区还可见横向环状分布长裂纹，此区形貌为碾压平面，属疲劳扩展特征，裂纹形貌如图 5-4-43～图 5-4-45 所示。能谱定性定量分析表明，外表面区为 Co 基堆焊层，扩展区环状长裂纹处即堆焊过渡区，裂纹已扩展至基体上。

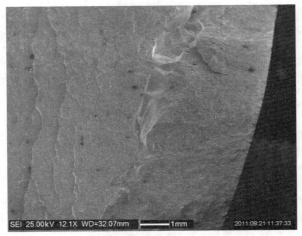

图 5-4-38　裂纹区断口形貌

图 5-4-39　裂源区形貌

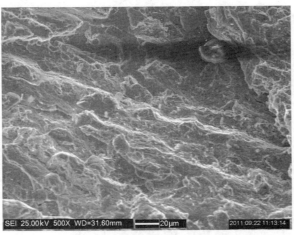

图 5-4-40　沿粗大柱状晶晶界开裂

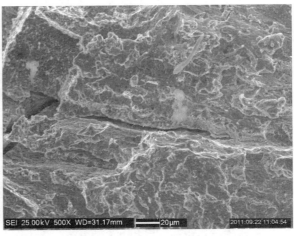

图 5-4-41　沿晶开裂

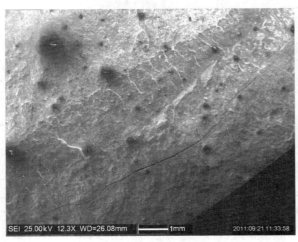

图 5-4-42　分叉小裂纹

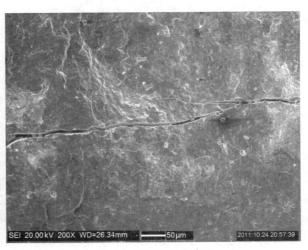

图 5-4-43　环状长裂纹

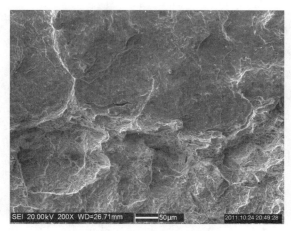 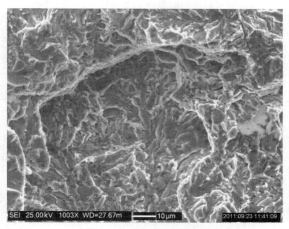

图 5-4-44　过渡区形貌　　　　　　　　　　　　图 5-4-45　基体解理花样

3. 综合分析

（1）主汽门门杆材料质量分析。主汽门门杆基体采用 AISI 422 马氏体型耐热合金。其中部分表面有堆焊层，试验结果显示为 Co 基材料，化学元素含量较为接近 Co-Cr-Ni-W。因电厂无法提供门杆所用材料，无法确定门杆材料是否与原设计要求相符。门杆截面低倍组织致密性、均匀性良好，钢中纯净度合格，说明锻件质量合格。基体显微组织为回火马氏体，晶粒度 2.0～3.0 级，组织较为粗大，由此将造成材料力学性能指标下降，尤其是冲击韧性降低，影响材料使用寿命。

（2）主汽门门杆表面裂纹原因分析。主汽门门杆长约 1500mm，直径约 ϕ92mm，属径长比较大的工件，在一端紧邻螺纹的一截长约 110mm 杆面为浅色光亮表面，其他为深灰黑色表面，在浅色光亮表面约中心区有两条环形裂纹。根据宏观断口、微观断裂试验分析结果可以确定，表面裂纹已形成环形，最深处 5mm、最浅处 3mm，裂纹起源于门杆表面或亚表面，裂纹断口有明显两个区，外表面区裂纹沿粗大柱状晶晶界开裂，具有沿晶自由的焊接凝固裂纹特征，中间区还可见横向环状分布长裂纹，此区形貌为碾压平面，属疲劳扩展特征。能谱定性定量分析表明，外表面区为 Co 基堆焊层，扩展区环状长裂纹处即堆焊过渡区，裂纹已扩展至基体上，说明表面裂纹为起源于表面堆焊层焊接凝固裂纹的疲劳扩展开裂。产生的主要原因是由于此段门杆杆面上堆焊一层深约 3.5mm Co 基硬质合金层，因焊接操作不当等原因，造成此中心区产生焊接凝固裂纹，裂纹从表面至过渡区断续曲折分布，直接影响到表面连续性。在主汽门门杆带动截止阀工作时，交变拉压应力下在原始裂纹处产生应力集中，一旦作用应力超过材料强度极限，将发生疲劳扩展，由此形成宏观表面环状裂纹。

4. 结论

（1）主汽门门杆基体采用马氏体型耐热钢，表面堆焊层采用 Co 基合金材料。

（2）门杆钢中纯净度合格，锻件质量合格，基体组织粗大将影响材料性能指标。

（3）主汽门门杆表面环裂属起源于表面堆焊层焊接凝固裂纹的疲劳扩展开裂。

（4）产生的主要原因是由于门杆杆面上堆焊层焊接操作不当造成焊接凝固裂纹产生，在主汽门门杆服役时交变拉压应力作用下产生应力集中而发生疲劳扩展，导致形成宏观表面环状裂纹。

5. 知识点扩展及点评

为了提高电站阀门阀杆的耐磨损、耐高温和耐腐蚀等性能，阀杆表面通常进行氮化处理或堆焊司太立硬质合金（钴基合金），司太立硬质合金堆焊工艺要求严格，控制不当极易造成开裂。

第五节 焊接隔板失效

一、案例 1：汽轮机隔板失效案例

1. 基本情况

某厂两台机组于 2013 年 4～5 月运行工况发生异常，以至于发生机组跳闸停运，经过检查，发现中压缸内第一级隔板静叶全部脱落，第一级动叶片全部脱落，中压第一级隔板内外环、磨损的第一级转子及动叶片叶根、中压缸第一级静叶如图 5-5-1～图 5-5-3 所示；第二、三级静叶及动叶有不同程度损伤，中压第二级隔板如图 5-5-4 所示。根据汽轮机运行记录，汽轮机跳闸前均有止推位置移动、推力轴承座温度升高、机组负荷下降、再热蒸汽温度升高等现象。

图 5-5-1 中压第一级隔板内外环

图 5-5-2 磨损的第一级转子及动叶片叶根

图 5-5-3 中压缸第一级静叶

图 5-5-4　中压第二级隔板

　　两台机组为哈尔滨汽轮机厂生产的亚临界、一次中间再热、单轴、三缸四排汽、间接空冷凝汽式汽轮机，汽轮机设计额定功率为 600MW，最大连续出力为 640.5MW，型号为 NJK600-16.7/538/538-1，主蒸汽温度 538℃，压力 16.67MPa，再热蒸汽温度 538℃，压力 3.206MPa。

　　根据厂家提供的资料，该型机组中压静叶隔板为内外围带与叶片组焊式结构，静叶隔板结构如图 5-5-5 所示。中压第一级隔板导叶与内外环采用活性气体保护电弧焊（metal active gas welding，MAG）工艺，焊后进行 MT 探伤，机械加工结束后进行 PT 探伤，检测标准为探伤无裂纹；导叶和板体的焊接材料 2.25Cr-1Mo 焊条。

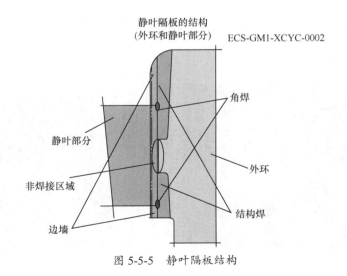

静叶隔板的结构
（外环和静叶部分）　ECS-GM1-XCYC-0002

角焊

静叶部分

外环

非焊接区域

结构焊

边墙

图 5-5-5　静叶隔板结构

2. 检查分析

（1）化学成分分析。对中压静叶隔板各部位打磨至见金属光泽，通过便携式 X 荧光光谱仪 X-MET 3000+对隔板各部位材质进行初步鉴定，中压隔板不同部位主要合金元素见表 5-5-1。

表 5-5-1　　　　　　　　　　　中压隔板不同部位主要合金元素　　　　　　　单位：%（质量百分数）

合金元素	Cr	Mo	V	Mn	Ni	Cu	其他合金元素
隔板外环	1.27	0.92	0.23	0.70	—	0.09	—
隔板内环	1.28	0.96	0.18	0.70	—	0.07	—
外环围带	12.84	—	0.03	0.37	0.67	—	—
内环围带*	3.62	—	0.03	0.82	0.01	—	—
静叶片	10.51	0.78	0.17	0.40	0.31	0.03	—
静叶片表面镀层	71.2	0.1	—	0.6	23.9	—	Fe: 4.1，Ti: 0.2
外环焊接材料	2.64	1.10	—	0.89	—	0.14	—
内环焊接材料	2.62	1.02	0.03	0.74	0.02	0.12	—
外环围带表面镀层	38.79	—	—	0.72	15.45	0.06	—

* 内环围带成分经扫描电镜能谱分析也为 Cr12 类型材料，成分差异可能为围带存在成分偏析等因素。

（2）隔板及静叶宏观形貌分析。上隔板内外环宏观形貌如图 5-5-6、图 5-5-7 所示，从图中可见，叶片从隔板脱落过程中，内外环侧均未受到明显损伤，围带的边缘完整清晰，角焊缝与结构焊焊道层次清晰，未发生明显变形，尤其是叶片出汽侧根部，叶片完整脱落，无显著撕裂痕迹。

围带在隔板未焊透部位可见一定程度塑性变形，说明静叶脱落过程中此处受到垂直于围带方向的拉应力，导致围带向上凸起变形。

部分隔板内环叶片进汽侧前方导流板上有明显划伤凹槽，凹槽走向对应于叶片进汽侧前沿尖端部位，同时内环围带静叶凹槽的进汽侧内弧方向有明显塑性变形，与凹槽划过方向一致，这表明静叶出汽侧已经脱离围带，而进汽侧尚与焊缝相连，同时静叶出汽侧方向受到冲击，向前滑动，导致围带发生变形，并在导流板划出凹槽。

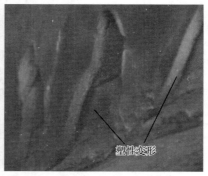

图 5-5-6　上隔板内环宏观形貌

图 5-5-7 上隔板外环宏观形貌

从两台机组各取两片静叶做宏观形貌分析，通过对比发现，两台机组静叶宏观形貌基本一致，取样静叶宏观形貌如图 5-5-8 所示，从图中可见，叶片进汽侧边缘基本完好，无明显变形损伤痕迹，出汽侧边缘有较多摩擦痕迹，且发生一定程度弯曲变形，出汽侧背弧面可见表面镀层脱落，静叶出汽侧叶底部位均在摩擦碰撞过程中缺失一角。

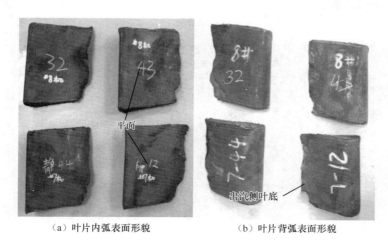

（a）叶片内弧表面形貌　　　　　　（b）叶片背弧表面形貌

图 5-5-8 取样静叶宏观形貌

取样静叶外环侧断口形貌如图 5-5-9 所示，从图中可见，叶片焊道与角焊缝走向清晰，部分内弧角焊缝有向外弧方向的塑性变形，静叶进汽侧方向有一个斜向平面，为叶片发生撞击痕迹，出汽侧方向均发生向背弧侧的扭曲变形。

图 5-5-9 取样静叶外环侧断口形貌

取样静叶内环侧断口形貌如图 5-5-10 所示，从图中可见，角焊缝与焊道形貌完整，叶片进汽内弧侧有一斜角磨损痕迹，磨损痕迹后可见氧化皮氧化程度有所不同。

（a）不同级静叶断口宏观形貌

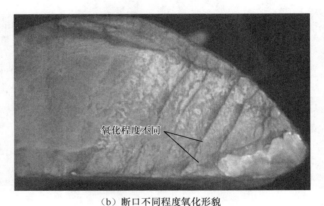

（b）断口不同程度氧化形貌

图 5-5-10　取样静叶内环侧断口形貌

（3）金相组织分析。静叶取样示意图如图 5-5-11 所示，对叶片上下表面按图 5-5-11 进行纵剖，然后对剖面进行金相分析。

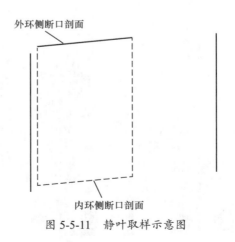

图 5-5-11　静叶取样示意图

1）表面氧化皮分析。静叶内环侧断口剖面示意图如图 5-5-12 所示，图中右侧为进汽侧方向，左侧为出汽侧方向。内环侧断口剖面金相组织（未腐蚀）如图 5-5-13 所示，从图中可见，1、2 号位置几乎无氧化皮，3 号区域有部分氧化皮，4、5 号区域有连续氧化皮，6、7 号区域也可见氧化皮；从总体分布上看，出汽侧氧化皮数量厚度均多于进汽侧方向。另外，从图 5-5-13（h）可见氧化皮下方存在一层约 10μm 的灰色带状区域。

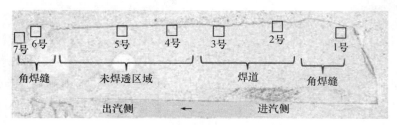

图 5-5-12　静叶内环侧侧断口剖面示意图

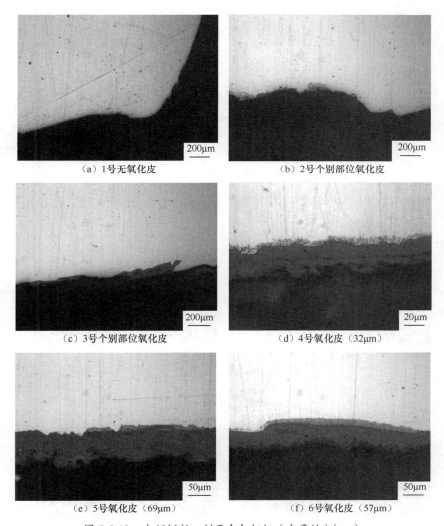

（a）1号无氧化皮　　　　　　　（b）2号个别部位氧化皮

（c）3号个别部位氧化皮　　　　　（d）4号氧化皮（32μm）

（e）5号氧化皮（69μm）　　　　　（f）6号氧化皮（57μm）

图 5-5-13　内环侧断口剖面金相组织（未腐蚀）（一）

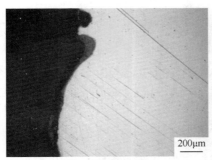

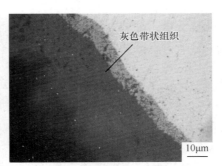

（g）7号部分氧化皮　　　　　　　　（h）氧化皮下方灰色带状组织

图 5-5-13　内环侧断口剖面金相组织（未腐蚀）（二）

　　静叶外环侧断口剖面示意图如图 5-5-14 所示，外环侧断口剖面金相组织（未腐蚀）如图 5-5-15 所示，从图中可见，1 号区域几乎没有氧化皮，2、3、4 号区域焊道内可见部分氧化皮，氧化皮厚度分别为 76、55、41μm，5、6 号区域内氧化皮厚度均约 22μm，个别部位氧化皮厚度达到 82μm，7 号区域无氧化皮，8 号区域可见 6μm 左右氧化皮。从总体分布上看，进汽侧氧化皮厚度高于出汽侧方向。

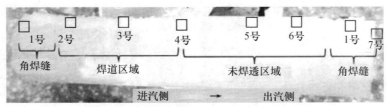

图 5-5-14　静叶外环侧断口剖面示意图

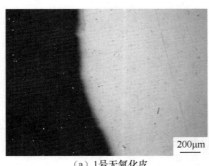

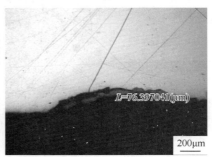

（a）1号无氧化皮　　　　　　　　　（b）2号氧化皮（76μm）

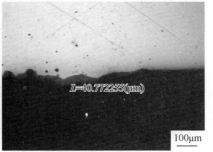

（c）3号氧化皮（62μm，55μm）　　　　（d）4号氧化皮（41μm）

图 5-5-15　外环侧断口剖面金相组织（未腐蚀）（一）

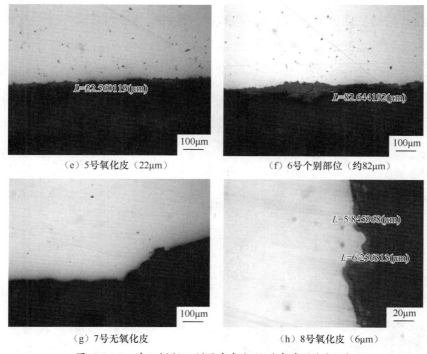

（e）5号氧化皮（22μm）　　　　　　　（f）6号个别部位（约82μm）

（g）7号无氧化皮　　　　　　　　　　（h）8号氧化皮（6μm）

图 5-5-15　外环侧断口剖面金相组织（未腐蚀）（二）

2）隔板侧金相组织。将隔板内环静叶焊接部位剖开进行金相分析，7 号机隔板内环剖面如图 5-5-16 所示，图中可见围带、角焊缝、结构焊焊缝及隔板板体宏观组织。图中隔板右侧为出汽侧方向，可见大量挤压变形组织，这是隔板内环在静叶开裂过程中逐渐位移，最终与转子接触，该位置切割第一级动叶片叶根，金属在高温熔融状态下烧损变形形成。

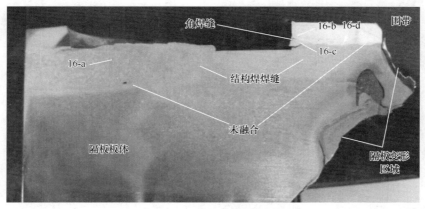

图 5-5-16　7 号机隔板内环剖面

隔板内环剖面显微组织如图 5-5-17 所示，图 5-5-17（a）为焊缝显微组织，为回火马氏体组织；图 5-5-17（b）为围带与角焊缝开裂部位显微组织，图中可见裂纹沿着熔合线角焊缝一侧开裂，图中下方为围带，其组织为白色块状相和夹杂其中的回火马氏体组织，而角焊缝为组织较为细密的回火马氏体组；图 5-5-17（c）为角焊缝与结构焊焊缝开裂部位显微组织，图中上方为角焊缝的回火马氏体组织，下方为结构焊焊缝的回火贝氏体组织，裂纹沿着两种焊缝的熔合线开裂；图 5-5-17（d）为围带与结构焊焊缝结合部位显微组织，图中上方为结构焊焊缝组织，下方为围带组织，从图中可见两侧组织存在较大差异，熔合线附近存在白色带状组织，从形貌上看类似于焊缝熔敷金属与围带母材熔融混合流动形成的混合组织；图 5-5-17（e）、（f）为熔合线附近的 200 倍显微组织，图中可见熔合线焊缝侧等轴状铁素体形成的带状组织，带状组织上方为结构焊焊缝组织，为回火贝氏体组织。

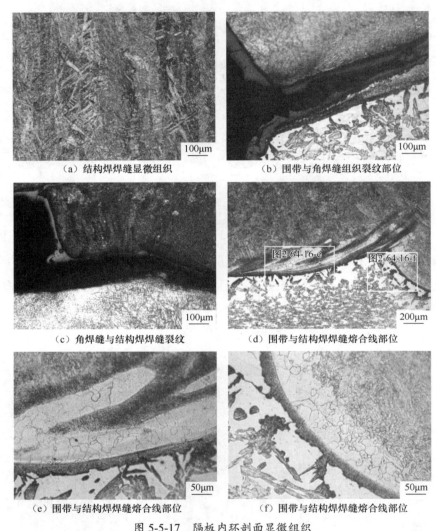

（a）结构焊焊缝显微组织　　　　　　（b）围带与角焊缝组织裂纹部位

（c）角焊缝与结构焊焊缝裂纹　　　　（d）围带与结构焊焊缝熔合线部位

（e）围带与结构焊焊缝熔合线部位　　　（f）围带与结构焊焊缝熔合线部位

图 5-5-17　隔板内环剖面显微组织

3）叶片侧金相组织。静叶内环侧断口边缘显微组织如图 5-5-18 所示，图 5-5-18（a）为静叶内环侧的剖面显微组织，由连续拍摄的 200 倍显微照片拼接而成，图中上方深色区域为静叶母材的回火马氏体组织，中间深色带状组织为焊缝熔合线区域，熔合线下方白色带状区域为铁素体组织，灰色区域为回火贝氏体组织，从图中可见静叶与焊缝之间的断口基本上位于熔合线下方白色带状组织区域内。图 5-5-18（b）为熔合线焊缝侧的带状组织，从形貌上看为回火贝氏体，但是其中碳化物含量较少，图中可见断口走势也是沿着白色区域进行扩展。由图 5-5-18（c）可见未断裂的回火贝氏体带状组织内存在微裂纹。

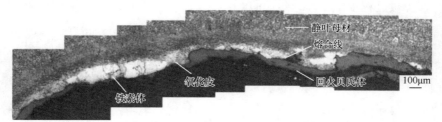

铁素体　　氧化皮　　回火贝氏体　静叶母材　熔合线

100μm

（a）焊缝熔合线部位的铁素体组织（放大200倍，图片拼接）

20μm

（b）焊缝熔合线部位的贝氏体组织（放大500倍）

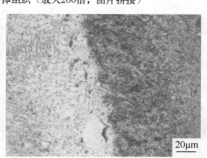

20μm

（c）存在微裂纹的焊缝熔合线部位
的贝氏体组织（放大500倍）

图 5-5-18　静叶内环侧断口边缘显微组织

　　外环侧断口附近显微组织如图 5-5-19 所示，图 5-5-19（a）为静叶外环侧断口剖面显微组织，该图由连续拍摄的 200 倍显微照片拼接而成，与图 5-5-18（a）类似，熔合线焊缝侧存在带状分布的铁素体区域，图中左侧可见与图 5-5-17（d）类似的多层铁素体带。图 5-5-19（b）的断口部位组织差异较小，在 500 倍显微照片下 ［图 5-5-19（c）］ 仍然可以看见带状组织，白色区域为低碳化物回火贝氏体，带状组织两侧碳化物显著增多，从图中断口折角可见，断口走向也是沿着浅色带状组织内扩展。

多层带状铁素体

（a）焊缝熔合线部位的铁素体组织（放大200倍，图片拼接）

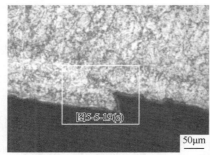

图5-5-19(c)

50μm

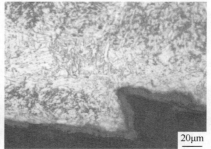

20μm

（b）焊缝熔合线部位的贝氏体组织（放大200倍）　（c）焊缝熔合线部位的贝氏体组织（放大500倍）

图 5-5-19　外环侧断口附近显微组织

4）静叶表面镀层分析。经前文化学成分分析测试，静叶表面存在一层 71Cr-24Ni 铬基高温合金镀层，如果静叶在焊接过程中未将焊缝附近的 Cr-Ni 合金镀层清除干净，将在焊缝中形成巨大的组织成分梯度，对焊缝产生不良影响，因此分析过程中，需对表面镀层的分布进行分析。

静叶表面镀层显微组织如图 5-5-20 所示，图 5-5-20（a）、（b）为叶片角焊缝部位的剖面金相，图 5-5-20（a）标识了角焊缝、焊缝热影响区、静叶表面镀层的位置，从图中可见，焊缝附近并没有表面镀层。另外角焊缝与焊缝热影响区中间存在一条白色带状组织，在低倍显微镜下看与静叶表面的镀层有相似之处，因此对其显微组织形貌进行了进一步分析。图 5-5-20（c）为图 5-5-20（a）中角焊缝与焊缝热影响区之间的白色带状组织显微照片，从图中可见，白色带状组织为铁素体带。图 5-5-20（d）、（e）为静叶表面镀层组织，该镀层为 Cr-Ni 合金，在未腐蚀的情况下，即可见到其组织为存在黑色和灰色强化相的细晶组织，与图 5-5-20（c）中存在的铁素体带明显不同。

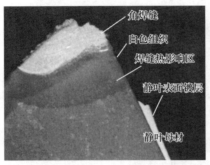

（a）静叶角焊缝与表面的合金镀层（放大7倍）

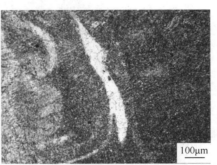

（b）白色带状组织，腐蚀状态（放大100倍）

（c）静叶表面镀层，未腐蚀（放大50倍）

（d）静叶表面镀层，未腐蚀（放大200倍）

图 5-5-20　静叶表面镀层显微组织

结合表面氧化皮分析图片［图 5-5-13（h）］，可以见到氧化皮下方存在约 10μm 的灰色针状或颗粒与白色基体组成的混合组织，与静叶镀层组织也有相似之处，其具体构成将在下文通过扫描电镜进行分析。

（4）显微硬度分析。

1）铁素体带附近显微硬度。在叶片断口附近选取较为典型的铁素体带进行显微硬度测试，焊缝熔合线附近显微硬度测试点如图 5-5-21 所示，选取 10g 压力，试验力保持 15s，后在扫描电镜下测量压痕尺寸，测试点压痕尺寸及维氏硬度值见表 5-5-2，从表 5-5-2 可见，铁素体区域显微硬度约为 148HV0.01，熔合线附近显微硬度略高，为 167.8HV0.01，熔合线另一侧显微硬度均大于 400HV0.01。

表 5-5-2   测试点压痕尺寸及维氏硬度值

位置	序号	压痕对角线尺寸（μm）		HV0.01
		D_1	D_2	
铁素体	1	11.15	11.23	148.0
铁素体	2	11.53	10.81	148.5
熔合线铁素体侧	3	10.55	10.47	167.8
熔合线回火马氏体侧	4	6.88	6.647	405.1
回火马氏体	5	6.212	6.212	480.2
回火马氏体	6	6.002	6.491	474.9

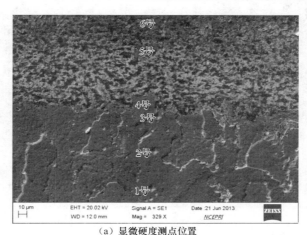

（a）显微硬度测点位置

（b）铁素体组织显微硬度测点   （c）铁素体组织显微硬度测点

（d）铁素体与回火马氏体界面部位测点   （e）回火马氏体组织显微硬度测点

图 5-5-21   焊缝熔合线附近显微硬度测试点

2）贝氏体带区域显微硬度。此次分析对低碳化物的贝氏体带状区域进行了显微硬度分析，贝氏体区域显微硬度测点如图 5-5-22 所示。由于时间因素，未对其测点进行扫描电镜分析，仅从显微硬度计上直接读数，叶片母材及熔合线部位由于碳化物颜色较深，无法读数，贝氏体区域显微硬度测试结果见表 5-5-3。从表 5-5-3 可见，低碳化物贝氏体区域显微硬度约 251～300HV0.01。

3）角焊缝区域显微硬度。对角焊缝区域也进行了显微硬度测试，测点尺寸为 6.5、7.3μm，显微硬度值为 384.8HV0.01。角焊缝区域显微硬度测点如图 5-5-23 所示。

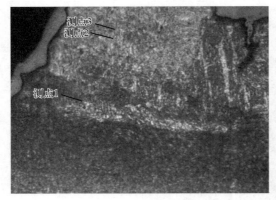

图 5-5-22 贝氏体区域显微硬度测点

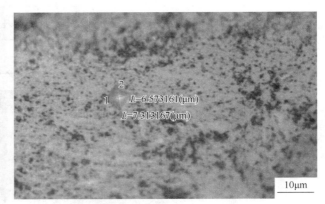

图 5-5-23 角焊缝区域显微硬度测点

表 5-5-3 贝氏体区域显微硬度测试结果

位置	HV0.01
叶片母材	—
熔合线	—
贝氏体区域测点 1	251.0
贝氏体区域测点 2	298.2
贝氏体区域测点 3	257.8

（5）扫描电镜及能谱分析。

1）围带、角焊缝及结构焊焊缝材料能谱分析。将隔板内环侧剖开，通过扫描电镜能谱仪测试了围带、角焊缝以及结构焊焊缝的材质。隔板内环角焊缝部位能谱分析结果见表 5-5-4，从表可见，围带的 Cr 含量约为 13%，角焊缝焊接材料 Cr 含量约为 9%，结构焊焊接材料 Cr 含量为 1.5%～3%。

表 5-5-4 隔板内环角焊缝部位能谱分析结果

续表

谱图 1

元素	质量百分比	原子百分比
Cr K	13.70	14.57
Mn K	0.66	0.66
Fe K	85.64	84.77

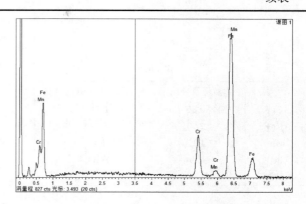

谱图 6

元素	质量百分比	原子百分比
Si K	0.43	0.86
Cr K	8.74	9.31
Fe K	90.42	89.61
Mo L	0.40	0.23

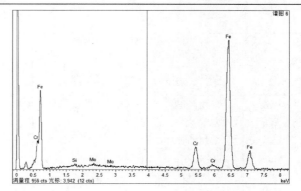

谱图 8

元素	质量百分比	原子百分比
Si K	0.37	0.74
Cr K	9.00	0.59
Mn K	0.52	0.53
Fe K	89.45	88.76
Mo L	0.65	0.38

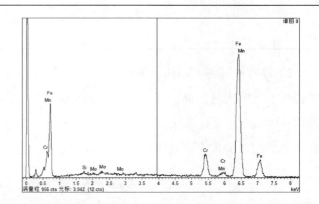

谱图 9

元素	质量百分比	原子百分比
Si K	0.14	0.29
Cr K	8.43	9.01
Mn K	0.81	0.82
Fe K	89.74	89.37
Mo L	0.87	0.51

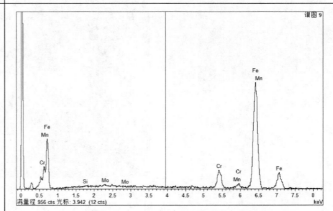

续表

谱图 10		
元素	质量百分比	原子百分比
Si K	0.86	1.71
Cr K	2.99	3.19
Mn K	1.12	1.1
Fe K	93.94	93.34
Mo L	1.09	0.63

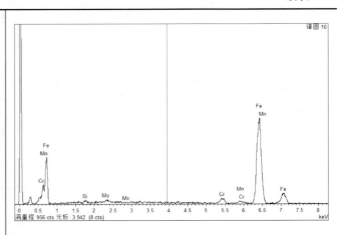

谱图 11		
元素	质量百分比	原子百分比
Si K	0.34	0.68
Cr K	1.74	1.87
Mn K	1.16	1.18
Fe K	95.15	95.33
Mo L	1.62	0.95

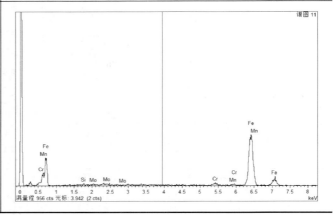

2）静叶外环侧断口附近能谱分析。显微硬度测试部位能谱分析图如图 5-5-24 所示，从图中可见，熔合线上侧回火马氏体区域存在大量细小弥散分布的碳化物颗粒，而熔合线下方铁素体区域只有极少量碳化物颗粒，从化学成分上看，回火马氏体区域 C、Cr 含量显著高于铁素体区域，从碳含量曲线上看，晶界部位的碳含量高于晶内。同时对显微硬度测点附近进行了点扫描能谱分析。

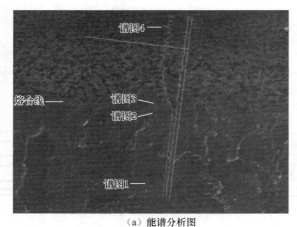

（a）能谱分析图

图 5-5-24　显微硬度测试部位能谱分析图（一）

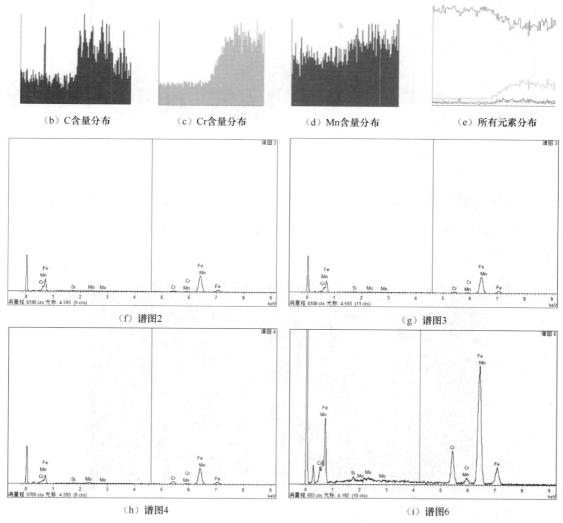

（b）C含量分布　　（c）Cr含量分布　　（d）Mn含量分布　　（e）所有元素分布

（f）谱图2　　　　　　　　　　　　　（g）谱图3

（h）谱图4　　　　　　　　　　　　　（i）谱图6

图 5-5-24　显微硬度测试部位能谱分析图（二）

对另一个位置的铁素体与回火马氏体区域进行能谱线扫描分析，叶片断口附近能谱分析结果如图 5-5-25 所示，从图中可见，熔合线两侧 C、Cr 含量均存在一个梯度，在铁素体区域，随着碳化物颗粒数量增加，C 含量也有所增加。

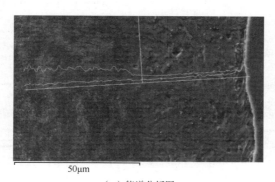

（a）能谱分析图

图 5-5-25　叶片断口附近能谱分析结果（一）

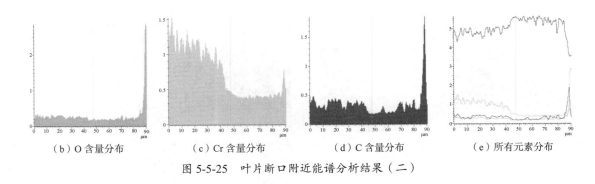

（b）O含量分布　　（c）Cr含量分布　　（d）C含量分布　　（e）所有元素分布

图 5-5-25　叶片断口附近能谱分析结果（二）

对另一个位置进行能谱线扫描分析，叶片断口附近另一位置能谱分析结果如图 5-5-26 所示，从图中可见，在熔合线部位存在一个合金化元素贫化的区域，该位置 Fe 含量较高，而 C、Cr 等元素含量均有所降低。

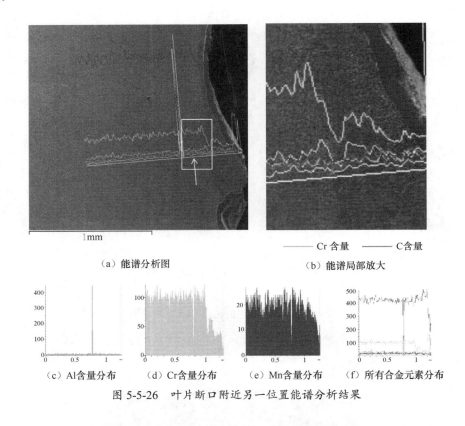

1mm

（a）能谱分析图

——— Cr 含量　　——— C 含量

（b）能谱局部放大

（c）Al含量分布　　（d）Cr含量分布　　（e）Mn含量分布　　（f）所有合金元素分布

图 5-5-26　叶片断口附近另一位置能谱分析结果

提高图 5-5-26 中线扫描位置的显示倍数，再次进行能谱线扫描，可以看见熔合线附近的合金元素分布。提高倍数叶片断口附近能谱分析结果如图 5-5-27 所示。

3）静叶叶底断口附近能谱分析。静叶内环侧断口附近组织能谱线扫描结果如图 5-5-28 所示，静叶内环侧断口附近组织的能谱线扫描结果与外环侧断口部位组织成分类似，熔合线两侧存在较大的 C、Cr 含量梯度。

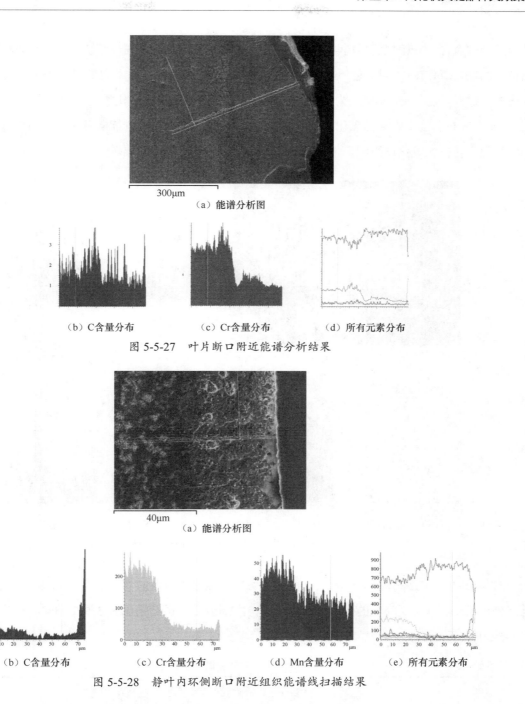

300μm

（a）能谱分析图

（b）C含量分布　　　（c）Cr含量分布　　　（d）所有元素分布

图 5-5-27　叶片断口附近能谱分析结果

40μm

（a）能谱分析图

（b）C含量分布　　（c）Cr含量分布　　（d）Mn含量分布　　（e）所有元素分布

图 5-5-28　静叶内环侧断口附近组织能谱线扫描结果

4）氧化皮下方显微组织分析。在氧化皮分析阶段，可以见到氧化皮下方大量存在一层约 10μm 的灰色带状区域，此次分析通过扫描电镜对该部位进行能谱线扫描，氧化皮下方组织能谱线扫描结果如图 5-5-29 所示。从图 5-5-29 中可见，测试部位含有三种组织，左侧为焊缝区域内的铁素体组织，中间为灰色带状区域，右侧为氧化皮，三种组织之间存在两个界面，分别命名为界面 1 和界面 2，在从铁素体区域进入带状区域的过程中，Cr、O 含量显著上升，而 Fe 含量有所下降，而在界面 2，即从带状区域进入氧化皮的过程中，O 含量进一步上升，Fe 含量有所上升，而 Cr 含量下降，从这个曲线变化可以看出，带状区域的氧含量介于焊缝材料与氧化皮之间，而氧化皮侧铁含量高，带状区域 Cr 含量高，表明该灰色带状区域为氧化皮向内扩展的过渡层，在氧化皮扩展过程中，氧原子向钢的基体内扩散，而铁原子向氧化皮中扩散，由于 Cr 元素较为稳定，扩散驱动力大且不易形成氧化物，因此阻碍了氧化扩散进程，在 Cr 元素分布曲线上表现为氧化皮侧存在 Cr 贫化现象，当氧原子继续向带状组织内扩散达到平衡时，带状组织将转化为氧化皮组织，带状组织继续向氧化皮内部持续发展。

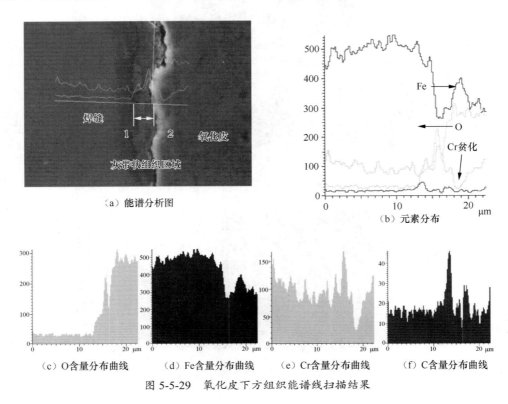

（a）能谱分析图　　　　　　　　　　　（b）元素分布

（c）O含量分布曲线　　（d）Fe含量分布曲线　　（e）Cr含量分布曲线　　（f）C含量分布曲线

图 5-5-29　氧化皮下方组织能谱线扫描结果

5）材料内部的夹杂物。在测试过程中，可以看见在静叶片内部存在较多夹杂物，通过扫描电镜能谱分析可知其主要为 Nb 的碳化物，静叶材料内部能谱分析结果见表 5-5-5，静叶材料内部夹杂物如图 5-5-30 所示。

表 5-5-5　　　　　　　　　　　　　　　叶片材料内部能谱分析结果

续表

谱图 1

元素	质量百分比	原子百分比
C K	41.10	79.68
O K	3.94	5.74
Ti K	0.43	0.21
Cr K	1.60	0.72
Fe K	2.31	0.96
Nb L	50.61	12.68

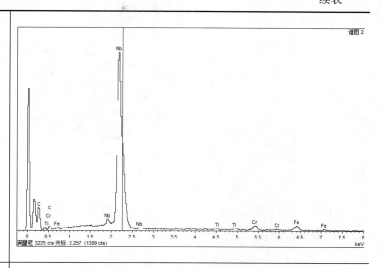

谱图 2

元素	质量百分比	原子百分比
C K	31.75	64.12
O K	10.46	15.86
V K	0.75	0.36
Cr K	6.61	3.08
Fe K	19.75	8.58
Nb L	30.67	8.01

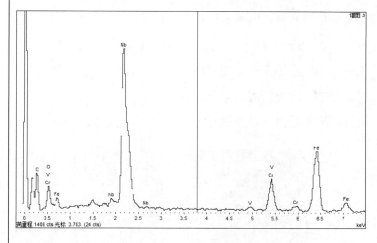

谱图 3

元素	质量百分比	原子百分比
C K	38.77	72.70
O K	9.33	13.14
Al K	0.39	0.33
V K	0.52	0.23
Cr K	2.06	0.89
Fe K	5.28	2.13
Nb L	43.64	10.58

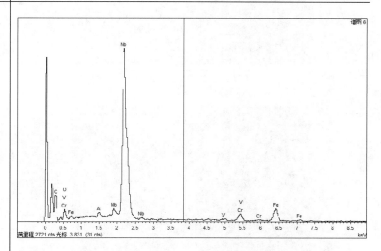

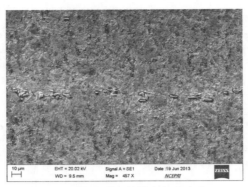

图 5-5-30 静叶材料内部夹杂物

6）铁素体或贝氏体区域电镜分析。在对静叶上下表面断口进行扫描电镜观察的过程中发现，在熔合线焊缝侧组织中存在大量微孔洞以及部分微裂纹，主要分布于熔合线焊缝侧铁素体及回火贝氏体区域。图 5-5-31（a）为贝氏体区域微裂纹形貌，从图中可见，微裂纹沿着贝氏体位向方向开裂，在其附近还可见少量微孔洞，由于该部位力学性能较差，在应力因素下发生了撕裂，从而形成微裂纹及微孔洞。从图 5-5-31（b）～（d）中可以见到一定数量微孔洞，在电镜下观察微孔洞形态，可以看出微孔洞底部深浅不一，此类孔洞为腐蚀过程中基体合金耐腐蚀性相对较差，其铁素体基体被溶解后，较大的碳化物颗粒发生脱落，从而形成大量微孔洞。此次测试过程中，对未腐蚀抛光试样断口附近进行观察，只有少量微裂纹，这些是由于焊缝附近的带状组织强度较低，在应力作用下，形成微裂纹扩展进而发生断裂。

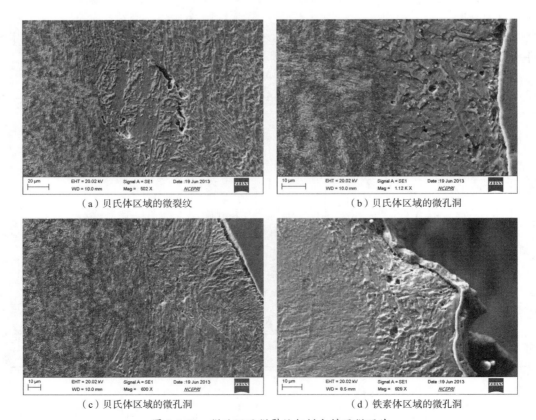

（a）贝氏体区域的微裂纹　　　　　　　　　　　（b）贝氏体区域的微孔洞

（c）贝氏体区域的微孔洞　　　　　　　　　　　（d）铁素体区域的微孔洞

图 5-5-31 微孔洞及微裂纹扫描电镜显微照片

3．综合分析

（1）断裂过程分析。将静叶外环侧和内环侧断口剖开进行抛光及显微分析，发现断口表面存在一定厚度氧化皮，说明静叶断口为早期开裂，从静叶内环侧、外环侧的剖面氧化皮分布上可以建立模型。

静叶上下表面氧化皮厚度分布情况如图 5-5-32 所示，从图中可见，叶片外环侧从进汽侧到出汽侧，氧化皮越来越薄，说明静叶外环侧是进汽侧先开裂，而叶片内环侧进汽侧氧化皮较少，而出汽侧氧化皮较厚，这说明静叶内环侧从出汽侧先开裂。需要注意的是，这里所说的出汽侧是指叶片剖面出汽侧，实际位置为叶片背弧位置。

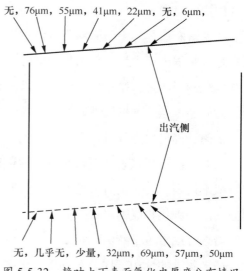

图 5-5-32　静叶上下表面氧化皮厚度分布情况

通过对隔板内外环以及静叶宏观形貌进行分析，再结合静叶上下表面的氧化皮分析结果和受力状况，可以初步得到叶片脱离静叶隔板的过程。

隔板在运行过程中，由于应力因素，静叶外环方向的进汽侧结构焊焊缝与内环方向的出汽侧结构焊焊缝逐渐开裂，当开裂达到一定程度，隔板内环发生位移，同时静叶发生扭转，隔板内环接触中压转子，切割掉第一级动叶片叶根，静叶内环出汽侧方向与转子发生剧烈碰撞，静叶出汽侧一角在剧烈碰撞过程中磨损，同时在应力作用下向左前方运动，静叶的内环进汽侧与围带发生摩擦，在围带上形成一个缺口，并且继续向前运动在围带导流板位置刮出凹槽。隔板静叶开裂过程示意图如图 5-5-33 所示。

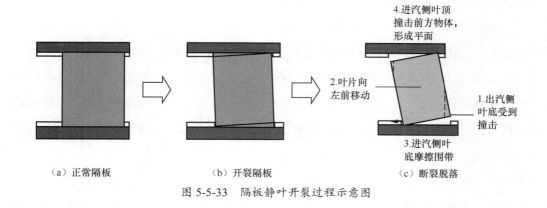

（a）正常隔板　　　　　（b）开裂隔板　　　　　（c）断裂脱落

图 5-5-33　隔板静叶开裂过程示意图

（2）成分分析。通过对隔板不同位置进行光谱分析和扫描电镜能谱分析，结合供应商提供的资料，可以大致确定隔板各部位材料使用情况。隔板内外环母材 Cr 含量约为 1.2%，上下围带 Cr 含量约为 12%，静叶 Cr 含量约为 11%，而静叶与围带的角焊缝 Cr 含量约为 9%，静叶、围带与隔板母材之间的结构焊焊缝 Cr 含量约为 2.25%。该隔板为三种异种钢相互焊接组合而成，其中静叶与围带化学成分较为接近，二者之间的角焊缝化学成分也与母材较为接近，相互结合力较好，而静叶与隔板母材组织成分差异较大，对焊接工艺设计及焊接过程控制要求较高。

（3）显微组织分析。通过金相组织分析发现，静叶上下表面断口部位在熔合线的焊缝侧看见大量含有碳化物较少的带状组织，带状组织以铁素体为主，有些区域为含有较少碳化物的回火贝氏体组织。结合扫描电镜能谱分析可以发现，带状组织的 Cr 含量均为 1.5%～2.5%，说明带状组织形成于焊缝侧。而静叶脱落断口基本上沿着该带状组织内部进行扩展，偶尔会因为其他因素改变走向，扩展到静叶或正常焊缝组织内部。另外在围带与隔板间的结构焊焊缝熔合线部位，也发现了类似的显微组织，即熔合线焊缝侧形成带状铁素体。由此可以得到，焊缝熔合线一侧带状组织均由焊接过程中产生。如果焊接工艺处理不当，预热或焊后热处理温度过高，时间过长有可能形成带状铁素体，这些可能因素均为初步猜想，尚需要进行进一步深入研究，才能作出更准确的判断。

在对焊缝带状铁素体或带状贝氏体进行分析过程中发现，其上分布大量微孔洞，这些微孔洞大部分形状不规则，且孔洞内可见不同底部形貌。孔洞是由于试样制备过程中腐蚀液腐蚀合金基体，导致镶嵌其中的碳化物脱落形成的，另有少量微裂纹在应力作用下，焊缝薄弱位置组织撕裂形成微裂纹，最终沿熔合线附近带状组织扩展开裂形成断口。

在未腐蚀的金相试样上，发现氧化皮下方存在一条约 10μm 的灰色带状组织，通过能谱分析确定其为断口氧化皮向焊缝材料内部扩展过程中形成的氧化过渡层，与静叶隔板开裂并无明显关系。

静叶材料表面存在一层 71Cr-24Ni 铬基高温合金镀层，通过金相组织、扫描电镜显微组织和能谱分析发现，焊缝部位附近的镀层均已清除干净，未发现该 Cr-Ni 合金镀层对焊接产生影响。

静叶材料内部可见夹杂物，通过扫描电镜能谱分析确定其主要为 Nb 的碳化物，按照夹杂物评级方法在 100 倍显微镜下可见夹杂物尺寸较小，故未作评级。通过前述实验，未发现夹杂物与静叶焊缝开裂有直接影响，故对静叶中的夹杂物不做深入分析。

（4）显微硬度分析。通过对熔合线附近进行显微硬度测试发现，静叶母材即回火马氏体区域显微硬度约为 480HV，角焊缝回火马氏体区域显微硬度约为 385HV，而低碳化物的带状贝氏体区域显微硬度为 250HV，铁素体组织区域显微硬度约为 148HV，远低于静叶的显微硬度。这表明焊缝熔合线附近的带状铁素体性能很差，为整个隔板结构中的有害相，显著降低了焊缝的强度，因此在隔板断口上可以看到清晰的焊道形貌，未发现任何叶片母材撕裂变形的迹象。显微硬度差异与材料化学成分，尤其是 C、Cr 含量不同有很大关系，焊接熔合线部位的 C、Cr 含量的差异与焊材选择、焊接工艺、焊接热处理工艺之间存在一定的关系。

综上分析可以得到，静叶脱落裂纹萌生于外环进汽侧和内环出汽侧背弧方向焊缝内熔合线附近，断口表面有一定厚度氧化皮，表明焊缝是早期失效；隔板为三种异种钢焊接结合，其中静叶与围带成分较为接近，与隔板母材成分差异较大；静叶、围带与隔板焊接过程中，在熔合线部位焊缝一侧形成了较多带状分布铁素体，铁素体带为焊接结构中的薄弱环节，其显微硬度值远低于静叶母材，显著降低了焊缝强度，且铁素体带完全分布于结构焊与静叶、围带之间的焊缝熔合线焊缝侧，表明该铁素体带是由结构焊焊接因素产生。

4. 结论

（1）静叶脱落裂纹萌生于静叶外环侧焊缝的进汽侧和内环侧焊缝的出汽侧方向，且为异种钢焊缝早期开裂。

（2）静叶、围带与结构焊焊缝熔合线的焊缝侧存在较多铁素体带，其力学性能远低于静叶母材，成为隔板焊接结构的薄弱环节，应力作用下裂纹萌生于此，并逐渐扩展导致隔板静叶脱落。

（3）铁素体带是由于结构焊焊接因素产生。

二、案例 2：隔板静叶断裂分析

1. 基本情况

某电厂 3 号机组于 2015 年 3 月 18 日揭缸检查发现中压第 2 级隔板导叶片整圈脱落，第 2 级动叶片整圈全部从根部断裂，中压转子第 2 级轮缘处有较严重损伤，中压第 1 级动叶片出汽边有较严重损伤（西北区域某电厂 7、8 号机组也曾相继发生断叶事故：中压缸进汽第一级隔板的静叶片、转子第一级动叶片全部断裂；第二、第三级隔板的静叶片和动叶片有不同程度损坏），静叶片和动叶片整圈脱落如图 5-5-34 所示。

图 5-5-34 静叶片和动叶片整圈脱落

2. 检查分析

机组蒸汽参数高，主蒸汽压力达到 25MPa，主蒸汽温度达到 600℃，所以汽轮机单级焓降很大。汽轮机采用冲动式，动叶前后没有压差，而隔板需承受该级的全部压力差，使得隔板外环和板体需要有很大的厚度，以保证有足够的强度能够承受前后的强差，同时避免产生变形。但宽厚的外环和隔板体也加长了焊接焊缝的长度，使焊接质量控制困难，中压第 2 级隔板（P91）的焊缝长度超过 120mm。隔板焊接结构示意图如图 5-5-35 所示。

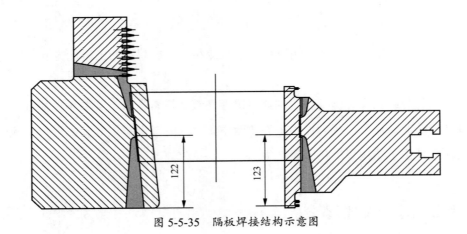

图 5-5-35　隔板焊接结构示意图

经调查，此机组出产时，工厂缺少窄间隙自动焊设备，高、中压隔板采用普通气体保护焊机配加长焊嘴方式焊接。此种焊接方式焊枪不能摆动，存在焊接后导叶片、隔板体焊接部位融合不良，焊接质量保证存在隐患。以上问题会造成导叶在蒸汽压力作用下从围带中脱落，隔板体缺少导叶支撑，在压力作用下向第 2 级叶轮方向移动，与转子发生碰摩，同时使得导叶向动叶移动，磕碰动叶片。

隔板静叶损伤过程如图 5-5-36 所示，推定损伤发展过程如下：

（1）静叶根部和顶部部分脱离。

（2）内环移向第 2 级叶轮。

（3）内环接触第 2 级叶轮进汽侧。

（4）内环外侧和叶轮前侧因转子转动摩擦而磨损。

（5）由于内环和叶轮之间摩擦产生的回转力造成静叶脱离。

（6）脱离的静叶卡住第 2 级动叶，而第 2 级动叶正在以转子相同的转速运动。

（7）第 2 级动叶因撞击损坏。

（8）损坏的动叶卡住第 2 级静叶和动叶。

（9）导叶由于动叶碰撞产生反弹，磕碰中压第 1 级动叶。

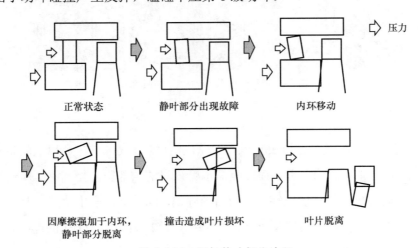

图 5-5-36　隔板静叶损伤过程

3．结论

此次断裂失效主要由于焊接质量控制不当，存在焊接后导叶片、隔板体焊接部位融合不良的现象，从而使得导叶在蒸汽压力作用下，从围带中脱落，隔板体缺少导叶支撑，在压力作用下向第 2 级叶轮方向移动，与转子发生碰摩，同时使得导叶向动叶移动，磕碰动叶片。

4．措施

（1）对所有现有隔板主焊缝进行相控阵检测，全面了解主焊缝焊接缺陷情况。相控阵检测结果如下：

1）高压隔板 18 块，不合格数 14 块，不合格率 78%。

2）中压隔板 8 块，不合格数 6 块，不合格率 75%。

3）低压隔板 26 块，不合格数 6 块，不合格率 23%。

超标缺陷多处于坡口位置，依据缺陷特征可判断缺陷性质为坡口未熔合，是一种危害性较大的面积型缺陷。

（2）对隔板进行临时加固处理。对缺陷隔板进行临时加固处理，加固处理方式包括加强筋加固、中分面开槽加固、导叶片环式焊接加固。

1）隔板加强筋加固。在隔板内外环两侧开槽，沿周向方向布置一定数量的加强筋，并将加强筋与隔板焊接连接。焊后对连接焊缝进行渗透检测。隔板加强筋加固如图 5-5-37 所示。

2）隔板中分面焊缝加强加固。在隔板中分面处开一定深度的凹槽，并将加强筋焊接于凹槽内。焊后对焊缝部位进行渗透检测。中分面焊缝加强加固如图 5-5-38 所示。

3）导叶片环式焊接加固。对导叶与围带连接处进行焊接加固，沿导叶片进行环形连续焊接，出汽侧内背弧 20mm 范围内无法施焊可不进行焊接。焊后对环形角焊缝进行渗透检测。可见图 5-5-37、图 5-5-38。

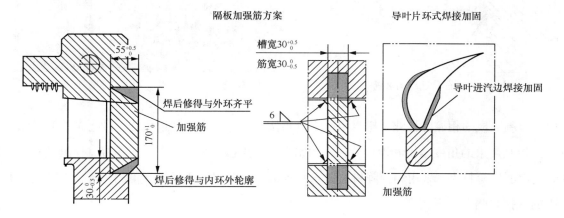

图 5-5-37　隔板加强筋加固

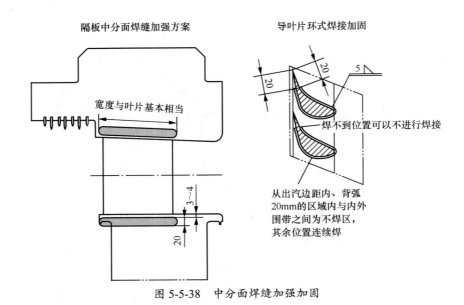

隔板中分面焊缝加强方案　　　　导叶片环式焊接加固

宽度与叶片基本相当

焊不到位置可以不进行焊接

从出汽边距内、背弧20mm的区域内与内外围带之间为不焊区，其余位置连续焊

图 5-5-38　中分面焊缝加强加固

（3）制备新隔板。重新设计制造高、中压隔板，高、中压隔板采用导叶自带菱形头结构设计，即自带冠结构设计，自带冠结构截面、导叶自带菱形头结构（自带冠）分别如图 5-5-39、图 5-5-40 所示。改进焊接方法：采用窄间隙熔化极气体保护焊+自动气保焊组合焊接，双面成型；采用相控阵检测技术对焊接质量进行把控，确保主焊缝检测全覆盖。

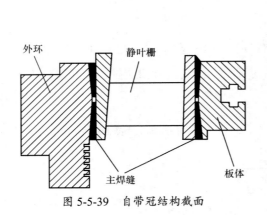

外环　　静叶栅

主焊缝　　板体

图 5-5-39　自带冠结构截面

图 5-5-40　导叶自带菱形头结构（自带冠）

（4）新制隔板的相控阵检测。超声相控阵检测技术是近年来发展很快的一项无损检测技术，因其能够灵活控制声束的角度范围和聚焦特性，相比常规超声检测具有缺陷检出率高、检测效率高、显示直观、适用面广等特点。采用相控阵检测技术对隔板主焊缝焊接质量进行检测，可有效控制隔板制造过程中的焊接缺陷。

依据企业检测标准《围带式隔板焊缝相控阵超声波探伤方法》中关于质量验收部位对隔板主焊缝进行检测验收，验收规定如下：

1）单个缺陷：采用 0°纵波检测时，单个缺陷当量不大于ϕ6mm 平底孔；采用横波检测，缺陷当量不大于$\phi 2.4\times 30+4$dB。

2）密集缺陷：在采用 A1 和 A2 扫查方式进行扫查时，在任意 $50\times T\times L$（50 指焊缝圆周方向弧长 50mm；T 为焊缝厚度，指隔板焊缝单侧的熔深，熔深超过 50mm 的按 50mm 计；L 为焊缝宽度，指隔板焊缝宽度，包含热影响区宽度）的范围内，不允许存在 5 个以上当量不小于$\phi 4$mm 的单个缺陷。

3）条形缺陷：单侧焊缝熔深 $T\leqslant 18$mm 时，允许的缺陷在轴向和周向尺寸均不大于 6mm；单侧焊缝熔深 18mm$<T\leqslant 57$mm 时，允许的缺陷在轴向和轴向尺寸均不大于 $T/3$；单侧熔深 $T>57$mm 时，允许的缺陷在轴向和周向尺寸均不大于 19mm。

扫查方式如图 5-5-41、图 5-5-42 所示。

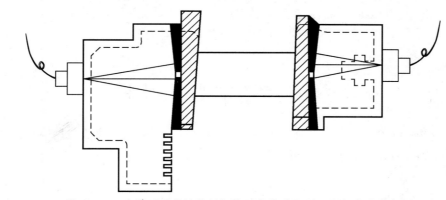

图 5-5-41　自带冠型式结构隔板检测方式（A1 和 A2 扫查方式）

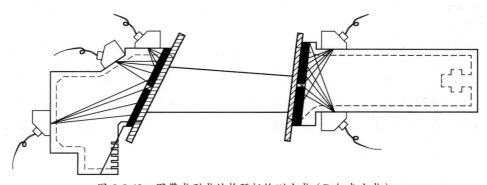

图 5-5-42　围带式型式结构隔板检测方式（B 扫查方式）

未熔合缺陷的相控阵检测图如图 5-5-43 所示，根据焊后相控阵无损检测的结果显示，部分高、中压隔板的主焊缝的焊接缺陷为未熔合缺陷，且焊接缺陷的尺寸超过了验收标准中的规定，甚至部分焊接缺陷为整圈的未熔合缺陷。此类缺陷会造成焊缝有效承载面积减少，降低隔板的强度，在高温和前后压差作用下，导致隔板实际工作应力增大，易产生较大的变形，严重影响机组的安全运行，所以应及时要求制造单位对超标缺陷进行返修处理。

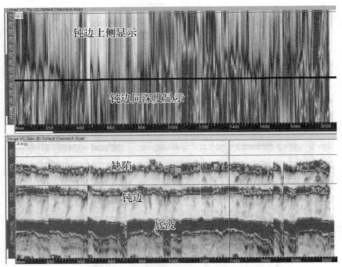

图 5-5-43 未熔合缺陷的相控阵检测图

第六节 导汽管管座开裂

调峰机组汽轮机插管部位开裂风险高，需要定期对插管部位进行检查，并且从焊接工艺、管系应力、汽轮机调峰运行工况等角度进行分析判断。

一、案例 1：汽轮机进汽管异种钢焊接接头开裂

1．基本情况

超临界、超（超）临界机组的汽轮机高、中压进汽管与汽缸的连接焊缝在运行一段时间后，多次发生异种钢焊接接头开裂的情况，已经发现的此类缺陷包括 600MW 超临界机组、660MW 的超超临界机组，发现缺陷的时间为 3 万～5 万 h，有些裂纹已经贯穿整个焊缝，造成运行中泄漏，只能被迫停机检查和处理，也有一些是在正常检修过程中经表面无损检测发现的。裂纹主要出现在异种钢焊接接头的熔合线附近，裂纹位置示意图如图 5-6-1 所示。

图 5-6-1 裂纹位置示意图

2．检查分析

（1）结构型式。汽轮机高、中压外缸的材质主要为 2%Cr 系列的低合金热强钢，高、中压进汽管的材质为 9%Cr 系列的马氏体热强钢，进汽管与汽缸连接形式主要有两种，一种是分别在汽

缸和进汽插管的坡口表面堆焊镍基合金金属，然后再以镍基合金进行填充焊接，最终形成镍基合金焊缝的异种钢焊接接头，简称堆焊型，堆焊型接头的焊缝结构型式示意图如图 5-6-2 所示；另一种是在进汽插管与汽缸之间增加一个短节，短节的材质与高中压外缸属于同一系列，是 2%Cr 的低合金热强钢，先完成短节与进汽插管的异种钢接头焊接、热处理和检验工作，再进行短节+进汽插管联合体与汽缸的焊接，简称加装短节型，加装短节型接头的结构型式示意图如图 5-6-3 所示。

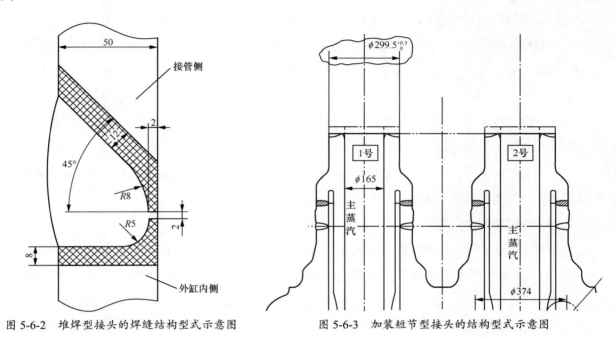

图 5-6-2　堆焊型接头的焊缝结构型式示意图　　　　图 5-6-3　加装短节型接头的结构型式示意图

（2）检查结果。

1）经宏观检查，堆焊型接头的裂纹在焊缝两侧的熔合线附近都有发生，低合金侧的裂纹位于熔合线偏汽缸缸体侧，即在低合金母材的热影响区中，距熔合线 1～3mm；高合金侧的裂纹位于熔合线偏进汽插管侧，即在高合金母材的热影响区中，距熔合线 2～3mm。经光谱检验，焊缝和两侧母材的材质与设计相符，硬度检验中焊缝和母材的硬度未见异常，符合相关标准要求。

2）经宏观检查，加装短节型接头的裂纹主要产生在短节与进汽插管的异种钢焊接接头，位置在高合金侧熔合线偏母材侧，距熔合线 1～3mm，该异种钢接头按低匹配原则选择焊接材料，即焊缝与低合金母材的合金系列相近或相当。经光谱检验，焊缝和两侧母材的材质与设计相符，硬度检验中焊缝和母材的硬度未见异常，符合相关标准要求，但是在高合金的 9%Cr 钢的热影响区中发现靠近熔合线部位局部硬度达到甚至超过 350HB，远高于标准和正常值的范围。

（3）分析。

1）堆焊型接头制造过程中，首先按照图 5-6-2 在缸体侧堆焊 8mm 厚的镍基合金、在进汽插管侧堆焊 12mm 厚的镍基合金，然后再焊接最终的填充焊缝，这种结构设计，焊缝根部的宽度约 30mm，而表面的宽度更是达到了 80mm，如此大截面的焊缝，势必造成填充金属量过大，焊接接头的残余应力水平较高，对该接头的承载运行造成隐患。由于热膨胀和调峰运行的原因，堆焊型接头在运行中要承受弯矩和交变载荷的作用，镍基合金的异种钢焊接接头不适合使用在这种承载情况下。综合内外因素，造成了堆焊型接头的早期失效。

2）加装短节型接头的裂纹位于高合金侧熔合线偏母材侧，检查发现这个区域的硬度明显高于其他部位，达到甚至超过了 350HB，说明制造过程中的热处理效果很不好。经了解，制造厂在该焊接接头的热处理中采用的工艺是 680℃±10℃，在这个温度下进行热处理时消除应力的效果远远不足，这是该异种钢接头失效的主要内因；热膨胀和调峰运行等因素造成的接头承受弯矩和交变载荷等是外因。内外因素的综合作用，造成了加装短节型接头的早期失效。

3. 结论

（1）堆焊型接头由于焊缝结构设计的原因，焊接残余应力水平较高，降低了接头的承载能力，在弯矩和交变载荷的共同作用下产生了早期失效。

（2）加装短节型接头主要是由于焊接接头的热处理工艺不当，致使 9%Cr 钢一侧热影响区的热处理效果不良，抗裂性较差而产生了早期失效。

4. 知识点拓展与点评

两侧母材均为非奥氏体材料的异种钢焊接，原则上应当按低匹配选择焊接材料，即按照焊接低合金一侧钢材的要求选择焊接材料，不推荐高匹配，更不推荐选择异质材料如奥氏体填充金属或者镍基填充金属。这种选材原则是考虑到了整个结构受到低合金一侧母材热强性的制约，若采用高合金或者异质填充材料非但不能提高焊接接头的使用性能，反而会在工艺、运行等方面带来负面影响，所以一般情况下都推荐低匹配。该案例中采用的是先堆焊镍基过渡层、再采用镍基填充的方法，不但选择了异质填充材料，而且把焊缝截面放大了许多，使得焊接残余应力水平较高，这些都给后期的运行带来了不利影响。异质接头的熔合线是最薄弱的环节，故在此处产生早期失效。

异种钢焊接接头的失效从根本上讲是因为接头两侧材料的强度不匹配，差别越大，越容易产生早期失效，要解决这一问题，理论上应该形成成分和性能的平滑过渡，但这几乎是不可能实现的，所以在实际应用中提出了阶梯过渡的观点，即在被焊接的两种母材之间接入一段合金成分和性能介于两者之间的钢材，形成两组异种钢接头，而每一组接头两侧母材的成分和性能的差异都被缩小了，从而可以降低早期失效发生的概率或者延长失效前的使用寿命。该案例中的加装短节型结构仅考虑了制造工艺的简化和难度的降低，加了一段与缸体同材质的短节，并未考虑异种钢接头的成分和性能落差的问题，即没有更深一步地解决早期失效的问题，再加上热处理的效果不足以有效降低焊接接头的残余应力水平，才产生了早期失效。如果所加的环节更换一种介于缸体与 9%Cr 钢之间的材料（如 5Cr1Mo），再配合正确的焊接和热处理工艺，将可能有效地解决早期失效问题。

二、案例2：某厂高压导气管热处理事故剖析

1．基本情况

某电厂 2 号机组汽机房 8.6m 平台的 2 号高压导气管直管段局部硬度偏低，需进行更换处理。待更换的直管段材质为 SA-335 P91，规格为 $\phi465mm \times 88mm$，长度为 680mm，高压导气管更换短管前后对比如图 5-6-4 所示。

（a）更换前　　　　　　（b）更换后

图 5-6-4　高压导气管更换短管前后对比

焊接技术人员根据现场情况，要求施工方采用上下两道焊缝同时焊接、同时热处理，其中焊后热处理最高温度中心必须位于焊缝中心，并合理布置加热器及热电偶，高压导气管首次更换短管焊后热处理如图 5-6-5 所示。高压导气管首次更换短管的焊接热处理工艺曲线如图 5-6-6 所示。

焊接及热处理完毕后，冷却至室温 24h 后进行检验，发现上焊口下方一侧焊缝和母材硬度偏低且金相组织异常，高压导气管首次更换短管的低硬度区示意图如图 5-6-7 所示，但对侧的母材及焊缝硬度均合格，母材硬度值 129～153HBHLD，焊缝硬度值约 153HBHLD，不符合相关规程要求。

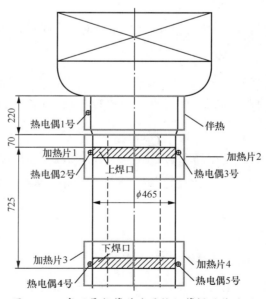

图 5-6-5　高压导气管首次更换短管焊后热处理

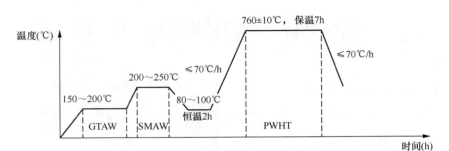

图 5-6-6　高压导气管首次更换短管的焊接热处理工艺曲线

注　GTAW：钨极气体保护电弧焊；SMAW：焊条电弧焊；PWHT：焊后热处理。

图 5-6-7　高压导气管首次更换短管的低硬度区示意图

2．检查分析

（1）温偏原因分析。根据硬度及金相测试结果分析，硬度偏低及金相组织异常是由焊后热处理温偏造成的，即在焊后热处理恒温阶段，母材及焊缝的实际温度均超出热处理工艺曲线 760℃±10℃的要求。导致温偏主要有以下几个原因：

1）上焊口上部约 70mm 处存在变径斜坡，布置的固定宽度履带式加热器未能满足"焊后热处理最高温度中心应位于焊缝中心"的要求。

2）对热处理控温仪采用经计量认证的热电偶校准仪检测其测温电路发现，在待机时，控温仪测温偏差为 1～5℃；在工作时随加热温度升高，控温仪显示值与仪器检测值为正偏差，且最高大于 30℃。

3）所使用的测温元件为铠装 K 形热电偶测温，热电偶测温点与被测工件通过铅丝绑扎接触。热电偶、工件和铅丝的热膨胀系数不同，因此这种接触方式可能导致热电偶触点松脱，形成欠温测点，导致控温回路加热超温。

4）所使用的补偿导线红色线绝缘皮局部有破损，也可能造成测温不准确。

5）热处理过程中，电源断电，经过约 0.5h 后恢复。

6）由于热处理机器出现故障，作业人员未能及时发现，高压导气管首次更换短管焊接热处理自动记录曲线如图 5-6-8 所示，该曲线不完整，高温恒温段曲线缺失，热处理温度不可追溯，热处理状态不在控。

以上因素综合作用下，导致此次热处理事故发生。

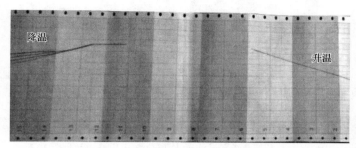

图 5-6-8　高压导气管首次更换短管焊接热处理自动记录曲线

（2）更换后技术措施。电厂对该段管段再次进行更换，为保证再次更换后热处理一次成功，特制定以下技术措施：

1）热处理设备方面，保证热处理电源不受其他施工的影响，且安排好备用电源；更换新的热处理控温仪、点焊热电偶丝及补偿导线，上述部件均经过计量认证合格。

2）焊接过程监督方面，将整个的施工过程划分为划线割管、吊装组对、预热充氩、钨极气体保护电弧焊（GTAW）打底焊、手工电弧焊（SMAW）填充和盖面焊、焊后热处理热电偶布置及过程记录等节点，每个节点均设定为 H 点（H 点即停工待检点，原为 W 点即见证点），由焊接技术人员到现场检查、确认后才能进行下一步作业。

3）焊后热处理方案主要包括热处理工艺曲线（见图 5-6-6）、热电偶布置（见图 5-6-9、图 5-6-10）、加热器布置（见图 5-6-11）。此方案为保证管道温度场符合热处理工艺曲线设定，共布置了 11 只热电偶，每只热电偶采用点焊方式固定在指定位置，以避免松脱。并在管道上下端同时设置了伴热装置。

4）焊接后的热处理中，严格按照制定的方案严格进行，一次成功。

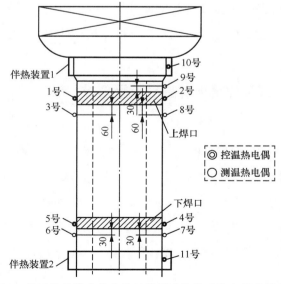

图 5-6-9　高压导气管重新更换短管焊后热处理热电偶布置示意图

图 5-6-10　高压导气管重新更换短管焊后热处理热电偶布置

图 5-6-11　高压导气管重新更换短管焊后热处理加热器布置

3. 结论

此次事故既有人为因素也有设备因素，人为因素为加热器布置未满足方案要求，且现场值守人员未及时发现仪器设备故障；设备因素主要为热处理过程中电源掉电、控温仪失效、热电偶触点松脱、补偿导线破损短路等。在这些因素的综合影响下，导致此次热处理事故发生。

三、案例 3：P91 高导管插管焊缝热影响区裂纹

1. 基本情况

某电厂 2016 年 3 月在 4 号机检修期间，探伤高导管插管焊缝，发现高导管插管焊缝热影响区裂纹。4 号汽轮机为型号为 CLN600-24.2/566/566 型超临界、一次中间再热、三缸四排汽、单轴、双背压、凝汽式汽轮机。4 号机组于 2006 年 9 月投入运行，期间累计运行约 6.9 万 h。缸体材料为 ZG15Cr2Mo1，插管材料为 P91，在缸体与插管之间有一短节，短节材料为 15Cr2Mo1，短节与缸体和插管之间焊缝采用焊材 R407 进行焊接。插管结构图如图 5-6-12 所示。

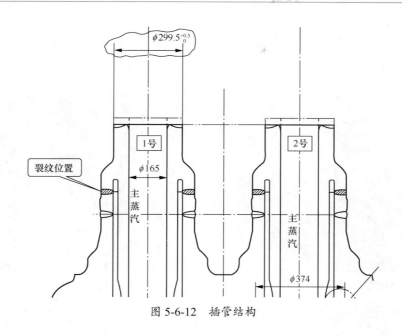

图 5-6-12　插管结构

2. 检查分析

（1）宏观检查。出现裂纹的位置是下缸左侧高压进汽插管与短节焊缝，在插管侧热影响区，距离焊缝约 2mm，裂纹总长约为 400mm。极少部分穿过焊缝，裂纹为单条，直线扩展，裂纹开口较宽，肉眼可见，尖端圆钝，插管焊缝裂纹形貌如图 5-6-13 所示。

图 5-6-13　插管焊缝裂纹形貌

（2）硬度试验。沿焊缝、热影响区、P91 侧母材进行硬度检验，焊缝、热影响区、P91 侧母材硬度检验结果见表 5-6-1。热影响区有一个宽约 3.0mm 的高硬度区，裂纹处于热影响区硬度高区域的边缘。

表 5-6-1　　　　　　　　　焊缝、热影响区、P91 侧母材硬度检验结果　　　　　　　　　单位：HB

焊缝							热影响区				裂纹	热影响区				插管母材		
233	233	244	225	244	240	295	321	330	321	309		292	280	271	246	229	222	215

（3）显微检查。焊缝金相组织为回火马氏体，焊缝组织晶粒粗大，焊缝组织形貌如图 5-6-14 所示；热影响区组织为回火马氏体，热影响区组织形貌如图 5-6-15 所示；插管母材组织为回火索氏体。组织无明显的老化及异常情况。

裂纹从外壁近表面起源，外壁裂纹处表面光滑无应力集中现象，裂纹深约 7mm，裂纹的扩展始终处于热影响区相变区。裂纹是断断续续的，属于沿晶和穿晶混合型裂纹，裂纹较宽，裂纹形貌如图 5-6-16～图 5-6-19 所示。

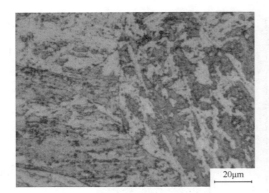

图 5-6-14　焊缝组织形貌

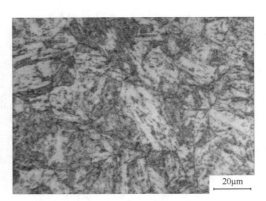

图 5-6-15　热影响区组织形貌

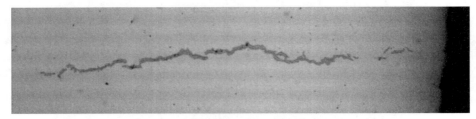

图 5-6-16　热影响区裂纹形貌

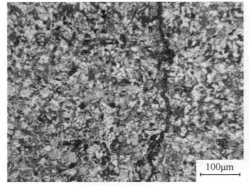

图 5-6-17　热影响区组织及裂纹形貌

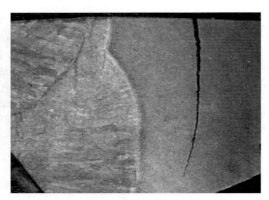

图 5-6-18　焊缝及热影响区裂纹形貌

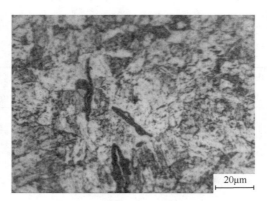

图 5-6-19　裂纹尖端及组织形貌

（4）扫描电镜试验。裂纹内有较多的氧化物，由于在高温下长时间的氧化，裂纹变得很宽，裂纹无二次裂纹、无分叉、无孔洞；裂纹前沿圆钝，部分裂纹呈沿晶断裂特征，裂纹尖端形貌、裂纹形貌如图 5-6-20、图 5-6-21 所示；热影响区组织中碳化物沿晶界析出，热影响区组织形貌如图 5-6-22 所示。

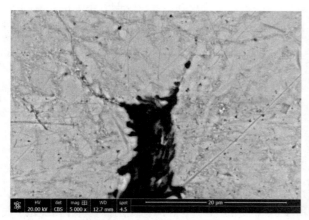

图 5-6-20　裂纹尖端形貌

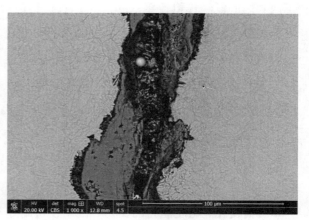

图 5-6-21　裂纹形貌

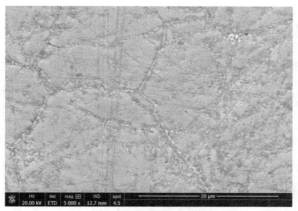

图 5-6-22　热影响区组织形貌

3. 综合分析

从硬度检查结果看，在焊缝 P91 侧热影响区存在一个高硬度区，按照 DL/T 438《火力发电厂金属技术监督规程》的规定，P91 管件材料的硬度应控制为 180～250HB，热影响区相变区硬度高于标准要求。

热影响区出现高硬度区是热处理温度选用不当造成的。对于 P91 与 P22 材料的焊接，当选用低配的焊材 R407 时，按照 DL/T 752《火力发电厂异种钢焊接技术规程》的规定，焊后热处理温度的选用应按加热温度要求较低侧的加热温度的上限来确定。按照 DL/T 819《火力发电厂焊接热处理技术规程》的规定，P22 的焊后热处理温度为 720～750℃，P91 的焊后热处理温度为 750～770℃，P91 与 P22 异种钢焊缝的焊后热处理温度应选用 750℃。该公司高导管插管 P91 与 P22 异种钢焊缝选用的焊后热处理温度是 740℃±10℃。所选用的温度对焊缝是合适的，但对于 P91 侧热影响区的相变区，当温度低于 P91 的焊后热处理温度 750～770℃时，焊接时相变区所形成的马氏体淬硬组织不能消除，就会在热处理后热影响区相变区形成硬化层。

高压导汽管蒸汽温度为 566℃，外缸的最高温度为 370℃，P91 高导管插管异种钢焊缝的温度处于两者之间。经模拟计算，P91 高导管插管异种钢焊缝处的温度约为 500℃。在研究 P91 的热影响区 Ⅳ 型裂纹与蠕变试验的温度和应力的关系时发现，低于 550℃时断裂发生于母材，断裂强度等同于母材强度。而 P91 高导管插管异种钢焊缝的温度要低于 550℃。

高导管插管 P91 与 P22 异种钢焊缝热影响区裂纹是在部件使用后出现的，虽说发现裂纹的时间为 6.9 万 h，但之前并未检查过，应该都属于早期失效。

高导管插管 P91 与 P22 异种钢焊缝热影响区相变区与未相变区由于微观组织不同，在硬化区的过渡区，处于拉应力状态，将产生残余拉应力，并有应力集中现象；残余应力的分布是在光滑工件表面为残余压应力，且在强度较高的材料中残余应力的应力集中现象非常明显。机组在运行时，因机组启停、负荷变化、温度压力的变化等因素使得高导管所受到交变的应力作用。裂纹是热影响区相变区残余应力和高导管所受交变应力共同作用所产生的疲劳裂纹。在高温下，由于晶界强度比晶粒低，疲劳裂纹优先在晶界处萌生。

4. 结论

由于 P91 材料高导管插管焊缝热处理温度选用不当，使得焊缝 P91 侧热影响区硬度偏高，在高温运行时管道应力的作用下，在硬度高的区域向硬度低的区域转变的过渡区出现沿晶疲劳裂纹。

5. 措施

这是一起由于焊缝热处理工艺选用不当导致的金属故障，可能采用这种结构形式焊接热处理的构件较多，对今后的检查及改造具有意义。为避免此类金属问题的发生，应做好以下工作：

（1）焊缝热处理采用 P91 材料焊缝热处理规范。

（2）对未采用 P91 材料焊缝热处理规范的焊缝加强检查，发现裂纹应对焊缝挖补处理。

四、案例 4：导汽管进汽插管异种钢焊缝开裂失效

1. 基本情况

某电厂于 2016 年 1 月 23 日检查发现，4 号机组负荷 643MW，主蒸汽压力 24.9MPa，3 号高压调节阀保温接缝处有漏汽现象，就地检查高调节阀门盖、门杆漏汽法兰均不泄漏，蒸汽主要从调节阀下部保温接缝处漏出，同时发现高中压外缸前后猫爪保温接缝有渗湿现象，中压导管保温外护板有滴水现象，从 6.4m 层检查无漏汽情况。1 月 24 日机组负荷降至 398MW，主蒸汽压力降至 18.92MPa，漏汽量明显减少，之后出现机组最高负荷 660MW 工况，但现场检查发现仅在汽缸 A 列下沿至高压调节阀有轻微滴水现象，其他无明显漏汽。2016 年 2 月 3 日机组因春节停备解列。

2016 年 2 月 12 日，经过仔细查找发现汽缸下部靠近平衡管处保温有一处破损，保温破损如图 5-6-23 所示。进一步拆除平衡管周围保温，发现 3 号高压导汽管进汽插管焊缝熔合区有肉眼可见裂纹，4 号机组 3 号高压导汽管进汽插管焊缝裂纹如图 5-6-24 所示。

在随后的扩大检查中发现 4 号机组 2、3、4 号高压导汽管进汽插管，3、4 号中压导汽管进汽插管异种焊缝与缸体侧熔合线处存在裂纹；1 号机组 3、4 号高压导汽管进汽插管，3、4 号中压导汽管进汽插管异种焊缝表面发现多处断续线性缺陷显示（部分呈裂纹形貌）。

该电厂于 2017 年 4 月对 2 号机组 A 级检修过程中同样发现 3 号高压导汽管进汽插管导汽管侧焊缝熔合区有肉眼可见的裂纹缺陷，2 号机组 3 号高压导汽管进汽插管焊缝裂纹如图 5-6-25 所示。

经查，该公司所属其他电厂同类型机组也存在同一问题，表明该问题具有一定的共性。

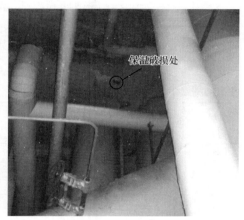

图 5-6-23　保温破损

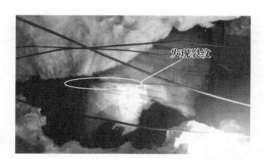

图 5-6-24　4 号机组 3 号高压导汽管进汽插管焊缝裂纹

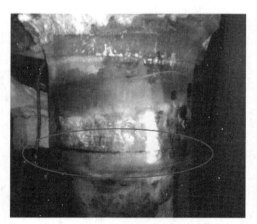

图 5-6-25　2 号机组 3 号高压导汽管进汽插管焊缝裂纹

2. 检查分析

高、中压导汽管进汽插管异种钢焊接采用镍基合金材料冷焊法进行焊接，即在插管侧和缸体侧母材坡口上分别堆焊 12mm 和 8mm 的镍基过渡层、整体采用镍基合金材料（ENiCrFe-1）填充的焊接工艺（冷焊法）。经检查分析，具体原因如下：

（1）堆焊层焊接工艺及质量控制不当。4 号机组高、中压导汽管进汽插管开裂的位置均位于缸体侧堆焊层熔合线位置，硬度检验结果表明熔合线部位异常偏高，堆焊层的焊接工艺质量控制差，导致堆焊界面成为薄弱点。4 号机组高压导汽管进汽插管硬度检测结果见表 5-6-2。

焊缝熔合线硬度偏高主要有三个可能因素：

1）焊缝熔池温度场对熔合线区域材料的热处理作用（如淬火），导致硬度增大。

2）应力导致硬度变化。材料受拉应力时，硬度变小；材料受压应力时，硬度增大。实际材料应力状态对硬度的变化影响很小，在 1%以内。但该处焊缝自外壁熔合线开裂，受拉应力作用，硬度应变小。

3）该焊缝受拉应力，在焊缝的薄弱部位即熔合线产生塑性变形，导致该区域冷作硬化（强度增加、韧性降低）。由于整个焊缝受拉应力作用，但熔合线区域产生塑性变形，硬度增加到与邻近母材和焊缝硬度一致时便不会增加。综合上述分析，熔合线区域硬度异常偏高，与焊接工艺及质量控制关系较大。

表 5-6-2　　　　　　　　　　　4 号机组高压导汽管进汽插管硬度检测结果

4 号机组 3 号高压导汽管进汽插管（无裂纹处）							
测点位置		A	A'	A-B	B	C	D	E
硬度值（HB）	1	155	205	271	166	144	162	187
	2	152	204	273	165	141	162	188
	3	156	206	275	165	141	164	189
4 号机组 4 号高压导汽管进汽插管（无裂纹处）							
测点位置		A	A'	A-B	B	C	D	E
硬度值（HB）	1	162	201	270	163	143	165	197
	2	166	208	271	160	145	167	192
	3	161	202	275	155	143	166	193
4 号机组 1 号高压导汽管进汽插管（无裂纹缺陷）							
测点位置		A	A'	A-B	B	C	D	E
硬度值（HB）	1	135	185	236	162	145	167	195
	2	138	180	231	166	146	166	193
	3	138	181	232	161	141	166	191
4 号机组 2 号中压导汽管进汽插管（无裂纹缺陷）							
测点位置		A	A'	A-B	B	C	D	E
硬度值（HB）	1	142	190	233	153	146	162	—
	2	143	198	233	151	143	167	—
	3	142	191	235	152	141	166	—
4 号机组 4 号高压导汽管进汽插管（无裂纹处）							
测点位置		A	A'	A-B	B	C	D	E
硬度值（HB）	1	138	181	—	156	144	167	188
	2	135	189	—	155	141	162	187
	3	135	182	—	156	141	163	188

注　A 表示缸体侧距熔合线 50mm 处母材，A'表示距熔合线 3～5mm 处母材，A-B 表示熔合线位置，B～D 表示镍基焊缝，E 表示 P91 侧母材。

（2）结构原因。高、中压导汽管进汽插管焊缝是连接导汽管与高、中压内外缸体的过渡焊缝，高中、压导汽管进汽插管如图 5-6-26 所示，由于导汽管与缸体的膨胀方向不一致，焊缝作为结构的薄弱点在运行中受管道和缸体的多向应力综合作用。

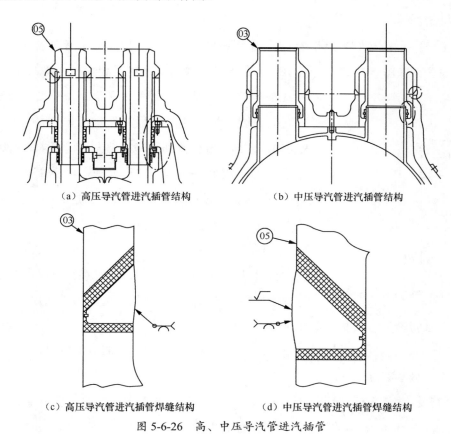

（a）高压导汽管进汽插管结构　　　　　　（b）中压导汽管进汽插管结构

（c）高压导汽管进汽插管焊缝结构　　　　　（d）中压导汽管进汽插管焊缝结构

图 5-6-26　高、中压导汽管进汽插管

（3）异种钢焊缝的特殊性。异种钢焊缝承受疲劳载荷和弯曲应力能力较差，容易在熔合线部位开裂。该高、中压导汽管进汽插管异种钢焊缝两侧分别是 P91、ZGCr2Mo1，焊缝为 NiCrFe-1 填充，焊缝镍基填充金属与两侧母材的热膨胀系数差异大，运行中负荷变化和启停频繁都会使焊缝承受热疲劳应力增加。

3．结论

导汽管进汽插管异种钢焊缝开裂主要因为焊接工艺及质量控制不当、结构因素和异种钢焊缝的特殊性。

4．措施

（1）临时应急方案。采取镍基冷补焊，首先用碳弧气刨清除缺陷部位（保留 10mm 剩余壁厚），气刨结束后用机械方式彻底清除刨槽及其两侧的氧化皮等附着物及渗碳淬硬层，按照 U 形坡口进行修磨，以尽可能减少焊接填充金属为原则，减少不必要的焊接工作量和焊接变形。焊前预热 120～150℃，层间不大于 120℃，采用 ENiCrFe-1 焊条，焊接时要求焊工与钳工相互配合，边焊接边锤击，焊完一道后待冷却后再焊下一道，严格控制层间温度，及时消除层间焊接应力。

（2）长时方案。采用同质材料作为填充材料（热焊法），焊材与 ZG15Cr2Mo1 匹配选择，焊丝可选用 TIG-40、焊条选用 E6015-B3（R407）。预热温度按 P91 钢、焊后热处理按同 ZG15Cr2Mo1 要求的上限温度来确定。

（3）焊接工艺。采用全堆焊工艺。首先，采用机械切割的方式把原始镍基焊缝全部切除，坡口形式及焊接方案示意图如图 5-6-27 所示。在上缸的缸体侧堆焊与之相匹配焊材（氩弧焊 TIG-40、手工电弧焊 R407），直到与管子侧间隙满足填充坡口要求；在下缸的进汽插管侧堆焊低匹配的焊材（氩弧焊 TIG-40、手工电弧焊 R407），直到与缸体侧间隙满足填充坡口要求。然后，对坡口堆焊层进行一次消氢+中温消应力处理，再冷却至室温后对坡口进行检测。最后，进行最终收口焊缝的预热、焊接，焊接完成后一并进行焊后高温消应力热处理。

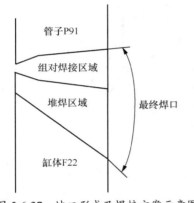

图 5-6-27　坡口形式及焊接方案示意图

焊接过程应注意：

1）根层焊缝检查合格后，及时进行次层焊缝的焊接；焊接过程应严格控制层间温度，低于或高于工艺规定的层间温度时，应停止施焊，待层间温度达到要求方可施焊。

2）为保证后一焊道对前一焊道起到回火作用，焊接时控制每层焊道的厚度应不大于焊条直径。焊条摆动的幅度，最宽不宜超过焊条直径的 3 倍。

3）电焊填充及盖面时应逐层进行检查，经自检合格后，方可焊接次层，直至完成。

4）层间焊缝的清理、缺陷的处理均由专门配合的钳工进行，以便焊工处于最佳的焊接状态。采用机械打磨的方式，用角磨机或钢丝刷彻底清理焊渣及飞溅，特别是焊缝接头处和坡口边缘处。

5）为减少焊接变形和接头缺陷，采取二人对称焊。对称焊的两位焊工必须配合好，两人不得在同一处收头，以免局部温度过高，影响焊接质量。

6）应将每层焊道接头错开 10~15mm，同时注意尽量使焊道平滑过渡，便于清渣和避免出现"死角"。

7）盖面层的焊道布置，焊接一层至少三道焊缝，中间以有一道退火焊道为宜，以利于改善焊缝金属组织和性能。

8）填充盖面时焊缝与母材应圆滑过渡、收弧处弧坑饱满，接头熔合良好。

9）焊缝整体焊接完毕，应用砂轮机或钢丝刷将焊缝表面焊渣、飞溅清理干净。

10）施焊过程中，除工艺和检验上要求分次焊接外，打底焊接和填充盖面在层间温度允许的情况下应连续进行。若被迫中断，应采取防止裂纹产生的措施（如加热至 350℃，恒温 2h）。再次施焊时，应仔细检查并确认无裂纹后，方可按照工艺要求继续施焊。

第六章

管道系统失效案例

第一节　材料许用应力下调问题

案例：某电厂 P92 管道运行安全性评估

1. 基本情况

某电厂机组是国产首台百万千瓦超超临界锅炉机组，主蒸汽管道材料为 P92 钢。随着对这种新材料研究的深入，P92 钢的许用应力值与原设计相比有所降低，这就使原来按较高许用应力设计的管道成了"薄壁管"，其运行安全性和使用寿命备受关注。

2. 检查分析

主蒸汽管道材料在运行过程中，承受以温度为量度的热负荷和以压力为量度的机械负荷的联合作用。每一时刻都有一个温度-压力的组合值，该系统参数存储记录精度如下：①温度：1℃；②压力：1/10MPa。载荷谱是指热作用和机械作用对部件材料作用量的大小和这个作用的累积时间，以在作用量（温度或压力）为横坐标、累积时间为纵坐标的图上呈线条状分布、形似光谱线而得名。载荷谱图以紧凑的形式、海量的容量提供出部件材料受载荷作用的丰富信息。温度-累积时间的关系是温度谱，压力-累积时间的关系是压力谱。

同时获得部件材料所承受的热负荷（温度 t）、机械负荷（压力 p）和在每一状态的累积时间，就可形成直接反映材料受载荷损伤作用的全作用载荷谱（损伤全息载荷谱）。除其他多种功能外，该系统特别设计了获得主蒸汽管道全作用载荷谱的功能，主蒸汽管道样本全作用载荷谱的状态数据如图 6-1-1 所示。

序号	部件	温度(℃)	压力(MPa)	样本状态时间(s)	序号	部件	温度(℃)	压力(MPa)	样本状态时间(s)
1	主蒸汽管道	582	16.8	70.6	709	主蒸汽管道	603	22.2	35.2
2	主蒸汽管道	582	16.9	107.7	710	主蒸汽管道	603	22.4	105.4
3	主蒸汽管道	583	16.8	287.5	711	主蒸汽管道	603	22.5	35.2
4	主蒸汽管道	583	17.1	35.2	712	主蒸汽管道	603	23	70.7
5	主蒸汽管道	584	16.9	70.7	713	主蒸汽管道	603	23.3	144.8
6	主蒸汽管道	584	17.2	35.2	714	主蒸汽管道	603	23.8	106.2
7	主蒸汽管道	585	17.2	35.2	715	主蒸汽管道	603	23.9	35.6
8	主蒸汽管道	585	23.9	70.4	716	主蒸汽管道	603	24.1	35.2
9	主蒸汽管道	586	16.7	112.3	717	主蒸汽管道	603	24.2	70.3
10	主蒸汽管道	586	17	230.5	718	主蒸汽管道	603	26.2	70.9
11	主蒸汽管道	586	17.2	35.3	719	主蒸汽管道	603	26.4	35.3
12	主蒸汽管道	586	24	110.2	720	主蒸汽管道	604	18.4	35.2
13	主蒸汽管道	586	26.1	35.4	721	主蒸汽管道	604	23	70.4
14	主蒸汽管道	587	17	105.7	722	主蒸汽管道	604	23.1	75.6
15	主蒸汽管道	587	17.5	35.2	723	主蒸汽管道	605	23	111.3
16	主蒸汽管道	587	24.1	35.2	724	主蒸汽管道	605	23.1	70.5

图 6-1-1　主蒸汽管道样本全作用载荷谱的状态数据

3. 综合分析

为了评估、预测某电厂 P92 钢薄壁主蒸汽管道的运行安全性和使用寿命，将管道壁厚和持久强度作为 2 个可能变化因素，形成了 4 种比较分析研究方案，薄壁主蒸汽管道安全性评估寿命预测方案见表 6-1-1。第 1、2 方案最接近实际情况；第 3、4 方案是为了了解按现在设计的壁厚（厚壁），主蒸汽管道的运行安全性和使用寿命，并与薄壁管进行比较。

表 6-1-1　　　　　　　　　　薄壁主蒸汽管道安全性评估寿命预测方案

方案	壁厚类型	管道内径（mm）	持久强度	备注
1	薄壁	349×72	常规数据	某厂
2	薄壁	349×72	下边界数据	某厂
3	厚壁	406×98	常规数据	比较
4	厚壁	406×98	下边界数据	比较

按表 6-1-1 的 4 种组合条件方案，借助于全作用载荷谱部件安全性评估寿命预测分析软件，获得基于实际运行载荷谱的、P92 钢主蒸汽管道的安全性评估和寿命预测分析结果，四种方案的寿命预测分析结果见表 6-1-2。

表 6-1-2　　　　　　　　　　四种方案的寿命预测分析结果

方案	分析条件组合	预测寿命（万 h）	寿命安全系数 S_t
1	薄壁+常规	50.0	1.66
2	薄壁+下边界	17.7	0.59
3	厚壁+常规	85.0	2.80
4	厚壁+下边界	32.4	1.08

4. 结论

1 号机组 P92 钢"薄壁"主蒸汽管道的寿命底限约十几万小时。若长期连续使用状态监测寿命管理系统，确切掌握管道材料承受实际载荷状况，且使载荷谱具有样本载荷谱类似的分布特点，同时追踪持久强度的变化，并从钢种分散性数据准确到该机组具体主蒸汽管道材料的数据，再配合其他金属技术监督方法，就能合理地延长管道使用时间。

5. 知识点拓展与点评

随着对 P91、P92 钢材料性能的认识逐渐深化，美国机械工程师学会（ASME）、欧洲蠕变合作委员会（ECCC）组织先后多次下调 P91、P92 钢许用应力，大量存量机组的 P91、P92 钢管道可能变成"薄壁管"。市场监管总局特设局组织相关专家针对 T/P91 许用应力降低引起的机组安全性问题进行专题讨论，使用单位应开展针对性的风险分析，加强金属技术监督工作，进行强度校核，必要时进行寿命评估。

第二节 低硬度管道评估

一、案例 1：焊后热处理不当引起的 P91 钢管道组织异常

1. 基本情况

某厂检修期间对一段主蒸汽弯头（标记为 A）进行更换，被更换的弯头的规格 Di451×41.5mm，背弧长度不足 1m，内弧长度不足 0.5m，材质为 P91。更换前对于新弯头（标记为 B）进行金相硬度检验、表面磁粉和超声波检验，硬度约为 200HBHLD，弯管外弧金相组织为回火马氏体，磁粉检验和超声波检验均未发现可记录缺陷。随后对弯头进行更换和热处理，最后对弯头 B 进行检验，发现硬度约为 140HB，金相组织可见大量块状铁素体，马氏体板条位向不明显。电厂决定对该次新更换的弯头进行再次更换，并对弯头 B 进行取样，分析硬度和组织发生异常的原因。

2. 检查分析

对更换前新弯头的背弧 W1 点进行金相和硬度检验，弯头金相硬度检验位置示意图如图 6-2-1 所示，硬度检验结果为 203HB，满足标准要求；金相组织正常为回火马氏体，弯头背弧 W1 点更换前的金相组织如图 6-2-2 所示。

更换到主蒸汽管系并完成热处理后，对弯头 B 两侧焊缝以及弯头腰部周圈进行金相和硬度检验，检验位置如图 6-2-1 所示，检验部位硬度结果见表 6-2-1，弯头背弧 W1 点更换后的金相组织如图 6-2-3 所示。检验表明更换后弯头硬度出现了大幅度下降，下降幅度达到 36%，远远低于标准要求；其金相组织也发生异常，马氏体板条位向消失，并出现了大量的块状铁素体。

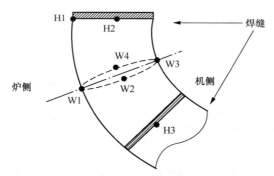

图 6-2-1 弯头金相硬度检验位置示意图

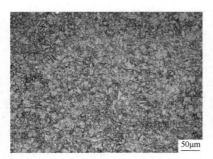 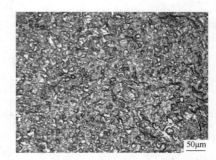

图 6-2-2 弯头背弧 W1 点更换前的金相组织　　图 6-2-3 弯头背弧 W1 点更换后的金相组织

表 6-2-1 检验部位硬度结果

检查部位	母材（HB）	热影响区（HB）	焊缝（HB）
DL/T 438 的要求值	180～250	—	185～270
W1（安装前）	203	—	—
H1	130～140	130～140	162、165、166
H2	130～140	130～140	159、161、162
H3	156、158、159	160、161、165	158、159、161
W1（安装后）	130～140	—	—
W2	150、150、153	—	—
W3	190、192、194	—	—
W4	130～140	—	—

在硬度和金相异常的区域取样进行力学性能测试，取样部位的平均硬度为 146HB，记录其室温力学性能和高温力学性能试验结果，取样室温力学性能结果、高温（540℃）短时拉伸试验结果见表 6-2-2、表 6-2-3。由测试结果可见，软化的 P91 钢的力学性能与相关标准要求和参考数据相比，远远低于标准要求，也低于正常产品的参考数据和科学研究数据，说明经过安装和热处理的这段弯头除硬度、金相组织异常以外，其力学性能大幅度下降，不能满足正常的运行要求。

表 6-2-2 取样室温力学性能结果

	序号	抗拉强度 R_m（MPa）	规定非比例延伸强度 $R_{p0.2}$（MPa）	断面延伸率 A（%）	断面收缩率 Z（%）	冲击吸收功 K_{V2}（J）
参考值	GB/T 5310 要求值	≥585	≥415	≥20（纵向）	—	≥40（纵向）
	ASME SA 335 要求值	≥585	≥415	≥20（纵向）	—	—
	住友数据	685	521	25.5	73	—
实测值	1	562	271	35.0	78	121
	2	557	268	37.0	77	107
	3	550	264	38.0	71	112

表 6-2-3 高温（540℃）短时拉伸试验结果

	序号	抗拉强度 R_m（MPa）	规定非比例延伸强度 $R_{p0.2}$（MPa）	断面延伸率 A（%）	断面收缩率 Z（%）	冲击吸收功 K_{V2}（J）
参考值	GB/T 5310 要求值	—	≥269.2	—	—	—
	参考数据 1*	310	278	31.5	86	201.0
实测值	1	230	128	56.5	92	240
	2	240	166	55.5	91	239
	3	229	153	47.5	89	244

* 参考数据 1 取自华北电力科学研究院有限责任公司金属研究所科技成果中硬度值为 180HB 的 P91 钢试样的室温力学性能检验结果。

3. 综合分析

由于弯头 B 在安装之前硬度、金相和无损检验均未见异常，经过安装和热处理后组织发生了改变，硬度和性能下降，因此弯头劣化应是在安装过程中发生的。安装的过程是将弯头两端与直管段焊接。根据《T91/P91 钢焊接工艺导则》（电源质〔2002〕100 号）的要求，T91/P91 材料在焊接安装后应进行热处理，回火温度为 760～770℃，回火时间按照每 25mm 壁厚保温 1h，但最少不少于 4h 进行计算。P91 钢焊接热处理工艺曲线如图 6-2-4 所示。

现场更换弯头 B 的指定的热处理工艺：回火温度为 760℃，保温时间为 5h。经过现场了解情况，该弯头两侧分别进行热处理，以一侧的热处理过程为例，在升温的过程中，由于加热温度迟迟不能达到规定的 760℃，曾经在 750～760℃持续了将近 5h 的升温段，加上保温的 5h，该弯头在 750～760℃的温度范围内盘桓超 10h，严重偏离了设计的热处理曲线。同时由于该弯管较小，背弧长度不足 1m，内弧长度不足 0.5m，在分别对弯管两侧焊口进行热处理时，弯管近似整体受到两次热循环的影响，从而出现了严重的过回火现象。

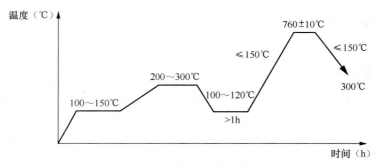

图 6-2-4　P91 钢焊接热处理工艺曲线

钢铁冷变形后通过适当的加热和保温会发生组织和性能变化，这个变化可分为回复、再结晶和晶粒长大三个阶段。由于 P91 钢的再结晶的驱动力较高，正常经过高温回火后，只发生回复而不会出现再结晶，从而使基体保持板条状的马氏体而得到强化，这也是 P91 钢主要的强化机理之一。但在实际生产中，弯头、弯管经历了热挤压等制作过程后，马氏体已经增加了一定形变能。如果在此基础之上，回火时间过长或者温度过高，会大幅提高材料的内能，这就为马氏体的再结晶提供了驱动力，从而在组织中出现铁素体，导致 P91 材料的软化。

4．结论

该弯头是在更换过程中，由于热处理不当出现了过回火现象，导致组织中出现了大量铁素体，材料发生软化，性能大幅度下降。

5．知识点拓展与点评

按照 ASME SA335-SA335M《高温用无缝铁素体合金钢管》和 DL/T 438《火力发电厂金属技术监督规程》的要求，P91 材质管道的硬度为 190～250HB，然而由于早期标准较松，加工水平参差不齐等问题，P91 部件的硬度低是一个很普遍的现象，并且金相组织常伴随铁素体的出现，这给机组的长期稳定运行带来了严重的安全隐患，应在维护、检验中予以重视。

对于 P91 部件，在二次加工过程中常常要经历热受热过程，而焊接过程要进行热处理，多次受热可能会对材料产生不良影响，因此对于热处理工艺的把握要从部件尺寸、加工工艺、现场环境等多个方面进行综合考虑。对于 P91 钢的焊接接头，应按照《T91/P91 钢焊接工艺导则》（电源质〔2002〕100 号）和 DL/T 869《火力发电厂焊接技术规程》执行，弯管或热成型加工后的恒温时间可参照此执行，且回火的恒温时间不应盲目延长，以推荐值的下限为宜。应严格控制升、降温速度，力求达到或尽可能接近理论计算值。

二、案例 2：高压导气管硬度偏低

1. 基本情况

某电厂 2 号机组的 2 号高压导气管直管段局部硬度偏低，仅约为 150HBW，按照检修计划进行了更换处理。在更换后，新弯头的硬度又发生了硬度偏低的情况。待更换的直管段材质为 SA-335 P91，规格为 ϕ465mm×88mm，长度为 680mm。

2. 检查分析

弯头上焊口上部约 70mm 处存在变径斜坡，布置的固定宽度履带式加热器未能满足"焊后热处理最高温度中心应位于焊缝中心"。采用经计量认证的热电偶校准仪检测热处理控温仪的测温电路发现，待机时控温仪测温偏差为 1～5℃；在工作时随加热温度升高，控温仪显示值与仪器检测值为正偏差，且最高大于 30℃。热电偶、工件和铅丝的热膨胀系数不同，因此这种接触方式可能导致热电偶触点松脱，形成欠温测点，导致控温回路加热超温。所使用的补偿导线红色线绝缘皮局部有破损，也可能造成测温不准确。热处理过程中，电源断电，经过约 0.5h 后恢复。由于热处理机器出现故障，作业人员未能及时发现，自动记录不完整，高温恒温段曲线缺失，热处理温度不可追溯，热处理状态不在控。

以上因素综合作用下，导致此次热处理事故发生。

3. 措施

电厂对该段管段再次进行更换，为保证再次更换后热处理一次成功，特制定以下技术措施：

（1）热处理设备方面。保证热处理电源不受其他施工的影响，且安排好备用电源；更换新的热处理控温仪、点焊热电偶丝及补偿导线，上述部件均经过计量认证合格。

（2）焊接过程监督方面。将整个施工过程划分为划线割管、吊装组对、预热充氩、GTAW 打底焊、SMAW 填充和盖面焊、焊后热处理热电偶布置及过程记录等节点，每个节点均设定为 H 点（H 点即停工待检点，原为 W 点即见证点），由焊接技术人员到现场检查、确认后才能进行下一步作业。

（3）焊后热处理方案方面。主要包括热处理工艺曲线、热电偶布置、加热器布置。此方案为保证管道温度场符合热处理工艺曲线设定，共布置了 11 只热电偶，每只热电偶采用点焊方式固定在指定位置，以避免松脱。并在管道上下端同时设置了伴热装置。

第三节 焊缝的 IV 型开裂

案例：P92 主蒸汽管道 IV 型开裂分析

1. 基本情况

（1）案例 1。某电厂 P92 主汽管道累计运行约 54000h 发生开裂。开裂焊口位于炉前 52m 标高 Y 形三通上部的直管与弯头之间；裂纹位于该焊口下侧热影响区的细晶区，在弯头背弧侧沿焊口边缘环向开裂，裂纹表面长度约 400mm。P92 主汽管道开裂宏观形貌如图 6-3-1 所示。

图 6-3-1 P92 主汽管道开裂宏观形貌

分析讨论一致认为，焊口热影响区软化带开裂是焊接线能量输入过大（软化带较宽）、膨胀弯曲应力和结构应力相互叠加、共同作用的结果。

（2）案例 2。缺陷 1 焊口沿熔合线开裂，从外壁向内部延伸，位于下半圈 3～9 点钟间，裂纹长度接近管道焊口整圈长度的 1/2，长度约 540mm，其中最下侧 6 点钟部位开度最大，贯穿长度约 50mm。通过实验室分析，裂纹位于热影响区的细晶区，由内向外扩展，该处马氏体组织及位相已消失，为铁素体+粗大碳化物，主裂纹周边有大量蠕变孔洞，这些蠕变孔洞逐渐连接在一起形成微裂纹，裂纹沿蠕变孔洞扩展成宏观裂纹。主汽门焊缝开裂宏观形貌、焊接接头开裂位置分别如图 6-3-2、图 6-3-3 所示。

 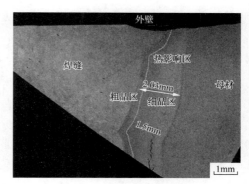

图 6-3-2 主汽门焊缝开裂宏观形貌　　　　图 6-3-3 焊接接头开裂位置

缺陷 2 位于 2 号主蒸汽水平母管与垂直母管弯头处，超声检测显示，内部存在一处面状缺陷，位于 7～8 点钟位置，长度约 150mm，深度约 20mm，距离管道外表面约 5mm，通过取样试验室分析，为Ⅳ型开裂。P92 主汽管道开裂宏观形貌、焊接接头开裂位置如图 6-3-4、图 6-3-5 所示。

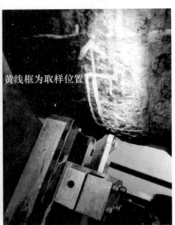

图 6-3-4　P92 主汽管道开裂宏观形貌

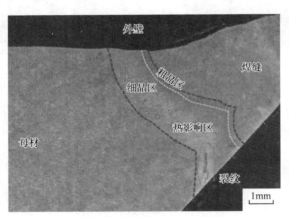

图 6-3-5　焊接接头开裂位置

管道原始焊缝层间宽度超过焊缝表面宽度的主要原因是焊接电流偏大、焊接摆动大，焊接电流越大、焊接熔池越深，将坡口母材熔化得越多，从而造成焊口层间宽度增大。为保证焊口外表面美观，避免咬边缺陷，盖面焊接通常会选用小电流，表面坡口的宽度变化不大。判断机组主汽管道焊口缺陷产生的原因是焊接电流偏大、焊接温度偏低、热处理效果不佳，从而造成焊缝组织韧塑性较差、强度降低，不足以承受管系应力变化，引起焊口开裂或缺陷扩展。

（3）案例 3。开裂主蒸汽管道设计温度 600℃，设计压力 25MPa，管道规格 ϕ559mm×102mm，弯头规格为 ϕ558mm×95mm，运行时间为 80000h。外壁裂纹沿直管侧焊缝熔合线周向扩展，全长 1000mm 以上，裂纹表面平直，未发现撕裂特征。开裂主汽管道焊接接头宏观形貌如图 6-3-6 所示。

图 6-3-6　开裂主汽管道焊接接头宏观形貌

此次主蒸汽管道开裂主要是由于在管道外弧侧受到弯曲载荷，同时，在该区域热影响区细晶区正好存在Ⅳ型裂纹，两种因素共同作用最终导致主蒸汽管道失效开裂。裂纹处金相组织形貌如图 6-3-7 所示。

图 6-3-7　裂纹处金相组织形貌

2. 措施

（1）Ⅳ型裂纹检测特点。应力对Ⅳ型裂纹的影响明显，随着应力值增加，相同条件下Ⅳ型裂纹扩展速率持续增加。考虑管道受力情况，管内壁或外壁应力值相对大，裂纹容易从管内壁或外壁产生，向深度方向扩展。在进行超声检测时，管子内壁根部缺陷回波容易和结构波混在一起难以识别；而对于外壁缺陷，超声检测不敏感，容易漏检。

（2）检测要求。

1）管子外壁必须进行磁粉检测，焊缝边缘打磨见金属光泽，无影响检验结果的氧化皮、油污、漆皮等。

2）超声检测严格执行标准要求，至少采用 2 种角度探头扫查，最大扫查厚度范围满足 2 次波到达焊缝上表面。

3）超声检测时，在焊缝融合线位置发现异常回波显示，尤其是断续型回波显示，如不能判定缺陷是否为Ⅳ型裂纹，应对该位置增加 TOFD 或相控阵检测。

4）超声检测时，发现存在一定自身高度的未超标缺陷回波显示，应对该位置增加 TOFD 或相控阵检测。

5）检测顺序：主汽管道的Ⅳ型裂纹出现的特点：①返修后的焊缝；②应力集中的弯头焊缝。因此应先检测具有上述性质的焊缝，有工期的情况下再抽查其他焊缝。

6）检测时机：细晶区650℃应变-时间曲线如图6-3-8所示，图中给出了650℃不同应力下的细晶区蠕变裂纹扩展速率，从图中可以看出，当蠕应变超过一定值后蠕变速率迅速增加，短时间内即可断裂。

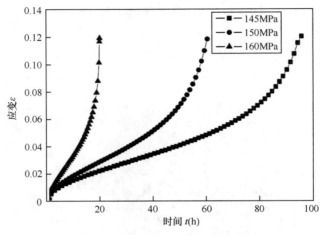

图6-3-8 细晶区650℃应变-时间曲线

根据多家电厂的主汽管道开裂时间的案例表明，焊接修复的焊接接头在修复完成后2年内应进行检测，后续检测周期仍不应超过1年；检查发现支吊架异常时，应在最近的检修期内对支吊架附近焊缝进行检测；建议对存在较大应力的直管与弯头、三通、阀门连接焊口在1个A修周期内完成100%的TOFD或相控阵检测。内壁根部优先选用TOFD检测，检测条件允许时，应同时进行TOFD和相控阵检测。

3. 综合分析

（1）正常情况下管道的监督。根据运行时间作出检修计划，5万h前是比较安全的。正常的监督手段和方法能够提早发现问题。2个大修后应完成所有P92焊接接头的无损和理化检验工作。存在焊缝缺陷的处理原则：对于小且属于体积型缺陷，监督运行更可靠（可进行专家论证）。

（2）关注焊接工艺和实施。如焊接质量、焊缝缺陷率是否较大；安装焊口与制造焊口可以区别对待，由于安装焊口是手工焊，工艺不易控制，易于出现焊接问题。制造焊口的质量相对较好。

（3）进行过焊接修复、热处理的监督。超标缺陷返修前必须采取机械方式加工坡口，确保去除全部缺陷和焊缝热影响区，优先考虑切除全部焊缝，避免焊缝热影响区叠加，造成焊缝热影响区细晶区宽度加大。

1）整体修复：务必去掉热影响区。

2）局部挖补修复：跨热影响区的局部处理、焊缝内部的局部处理，要充分考虑焊接修复对软化带的二次影响。

修复次数的规定如下：根据 DL/T 438《火力发电厂金属技术监督规程》规定，淬火+回火不能超过 2 次、回火不超过 3 次；单纯降焊缝硬度的回火要求如下：要充分评估母材的硬度情况，硬度超标不严重的不建议进行回火处理。

（4）更换弯头的监督。消除热影响区、加短节的处理方式。

（5）应力较大部位的监督。

1）三通、弯头、大小头、一次门前旁路等的检查力度要加强。

2）支吊架的检查：包括与设计指标的比较、卡死情况、失效情况、缺失情况、变形情况、偏斜情况、受阻情况等。

3）冷热态自由膨胀的监督，尤其是热膨胀情况。

（6）运行温度。要将 605℃机组与 620℃二次再热机组分开对待。

（7）基建高峰期的关注。2010 年后的超超临界机组建设处于高峰。

（8）金相组织和硬度异常管道的焊接接头的监督。

4．知识点拓展

P92 钢焊接接头Ⅳ型裂纹是 P92 钢焊接接头的特性，正常情况下也会出现Ⅳ型裂纹，只是时间长短不一样，650℃条件下 P92 母材和焊接接头应力-断裂时间关系曲线如图 6-3-9 所示。Ⅳ型裂纹形成位置是在热影响区的细晶区，沿细晶区扩展，而不是垂直发展。

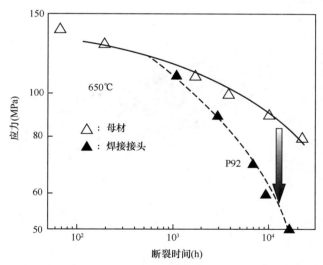

图 6-3-9　650℃条件下 P92 母材和焊接接头应力-断裂时间关系曲线

细晶区是焊接接头一个软化带，其硬度略低于粗晶区、焊缝等其他区域，高温强度也低于其他区域，具有以下特征：

（1）P92 钢焊缝母材晶粒尺寸为 30~50μm，热影响区粗晶区在 80μm 以上，而细晶区晶粒尺寸细小，晶粒尺寸一般小于 10μm，会导致该区域的持久强度降低，P92 焊接接头母材和热影响区 EBSD

分析结果如图 6-3-10 所示。

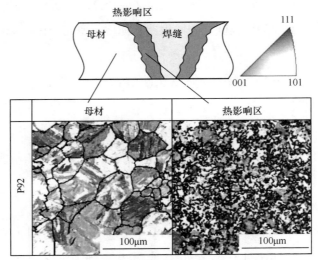

图 6-3-10　P92 焊接接头母材和热影响区 EBSD 分析结果

（2）细晶区是一个软化带，宽度微米至毫米级，高温强度低于其他区域，其硬度也略低。

（3）细晶区晶界多，易于合金元素扩散，拉维斯相（Laves 相）尺寸和数量均高于其他区域。

细晶区的这些特征与焊接规范密切相关，如焊接线能量、焊条直径、预热温度、层间温度等。与母材相比，P92 钢焊接接头在不同温度下，焊接接头蠕变性能均存在一定程度的下降，不同温度条件下 P92 钢焊接接头和母材持久强度曲线如图 6-3-11 所示。

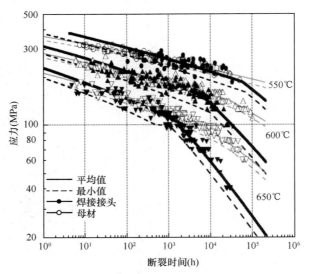

图 6-3-11　不同温度条件下 P92 钢焊接接头和母材持久强度曲线

当温度提高时，短时运行即产生Ⅳ型开裂，温度较低时，需要较长时间才产生Ⅳ型开裂，如焊接接头在 600℃试验条件下几万小时仍未产生Ⅳ型开裂，而在 650℃条件下数千小时就发生了Ⅳ型开裂。温度越高，发生Ⅳ型开裂的时间越短。

相关学者研究了 P92 焊接接头在 650℃时不同应力状态下的蠕变断裂行为，P92 钢不同应力条件下持久试验结果如图 6-3-12 所示，随着试验应力的降低，不仅断裂时间延长，而且断裂部位和机制均发生明显改变，在高应力状态下（大于 120MPa），试样断裂于焊缝，断裂部位有明显的颈缩，为延性断裂；当应力降至 120MPa 及以下后，断裂位置由焊缝转移到热影响区，且断裂部位变形小，呈脆性断裂特征。Ⅳ型开裂与作用应力有关，只有应力降低到一定水平时才可能发生。即在临界应力以下，应力越大，发生Ⅳ型开裂的时间越短。

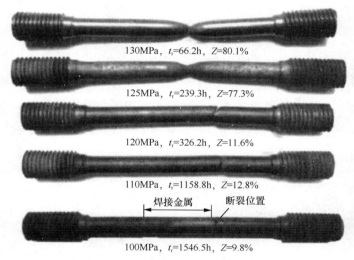

130MPa，t_r=66.2h，Z=80.1%

125MPa，t_r=239.3h，Z=77.3%

120MPa，t_r=326.2h，Z=11.6%

110MPa，t_r=1158.8h，Z=12.8%

焊接金属　断裂位置

100MPa，t_r=1546.5h，Z=9.8%

图 6-3-12　P92 钢不同应力条件下持久试验结果

开裂的根本原因是 P92 钢的细晶区是一个软化带，这个软化带由于晶粒很细，使得钢的高温持久强度低于其他区域，且在运行（高温时效）中，还会析出 Laves 相，Laves 相和 $M_{23}C_6$ 的进一步扩展，使得钢蠕变强度进一步下降。当 Laves 相发展过程中，当较小时会起强化作用，但长大到 0.5μm 以上时，就会影响钢的高温性能。研究认为 0.5μm 是对蠕变强度有利和不利的分界点。

第四节　管道的鉴定性检验

一、案例 1：由表面类缺陷引起的厚壁管道裂纹扩展

1. 基本情况

火电机组主给水管是电站金属技术监督中的重要部件，由于其运行应力大，壁厚相对较厚，对于裂纹较敏感，因此表面质量是一项重要的检验内容，不容许存在表面裂纹、划痕、折叠、重皮等缺陷。以某厂给水管道检验中发现的表面缺陷为例，对该类缺陷、发展和处理等方面问题进行深入讨论。

某 350MW 亚临界机组在检修中发现主给水管道存在多处重皮缺陷并有部分发展为裂纹。该机组

于 1997 年正式投产运行，到检修为止共计运行约 8 万 h。其主给水管道设计温度为 290℃，设计压力 19.13MPa，材质为 SA-106Gr.C，规格为 ϕ406.4mm×50mm。检查时发现给水管道焊口、弯管背弧均存在缺陷，扩检发现直管段同样存在缺陷裂纹，现场检验给水管道直管段母材表面缺陷如图 6-4-1 所示。该机组主给水管道共有 22 段直管、47 段弯管，检查后统计带缺陷部件共 21 件，发现裂纹共计 130 余处。裂纹长度为 5~80mm，裂纹深度 2~34mm。经现场挖补验证最深的缺陷达 34mm，已接近壁厚的 2/3。现场检验结果分析可知，缺陷的形状弯曲不规则，具有重皮形貌的特点，给水管道检验中发现的缺陷如图 6-4-2 所示，部分缺陷已经发生扩展，形成具有一定深度和长度的裂纹。现场检验并分析讨论后认定，此缺陷为是管材加工制造过程中产生的原始重皮缺陷。

重皮是管子在轧制过程中产生的缺陷，这种缺陷在使用过程中会产生应力集中，严重时会导致缺陷扩展失效。通常中厚壁管在轧制后会根据用户要求车削掉表面一定厚度的母材以去除折叠等表面缺陷，从现场检测情况来看，2 号机组主给水管道原材料应当属于缺失表面机加工去除缺陷的工序。一旦无缝钢管的表面存在缺陷，在运行过程中就存在扩展、开裂的风险，对于机组的安全稳定运行产生较大的威胁。

图 6-4-1 现场检验给水管道直管段母材表面缺陷

图 6-4-2 给水管道检验中发现的缺陷

2. 检查分析

（1）缺陷形貌及取样原则。依据现场检验情况选取了一段带有典型缺陷形貌的管段进行材质检定和分析，取样管形貌如图 6-4-3 所示。在缺陷的部位截取全壁厚金相试样并标记为 J1~J8，观察缺陷发展情况；沿取样管径向随机取全壁厚硬度试样，试样尺寸约为 20mm×20mm×50mm，标记为 Y1、Y2；在裂纹的部位附近分别各取拉伸、冲击试样 2 支标记为 L1、L2、C1、C2；在未发现缺陷的部位随机分别各取拉伸、冲击试样 2 支标记为 L3、L4、C3、C4。力学性能试样符合 GB/T 2975《钢及钢产品 力学性能试验取样位置及

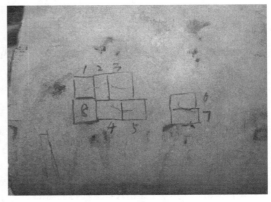

图 6-4-3 取样管形貌

试样制备》中的相关规定,均为横向取样,拉伸试样规格为ϕ10mm,冲击式样为 10mm×10mm×55mm,V 形缺口深度为 2mm。

　　由于 ASME SA-106Gr.C 相关要求较少,此次试验中参考了 GB/T 5310《高压锅炉用无缝钢管》(20G)和 ASME SA-210C 的相关要求进行判别。

　　(2)化学分析。对试样 J8 进行打磨抛光后,使用 X-MET3000TX+型光谱仪对其主元素进行光谱分析,光谱分析结果见表 6-4-1,由表可知主元素符合标准要求。

表 6-4-1　　　　　　　　　　　　　　　　　光谱分析结果

元素	Mn	≥Si	Fe
ASME-SA106 的要求值	0.29～1.06	0.1	—
J8	1.0	0.1	98.4

　　(3)力学性能。室温拉伸试验结果见表 6-4-2,由表可知,4 个试样的抗拉强度、屈服强度、断后伸长率均满足标准的要求,且各项参数指标接近,相差不大。参照 GB/T 5310《高压锅炉用无缝钢管》中对于 20G 的要求,4 个试样的冲击吸收功远高于标准。试验结果表明,在缺陷附近和未出现缺陷的区域取样力学性能指标并不存在明显的差异。

表 6-4-2　　　　　　　　　　　　　　　　　室温拉伸试验结果

样品编号		试验温度 t	抗拉强度 R_m	下屈服强度 R_{el}	断后伸长率 A	断面收缩率 Z	吸收能量 K_{V2}
拉伸	冲击	(℃)	(MPa)	(MPa)	(%)	(%)	(J)
ASME-SA106 的要求值		—	≥485	≥275	≥12(横向)	—	—
L1	C1	20	491	346	36.0	76	177
L2	C2	20	490	346	36.0	77	218
L3	C3	20	488	335	38.0	76	211
L4	C4	20	489	341	36.5	75	158

　　在室温下采用 XHB-3000 型布氏试验机(ϕ10mm 硬质合金压头)进行布氏硬度测试,Y1 的硬度检验结果为 143HBW、142HBW、144HBW;Y2 的硬度检验结果 143HBW、142HBW、143HBW,参照 20G 和 SA-210C 两种材料的硬度范围要求,此次两块试样的硬度值均属正常,且硬度分布的均匀性较好。

　　(4)金相检验。对金相试样进行预磨、抛光后,使用 4%硝酸酒精侵蚀,试样 J6 如图 6-4-4 所示,由图可知缺陷在管段的径向均有一定的深度,其形态为典型重皮缺陷特征。重皮缺陷的特征是与本体相连接,并折合到表面上不易脱落。

　　对试样 J1～J8 的纵截面进行预磨、抛光后,根据 GB/T 10561《钢中非金属夹杂物含量的测定　标准评级图显微检验法》中的相关规定,采用 A 法直接观察,夹杂物评级为 C1(硅酸盐)和 DS0.5(单颗粒球状夹杂物),参照 GB/T 5310《高压锅炉用无缝钢管》中的相关要求进行评价,非金属夹杂物级别符合标准要求,用 4%硝酸酒精侵蚀观察母材的金相组织,试样 J5 金相组织(横截面)如图 6-4-5

所示，为铁素体+珠光体，均正常。

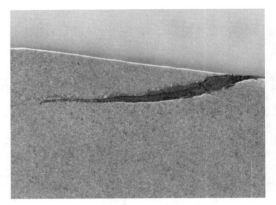
图 6-4-4　试样 J6

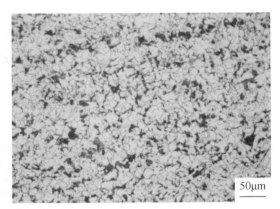
图 6-4-5　试样 J5 金相组织（横截面）

（5）缺陷的微观分析。在光学显微镜下对所有带缺陷试样进行观察，重皮缺陷深度范围为 1～3mm，考虑管壁外表面打磨了一定的深度约 1～2mm，因此深度范围为 2～5mm；缺陷长度为 2～10mm，缺陷典型形式如图 6-4-6 所示，图中为 50 倍光学显微镜拼接图片。重皮中间夹有大量氧化物，使用扫描电镜和能谱对其进一步分析，主要为氧化物并包含了 C、O、Al、Si、K、Zn 等多种杂质元素，重皮内能谱分析如图 6-4-7 所示。

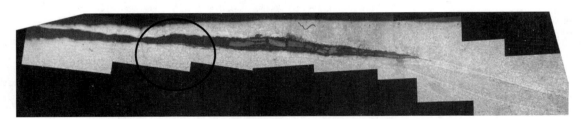
图 6-4-6　缺陷典型形式（试样 2-7 横截面）

电子图像1

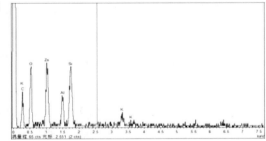
图 6-4-7　重皮内能谱分析

在横截面观察缺陷，末端较尖细，最前端已经形成了裂纹并向基体发展，且重皮附近存在晶间裂纹，重皮附近的晶间裂纹如图 6-4-8 所示。

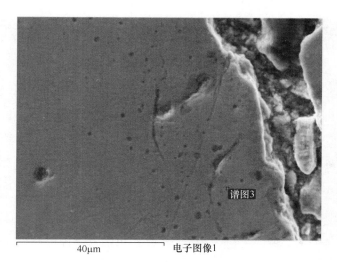

图 6-4-8　重皮附近的晶间裂纹

3．综合分析

经材质检定证明，该主给水管道的金相组织、布氏硬度、力学性能、化学元素均符合相关标准要求。

试验室和现场的无损探伤检测均表明试验管段存在缺陷，通过宏观形态和微观形貌均证明性质为重皮。

通过光学显微镜和扫描电子显微镜综合分析发现，缺陷附近的微观组织中存在晶界粗化和晶间裂纹的现象，并且晶间裂纹有相互连接、扩展的迹象。原始的重皮缺陷一般深度为 2～5mm，而现场检验表明发现的缺陷中有 20～30mm 深度的裂纹缺陷。这些微观现象和现场的检验结果相互印证，表明重皮缺陷在运行中会发生扩展，能够向母材基体发展形成裂纹，检验中发现的裂纹深度最大可达 35mm，长度最长可达 80mm。

4．结论

主给水管道表面存在重皮缺陷是导致主给水管道在运行中表面出现大量裂纹的直接原因，并且重皮缺陷在运行中发生了扩展，形成具有一定深度和长度的裂纹。

5．知识点拓展与点评

金属管道的设计强度常与壁厚有关，随着厚度增加而显著下降。这是因为对于厚壁金属部件，如果表面存在张口缺陷，承受应力时就会在缺口尖端形成三向拉应力状态，使缺口部位的形变受阻，增加了部件对于缺口的敏感性，在承受应力的状态下运行时裂纹会扩展甚至发生开裂。因此，张口缺陷对于壁厚部件的危害远高于壁厚薄的材料。此案例中主给水管道的壁厚相对较厚，同时其运行压力很高，因而对于重皮等表面张口缺陷更加敏感，对于管道的安全会产生较大的威胁，对于表面质量的控制也应该更加严格。

特别应该注意的是，对于在建设阶段的机组，大管道验收前，应重视外观检验，严格执行标准要求，避免由于原始缺陷在运行中扩展而导致的事故。

二、案例 2：某厂 P22 蒸汽管道的鉴定性检验

1. 基本情况

某电厂 1 号机组锅炉是型号为 DG1180/17.5-Ⅱ13 的锅炉，该锅炉额定蒸发量 1180t/h，过热蒸汽出口设计压力是 17.4MPa，过热蒸汽设计温度是 541℃，汽包工作压力 19MPa，给水温度 278.8℃，锅炉热效率 93.672%。自 2012 年 12 月投产，运行至今已 5 年，运行时间约 3.8 万 h。自 2015 年起的历次检修中，均发现再热热段管道外壁存在较严重的氧化皮脱落现象，尤其是汽轮机 12.6m 平台上汽轮机入口处的再热热段管道外壁氧化皮脱落最为严重，汽轮机 12.6m 平台靠窗侧管道及弯头如图 6-4-9 所示。同时现场安装焊缝和制造厂焊缝也发现大量氧化脱落，制造厂及现场安装焊缝氧化皮脱落如图 6-4-10 所示。对再热热段管道的设计、制造、检验、运行等资料进行调查，发现再热热段管道原材料来源不明。因机组投产运行时间较短，高温再热管道外壁氧化皮持续脱落严重，给电厂设备管理和机组安全运行带来极大隐患。

图 6-4-9　汽轮机 12.6m 平台靠窗侧管道及弯头

图 6-4-10　制造厂及现场安装焊缝氧化皮脱落

2. 检查分析

对取样管道的化学成分、金相组织、力学性能、高温持久性能进行了实验室检验，同时对 P22 管道氧化皮结构、成分和保温棉质量进行测试。

（1）pH 值测试。对汽轮机平台 12.6m 弯头处的保温棉进行取样，送国家玻璃纤维产品质量监督检验中心进行浸出液离子含量和 pH 值测试，浸出液离子含量和 pH 值均符合标准要求。

（2）化学成分分析。取样管送国家钢铁材料测试中心，采用化学方法对合金含量进行了测试，并检测无害元素和气体元素，化学分析结果见表 6-4-3。热段管道化学成分符合标准要求，且无害元素和气体元素含量较低，相关元素成分符合 GB/T 5310《高压锅炉用无缝钢管》的要求。

表 6-4-3　　　　　　　　　　　　　　　　化学分析结果

元素	C	Si	Mn	P	S	Cr	Cu	Mo	Al
质量分数（%）	0.11	0.22	0.45	0.012	0.0050	2.23	0.091	0.95	0.019
标准要求	0.08~0.15	≤0.50	0.40~0.60	≤0.025	≤0.015	2.00~2.50	—	0.90~1.13	—
元素	As	Bi	Pb	Sb	Sn	H	N	O	
质量分数（%）	0.0056	<0.00001	<0.00001	0.0009	0.0063	0.00017	0.018	0.0017	
标准要求	无害元素和气体元素无要求								

（3）力学性能试验。

1）室温拉伸性能试验和室温冲击性能试验。对取样管道进行室温拉伸性能试验和室温冲击性能试验，室温拉伸性能试验结果、室温冲击性能试验结果分别见表 6-4-4、表 6-4-5。试样室温屈服强度均不符合 GB/T 5310《高压锅炉用无缝钢管》中屈服强度不小于 280MPa 的要求，但高于 ASME SA-213《锅炉、过热器和换热器用无缝铁素体和奥氏体合金钢管子》中屈服强度不小于 205MPa 的要求，且延伸率偏标准下限。室温 V 型冲击结果满足 GB/T 5310《高压锅炉用无缝钢管》的要求。

表 6-4-4　　　　　　　　　　　　　　　　室温拉伸性能试验结果

试样	抗拉强度（MPa）	屈服强度（MPa）	延伸率（%）	断面收缩率（%）
横向-1	489	242	30.5	75.5
横向-2	505	261	31	75.5
纵向-1	488	237	29	77
纵向-2	510	266	30.5	77
横向（钢研）	492	247	31.0	75
纵向（钢研）	494	248	30.5	77
GB/T 5310 的要求值	450-600	≥280	横向：≥20，纵向：≥22	—
ASME SA-213 的要求值	≥415	≥205	≥30	—

表 6-4-5　　　　　　　　　　　　　　　　室温冲击性能试验结果

编号	冲击值 1	冲击值 2	冲击值 3	备注
纵向	208J	176J	188J	—
横向	>150J*	182J	180J	—
标准要求	纵向：≥40J；横向：≥27J			

* 摆锤冲击能量为 150J。

2）布氏硬度检测。对取样管道进行布氏硬度检测，布氏硬度检测结果见表 6-4-6。结果满足

DL/T 438《火力发电厂金属技术监督规程》中硬度 125～180HBW 的要求。

表 6-4-6　　　　　　　　　　　　　　布氏硬度检测结果　　　　　　　　　　　　单位：HBW

压头直径	硬度值 1	硬度值 2	硬度值 3	平均值
2.5mm	152	154	156	154
5mm	147	147	145	146
DL/T 438 的要求值	125～180			

3）高温拉伸性能检测。对试样进行高温拉伸性能检测，高温拉伸性能检测结果见表 6-4-7。高温拉伸性能符合 GB/T 5310《高压锅炉用无缝钢管》的要求。

表 6-4-7　　　　　　　　　　　　　　高温拉伸性能检测结果

试样	试验温度（℃）	抗拉强度（MPa）	屈服强度（MPa）	延伸率（%）	断面收缩率（%）
横向-1	541	275	178	61	86
横向-2		273	178	60	86
纵向-1		276	177	51	84
纵向-2		275	180	52	85
GB/T 5310 的要求值	541	—	≥162	—	—

（4）夹杂物评级。对取样管进行夹杂物评级，结果显示 A 类粗系 0.5 级、B 类细系 0.5 级、D 类细系 1.5 级，各类夹杂物级别之和为 2.5，符合 GB/T 5310《高压锅炉用无缝钢管》的要求。

按 GB/T 226《钢的低倍组织及缺陷酸蚀检验法》的要求检验管道低倍组织，按 YB/T 4149《连铸圆管坯》的相关要求进行评定。钢材横截面酸浸低倍组织试片上未发现肉眼可见的缩孔、裂纹、气泡、夹杂、折叠、白点及有害夹杂物，低倍组织检验结果良好。

（5）金相组织分析。利用光学显微镜对取样管道进行组织观察。试样外壁、心部、内壁均为铁素体+少量回火贝氏体组织，贝氏体区域碳化物明显分散，贝氏体尚保留其形态，但占比较少，偏离常见的 P22 钢管贝氏体组织形态。管道外壁未见明显脱碳。管道外壁、心部、内壁组织差异不大，均为铁素体+回火贝氏体，晶粒度为 5.5 级。管道心部横向金相组织如图 6-4-11 所示。

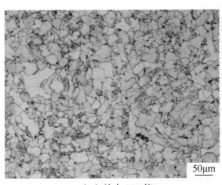

（a）放大 200 倍　　　　　　　　　　（b）放大 500 倍

图 6-4-11　管道心部横向金相组织

利用扫描电镜对取样管道进行组织观察，横向 SEM 组织如图 6-4-12 所示。

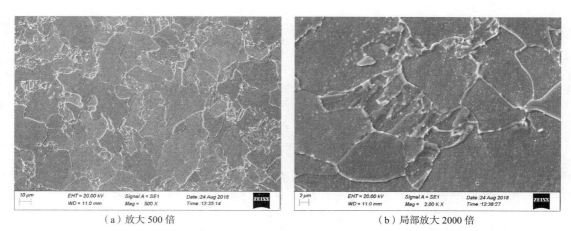

（a）放大 500 倍　　　　　　　　　（b）局部放大 2000 倍

图 6-4-12　横向 SEM 组织

利用扫描电镜对汽轮机侧剥落氧化皮进行形貌和能谱分析。现场检验发现锅炉侧和汽轮机侧管道外壁剥落氧化皮均是多层结构，机侧 12.6m 平台弯头剥落第一层氧化皮厚度 185μm，第一层氧化皮又分为两层，外侧为富 Fe 的氧化物层，内侧为富 Fe、Cr 的氧化物层，汽轮机 12.6m 平台弯头第一层氧化皮外侧、内侧分别如图 6-4-13、图 6-4-14 所示。第二层氧化皮厚度 168μm，与第一层氧化皮相似，第二层氧化皮分为两层，外侧为富 Fe 的氧化物层，内侧为富 Fe、Cr 的氧化物层。两层氧化皮的总厚度约为 353μm。

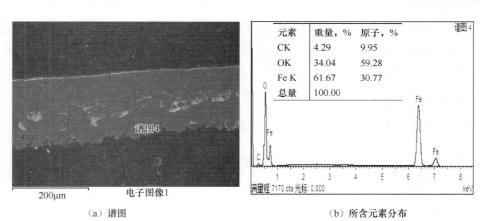

元素	重量，%	原子，%
CK	4.29	9.95
OK	34.04	59.28
Fe K	61.67	30.77
总量	100.00	

（a）谱图　　　　　　　　　　　（b）所含元素分布

图 6-4-13　汽轮机 12.6m 平台弯头第一层氧化皮外侧

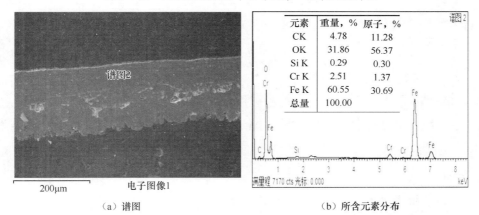

元素	重量，%	原子，%
CK	4.78	11.28
OK	31.86	56.37
Si K	0.29	0.30
Cr K	2.51	1.37
Fe K	60.55	30.69
总量	100.00	

（a）谱图　　　　　　　　　　　（b）所含元素分布

图 6-4-14　汽轮机 12.6m 平台弯头第一层氧化皮内侧

取样管道外壁氧化皮 BSD 形貌如图 6-4-15 所示，由图分析结果可知，氧化层存在着多层的氧化结构，不同氧化层中间存在裂纹和微孔。

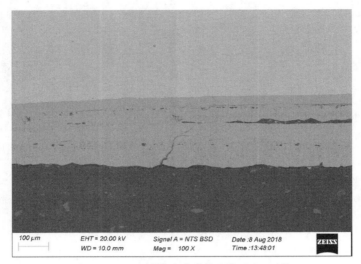

图 6-4-15　取样管道外壁氧化皮 BSD 形貌

（6）抗氧化性评估。对 P22 再热管道抗氧化性进行评估，并分析影响抗氧化性的影响因素，选取了两组参照试样，对三种不同来源的 P22 材料进行了氧化性对比试验，其中某段 P22 为新管，另一段 P22 为运行约 14 万 h 的旧管。试样所有外表面经 180 号砂纸打磨后（即氧化前试样表面状态相同），进行称重，放入坩埚在 541℃热处理炉中进行氧化试验，氧化 3 天后，再次进行称重。结果显示，取样试样的氧化增重明显高于 P22 新管和 P22 旧管试样，即在外界环境相同情况下，取样试样抗氧化性明显弱于 P22 新管和 P22 旧管，氧化增重试验结果见表 6-4-8。

表 6-4-8　　　　　　　　　　　　　　　氧化增重试验结果

试样来源	试样编号	试验温度（℃）	试验时间（天）	冷却状态	氧化前质量（g）	氧化后质量（g）	氧化增质量（g）	氧化增重率（%）
取样	2-3	541	3	炉冷	47.2569	47.2914	0.0345	0.073
	2-4				47.6852	47.7186	0.0334	0.070
P22新管	2-7	541	3	炉冷	48.3326	48.3653	0.0327	0.068
	2-8				48.3750	48.4049	0.0299	0.062
P22旧管	2-11	541	3	炉冷	30.2250	30.2437	0.0187	0.062
	2-12				30.1711	30.1902	0.0191	0.063

（7）高温持久性能试验。对取样管道的高温持久性能进行了试验，试验温度 541℃，最长时间达到 1473h，结合历史 P22 钢持久强度曲线，通过计算推出取样管 10 万 h 的持久强度为 79MPa，与 GB/T 5310《高压锅炉用无缝钢管》中的推荐值基本相当。

3. 综合分析

现场对 P22 再热管道进行外观、磁粉、超声、测厚、金相、硬度、光谱等项目检验，除发现有一处弯头硬度为 118HBHLD 外，未发现明显异常。

取样管道各元素化学成分均符合标准要求，无害元素和气体元素含量较低，特别是氧元素含量控制在 20mg/kg 以下。管道低倍组织未发现肉眼可见的缩孔、裂纹、气泡、夹杂、折叠、白点及其他有害夹杂物等缺陷，且夹杂物评级符合标准要求，钢材冶炼质量未见异常。

取样管外壁、中部、内壁组织基本无差异，外壁到内壁显微硬度分布均匀，晶粒度为 5.5 级，满足标准要求。

取样管硬度值、室温冲击值均符合标准要求，室温屈服强度符合 ASME 要求，但低于 GB/T 5310《高压锅炉用无缝钢管》的要求，541℃屈服强度略高于 GB/T 5310《高压锅炉用无缝钢管》的推荐值。P22 是一种非常成熟的低合金热强钢，正火+回火后的组织为铁素体+贝氏体或铁素体+珠光体或铁素体+贝氏体+珠光体。取样管用材组织为铁素体+少量贝氏体，可能与制造和热处理工艺有关，贝氏体或珠光体组织为 P22 钢的主要强化机制，其占比较少，将影响管道的综合力学性能，这也是管道屈服强度略低的原因。

根据 ASME 第 II 卷 D 篇中的性能数据，利用插值法得到 541℃下 P22 无缝钢管 10 万 h 持久强度为 80.4MPa。根据 GB/T 5310《高压锅炉用无缝钢管》，通过内插法计算，得到其持久强度为 80.1MPa。取样管道 541℃的 10 万 h 外推持久强度为 79.0MPa，略低于 ASME 标准和 GB/T 5310《高压锅炉用无缝钢管》中的持久强度推荐值。对比参考案例中运行 14.69 万 h 的 P22 管道（10 万 h 外推持久强度为 82.6MPa）及运行 20 万 h 的 P22 管道持久数据（10 万 h 外推持久强度为 78.2MPa），相同持久应力时，取样管道持久断裂时间高于运行 20 万 h 的 P22 管道参考案例值，低于运行 14.69 万 h 的 P22 管道参考案例值，管道状态介于运行 14.69 万～20 万 h 管道。

通过选取两组对比试样，与取样管道进行抗氧化性对比试验，取样管抗氧化性低于两组对比试样。影响耐热钢氧化皮的增长速率的因素主要有材质、服役温度、环境和介质因素。从材质方面来看，三组对比试样成分均在正常范围内，服役温度差别不大；环境介质方面，主要包括空气中的氧、二氧化硫、氮氧化物等具有氧化性的气氛浓度，以及包覆在管道上的油漆、保温棉等，对汽轮机平台 12.6m 弯头处的保温棉进行取样，并进行浸出液离子和 pH 值测试，浸出液离子浓度和 pH 值均符合标准要求。炉侧和机侧油漆存在不同元素，炉侧油漆主要含有 Ca、S、Si、Ba 等元素，而机侧油漆主要含有 Ca、Al、Si、Zn、Pb 等元素，两厂商提供的油漆所含元素有差异，则油漆所带来的保护性也存在差异。

查阅此电厂运行数据发现，此电厂 1 号机启停机阶段再热器出口温度变化最快速度远高于某厂两台机组温度变化最快速度。其中 2016 年 8 月启机时再热器出口平均温升速度甚至达到 6.4℃/min，远大于某厂两台机组的温度变化最快升温降温速率。在机组启停过程中，随着温度升降速率提高，金属与氧化物之间由温度变化和膨胀产生的热应力增大，则氧化层剥落速率将会提高。氧化层在温度变化过程中产生间隙、疏松，原致密氧化层对金属表面的保护作用下降，从而加剧氧化层的生成和剥落。

考虑到电厂再热蒸汽管道氧化层增长速率较快，按目前的氧化速度来看，5 年（3.8 万 h）的氧化皮厚度小于 400μm（即 0.4mm），推算全寿命周期（30 年）的氧化皮生成厚度约为 2.4mm。基于取样管的持久性能，根据 1 号机组最高运行参数（541℃，3.82MPa），对管道最小理论壁厚重新进行校核，结果显示相对于最小实测壁厚，其壁厚余量为 7.94～14.54mm，仍然有较大的壁厚余量，能够满足 20 万 h 或 30 年的长期服役要求。

综合上述分析，取样管道的化学成分、低倍宏观样貌、晶粒度、夹杂物、力学性能等均符合相关标准要求。取样管道组织为铁素体+少量回火贝氏体组织，贝氏体区域碳化物明显分散，贝氏体尚保留其形态，但是占比较少，偏离常见的 P22 钢组织形态。取样管道的抗氧化性较差，经分析可能与 P22 钢管的制造工艺、热处理工艺等相关。取样管道的持久性能略低于标准要求，但是壁厚裕量较大，按照壁厚校核计算，可满足服役期内的安全运行的要求。

4. 结论

P22 热段管道可满足服役期内的安全运行要求。

5. 反措

启停机时再热器出口温度变化率应符合机组运行规程。

6. 知识点扩展及点评

DL/T 438《火力发电厂金属技术监督规程》规定，对安装期间来源不清或有疑虑的管材，应对管材进行鉴定性检验。

对于低 Cr 耐热钢，发生氧化反应时，会形成两层氧化物的结构，其中外氧化层为 Fe 的氧化物，内氧化层为 Fe、Cr 的氧化物。管道在高温氧环境下发生氧化反应，随着氧化时间的增加，氧化层厚度逐渐增加，当氧化层厚度达到一定程度后，氧化层增长速度降低，但氧化仍继续进行。当氧化层生长到一定厚度后，机组启停过程中会产生温度升降，由于膨胀系数不同而产生的热应力会导致氧化皮与基体金属间的鼓包与剥离。鼓包的氧化皮会产生缝隙，丧失氧化层对基体金属的保护作用，外界的氧会沿裂缝继续与基体金属发生氧化反应，在原有的氧化皮下面继续形成新的氧化皮，而形成的新氧化皮继续保持着两层氧化物的结构，这就是在再热管道上观察到多层氧化皮的原因，取样管上观察到的氧化皮为四层氧化物结构。

第五节 焊 接 缺 陷

案例：吹管临时管道爆管

1. 基本情况

某厂 5 号机组锅炉为哈尔滨锅炉厂生产的型号为 HG-2913/29.3-YM2 超超临界锅炉，汽轮机型号为 N1000-28/600/620。2016 年 9 月 26 日，5 号机组在吹管期间，发生临时管道爆管。临时高压管道材料为 15CrMo，规格为大小头φ530mm×26mm/φ426mm×20mm、直管φ426mm×20mm。

2．检查分析

（1）宏观检查。临时管道爆口出现在汽轮机右侧高压主汽门与监控门之间大小头与直管焊缝临时加强筋板处。爆口沿临时加强筋板焊缝管道侧熔合线开裂，开裂长度约为 500mm，在两端环向撕裂形成大爆口，爆口形貌如图 6-5-1 所示。安装单位在每个临时管道的对接焊缝上都焊接有几个加强筋板，加强筋板在中间留空，两端分别焊接在管道上，临时管道对接焊缝处焊接的加强筋板形貌如图 6-5-2 所示。

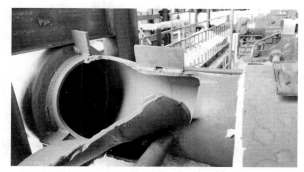

图 6-5-1　爆口形貌

图 6-5-2　临时管道对接焊缝处焊接的加强筋板形貌

（2）断口分析。断裂源位于临时加强筋板焊缝处，从两侧的筋板焊缝管道侧熔合线起源，向管子内部发展，断裂扩展区有明显的贝纹线，断裂面平坦，断口形貌如图 6-5-3 所示。

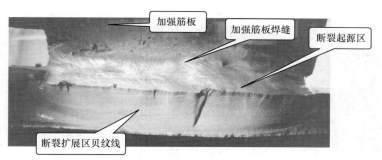

图 6-5-3　断口形貌

断口的其余部分为瞬间断裂区，先顺断裂方向向两侧发展，在介质的压力作用下在断裂发展时出现环向撕裂，而形成翻边的撕裂爆口。

（3）微观检查。对出现断裂的大小头及直管材料与加强筋板焊缝进行金相检测。大小头金相组织为铁素体+珠光体，组织正常，大小头金相组织如图 6-5-4 所示。直管金相组织为铁素体+珠光体，组织正常，直管金相组织如图 6-5-5 所示。加强筋板金相组织为铁素体+珠光体，组织正常，加强筋板金相组织如图 6-5-6 所示。加强筋板焊缝组织为贝氏体，其中有大量的魏氏组织，加强筋板焊缝金相组织如图 6-5-7 所示。

在所取样品上发现在加强筋板焊缝加强筋板侧熔合线处有裂纹，加强筋板焊缝加强筋板侧熔合线裂纹形貌如图 6-5-8 所示。

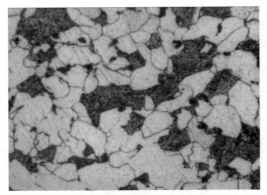

图 6-5-4　大小头金相组织（放大 500 倍）

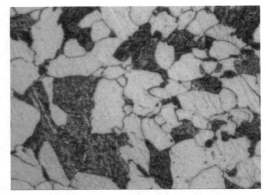

图 6-5-5　直管金相组织（放大 500 倍）

图 6-5-6　加强筋板金相组织（放大 500 倍）

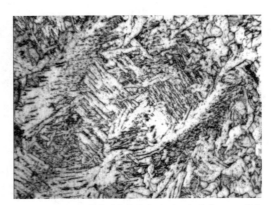

图 6-5-7　加强筋板焊缝金相组织（放大 200 倍）

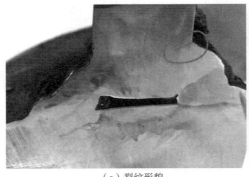

（a）裂纹形貌

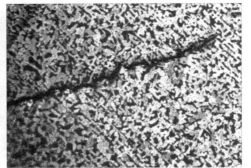

（b）放大 100 倍组织

图 6-5-8　加强筋板焊缝加强筋板侧熔合线裂纹形貌

3. 综合分析

（1）从断口形貌看，断裂属于疲劳断裂。由于断裂扩展区有明显的疲劳贝纹线，由此推断断裂起源于加强筋板焊缝管道侧熔合线附近。

（2）从加强筋板焊缝金相组织分析看，组织中出现大量魏氏组织，组织性能差，证明加强筋板在焊接时工艺控制不当，会在沿焊缝管道侧熔合线附近出现冷裂纹，形成断裂起源。

（3）高压主汽门与临控门为膨胀死点，它们之间的管道膨胀受阻，造成在受热时管道应力增加。

（4）加强筋板的焊缝约束了管道的自由膨胀，使得管道在加强筋板的焊缝处应力增加。加强筋板的焊接为不合理焊接结构。

4. 结论

大小头与直管对接焊缝处的加强筋板焊缝，在焊接后出现沿管道侧熔合线的冷裂纹，在管道膨胀受阻和加强筋板焊缝对管道约束的共同作用下，裂纹加速扩展，最终形成爆管。

5. 措施

这是一起由于安装时不合理的焊接结构以及不规范的焊接、热处理工艺所造成的恶劣金属事故，损失巨大，造成汽轮机厂房破坏，厂房外的主变压器被砸坏，短期内无法修复及更换，严重影响了机组的投产。为避免此类金属问题的发生，应做好以下工作：

（1）对加强筋板焊缝进行 100%探伤检查。

（2）避免使用不合理的焊接结构。

（3）解除管道之间的膨胀死点，使管道自由膨胀。

（4）对重要管道的所有焊缝均需进行探伤检验。

第六节　管　道　振　动

案例：某厂热网吊架断裂分析

1. 基本情况

2021 年 1 月 19 日，某电厂 3 号机组热网 6.5m 处支吊架吊杆发生断裂，该断裂吊杆处的吊架型式为水平管双拉杆弹簧吊架，水平管双拉杆弹簧支吊架示意图如图 6-6-1 所示。

据电厂提供，断裂吊杆材质为 Q235A，安装位置的热网管径为 ϕ1620mm，管内介质温度为 332℃。在现场运行状态检查时，发现该吊架所在位置的管道存在明显的振动现象，且振动已持续一段时间，具体断裂位置见图 6-6-1 标注处，此处为吊杆螺纹与螺母连接处，应力较为集中。

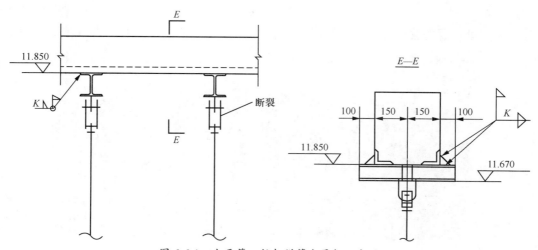

图 6-6-1　水平管双拉杆弹簧支吊架示意图

2. 试验内容

（1）断口宏观形貌分析。支吊架吊杆断裂后宏观形貌如图 6-6-2 所示，断裂发生在吊杆第 3 道螺纹位置，此处为吊杆螺纹应力的集中部位。

图 6-6-2　支吊架吊杆断裂后宏观形貌

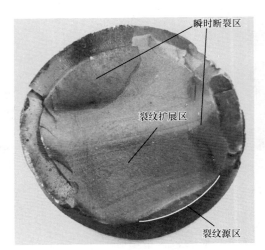

图 6-6-3　吊杆断口宏观形貌

吊杆断口宏观形貌如图 6-6-3 所示，断面与吊杆轴向垂直，断口由疲劳源区、疲劳裂纹稳定扩展区和瞬时断裂区三部分组成。图 6-6-3 中肉眼可见布满疲劳弧线的区域为裂纹扩展区，疲劳弧线是疲劳断口最基本的宏观形貌特征，疲劳弧线与裂纹扩展的方向垂直，沿扩展方向呈凸形。

从疲劳弧线走向可以判断，裂纹源区位于疲劳弧线的起始位置，此位置位于断口边缘，表面相对平整光滑，具体位置见图 6-6-3，裂纹源区是裂纹萌生的区域。结合体视显微镜对裂纹源区域进行观察，裂纹源从螺纹根部附近起裂，裂纹源区域表面未见明显凹坑，起裂处的螺纹根部未见加工刀痕等制造缺陷，裂纹源区域体视显微镜照片如图 6-6-4 所示。根据电厂提供的现场视频可以看出，该吊架所处位置的管段存在明显的振动，振动方向垂直吊杆方向，结合断口形貌，判断该弹簧吊架的吊杆承受拉伸和弯曲的双重动载荷，且此处应力大，吊杆持续受力最终引起裂纹源的萌生。

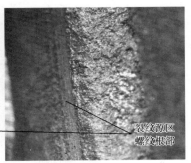

图 6-6-4　裂纹源区域体视显微镜照片

断口疲劳弧线截止处为瞬时断裂区，断口宏观形貌为剪切斜断口，表面呈暗灰粗糙的纤维状。具体位置见图 6-6-3 中标识。此疲劳断口无明显塑性变形，为脆性开裂。

（2）硬度检验。对取样吊杆进行硬度检验分析，硬度检验结果见表 6-6-1，根据相关资料可知，Q235A 钢的硬度值范围为 117～129HB，此次硬度检验结果符合相关规定的要求，硬度值接近标准规定值上限，未见异常。

表 6-6-1　　　　　　　　　　　　　　硬度检验结果

测点	硬度值（HBW2.5/187.5）
1	127
2	127
3	128
4	127
5	128

（3）夹杂物分析。参考 GB/T 10561《钢中非金属夹杂物含量的测定　标准评级图显微检验法》的测定方法，沿吊杆轴向切开，对吊杆中间纵向剖面进行打磨、抛光，观察钢中的夹杂物，非金属夹杂物微观图如图 6-6-5 所示，C 类（硅酸盐类）非金属夹杂物评级图级别为 $i=3$，材质中大量非金属夹杂物的存在，严重破坏基体结合力，硅酸盐类非金属夹杂物较脆，易因本身碎化或与基体结合不好产生微裂纹，进而降低材料的力学性能，对部件的综合性能产生不良的影响。

100μm

图 6-6-5　非金属夹杂物微观图

（4）金相组织分析。对断裂吊杆进行显微组织分析，裂纹源附近区域金相组织如图 6-6-6 所示，组织为铁素体+珠光体，珠光体层状形态较好，组织分布较均匀，未见异常。

远离裂纹源接近吊杆中心部位的金相组织如图 6-6-7 所示，组织为铁素体+珠光体，分布较均匀，部分区域组织呈条带状，未见异常。

（5）吊杆材料分析。按照《发电厂汽水管道支吊架设计手册 D-ZD2010》的要求，用于承受拉伸载荷和动载荷的中间连接件应采用具有冲击功值的钢材，不允许采用 Q235A 和 Q345A，应根据工作温度选择。此次断裂吊杆属于承受拉伸载荷的中间连接件，其材质为 Q235A，此材料抗冲击和抗断裂能力一般，不建议使用。

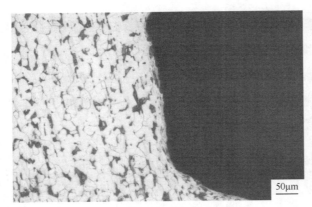
图 6-6-6　裂纹源附近区域金相组织

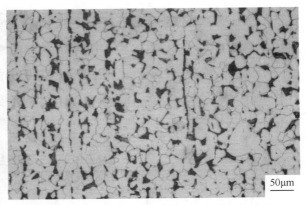
图 6-6-7　远离裂纹源接近吊杆中心部位的金相组织

3.　综合分析

（1）观察吊杆宏观断口形貌，断口表面存在明显的疲劳特征，此次吊杆开裂为由疲劳引起的脆性断裂。

（2）从现场运行状况得知，吊杆位置的热网管系存在一定时间的振动，使得吊杆持续承受拉伸、弯曲的交变载荷。

（3）断裂位置位于吊杆螺纹与螺母的结合部位，此处为吊杆螺纹应力的最大部位。

（4）吊杆内部存在大量的非金属夹杂物，进一步降低了材料的抗断裂能力，相关资料显示，不建议用于承受拉伸载荷和动载荷的中间连接件使用 Q235A 材料。

4.　结论

综上分析，机组运行过程中，由于该处管道振动，引起吊杆持续承受拉伸、弯曲交变载荷的作用，最终导致在应力集中部位最先发生疲劳断裂，且吊杆内部大量非金属夹杂物的存在，一定程度上对吊杆的力学性能产生了不利的影响。

5.　知识拓展与点评

管道在流体的冲击下会出现振动或失稳晃动，管道的振动特性与支吊架间距有关，从避免管道振动考虑，对支吊架间距有限制性要求。仅从支吊架方面考虑，限制管道振动可加装减振装置，用以限制管道振动或晃动位移，根据具体情况需控制管道不同方向的振动时，可装设几个不同方位的弹簧减振装置。

第七节　管　道　下　沉

案例：某厂主蒸汽管道吊架下沉分析

1.　基本情况

某电厂 1 台机组进行管道支吊架热态勘查时发现，主蒸汽管道炉右侧（锅炉 3～5 层）26、28、

29、30、31 号水平管单恒力吊架连续 5 组恒力吊架的位移指示均超过 100%行程位置，指针弯曲变形，主蒸汽管道在该管段存在"下沉"现象。高压主蒸汽管道管材参数见表 6-7-1，主蒸汽管道布局示意图如图 6-7-1 所示。

表 6-7-1　　　　　　　　　　　高压主蒸汽管道管材参数

编号	管子规格（mm）	材料	计算参数		室温弹性模量 E_{20}（kN/mm²）	服役温度弹性模量 E_t（kN/mm²）	服役温度膨胀系数 a_t（10^{-6}/℃）	室温许用应力 $[\sigma]_j^{20}$（MPa）	服役温度许用应力 $[\sigma]_j^t$（MPa）
			压力（MPa）	温度（℃）					
1	$\phi 469\times 88$	A335P92	30.77	610.00	217.00	168.80	12.34	206.7	66.7
2	$\phi 483\times 95$	A335P92	30.77	610.00	217.00	168.80	12.34	206.7	66.7
3	$\phi 411\times 78$	A335P92	30.77	610.00	217.00	168.80	12.34	206.7	66.7
4	$\phi 470\times 90$	A335P92	30.77	610.00	217.00	168.80	12.34	206.7	66.7
5	$\phi 455\times 80$	A335P92	30.77	610.00	191.00	98.00*	13.1*	176*	66.7

* 数据为汽轮机侧管道设计取值。

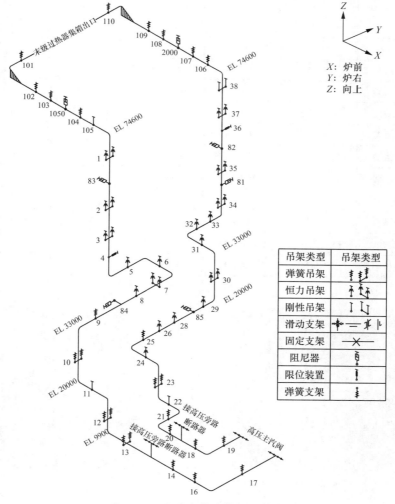

图 6-7-1　主蒸汽管道布局示意图

2. 历史检查情况

查询图纸及最近一次机组支吊架检查情况可见，上次支吊架检查发现 25 号吊架未安装，26、28～32 号吊架存在位移偏大、指针行程偏小、热态行程不足的情况，现场对上述问题进行了处理和调整，热态启机后检查各支吊架状态正常。主蒸汽支吊架设计位移见表 6-7-2，各吊架具体问题如图 6-7-2～图 6-7-9 所示。

表 6-7-2 　　　　　　　　　　　　　　主蒸汽支吊架设计位移

序号	支吊架类型	工作荷载（kN）	结构荷载（kN）	管径	热位移值（mm）		
					方向		
					ΔX	ΔY	ΔZ
20	单拉杆弹簧吊架	−70.609	−103.9745	φ469×88	−62	−156	−7
21	单拉杆弹簧吊架	−39.404	−57.866	φ483×95	−81	−137	−3
22	单拉杆刚性吊架	−135.419	−203.104	φ483×95	−104	−122	0
23	双拉杆弹簧吊架	−86.55	−141.839	φ483×95	−135	−124	32
24	单拉杆恒力吊架	−51.009	−75.202	φ469×88	−163	−104	62
25	单拉杆弹簧吊架	−51.707	−77.784	φ469×88	−163	−67	1
26	单拉杆恒力吊架	−48.576	−71.652	φ469×88	−141	−27	−80
28	单拉杆恒力吊架	−61.196	−90.249	φ469×88	−109	18	−179
29	单拉杆恒力吊架	−57.186	−84.053	φ469×88	−68	69	−283
30	双拉杆恒力吊架	−122.725	−180.487	φ469×88	−55	167	−259
31	单拉杆恒力吊架	−50.099	−73.478	φ483×95	−91	222	−228
32	单拉杆恒力吊架	−68.344	−100.703	φ469×88	−88	263	−253
33	单拉杆恒力吊架	−71.023	−104.435	φ483×95	−34	324	−279
34	双拉杆恒力吊架	−133.639	−196.863	φ469×88	49	262	−183
35	双拉杆恒力吊架	−80.196	−117.958	φ469×88	92	183	−131
36	Y 向限位装置	Fy=32.815	Fy=71.318	φ469×88	131	100	−75
37	双拉杆恒力吊架	−84.876	−124.774	φ469×88	141	79	−58

图 6-7-2　主汽管道 25 号弹簧吊架未安装

图 6-7-3　26 号吊架行程指针下极限，热态行程不足

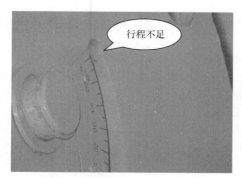

图 6-7-4 28号吊架位移偏大，热态行程不足

图 6-7-5 29号吊架位移偏大，热态行程不足

图 6-7-6 30号吊架位移偏大，热态行程不足

图 6-7-7 31号吊架位移偏大，热态行程不足

图 6-7-8 32号吊架位移偏大，指针热态受阻

图 6-7-9 34号吊架位移偏大，热态行程不足

3. 现场检查情况

主蒸汽管道26、28、29、30、31号恒力吊架热态与冷态检查结果见表6-7-3。

表 6-7-3 主蒸汽管道26、28、29、30、31号恒力吊架热态与冷态检查结果

编号	类型	冷态荷载	工作载荷	热位移（mm）			检查记录	
		（kN）	（kN）	X	Y	Z	热态检查结果	冷态检查结果
26	单恒吊	48.567	48.576	−27	141	−80	行程100%	行程100%
28	单恒吊	61.196	61.196	18	109	−179	行程超100%，位移指针断裂	行程超100%
29	单恒吊	57.186	57.186	69	68	−283	行程100%，位移指针断裂	行程60%，花篮螺栓无可调节余量
30	立恒吊	122.725	122.725	167	55	−259	行程超100%，位移指针弯曲	行程100%
31	单恒吊	50.099	50.099	222	91	−228	行程超100%，位移指针弯曲	行程超100%

主蒸汽管道 26、28、29、30、31 号恒力吊架热态与冷态检查照片如图 6-7-10～图 6-7-14 所示。

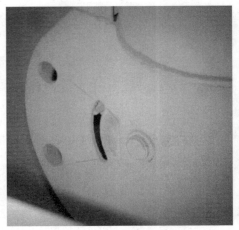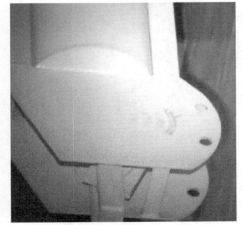

(a) 热态　　　　　　　　　　　　　　(b) 冷态

图 6-7-10　26 号水平管单恒力吊架热态与冷态照片

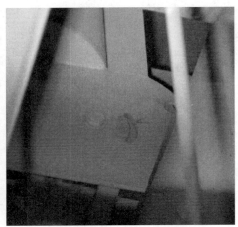

(a) 热态　　　　　　　　　　　　　　(b) 冷态

图 6-7-11　28 号水平管单恒力吊架热态与冷态照片

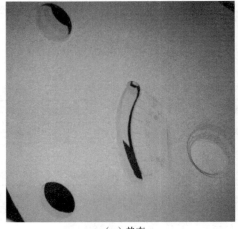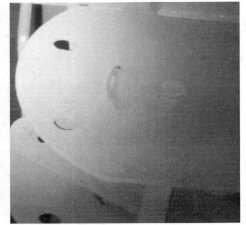

(a) 热态　　　　　　　　　　　　　　(b) 冷态

图 6-7-12　29 号水平管单恒力吊架热态与冷态照片

（a）热态	（b）冷态

图 6-7-13 30 号立管双恒力吊架热态与冷态照片

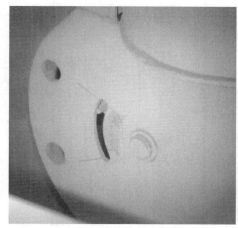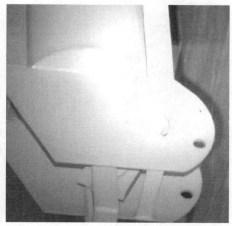

（a）热态	（b）冷态

图 6-7-14 31 号水平管单恒力吊架热态与冷态照片

4. 管道冷态实际标高测量结果

以恒力吊架根部钢结构的标高为基准，对主蒸汽管道 26、28、29、30、31 号恒力吊架所在位置的管道标高进行测量，主蒸汽管道 26、28、29、30、31 号恒力吊架测量示意图如图 6-7-15 所示，主蒸汽管道 26、28、29、30、31 号恒力吊架测量结果见表 6-7-4。

表 6-7-4　　　　　　　主蒸汽管道 26、28、29、30、31 号恒力吊架测量结果

编号	类型	吊点根部钢结构设计标高（mm）	吊点管道中心冷态标高		标高偏差（mm）	Z 向热位移（mm）
			冷态设计标高（mm）	冷态实际标高（mm）		
26	单恒吊	25154	19766	19556	−210	−80
28	单恒吊	25004	19858	19542	−316	−179
29	单恒吊	25004	19962	19508	−454	−283
30	立恒吊	39354	28003	27483	−520	−286

续表

编号	类型	吊点根部钢结构设计标高（mm）	吊点管道中心冷态标高		标高偏差（mm）	Z向热位移（mm）
			冷态设计标高（mm）	冷态实际标高（mm）		
31	单恒吊	39354	32864	32493	−371	−228
35	立恒吊	69804	53000	53003	+3	−131
37	立恒吊	60604	63000	62992	−8	−58

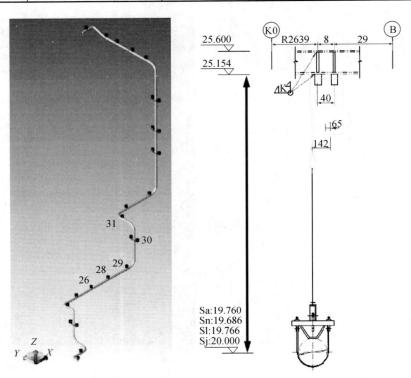

图 6-7-15　主蒸汽管道 26、28、29、30、31 号恒力吊架测量示意图

5. 主蒸汽管道设计校核结果

对照主蒸汽管道设计计算书和管道支吊架的竣工图纸，对每一个支吊架的冷/热态位移、冷/热态荷载及结构荷载、根部及管部设计等设计参数进行核对，对主蒸汽管道进行管道应力校核计算和分析。X 向由炉左指向炉右，Y 向由汽轮机厂房指向锅炉房方向，Z 向垂直向上，主蒸汽有限元模型如图 6-7-16 所示。

经过设计校核计算，主蒸汽管道的一次应力和二次应力均在规程要求的允许范围内，设计的各支吊架处于正常工作状态，其一、二次应力均能满足管道安全运行的要求，管系应力合格。其中，主蒸汽管道 26、28、29、30、31 号恒力吊架的设计参数与校核结果一致。

尽管管道应力与支吊架设计选型满足规程要求，但主蒸汽管道 26、28、29、30、31、32、33、35、37 号吊架 9 组吊架均为恒力弹簧吊架，这种连续布置恒力吊架的设计方式，一方面，对恒力吊架的质量要求非常高；另一方面，大大降低了管道的稳定性，恒力吊架载荷稍有偏差，将引起管道位移异常。

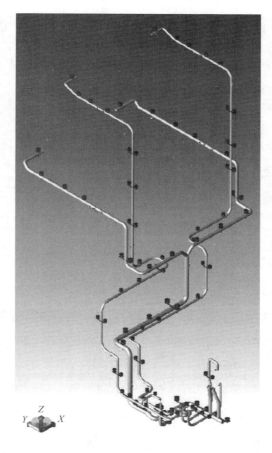

图 6-7-16　主蒸汽有限元模型

6．原因分析

通过查询历史检查资料和现场检查，分析认为导致该机组主蒸汽管道"下沉"的主要原因有：

（1）支吊架布置选型不当。

（2）支吊架或管道安装不当。

（3）产品制造误差或质量问题。

第八节　吊　架　失　载

案例：某厂主蒸汽管道吊架失载导致焊缝失效

1．基本情况

某厂 1 号机组运行 54000h 后，发现一处主蒸汽管道焊缝开裂，开裂位置在弯头下融合线处。

2．检查情况

（1）基本情况。弯头材质为 A182-F92，规格为 ϕ436mm×72mm。弯头下部直管规格、材质与弯头相同，三通图纸如图 6-8-1 所示。裂纹位于弯头下焊缝熔合线处，裂纹开裂位置如图 6-8-2 所示。

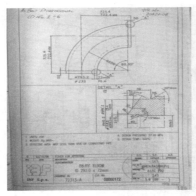

图 6-8-1 三通图纸   图 6-8-2 裂纹开裂位置

（2）基建期焊接情况。查阅基建期焊接记录，焊工编号为 Y036、Y066 的两名焊工参与 3、6、11、12 号焊缝的焊接工作。基建期焊接记录如图 6-8-3 所示。

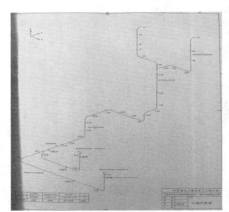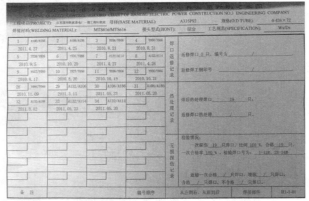

图 6-8-3 基建期焊接记录

（3）基建期检验情况。查阅 6 号焊缝基建期光谱、超声、磁粉、金相、硬度检测报告及热处理报告，均显示合格。基建期检验情况如图 6-8-4 所示。

图 6-8-4 基建期检验情况

（4）2014 年 A 级检修检验情况。2014 年，1 号机组 A 级检修过程中对该段焊缝、弯头进行超声、磁粉、金相、硬度检测，检验结论合格。2014 年 A 级检修检验情况如图 6-8-5 所示。

图 6-8-5　2014 年 A 级检修检验情况

3. 支吊架处理情况

（1）2014 年，1 号机组 A 级检修过程中对主蒸汽管道支吊架进行检查，该部分管段支吊架冷、热态正常，未进行调整。2014 年 1 号机组 A 修支吊架详情如图 6-8-6 所示。

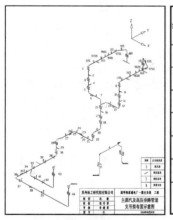

编号	支吊架类型	管径/mm	热态载荷/N		热态位移/mm			吊杆直径/mm	偏装/mm	热态检查	冷态检查	调整方案
			冷态	结构	X	Y	Z					
5	横担恒力吊架	436	-89650	-89650	-125510	-127.0	43.9	-147.4	M42		70%位置，p6869	25%位置	不用调整
7	恒力吊架	436	-28703	-28703	-40184	-118.2	105.2	-178.1	M36	$X=-59$ $Y=+52$	60%位置，p6884	35%位置	不用调整
12	横担恒力吊架	436	-83274	-83274	-116584	8.6	51.5	-140.2	M42		55%位置，p6875	30%位置	不用调整
14	恒力吊架	436	-49472	-49472	-69260	-33.6	116.5	-161.3	M42	$X=-17$ $Y=+58$	70%位置，p6888	25%位置	不用调整
15	横担恒力吊架	625	-180859	-180859	-254869	-55.2	-126.5	-193	M56	$Y=63$	70%位置，p6885	25%位置	不用调整
16	X 向限位装置	625	222	201473	291562	0	127.5	-228.2			正常，p6932	正常	不用调整
18	恒力吊架	625	-216226	-216226	-396799	93.1	114.3	-272.1	M64	$X=+47$ $Y=+57$	80%位置，p6933	40%位置	不用调整

图 6-8-6　2014 年 1 号机组 A 修支吊架详情

（2）2017 年 9 月，1 号机组停备过程中对主蒸汽管道支吊架进行检查调整后连续运行 476 天，至 2019 年 2 月春节停备。检查发现 15 号恒力支吊架冷热态失载，需更换支吊架，现场无备件只进行调整满足热态运行要求。2017 年 1 号机组主蒸汽管道支吊架检查情况见表 6-8-1。

表 6-8-1　　　　　　　　　　2017 年 1 号机组主蒸汽管道支吊架检查情况

序号	支吊架问题	调整方案	结果
1	3 号恒力吊架热位移方向与设计相反，冷态初始位置偏下	调整吊架冷态初始位置	已调整
2	5 号恒力吊架吊杆偏斜角度过大，冷态预偏装角度错误	移动恒吊生根板位置以调整吊杆角度	受检修工期限制，本次未调整

续表

序号	支吊架问题	调整方案	结果
3	9 号限位支架滑动板 X 向间隙过大	滑动面加 2mm 不锈钢板	已调整
4	10 号恒力吊架热位移方向与设计相反,冷态失载,外侧恒吊已损坏无法修复	更换两侧恒力吊架	备件未采购,只做了调整,内侧吊架正常,内侧吊架冷态无法复位
5	15 号恒力吊架冷热态均失载,东侧恒吊已损坏无法修复,吊架两侧载荷不平衡	更换东侧恒力吊架并调整恒吊初始位置	备件未采购,本次只做了调整使之满足热态运行要求,东侧吊架冷态无法复位

(3)2018 年 11 月对两台机组支吊架进行热态检查,15 号恒力吊架需放松吊杆,已列调整计划于 1 号机组 C 修时完成调整。

第九节　吊架选型不当

案例:某厂再热热段管道吊架选型不当分析及治理

1. 基本情况

某厂 4 号机组支吊架检查时,发现再热热段管道垂直段一处恒力吊架管夹发生变形,拆开保温发现管夹两端存在上翘现象,对卡块位置进行打磨后进行磁粉检测,未发现卡块焊缝开裂。

2. 分析原因

(1)材质复核。对管夹进行材质检验,管夹材质为 12Cr1MoV,符合标准要求。

(2)尺寸检查。确认尺寸后发现管夹选型不当。依据《发电厂汽水管道支吊架设计手册　D-ZD2010》的规定,应当选用 105420610 型管夹,管夹高度为 260mm,原管夹高度为 220mm,抗弯强度差别较大。

3. 处理措施

制作符合标准要求的管夹,对该处管夹进行更换。4 号机组变形吊架调整前、后分别如图 6-9-1、图 6-9-2 所示。

图 6-9-1　4 号机组变形吊架调整前

图 6-9-2　4 号机组变形吊架调整后

第七章

发电机失效案例

第一节 风 叶 断 裂

一、案例 1：发电机风叶断裂分析

1. 基本情况

某公司 1 号机组 600MW 发电机是 QFSN-600-2 型静态励磁发电机，冷却方式为水-氢-氢。发电机励侧和汽侧分别装有 29 片风扇叶，材质为 LD5。

该机组累计运行 58368h，2007 年 9 月进行首次 A 级检修，对发电机风扇叶进行探伤未发现异常。2013 年 10 月 28 日进行 A 级检修，在进行 1 号发电机检查时发现，1 号发电机转子励侧编号为 23 的风扇叶在根部第二螺纹处断裂，断裂的风扇叶掉入发电机端盖及内护板之间，并造成内护板轻微损坏。

2. 检查分析

带螺母的叶柄断面如图 7-1-1 所示，由图 7-1-1 可以看出，断口沿一侧向另一侧扩展，扩展纹路清晰，断口保存很好。螺母接触表面光亮，有挤压摩擦痕迹。叶柄断裂的叶片如图 7-1-2 所示，由图 7-1-2 中的断口纹路和叶片关系可以看出，叶片自薄边侧启裂，向厚边扩展，即断裂是由于薄边受到了冲击应力发生了断裂。

图 7-1-1 带螺母的叶柄断面

图 7-1-2 叶柄断裂的叶片

根据现场描述可知，转动时，叶片的厚边向前，薄边在后，这种异常的力在正常运行过程中是不会出现的，因此推断运行过程中一定出现了异常情况。由于叶轮不可能倒转，因此只有一种可能，即由于某种原因使得叶片扭转向前，受到外部阻力后发生断裂。将叶柄断口放在体视显微镜下可以看到裂纹源区没有发现宏观疲劳痕迹，裂纹源区宏观形貌如图 7-1-3 所示，将图 7-1-3 放大至 350 倍，也

没有发现疲劳痕迹，说明叶片的断裂为瞬间完成。观察螺母接合面，发现磨损挤压的光亮，放在体视显微镜下，发现挤压痕迹明显，螺母接合面挤压痕迹如图7-1-4所示，挤压痕迹说明运行过程中螺母接合面发生摩擦和挤压，即螺栓发生了松动。再观察叶片，在叶片的断口附近可以发现硌压的痕迹，叶柄表面的硌压痕迹如图7-1-5所示，这说明在叶柄断裂前叶柄与连接孔间发生了硌压，也说明螺栓发生了松动。观察叶片发现薄厚边均有击打痕迹，叶片薄边和厚边的碰撞痕迹如图7-1-6所示，这说明有可能存在叶片薄边被击打发生断裂的可能。

由宏观分析可知，螺栓发生了松动，叶片薄边受到了冲击力，断口并非疲劳断口而是在应力作用下发生瞬间脆性断裂。

图 7-1-3　裂纹源区宏观形貌

图 7-1-4　螺母接合面挤压痕迹

图 7-1-5　叶柄表面的硌压痕迹

图 7-1-6　叶片薄边和厚边的碰撞痕迹

3. 结论

叶片的断裂是由于螺母松动，叶片发生转向，叶片薄边向前侧方向转动，与相邻设备发生碰撞，导致自薄边向后边发生瞬间断裂。

4. 建议

建议检修时加强螺母紧力检查和防松检查。

5. 知识拓展与点评

大型发电机转子风扇叶常规安装结构如图 7-1-7 所示，发电机转子风扇叶安装使用不当的主要检查内容有：

（1）风扇叶松动，由风扇螺母未拧紧、锁片锁固不到位等引起。

（2）在运行过程中，风扇叶主要承受离心载荷、气动弯矩和热载荷，在转子起动、运转、停机的过程中，风扇叶疲劳失效，以及导风环或内端盖脱落。

（3）风扇叶在运行过程中，导风环存在振动，在重力作用下松动下沉，会造成风扇叶与导风环碰撞磨损。

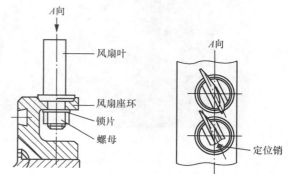

图 7-1-7　大型发电机转子风扇叶常规安装结构

（4）风扇螺母拧紧力矩过大，会导致风扇叶螺纹部分受到的拉力大于风扇叶材质的剪切强度，进而产生裂纹。

（5）风扇叶与导风环间的间隙不满足图纸要求，会导致风扇叶与导风环产生碰撞磨损。

二、案例 2：发电机风扇叶断裂分析

1. 基本情况

某 600MW 亚临界机组 2006 年投运，2008 年运行期间发现发电机风扇叶断裂，对断裂叶片断口进行取样分析并记录相关结果。

2. 检查分析

发生断裂的发电机转子风扇叶片是由叶片螺纹的根部开裂的，断口较平齐，在断口的外缘存在回旋状撕裂痕迹，断口处宏观形貌如图 7-1-8 所示。通过宏观与微观的观察，在整个断口上均未发现疲劳特征。断口边缘的夹杂物向内呈现放射状花样，说明断裂是由该处开始的。断面微观形貌具有准解理特征，并伴随存在一定的韧窝，说明此次断裂受到了一定的冲击载荷的作用。通过扫描电子显微镜观察可以发现，起裂部位存在较大的夹杂物，扫描电镜照片如图 7-1-9 所示；并在断口表面发现大量的二次裂纹，部分裂纹附近存夹杂物，据分析裂纹是由于夹杂物引发的，对夹杂物进行能谱分析，能谱分析图谱如图 7-1-10 所示，其中选区 1、2、3 为夹杂物，其谱线如图 7-1-10（b）所示，选区 4、5 为基体材料，谱线如图 7-1-10（a）所示。

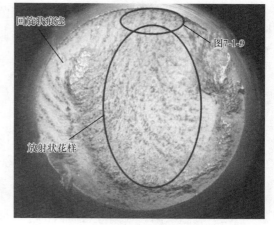

图 7-1-8　断口处宏观形貌

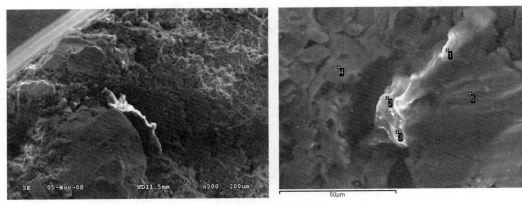

图 7-1-9　扫描电镜照片

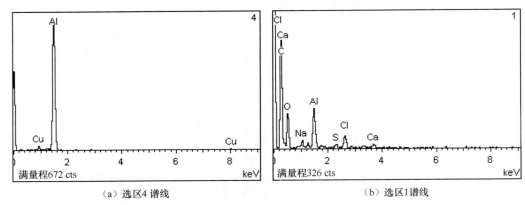

（a）选区 4 谱线　　　　　　　　　　（b）选区 1 谱线

图 7-1-10　能谱分析图谱

3. 结论

（1）从外观形貌上分析，断裂是在螺纹的根部发生的，断面上存在回旋状撕裂痕迹，说明其是由扭转造成的。微观形貌存在一定的准解理特征，说明其断裂过程存在脆性倾向。铝合金是一种塑性较好的材料，如果存在解理断裂特征，可推断叶片断裂时受到了一定的冲击载荷作用。

（2）在宏观与微观形貌上均未发现疲劳形貌，说明该断裂不是由运行中的循环载荷作用引起的。

（3）叶片本身的材料中存在一定量的夹杂物，并在起裂处发现有较大的夹杂物，这对开裂起到了促进作用，断口中存在的大量二次裂纹证实了这一点。

（4）叶片螺纹根部本身应力较为集中，也促进了断裂的发生。

4. 知识拓展与点评

发电机风叶断裂主要有以下三方面原因：

（1）结构设计不当。如风扇叶材质强度不满足使用要求，风扇叶结构设计不合理，存在应力集中，不满足正常运行要求等。

（2）制造缺陷。风扇叶材质内部存在气孔、夹杂物等，风扇叶自身存在裂纹等。

（3）安装使用不当。包括风扇叶因各种原因松动，风扇螺母拧紧力矩过大导致风扇叶螺纹部分开裂，风扇叶与导风环间的间隙不合格导致风扇叶与导风环产生碰撞磨损等。

第二节 护　　环

案例：发电机护环缺陷分析和处理

1. 基本情况

某电厂 1 号机护环于 1976 年投产运行至今，2006 年 8 月 25 日发电机发生单点接地事故，停机后检查发现励侧线圈第 6、7 包间短路放电，外层铜线被烧熔损坏，短路部位位置、短路部位宏观形貌如图 7-2-1、图 7-2-2 所示。该发电机组护环选用 18Mn-5Cr 系列材料，同样为阿尔斯通公司设计制造。经电厂人员向相关部门咨询、协商后，电厂委托某公司对缺陷进行处理。

铜线熔后在其对应位置的护环内壁形成结疤，护环内壁结疤形貌、结疤位置示意图如图 7-2-3、图 7-2-4 所示，结疤励侧边缘距护环励侧边缘为 115mm，汽侧边缘距护环励侧边缘 180mm，其上沿距下沿约 70 mm，整个结疤区域基本由两个半圆拼接而成（ϕ75mm×70mm），其厚度为 1～2mm。

图 7-2-1　短路部位位置

图 7-2-2　短路部位宏观形貌

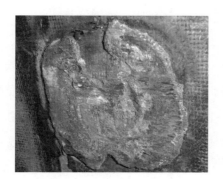

图 7-2-3　护环内壁结疤形貌

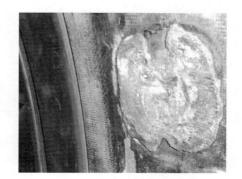

图 7-2-4　结疤位置示意图

2. 检查分析

（1）第一次检验。将结疤进行车削消除，直至该部位护环内壁表面平整光滑，随后进行表面渗透检验，发现在原结疤区域存在明显的两处多条裂纹组成的缺陷区，原结疤区内两处裂纹密集区如图 7-2-5 所示，将其中一处裂纹打磨深约 2mm 后再次检验，其数量及形态未见明显变化，一处裂纹局部打磨如图 7-2-6 所示。将表面精磨至见清晰的金属光泽后观察，可见有多条明显可见的裂纹，其中有些裂纹相互连接成树枝状，并在一处裂纹周围隐约可见椭圆形斑痕，打磨后多条裂纹及形貌如图 7-2-7 所示。将该区域进行抛光、腐蚀后进行观察，区域抛光后形貌如图 7-2-8 所示，抛光后可见一金黄色椭圆形斑痕（约为 $\phi 10mm \times 5mm$）；在其周围可见多条裂纹缺陷，其周边组织形态不均匀，由其宏观观察到的金相光泽可以判定组织晶粒度大小存在明显的差别。对各不同特征区域分别进行硬度测量，结果显示斑痕处 110～120HB、斑痕边缘 190～220HB、原结疤区边缘 370～390HB、远离结疤区域 410～450HB，硬度差别很大。为了进一步确定护环组织变化的情况、出现的异常组织和裂纹特征进行金相组织检验。

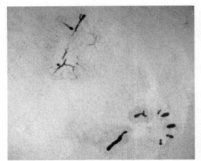

图 7-2-5　原结疤区内两处裂纹密集区

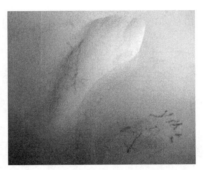

图 7-2-6　一处裂纹局部打磨 1mm

图 7-2-7　打磨后多条裂纹及形貌

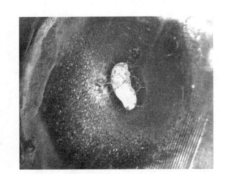

图 7-2-8　区域抛光后形貌

对斑痕处组织、裂纹处和组织发生变化的区域进行金相观察分析，并比较正常部位护环内、外壁的显微组织情况，金相组织结果如图 7-2-9～图 7-2-16 所示。图 7-2-9、图 7-2-10 分别为护环未受损部位外壁、内壁正常组织形貌，组织为单一的奥氏体组织，可以观察到孪晶和滑移线，晶粒度为 1～2 级；图 7-2-11 为斑痕处一条宏观可见裂纹、斑痕扩展出的沿晶裂纹；图 7-2-12 为沿晶裂纹由斑痕沿晶扩展特征。由图 7-2-11、图 7-2-12 可见该取样区域斑痕边缘组织已发生变化，与正常部位组织相比组织形态截然不同，且其晶粒细小晶粒度评级仅为 6～7 级，从组织形态上看，此类组织为异常组织。图 7-2-13、图 7-2-14 为一条宏观裂纹扩展至未相变区，其裂纹扩展特征是以沿奥氏体晶界扩展。图 7-2-15、图 7-2-16 为斑痕边缘相变区域，该区域虽未见宏观裂纹形成但组织已发生相变，并且在细小的晶粒间形成大量的沿晶微裂纹，一旦在应力和温度作用下突破临界值微裂纹将迅速发展形成宏观裂纹缺陷。

通过此次检验发现当结疤消除至内壁平整状态下，原结疤区域仍存在以下几类缺陷：

1）宏观上可见具有一定长度和宽度的裂纹。

2）大量沿原奥氏体晶界与相变组织晶界扩展的沿晶裂纹，该类裂纹不具有宏观意义上的长度和宽度，通过无损检测如超声波、渗透检验等手段均不能发现，只能通过金相检验的手段加以确认。该类裂纹使晶粒间结合力大大降低，一定条件下能逐步扩展成宏观裂纹。

3）相变组织区域，此类区域的材料金相组织已发生变化，从形态、特性、强度等各方面都区别于正常部位材料，此类区域也是裂纹易产生的部位。

4）异常元素存在区域，即融入护环基体的铜或铜合金所占区域，为不正常组织。

对于以上几类缺陷，为了保证设备的安全运行，均应打磨消除。

图 7-2-9　正常部位外壁金相组织

图 7-2-10　正常部位内壁金相组织

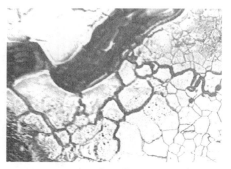

图 7-2-11　斑痕、宏观及沿晶裂纹

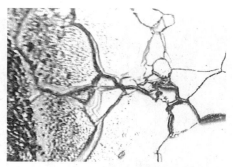

图 7-2-12　斑痕部扩展出沿晶裂纹

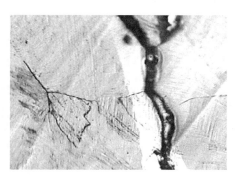

图 7-2-13　沿晶扩展的裂纹

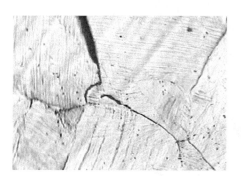

图 7-2-14　沿晶裂纹尖端

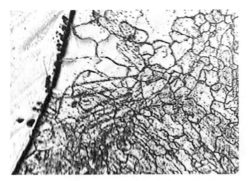

图 7-2-15 斑痕边缘相变组织区域

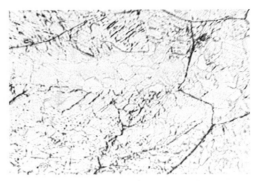

图 7-2-16 相变组织及沿晶裂纹

（2）第二次检验。首先，用渗透检验方法对宏观裂纹进行位置确定，用磨头进行打磨消除，直至宏观裂纹消除，需打磨消缺区域如图 7-2-17 所示，两处原存在裂纹部位经打磨后深度分别达到 8.4mm 和 10.5mm；随后，用硬度检测的方法确定材料发生明显变化的区域，如图 7-2-17 中框内区域所示，基本与原结疤区域相吻合。用金相检验的手段，对沿晶裂纹、相变组织区域、异常元素区域进行确定，并继续打磨消除 A 凹坑上方区域，经打磨深至 4mm 后，最终检验如图 7-2-18 所示，组织形态基本恢复正常，已基本正常的 A1 区组织形态如图 7-2-19 所示，硬度值恢复至 250～270HB；另一凹坑下方区域经打磨深至 5mm 后，组织形态趋于良好，硬度值恢复至 250～270HB，但尚存在少量相变组织，仍有相变组织的 B1 区如图 7-2-20 所示，为确保相变组织消除，建议该区域继续向深度方向打磨 1mm。

图 7-2-17 需打磨消缺区域

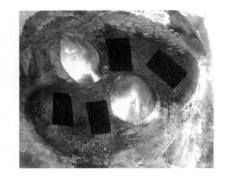

图 7-2-18 最终检验

图 7-1-19 已基本正常的 A1 区组织形态

图 7-2-20 仍有相变组织的 B1 区

3. 结论

对图 7-2-17 所示区域打磨并做圆滑过渡后，该护环 A 凹坑深 10.5mm，B 凹坑深 8.4mm，其周围区域（A1、B1）打磨约深 4～6mm；最终检验情况如下：

（1）经渗透检验无宏观裂纹。

（2）无沿晶裂纹，相变组织区域已经消除（除 A、B 凹坑区域，两部位由于面积小且弧度大不具备理化检验条件）。

（3）处理后该区域硬度检验最低值为 260～280HB（远高于最初检验时的 110～120HB）。

4. 措施

在对事故中产生缺陷消除后，应该进行如下工作：

（1）应对处理后的护环进行强度核算，在满足强度的要求下进行修复，确保护环安全运行；强度核算原始资料应归档保存。

（2）鉴于 18Mn-5Cr 材料的护环的微裂纹扩展速率较高，应在可能的条件下，尽快予以更换。

5. 知识点评与扩展

（1）发电机组的额定转速为 3000r/min，护环的作用是箍紧转子两端的端部绕组，使之不会由于高速旋转产生的离心力而移动或甩出。为满足这一要求，护环是靠过盈配合安装到转子体和中心环上的。护环在运行期间承受较为复杂的应力状态，主要承载的应力包括转子转动产生的离心力、绕组不均导致的弯曲应力、键槽和紧固件部位的装配应力、通风孔和变截面位置的结构应力和机组启停、变负荷产生的循环应力。另外，护环的设计还需要考虑承受机组超速试验时的应力状态。

（2）18Mn-5Cr 材料护环容易产生应力腐蚀，该材料对护环的环境介质极为敏感，对 18Mn-5Cr 材料护环进行监督时，应重点关注晶间腐蚀情况。

第三节 中心环开裂

一、案例 1：过盈紧力偏低和配合不均匀造成的中心环失效

1. 基本情况

2009 年 4 月某电厂 2 号机组发电机转子中心环检修时发现环体开裂，中心环宏观开裂形貌如图 7-3-1 所示。取下后可见中心环沿环体周向多处开裂，在中心环外侧和内侧均可见圆弧状裂纹，中心环裂纹形貌如图 7-3-2 所示。2 号机组于 1964 年 5 月开始运行，至断裂停机为止运行 45 年，累计超 39 万 h。中心环内径 620mm，外径 922mm。由于年代已久，电厂不能提供中心环的材质。

据电厂有关负责人介绍，2007 年发电机主油泵爆开，对转子有一定的冲击。2008 年 6 月开始，发现该机组开始振动，8 月 4—29 日，2 号机组 6 瓦振动出现异常升高，6 瓦振动垂直方向由原来的 30μm 上升到 70μm。2008 年 11 月 22 日，2 号发电机停机检查中发现后密封瓦下中部位于电机侧钨金带上有 15mm×15mm 的碎裂块，有 300mm 左右弧长的明显硬摩擦痕迹，此情况下，未对电机转子进

行配重，于 11 月 23 日进行冲车至 2789r/min，振动超标超过 0.10mm。此外，电厂曾在检修中拆卸过一次护环，在拆护环时电气队并未随时监测温度。

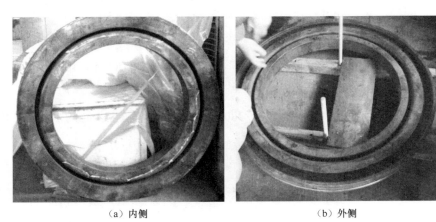

（a）内侧　　　　　　　　　　　　　（b）外侧

图 7-3-1　中心环宏观开裂形貌

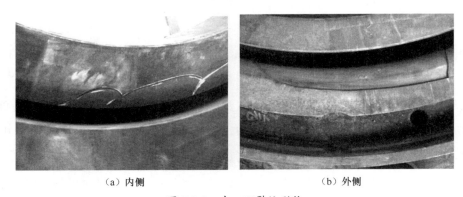

（a）内侧　　　　　　　　　　　　　（b）外侧

图 7-3-2　中心环裂纹形貌

2. 检查分析

经化学成分分析，认为中心环的材质为 34CrNi1Mo，34CrNi1Mo 钢用作中心环的材质，其组织状态应为均匀的索氏体组织，但汽侧中心环的金相组织为回火索氏体和一定的铁素体，使其硬度偏低。硬度值为 179～206HB，而励侧中心环的硬度为 242～252HB，组织也未见明显铁素体。比较励侧和汽侧中心环的硬度，汽侧硬度值要低约 60HB。这表明汽侧中心环的组织性能和力学性能明显低于励侧中心环。硬度低和汽侧含有一定铁素体有两种可能，一是材料原始状态即如此；二是在拆装中心环过程中加热温度过高所致，在拆装中由于未随时监视、测量加热温度，所以也不排除拆装工艺对中心环造成的影响。

硬度低直接表现为材料抗拉强度、屈服强度的不足。力学性能试验表明，屈服强度和断裂强度接近标准要求的下限，断后延伸率均低于标准要求。断后延伸率 A 是金属的塑性指标，A 降低说明金属塑性变形能力降低。材料中含有一定的铁素体，会影响材料的抗疲劳性能。因此汽侧中心环开裂要比励侧中心环开裂得严重。

如前所述，中心环是弹性结构，中心环承受的应力是由过盈配合形成的应力，中心环内壁承受着张应力，外壁承受着压应力。机组在高速转动运行中中心环承受着由它自身质量产生的离心力。护环和中心环的离心力将使护环与中心环、中心环与转子的过盈配合量减小。当离心力大于过盈紧力时，会使中心环与转子的过盈配合面产生间隙，引起振动，从而造成失效。因此，中心环热套紧力一定要大于部件的离心力，并有充足的余量。有关资料表明，过盈的平均值一般选为嵌装表面直径的 0.12%～0.25%，经过计算中心环的过盈配合量为 0.72～0.80mm，按镶嵌直径计算其百分比为 0.12%～0.13%，已在过盈配合量的下限。此外，对中心环的内径进行测量，发现中心环呈椭圆形，最大直径和最小直径相差 0.58mm。在离心力的作用下，过盈配合量会减小，甚至会出现局部区域没有过盈配合的情况，形成间隙。因此，这对于要求有一定过盈量配合的中心环来说，就会造成一些部位过盈不足，紧力降低，使中心环在长期高速运转中产生振动，并逐渐在薄弱部位形成疲劳源。此外，从电厂提供的 2 号机振动情况也可以看出，2 号机早期振动异常，并有长期振动超标的记录，这一情况会加剧疲劳的产生。紧力偏低使中心环受力不平衡，在转子高速运转时，容易形成配合间隙，引发多点疲劳。中心环的宏观断口形貌和电子显微形貌的疲劳纹特征，证实了上述分析。

此外，中心环热套在转轴上会产生一定的弹性变形，并且产生了应力，随着运行时间的延长，在总形变不变的条件下，弹性变形不断转为塑性变形，从而使应力不断减小，出现松弛。松弛的出现会使一些配合面配合不紧密，运行中发生振动。长期振动的存在会诱发多点疲劳源的产生，导致疲劳失效。

3．结论

中心环因过盈紧力偏低和配合不均匀而疲劳失效，同时其力学性能较低、显微组织不佳导致材料的抗疲劳性能下降，长期应力下产生的松弛和长期异常振动加速了疲劳的产生和扩展。

4．知识点拓展与点评

中心环、护环与转子之间有三种装配结构，分别为脱离式、两端紧配式和悬挂式结构，护环装配示意图如图 7-3-3 所示。脱离式结构即护环只热套在中心环上，并不嵌装在转子本体上；两端紧配式即护环一端热套在转子本体的端头，另一端热套在中心环上，而中心环则是先行热套在转子上，并用环键或螺钉或其他止动零件将其固定，这样就形成护环与转子、护环与中心环、中心环与转子三处过盈配合面；悬挂式结构即护环热套在转子本体和中心环上，但中心环与转轴分离。此次断裂的 2 号机中心环装配结构属于两端紧配式，但不同的是 2 号机中心环被制成截面呈 Z 字形的弹性中心环，属于两端紧配弹性中心环，2 号机中心环装配及受力分析示意图如图 7-3-4 所示。

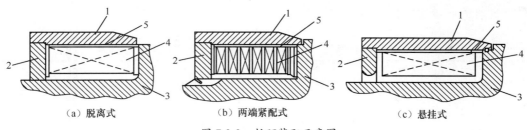

（a）脱离式　　　（b）两端紧配式　　　（c）悬挂式

图 7-3-3　护环装配示意图

1—护环；2—中心环；3—转子本体；4—转子绕组端部；5—护环绝缘

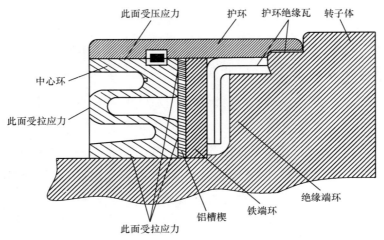

图 7-3-4　2 号机中心环装配及受力分析示意图

中心环的作用是支撑住护环，保持护环与转子同轴，阻止端部绕组的轴向位移，并且防止护环在高速运转中变成椭圆。具有 Z 形弹性结构的中心环可以提高中心环在轴向和径向的柔性，承受着来自转轴弯曲产生的拉张应力。护环是用来保护和固定端部的转子绕组的，以遏制线圈的径向移动。

中心环承受的应力可分为两类，一类为静态应力，即由过盈配合形成的应力，中心环内壁承受着张应力，外壁承受着压应力。外壁的压应力由于中心环的 Z 形弹性结构吸收了一定的外壁的压应力和内壁的拉应力，使得中心环外侧中部承受一定的拉应力。另一类为动态应力，机组在高速转动运行中中心环承受着由它自身质量产生的离心力。护环和中心环的离心力将使护环与中心环、中心环与转子的过盈配合量减小。当离心力大于过盈紧力时，会使中心环与转子的过盈配合面产生间隙，引起振动，从而造成失效。因此中心环热套紧力一定要大于部件的离心力。在护环和中心环的装配时的最关键因素是过盈配合量的选择，护环与转子本体的过盈配合应保证转速达到超速试验时，还应有剩余的过盈存在。否则，转子的振动将急剧增大。护环与转子本体间过盈的平均值一般选在嵌装表面直径的 0.12%～0.25%。电厂提供了 2 号机中心环与护环、中心环与转子、护环与转子的实测紧量，中心环与护环、中心环与转子、护环与转子间紧量见表 7-3-1，经过计算中心环的过盈配合量为 0.72～0.80mm，按镶嵌直径计算其百分比为 0.12%～0.13%，已在过盈配合量的下限，在离心力的作用下，就会造成一些部位过盈不足，紧力降低，进而引起振动，并逐渐在薄弱部位形成疲劳源，引起开裂。

表 7-3-1　　　　　　中心环与护环、中心环与转子、护环与转子间紧量

部件	护环与中心环		中心环与转子大轴		护环与转子大轴	
	紧力（mm）	百分数（%）	紧力（mm）	百分数（%）	紧力（mm）	百分数（%）
励侧	2.16	0.35	0.72	0.12	1.56	0.25
汽侧	1.93	0.31	0.80	0.13	1.75	0.28

二、案例 2：发电机转子中心环开裂失效分析

1. 基本情况

某热电厂一号机组型号为 TB₂-100-2，1961 年 4 月投产，2012 年 9 月 2 日检查发现励侧中心环开裂，遂将汽励两侧更换为新中心环。中心环原始设计材质为 34CrNi1Mo，锻造等级为 3 级，更换的新中心环材质为 34CrNi3Mo，锻造等级提高到 5 级。

2013 年 7、8 月大负荷期间，发现 1 号发电机 6 瓦振动呈缓慢上涨趋势，振动最大约达 60μm。在 8 月 31 日 1 号机组停机检查，发现汽侧中心环出现裂纹，励侧中心环未见异常。

该中心环采用两端紧配式弹性结构，对开裂中心环两面进行着色探伤，发现表面仅有一处裂纹，位于中心环弹性弯根部，从中心环一侧扩展至另一侧，中心环剖面示意图如图 7-3-5 所示。为了便于分析，将中心环紧贴转子一侧命名为 A 面。A、B 面整体形貌和裂纹如图 7-3-6～图 7-3-9 所示。

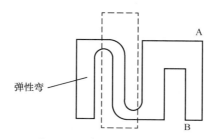

图 7-3-5　中心环剖面示意图

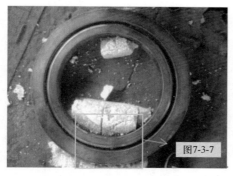

图 7-3-6　A 面整体形貌

图 7-3-7　A 面裂纹

图 7-3-8　B 面整体形貌

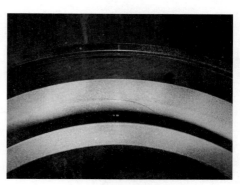

图 7-3-9　B 面裂纹

2. 检查分析

中心环材质为 34CrNi3Mo，通过 X 荧光光谱仪对中心环材质进行检测，化学成分分析结果见表 7-3-2，从表中可见，中心环主要合金元素成分均符合标准 JB/T 1269《汽轮发电机磁性环锻件技术条件》的要求。

表 7-3-2　　　　　　　　　　　　　化学成分分析结果　　　　　　　　　单位：%（质量百分数）

合金元素	Cr	Ni	Mo	Mn
JB/T 1269 的要求值	0.7~1.10	2.75~3.25	0.25~0.40	0.50~0.80
实测值	0.95	2.86	0.30	0.68

（1）室温力学性能试验。在中心环切向取 ϕ10mm 拉伸试样及 10mm×10mm×55mm U 形缺口冲击试样进行测试，室温力学性能测试结果见表 7-3-3，从力学性能上看，取样力学性能均符合 JB/T 1269《汽轮发电机磁性环锻件　技术条件》中 5 级锻件的性能。

表 7-3-3　　　　　　　　　　　　　室温力学性能测试结果

编号	抗拉强度 R_m（MPa）	规定非比例延伸强度 $R_{p0.2}$（MPa）	断后伸长率 A（%）	断面收缩率 Z（%）	K_{V2}（J）
JB/T 1269 的要求值	≥895	≥760	≥16	≥40	41（K_{V2}）
1	984	864	19	62	98
2	971	850	20	61	95
3	988	873	19	61	104
平均值	981	862	19	61	99

（2）金相组织分析。对裂纹剖面进行金相组织分析，表面裂纹、裂纹尖端金相组织分别如图 7-3-10、图 7-3-11 所示，该中心环组织为回火马氏体，裂纹垂直于中心环表面向内扩展，接近疲劳断口的剖面特征。

图 7-3-10　表面裂纹金相组织

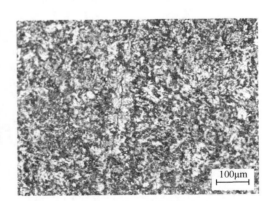

图 7-3-11　裂纹尖端金相组织

（3）宏观及微观形貌分析。

1）裂纹的宏观分布。此次分析将中心环开裂部位解剖，分割成 8 段，其中 1~7 号取样存在裂纹，A 面裂纹形貌如图 7-3-12 所示，由图中可见，A 面的裂纹主要位于 1~3 号样上表面，裂纹在 4 号样上从中心环 A 面上扩展至 B 面，B 面的裂纹则主要位于 5~7 号取样表面。

图 7-3-12 A 面裂纹形貌

开裂部位剖面如图 7-3-13 所示，为了便于识别试样不同表面，将试样左右剖面分别加上 C、D 编号，例如 2 号样靠 1 号样一侧编号为 2C，靠 3 号样一侧编号为 2D。从图中可见，裂纹均由外表面（A 面或 B 面）萌生，向弹性弯根部扩展。

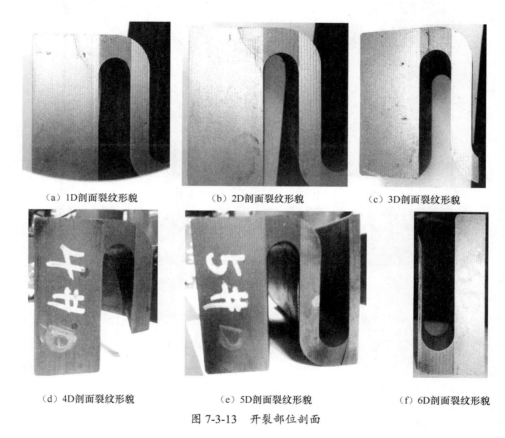

（a）1D剖面裂纹形貌　　　　（b）2D剖面裂纹形貌　　　　（c）3D剖面裂纹形貌

（d）4D剖面裂纹形貌　　　　（e）5D剖面裂纹形貌　　　　（f）6D剖面裂纹形貌

图 7-3-13 开裂部位剖面

2）裂纹的微观形貌。此次分析取样，1、2 号样局部开裂，4 号样裂纹完全裂透，3、5 号样在弹性弯内表面尚有少量连接，分析阶段通过线切割后使用外力破坏，使断口表面显现出来。

1、2、3 号样 A 面如图 7-3-14 所示，从图中可见，1、2 号取样表面存在一长方形压痕，裂纹在压痕边缘发生转折。1、2 号样断口形貌如图 7-3-15 所示，将 1、2 号样剖开后，2 号样断口上部较为光滑，可见疲劳纹，疲劳扩展阶段，断口表面形成疲劳台阶，进一步观察可见每层疲劳台阶发生扭转，形成一个较小的疲劳扩展断口向中心环深处扩展，断口前沿呈半圆形，2 号样断口扩展前沿形貌如图 7-3-16 所示。从图 7-3-15 的疲劳纹方向上看，裂纹源位于表面压痕边缘处。

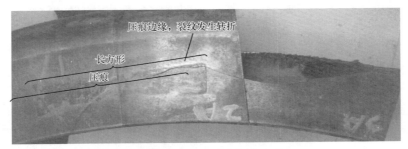

图 7-3-14　1、2、3 号样 A 面

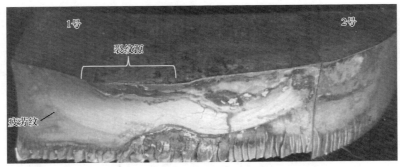

图 7-3-15　1、2 号样断口形貌

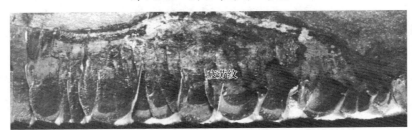

图 7-3-16　2 号样断口扩展前沿形貌

断口样貌如图 7-3-17～图 7-3-20 所示，由图可见，断口表面均覆盖有一层氧化皮，3、4、5 号取样断口靠外表面侧较为光滑平整，为疲劳扩展断口，靠内表面侧疲劳断口衍生出疲劳台阶状人字花样向前扩展。图 7-3-20 在人字花样扩展前沿可见疲劳条纹。表明裂纹沿弹性弯根部扩展阶段为疲劳断裂。而 4 号样的断口中间部位断口形貌有所不同，其表面平整，断面垂直于弹性弯表面（图 7-3-18 左侧），在体视显微镜下，断口表面可见大量小解理面（图中反光点），为脆性断口特征。

图 7-3-17　3、4 号样断口形貌

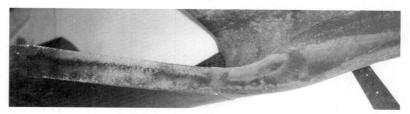

图 7-3-18　4、5 号样断口形貌

图 7-3-19　5 号样断口形貌

图 7-3-20　5 号断口 C 侧

破坏前的 3 号样部位内壁裂纹形貌如图 7-3-21 所示，从图中可见，疲劳台阶扩展至内壁时，形成大量斜向平行断面，从裂纹形态上分析，应为裂纹扩展阶段中心环内外壁应力不均形成的剪切应力造成的。

图 7-3-21　破坏前的 3 号样部位内壁裂纹形貌

3）裂纹源分析。中心环应力状态如图 7-3-22 所示，从中心环受力状态上看，中心环内外表面承受着压应力，因而在弹性弯的 A、B 表面承受着拉应力，弹性弯内壁承受压应力，而从裂纹分布上看，裂纹均从外表面萌生向内壁侧扩展，与应力状态相符。裂纹剖面形态及扩展方向示意图如图 7-3-23 所示。

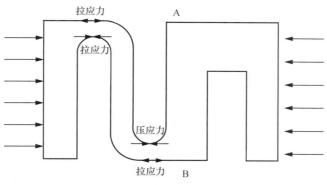

图 7-3-22　中心环应力状态

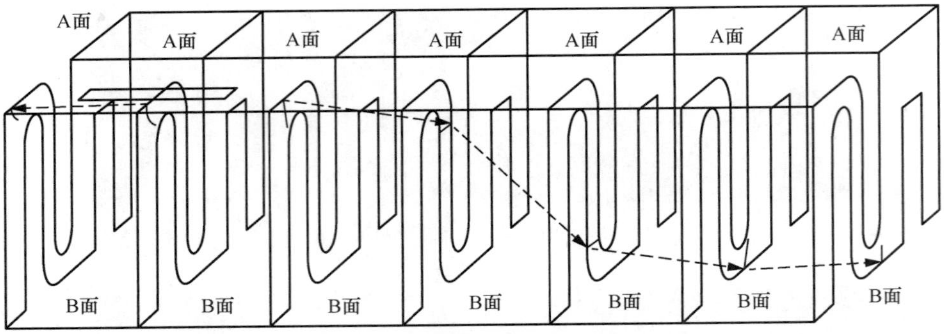

图 7-3-23 裂纹剖面形态及扩展方向示意图

从裂纹走势和断口表面形态上看，2 号样表面压痕处具有疲劳断口裂纹源特征，2 号样开始向 3、4、5、6 号样方向扩展，而且 2 号样另一侧裂纹扩展至中心环内壁后终止，可以确定此次中心环开裂起源于 2 号样 A 面的长方形压痕处。

（4）中心环 A 面压痕分析。经上文分析，此次中心环开裂裂纹起源于 A 面长方形压痕边缘处，因此对 A 面长方形压痕做进一步分析。

1）压痕形貌。中心环 A 面长方形压痕整体形貌如图 7-3-24 所示，压痕部位 SEM 形貌如图 7-3-25 所示，从图中可见，压痕外廓有显著沟槽，与压痕外围的中心环表面有显著区别，在体视显微镜下，可以看见压痕区域内有黑色物质覆盖以及少量的裸露金属表面。在黑色物质未覆盖区域，可见一定量沿中心环径向分布的凹坑。

图 7-3-24 中心环 A 面长方形压痕整体形貌（放大 40 倍）

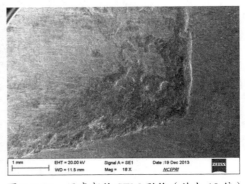

图 7-3-25 压痕部位 SEM 形貌（放大 18 倍）

2）能谱分析。对压痕不同区域进行扫描电镜能谱分析，分析结果如图 7-3-26、图 7-3-27 所示。从图中可见，压痕区域内的黑色物质主要为氧化铝，未被氧化铝覆盖的区域内 Fe 含量较高，另外有少量的氧和铝元素。

对表面覆盖有氧化皮的凹坑部位进行能谱分析，沟槽底部也存在氧和铝元素。在取样分析阶段会对试样表面造成划痕损伤，对该损伤部位进行能谱分析，可见表面未发生氧化，说明其是最新形成的损伤，由外界硬物摩擦造成，所以沟槽内部无铝元素。

在分析过程中，发现表面压痕部位形成的断口表面有较厚氧化皮，通过扫描电镜能谱分析，发现该层氧化皮内部也含有较多的铝元素。

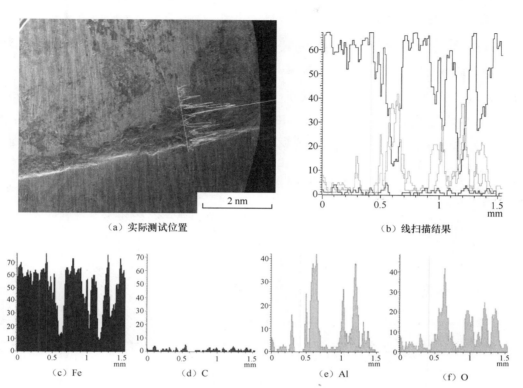

（a）实际测试位置　　　　　　　　　　　　（b）线扫描结果

（c）Fe　　　　　（d）C　　　　　（e）Al　　　　　（f）O

图 7-3-26　断口边缘压痕区域能谱线扫描分析结果

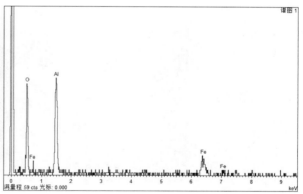

（a）扫描电镜能谱分析图　　　　　　　　　　（b）谱图

元素	质量百分比(%)	原子百分比(%)
O K	53.96	71.03
Al K	28.79	22.47
Fe K	17.24	6.50
总量	100.00	100.00

（c）中谱图对应元素含量

图 7-3-27　压痕部位被黑色物质覆盖区域

3）尺寸分析。中心环部位装配结构如图 7-3-28 所示，从中心环部位装配结构上来看，中心环与转子护环绝缘瓦之间为铁端环和插在铁端环上的铝槽楔组成，铁端环与中心环不发生接触，而由其间的铝槽楔支撑，中心环现场图如图 7-3-29 所示。因此，在中心环 A 面仅有铝槽楔与其发生接触。

对中心环表面压痕尺寸进行测量，压痕 A、B 尺寸测量分别如图 7-3-30、图 7-3-31 所示，将测量结果与铝槽楔尺寸进行对比，中心环剖面尺寸、铝槽楔尺寸分别如图 7-3-32、图 7-3-33 所示。压痕尺寸与铝槽楔尺寸对比结果见表 7-3-4，从宽度和压痕在中心环上的分布来看，压痕位置与铝槽楔存在对应关系，且经能谱分析，可知压痕表面大量分布有铝元素，因此压痕的存在与铝槽楔有明显关联。

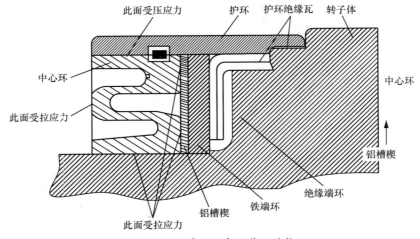

图 7-3-28　中心环部位装配结构

图 7-3-29　中心环现场图

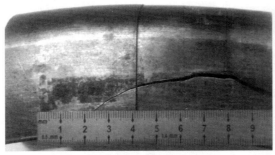

（a）压痕 A 长度尺寸

（b）压痕 A 宽度尺寸

图 7-3-30　压痕 A 尺寸测量

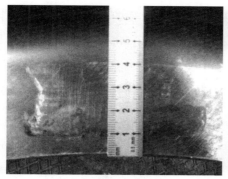

（a）压痕 B 宽度尺寸　　　　　　　（b）压痕 B 长度尺寸

图 7-3-31　压痕 B 尺寸测量

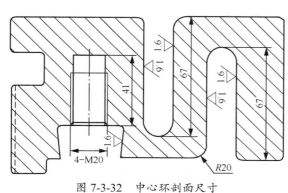

图 7-3-32　中心环剖面尺寸　　　　　　　图 7-3-33　铝槽楔尺寸

表 7-3-4　　　　　　　　　　　　压痕尺寸与铝槽楔尺寸对比结果

位　置	宽度 （mm）	高度 （mm）	距内环边距 （mm）
铝槽楔图纸凹槽尺寸	80	33	17
压痕 A	80	12	14
压痕 B	79	13	8

3. 综合分析

从该中心环的成分及力学性能上看，均达到了 JB/T 1269《汽轮发电机磁性环锻件　技术条件》的相关要求，且其组织为回火马氏体，对比 2009 年 2 号机组原装中心环断裂失效分析结果可知，新中心环的力学性能与旧环相比有了全面提高，其综合性能应能达到设计要求。

从断口形貌上分析，此次开裂裂纹源位于中心环 A 面压痕边缘，压痕边缘呈沟槽状，断口为疲劳扩展断口。从结构上来说，该部位处于弹性弯根部，正处于中心环过盈紧力产生的表面拉应力最高的区域，压痕边缘沟槽形成应力集中并提供了中心环疲劳开裂的裂纹源。

经扫描电镜能谱分析，发现压痕部位和裂纹源断口表面存在大量氧化铝。另外，从压痕尺寸和压痕在中心环上的分布来看，压痕的产生与铝槽楔的状态存在对应关系。从压痕区域的宏观形貌上看，存在一定数量沿中心环径向分布的小凹坑，凹坑表面覆盖有氧化物，无法获取压痕表面原始形貌。从铝槽楔的结构上看，铝槽楔在距中心环内环 17mm 的位置，存在一个 33m 宽、1mm 深的梯形沟槽。

2011 年 5 月 18 日电厂设备部编写的《2 号发电机转子更换中心环监造工作总结》中提到，对中心环和铁端环之间的铝楔板进行检查，发现有三四块铝楔板两面均有电蚀痕迹，其中有一块发生局部断裂，故决定更换汽侧、励侧两侧全部铝楔板共计 12 块（每侧 6 块）。由于未对铝槽楔样本进行分析，需考虑是否存在电蚀损伤。

从中心环的应力状态上来分析，中心环在静态下承受着与大轴和护环过盈配合产生的最大压应力，随着转子转速提高，转子、护环和中心环产生的离心力将使护环与中心环、中心环与转子的过盈配合量减小，其承受的应力也逐渐下降。当离心力大于过盈紧力时，会使中心环与转子的过盈配合面产生间隙，引起振动，从而造成疲劳失效。因此，中心环的紧量设计应保证中心环在静态下最大应力不超过材料许用应力，在额定转速和超速状态下，热套紧力大于部件的离心力，并为加工尺寸偏差、不圆度等因素留有充足的余量。

2013 年 7、8 月大负荷期间发现 1 号发电机 6 瓦振动呈缓慢上涨趋势，振动最大约达 60um，在 8 月 31 日 1 号机组停机检查发现，汽侧中心环出现裂纹，励侧中心环未见异常。从应力角度分析，大负荷高转速期间中心环承受应力较低，但是如果中心环紧量不足，护环和中心环旋转产生的离心力超过过盈紧力，中心环与转子、护环的过盈配合面产生间隙，将会导致振动增大。基于此分析，中心环可能存在紧量不足的问题。

从紧量标准上看，汽轮机电机修理手册提供了两种 TB$_2$-100-2 机组转子紧量标准，一为转子本体直径 930mm 弹性中心环，二为转子本体直径 981.4mm 刚性中心环，而电厂 1、2 号机组实际为转子本体直径 981mm 的弹性中心环，与手册提供的中心环参数并不相符，且护环材质、中心环材质、工艺均已与原始设计有所不同，考虑到 1、2 号机组运行时间已达五十年左右，转子挠度增加的可能性较高，其运行工况也有一定改变。因此，需要对中心环安装的紧量标准进行论证评估，并在安装过程中严格控制加工工艺，保证转子安装过盈配合产生的紧力得当。

另外，电厂 1、2 号机所采用的弹性中心环结构与刚性中心环有所不同，弹性中心环可以吸收一部分由于转子挠度而产生的交变应力，大大缓解护环承受的应力，带来的弊端就是弹性弯成为薄弱环节，其弹性弯表面承受拉应力状态，容易受转子挠度的影响而发生开裂。目前电厂尚未对转子挠度变化进行测量，而 1 号机转子运行时间高达 52 万 h，挠度变化是中心环频繁开裂可能的原因之一。

据厂内提供资料，电厂 1 号机组于 2011 年 4 月进行励磁系统改造，取消远直流励磁机，轴系变短，2012、2013 年分别发生中心环开裂，2 号机组于 2005 年进行励磁系统改造，2008 年发现 6 瓦振动异常升高，2009、2011、2012 年分别发生中心环开裂。另外，1、2 号机组还进行了冷却风扇改造等多项改造工程，改造工程均有可能对转子的应力状态造成影响，从时间上看，中心环开裂与励磁机改造存在一定的关联，这需要汽轮机等相关专业进行深入论证。

4. 结论

此次中心环开裂特征为疲劳开裂，裂纹起源于铝槽楔和中心环之间的接触面，运行中，铝槽楔在中心环弹性弯部位表面逐渐形成压痕，由于该弹性弯部位呈拉应力状态，故该部位形成应力集中，从而发生疲劳开裂最终导致中心环失效。

5. 建议

待机组停运后可针对铝槽楔进行进一步分析，并组织汽轮机等相关专业就其他影响因素进行进一步分析。

6. 知识点拓展与点评

中心环不仅支撑住护环，保持护环与转轴同心，还由于它阻止端部绕组的轴向位移，又起到了防止护环变成椭圆的作用。

中心环失效多见于早期引进机组采用的弹性中心环结构，经过长期运行后发生疲劳失效，受早期制造工艺水平影响，中心环失效多与加工、装配精度有关。另外，有发电企业在弹性中心环失效后，采取加强失效 U 形弯壁厚的方法对新中心环进行改造，取得了良好的效果。

第八章 机炉外管和承压管座
失效案例

第一节 疲 劳 失 效

一、案例1：主汽管压力表管焊缝内壁裂纹

1. 基本情况

某电厂 3 号炉在检修期间发现主汽管压力表管焊缝处内壁有裂纹。3 号锅炉为型号为 B&WB-1900/25.4-M 的"W"火焰超临界锅炉。3 号机组于 2009 年 7 月投入运行。主汽管材料为 P91，规格为 $\phi 419.5mm \times 59.5mm$。压力表管材料为 0Cr18Ni9，规格为 $\phi 28mm \times 9mm$。焊缝所用焊材为镍基焊材。

2. 检查情况

（1）宏观检查。内壁出现裂纹的主汽管压力表管位于左侧主汽管出口弯头后的直管段上。挖出的两个压力表管内壁都有裂纹，因为裂纹形式、位置基本一致，选取其中一只进行试验分析。

主汽管压力表管焊缝采用未焊透的结构，主汽管压力表管焊缝结构如图 8-1-1 所示，在焊缝下还留有一段高约 3~5mm 的自由管段，从管端看内壁有 8 条放射状的裂纹，裂纹深约管径的一半，压力表管端面裂纹形貌如图 8-1-2 所示。端面已经明显变形，中间从内壁向外鼓出，压力表管端面中间变形鼓出形貌如图 8-1-3 所示。

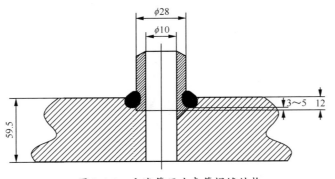

图 8-1-1 主汽管压力表管焊缝结构

图 8-1-2 压力表管端面裂纹形貌

图 8-1-3 压力表管端面中间变形鼓出形貌

（2）显微检查。对有裂纹的压力表管及焊缝进行金相检查。

1）压力表管：金相组织为奥氏体，组织存在晶间腐蚀倾向，压力表管组织形貌如图 8-1-4 所示。

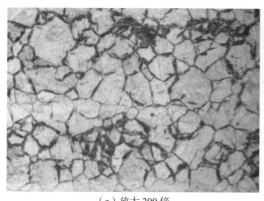 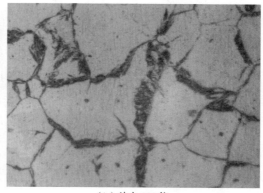

（a）放大 200 倍　　　　　　　　　　　（b）放大 500 倍

图 8-1-4　压力表管组织形貌

2）焊缝：金相组织为奥氏体，压力表管焊缝组织形貌如图 8-1-5 所示。

3）裂纹：裂纹开口很宽，平直，呈穿晶特征，裂纹尖端圆润，压力表管内壁裂纹尖端形貌如图 8-1-6 所示。

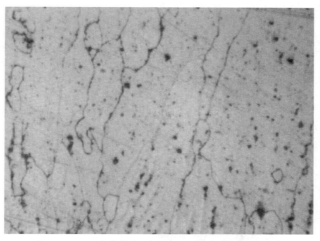

图 8-1-5　压力表管焊缝组织形貌（放大 500 倍）

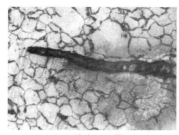 

（a）放大 200 倍　　　　　　　　　　　（b）放大 50 倍

图 8-1-6　压力表管内壁裂纹形貌

3．原因分析

（1）压力表管端面变形鼓出，说明焊缝部位压力表管在高温下使用时受力较大，使得材料出现永久塑性变形。在高温条件下，奥氏体钢（压力表管及焊缝）与 P91 钢的线膨胀系数相差较大，膨胀量大的奥氏体钢在 P91 钢的约束下在焊缝部位会产生较大的压应力。

（2）从裂纹的位置、形态看，裂纹的性质属于疲劳。压力表管焊缝处在高温下受到挤压，在内壁处受力最大，由于有下面自由端的管段存在，力的传递会引起自由端金属变形，机组的频繁启停及温度的剧烈波动引起受力交替变化，这些情况都是引起材料疲劳的条件。

（3）具有晶间腐蚀倾向的材料会引起材料强度逐渐下降，裂纹会完全沿晶界发展，压力表管所出现的裂纹与此无关。

4．结论

由于主汽管压力表管焊缝下面自由端的管段存在，高温下奥氏体钢与 P91 钢的膨胀量不一致，因此在焊缝部位产生较大的应力，力的传递引起自由端金属变形，机组的频繁启停及温度的剧烈波动引起受力交替变化，从而在受力最大的内壁处出现疲劳裂纹。

5．评价及反措

这是一起设计原因造成的金属故障，采用这种结构形式焊接的构件较多，对今后的检查及改造具有意义。为避免此类金属问题的发生，应做好以下工作：

（1）改善焊接结构，应采用全焊透的结构。

（2）对采用相同结构的其余蒸汽管道上的压力表管焊缝全部更换。

（3）压力表管采用与蒸汽管道相同的材质。

二、案例 2：疏水管系机械振动引起疲劳导致疏水弯头断裂

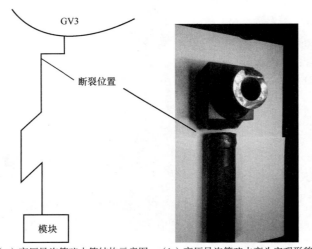

（a）高压导汽管疏水管结构示意图　（b）高压导汽管疏水弯头宏观形貌

图 8-1-7　高压导汽管疏水管

1．基本情况

某 300MW 亚临界火电机组汽轮机 3 号高压导汽管疏水弯头在启机 4h 后发生断裂。高压导汽管疏水管结构示意图如图 8-1-7（a）所示，断裂部位发生在 3 号高压导汽管第二个疏水弯头后的变截面部位，距下部焊缝约为 5mm，高压导汽管疏水弯头宏观形貌如图 8-1-7（b）所示。由电厂相关人员提供可知，3 号高压导汽管为 3 号机组调峰导汽管，其疏水弯头及直管段材质均为 12Cr1MoV，规格为 ϕ48mm×10mm。3 号机各个高压导汽

管内部介质温度、压力均与高压导汽管内蒸汽温度、压力一致，疏水管进入模块前未设置截流阀门。

2. 宏观形貌分析

高压导汽管疏水弯头断口形貌如图 8-1-8 所示，断裂发生在疏水弯头的变截面处，裂纹由外向内扩展而发生脆性断裂，断口较为平齐，断口靠外壁表面一侧明显存在贝壳状的疲劳条纹，沿着疲劳扩展方向观察，表面存在放射状条纹形貌特征，为具有疲劳特征的脆性断裂。

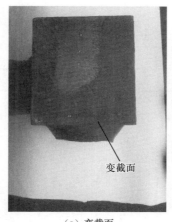
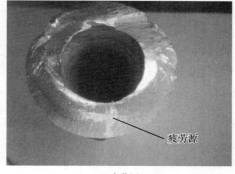

（a）变截面　　　　　　　　　　　　（b）疲劳源

图 8-1-8　高压导汽管疏水弯头断口形貌

3. 检查分析

（1）化学成分分析。采用牛津 XL2 型直读定量光谱分析仪对高压导汽管疏水弯头进行化学成分分析，弯头化学元素分析数据如图 8-1-9 所示。从取样的化学成分分析可知，高压导汽管疏水弯头的主要化学成分与 GB/T 5310《高压锅炉用无缝钢管》中 12Cr1MoV 钢成分相符，材质符合标准要求。GB/T 5310《高压锅炉用无缝钢管》中 12Cr1MoV 钢主要化学成分元素含量见表 8-1-1。

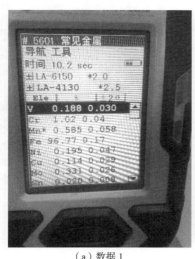

（a）数据 1　　　　　　　　　　　　（b）数据 2

图 8-1-9　弯头化学元素分析数据 1

表 8-1-1　　　　GB/T 5310《高压锅炉用无缝钢管》中 12Cr1MoV 钢主要化学成分元素含量　单位：%（质量百分数）

合金元素	Cr	Mo	V	Si	Mn
含量	0.90～1.20	0.25～0.35	0.15～0.30	0.17～0.37	0.40～0.70

（2）力学性能试验。在锻制弯头表面打磨并进行布氏硬度测试，DL/T 438《火力发电厂金属技术监督规程》规定，12Cr1MoV 钢硬度值范围为 135～179HBW。试验所测弯头布氏硬度值见表 8-1-2，由表可见，弯头的布氏硬度值符合标准要求。

表 8-1-2　　　　　　　　　　　　试验所测弯头布氏硬度值

编号	DL/T 438 的要求值	1	2	3
布氏硬度 2.5/187.5（HBW）	135～179	147	149	149

（3）金相组织分析。从光学显微镜下观察高压导汽管疏水弯头断口及其附近金相组织特征，具体金相组织如图 8-1-10～图 8-1-13 所示。

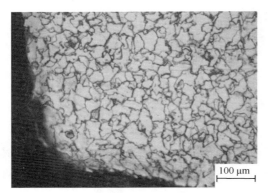

图 8-1-10　疲劳源区金相组织

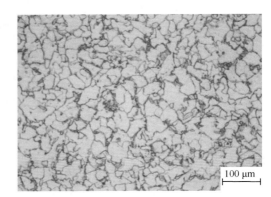

图 8-1-11　疲劳源区附近金相组织

图 8-1-12　焊缝金相组织

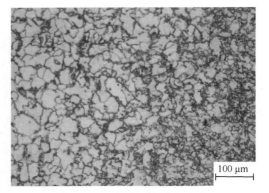

图 8-1-13　热影响区金相组织

从弯头金相组织特征分析，断口疲劳源区及其附近组织为铁素体+珠光体，珠光体球化 3.5 级，属中度球化级别。由于焊缝与断口距离较近（约 5mm），对焊缝也进行了金相组织分析，由焊缝和热影响区金相组织分析可见，焊缝金相组织为回火贝氏体，热影响区组织为铁素体+回火贝氏体，金相组织正常。金相组织特征显示，弯头发生疲劳断裂应与弯头显微组织无关。

疏水弯头断口形貌特征显示，断裂发生在疏水弯头的变截面处，裂纹由外向内扩展而发生脆性断裂，断口靠外壁表面一侧明显存在贝壳状的疲劳条纹，为具有疲劳特征的脆性断裂，说明疏水弯头承受循环交变应力。疏水弯头断裂发生在变截面处，该处存在应力集中。因此，疏水弯头的断裂是在应力集中和循环交变应力的复合作用下发生的脆性断裂。

从高压导汽管疲劳源区、疲劳源区附近及焊缝的金相组织分析可知，疏水弯头及其焊缝金相组织正常。此外，疏水弯头的化学成分满足 GB/T 5310《高压锅炉用无缝钢管》中 12Cr1MoV 钢的化学成分要求，其布氏硬度值满足 DL/T 438《火力发电厂金属技术监督规程》中对于 12Cr1MoV 钢的硬度值要求，说明疏水弯头的断裂与弯头材料的组织性能无关。

由于应力集中经常出现在受力工件的变截面处，因此导致变截面处的应力水平远高于疏水管系其他部位。另外，在启机及运行过程中，管内不可避免产生汽液两相流，使疏水带汽，汽水冲击造成疏水管道产生机械振动。周而复始的机械振动导致管壁表面出现机械疲劳损伤，与较高水平的应力共同作用下，最终形成横向小裂纹，促使断口疲劳源区的形成，管子由外向内发生脆性疲劳断裂。

综上所述，3 号高压导汽管疏水弯头的断裂原因是疏水管系产生机械振动，使管壁表面存在循环交变应力，导致管壁表面出现机械疲劳损伤，与应力集中共同作用下（由变截面导致），最终形成横向小裂纹，发生脆性疲劳断裂。

4. 结论

3 号高压导汽管疏水弯头发生断裂的原因是管壁表面存在的循环交变应力与应力集中共同作用下，疏水弯头发生了脆性疲劳断裂。

5. 知识拓展与点评

疏水系统问题一直困扰着大批火电机组的安全经济稳定运行。其主要问题表现在以下三个方面：第一，疏水不畅，疏水管道较长且弯头较多，导致流动阻力较大，引起疏水不畅；第二，个别疏水点设置不够合理、不够完善，造成汽水管路剧烈振动；第三，爆管及泄漏事故。爆管及泄漏通常发生在疏水管道的弯头部位。

此案例中疏水弯头为锻制。锻制弯头采用锻件，经刨、车、铣三道主要工序制造而成，故基体呈现立方结构。流道转弯处的封头端是整个锻制弯头承压相对薄弱的位置，因此锻制弯头设计的要点在于保证流道封头端的承压能力。通过此种方法制造出的锻制弯头流道内侧端厚度较大，具有足够的承压能力。铸造弯头在制造过程中也可以对弯头流道内侧进行厚度补偿，从而使其具有较好的承压能力。因此，锻造制成的弯头都可留有较厚的壁厚，从而具有较好的防冲刷效果。但此案例中疏水弯头结构不合理，圆滑过渡不够，出现变截面，易引起应力集中。如疏水点设置不够合理或截流阀门出现漏汽现象，将造成汽水管系剧烈振动，从而在应力集中及管系振动的共同作用下导致疏水弯头发生脆性疲劳断裂。建议电厂对疏水弯头采用圆滑过渡，避免变截面出现，并且对疏水管系的振动情况进行检查，对截流阀门的漏汽情况进行检查。

第二节　工　艺　不　当

案例：电弧灼伤和弯管工艺不佳导致泄漏

1. 基本情况

某电厂 7 号机 2 号汽动给水泵出口管道压力表管泄漏，泄漏位置距离汽动给水泵出口管道与压力表管焊口约 15mm，压力表管材质为 1Cr18Ni9Ti，实际运行出口温度 167℃，给水泵出口额定压力 20MPa。送检的压力表管宏观形貌如图 8-2-1 所示。

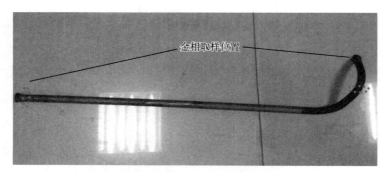

图 8-2-1　送检的压力表管宏观形貌

2. 检验分析

（1）宏观分析。对送检管进行宏观形貌观察，可见泄漏发生在汽动给水泵出口管道压力表管上，泄漏点为一段长约 15mm 的裂纹，裂纹一端距离汽动给水泵出口管道与压力表管焊口约 15mm，沿着径向约 45° 方向扩展。焊口与一弯管相连，弯管处颜色呈黑蓝色，而远端直管颜色为正常的金属色，压力表管泄漏部位宏观形貌如图 8-2-2 所示。

图 8-2-2　压力表管泄漏部位宏观形貌

此外，焊缝附近管子的外表面存在较多熔化金属的凝结物，泄漏部位熔融金属凝结物如图 8-2-3 所示，局部表面有金属烧蚀的痕迹，泄漏部位金属烧蚀痕迹如图 8-2-4 所示。从裂纹的开口尺寸和宏观走向上观察，裂纹起始于熔化金属凝结物，并进一步沿管子径向 45° 的方向向两端扩展，其中一端与金属烧蚀部位相连接，裂纹宏观形貌如图 8-2-5 所示。

图 8-2-3　泄漏部位熔融金属凝结物

图 8-2-4　泄漏部位金属烧蚀痕迹

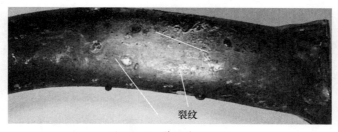

图 8-2-5　裂纹宏观形貌

（2）微观分析。分别在泄漏处和远端直管处横向取样，取样位置如图 8-2-1 所示，所观察的抛光态微观形貌如图 8-2-6～图 8-2-10 所示。图 8-2-6～图 8-2-9 为泄漏管微观形貌，泄漏位于管子外表面熔融金属凝结物上，而且除泄漏口外，周围还存在较多小裂纹（见图 8-2-6 和图 8-2-7）。同时，管子外表面烧蚀已经侵入金属基体一定深度，约 0.26mm（见图 8-2-8）。管子内表面存在小凹坑（深约 0.075mm），凹坑顶端有微裂纹（长约 0.052mm），有向管子基体扩展的趋势（见图 8-2-9）。

正常对比管除内表面有一深为 0.06mm 的凹坑外，其他部位均正常，无裂纹，正常对比管如图 8-2-10 所示。

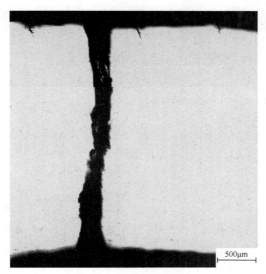

图 8-2-6　泄漏部位微观形貌

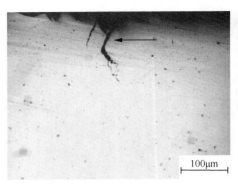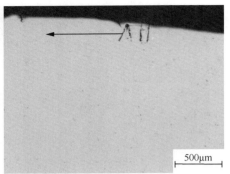

（a）200倍 　　　　　　　　　　　　　（b）50倍

图 8-2-7　外表面小裂纹—泄漏周围熔融金属凝结物部位

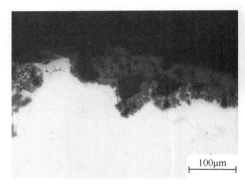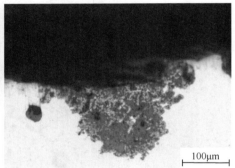

（a）200倍 　　　　　　　　　　　　　（b）50倍

图 8-2-8　外表面金属烧蚀部位

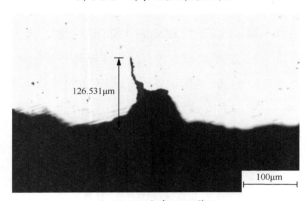

图 8-2-9　内表面小裂纹

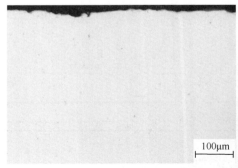

（a）外表面 　　　　　　　　　　　　　（b）内表面

图 8-2-10　正常对比管

（3）金相组织分析。上述抛光试样经王水侵蚀后观察，金相组织分别如图 8-2-11～图 8-2-15 所示。由图可见，泄漏管外表面的熔融金属凝结物的组织为奥氏体枝晶，应为焊接过程中电弧灼伤所致，焊接时起弧不正确或者焊接过程中操作失误使电弧偏离正常位置，导致局部母材表面熔化，凝固后发生金相组织转变，生成奥氏体枝晶。泄漏正是始发于此电弧灼伤位置，而且除泄漏点外，在其周围还存在较多的小裂纹，从电弧灼伤处形成，并进一步向基体母材呈穿晶扩展，具体金相组织如图 8-2-11 所示。在外表面金属烧蚀部位的金相组织也发生了变化（见图 8-2-12），也为电弧灼伤所形成的奥氏体枝晶。

除上述部位存在奥氏体枝晶外，泄漏管的中部和内表面等其他部位金相组织均为奥氏体+碳化物，晶粒度 5 级，如图 8-2-13、图 8-2-14 所示。

正常对比管的内外表面无裂纹，金相组织为奥氏体，晶粒度 8 级，见图 8-2-15。

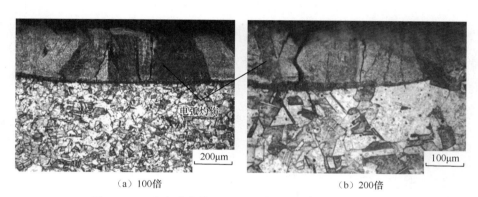

（a）100倍 （b）200倍

图 8-2-11 外表面小裂纹—泄漏周围熔融金属凝结物部位

（a）100倍 （b）200倍

图 8-2-12 外表面金属烧蚀部位金相组织

图 8-2-13 泄漏管中部的金相组织 图 8-2-14 泄漏管内表面金相组织

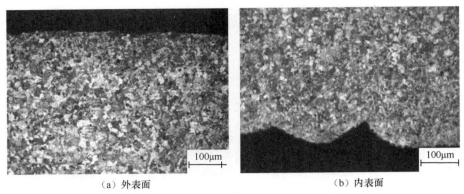

（a）外表面　　　　　　　　　　（b）内表面

图 8-2-15　正常对比管金相组织

（4）能谱分析。分别对裂纹周围和泄漏管颜色呈黑蓝色部位进行能谱分析，获得的能谱谱图如图 8-2-16、图 8-2-17 所示。能谱分析显示，裂纹周围基本为基体的主要成分，见图 8-2-16；外表面颜色呈黑蓝色部位存在较多杂质元素，如 Na、Al、Si、S、K、Ca、P、Mg，见图 8-2-17。能谱观察发现的杂质元素仅存在于局部黑蓝色弯管外表面，而泄漏的部分很干净，为基体成分，因此认为杂质元素与泄漏无关，可能是管子外表面局部污染所致。

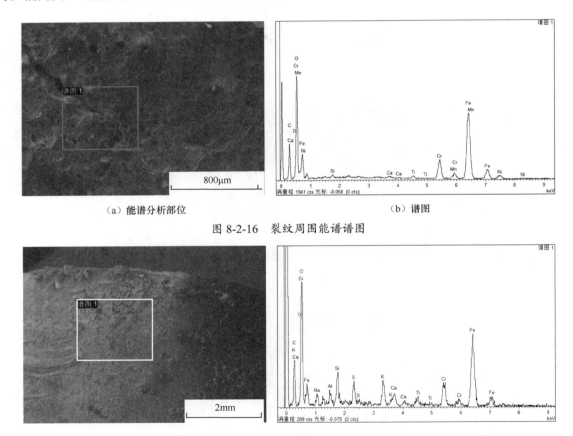

（a）能谱分析部位　　　　　　　　　　（b）谱图

图 8-2-16　裂纹周围能谱谱图

（a）能谱分析部位1　　　　　　　　　　（b）部位1对应谱图

图 8-2-17　泄漏管外表面颜色黑蓝色区域能谱谱图（一）

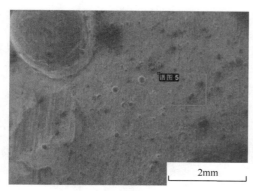 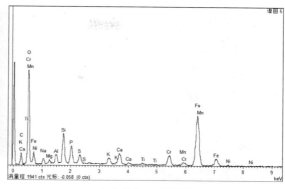

（c）能谱分析部位2　　　　　　　　　　　（d）部位2对应谱图

图 8-2-17　泄漏管外表面颜色黑蓝色区域能谱谱图（二）

3. 综合分析

从泄漏位置看，管子泄漏部位距离汽动给水泵出口管道与压力表管焊口较近，约 15mm，而且泄漏附近的管子外表面存在金属烧熔痕迹和较多的熔融金属凝结物，观察此处金相组织均为奥氏体枝晶，同时送检管段的焊口周围在一定范围内均有此现象。综上可以判断，上述现象应为管道与压力表管焊接过程中，局部母材表面被电弧灼伤所致。电弧灼伤部位金相组织发生变化，生成粗大的奥氏体枝晶，极易诱发裂纹。从泄漏部位的开口尺寸和走向看，泄漏起始于电弧灼伤处，同时在泄漏旁边的外表面灼伤处存在较多裂纹，裂纹进一步向基体母材呈穿晶扩展，这是导致管子泄漏的最主要原因。

泄漏所处位置在与焊口相连的弯管上，此弯管外表面颜色与其他直管段明显不同，弯管处颜色呈黑蓝色，而直管外表面是正常的金属色。同时，与正常颜色直管段相比较，黑蓝色弯管处的奥氏体组织较粗大，晶粒度 5 级，正常颜色直管奥氏体晶粒度 8 级。一般情况下，对于电厂常用奥氏体不锈钢管来说，最终交货状态的热处理均应是固溶处理。奥氏体不锈钢的固溶处理是将奥氏体不锈钢加热到约 1100℃，使碳化物相全部或者大部分溶解，碳固溶于奥氏体中，然后快速冷却至室温，得到过饱和固溶体的热处理工艺。通过固溶热处理，可以获得适宜的晶粒度和较好的抗腐蚀性能。从金相组织方面分析，颜色异常的弯管的奥氏体组织粗大，晶界及晶内可见碳化物，因此，有理由认为，此处的弯管在加工时未采取恰当的弯制方法，推测其是采用火焰直接加热至一定温度后弯制形成，而且在弯管后并没有经过固溶热处理，以至于此处外表面颜色异常，且组织粗大，同时增加了弯管的残余应力，这对裂纹的扩展起到较大的促进作用。

此外，泄漏管内表面不均匀地存在一些小凹坑，在个别凹坑顶端发现微裂纹，但尺寸较小，且类似的凹坑也存在于对比管内表面，因此认为压力表管泄漏与内表面的凹坑缺陷无关，但凹坑的存在，尤其当其存在裂纹后，对于压力较高的压力表管（汽动给水泵出口压力 20MPa）来说，更容易向基体深入扩展，有很大的安全隐患。

4. 结论

（1）7 号机 2 号汽动给水泵出口管道压力表管外表面被电弧灼伤，进而在运行中产生裂纹、逐步扩展至基体母材，最终导致管子泄漏。

（2）泄漏部位的弯管未采用合理的弯制方法，同时弯管后未经过固溶处理，导致此处组织粗大，残余应力较大，对裂纹的扩展起到促进作用。

5. 知识拓展与点评

此案例中压力表管的泄漏起因于焊接电弧灼伤，又因本身弯制工艺不佳，加速扩展。因此，在管子制作、安装等过程中，应该按要求执行生产工艺，把好管子自身的质量关，同时严格控制焊接工艺，才能从根源上控制管子失效的发生。

第三节 过 热 失 效

案例：左侧包墙过热器下集箱疏水管泄漏失效分析

1. 概述

某公司 6 号锅炉于 2016 年 12 月 11 日发生泄漏报警。停机后经现场检验发现，6 号炉左侧包墙过热器一个下集箱的疏水管（平台标高 35.7m）发生泄漏。同类下集箱共有 4 个，对应 4 根疏水管，发生泄漏的为其中一根，泄漏管现场如图 8-3-1 所示。疏水管材质为 20G，规格为 $\phi32mm \times 4mm$，6 号炉运行时间约为 6 万 h，泄漏位置经受的烟气温度为 550～590℃。

图 8-3-1 泄漏管现场

2. 阐明问题

疏水管泄漏。

3. 分析研究

（1）宏观形貌分析。泄漏位置宏观形貌如图 8-3-2 所示。该疏水管理论设计为炉外管，但在实际安装过程中有一段布置到了炉内，如图 8-3-2（a）所示；泄漏位于炉内管段，泄漏位置的放大形貌如图 8-3-1（b）所示。泄漏口粗糙不平整、开口很小，周围存在许多纵向开裂裂纹。分别在取样管上的泄漏位置、炉内管段和炉外管段取 3 个金相试样，具体位置如图 8-3-1（a）中箭头所指，编号分别为 1、2 号和 3 号。

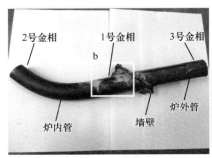
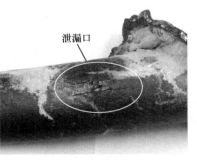

（a）全貌　　　　　　　　　　（b）局部放大

图 8-3-2 泄漏位置宏观形貌

　　测量取样管不同位置管段的内径和壁厚（未去氧化皮），不同位置管段的内径和壁厚测量结果如图 8-3-3 所示。泄漏处存在一定程度的管径胀粗和管壁减薄现象，如图 8-3-1（a）所示，管内径已胀粗至约 28.7mm、泄漏孔附近的壁厚已减薄至约 3mm。由图可见，泄漏处的管径和壁厚均已偏离疏水管的初始规格（ϕ32mm×4mm）；炉内管［2 号，见图 8-3-1（b）］和炉外管［3 号，见图 8-3-1（c）］的内径几乎没有发生变化，不同的是炉内管由于长期受到高温烟气的作用，管内外壁发生氧化，生成了不同厚度的氧化皮，受氧化皮附着或脱落的影响，2 号管壁测试厚度稍有偏离初始壁厚。

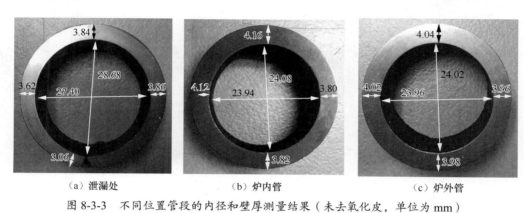

（a）泄漏处　　　　　　　（b）炉内管　　　　　　　（c）炉外管

图 8-3-3　不同位置管段的内径和壁厚测量结果（未去氧化皮，单位为 mm）

　　进一步对泄漏处的截面形貌进行观察，泄漏口附近的截面形貌和内壁氧化皮形貌如图 8-3-4 所示，泄漏口附近内外壁均存在裂纹，外壁裂纹宽且深、尖端尖锐，为基体发生了断裂；内壁裂纹更像是钝口，形貌与外壁裂纹明显不同，为内壁氧化皮破裂所致。氧化皮破裂间距与内壁裂纹间隙一致，证明上述判断正确。

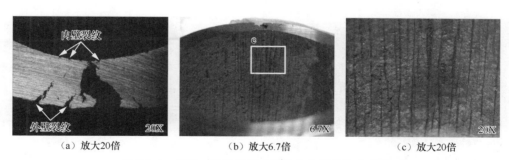

（a）放大20倍　　　　　　（b）放大6.7倍　　　　　　（c）放大20倍

图 8-3-4　泄漏口附近的截面形貌和内壁氧化皮形貌

　　（2）金相组织分析。对泄漏位置（1 号金相样）、炉内管段（2 号金相样）和炉外管段（3 号金相样）的金相组织进行分析，结果分别如图 8-3-5～图 8-3-8 所示。

　　泄漏口处金相组织［见图 8-3-5（a）］严重球化，珠光体形态消失，铁素体基体尤其是晶界上的球状碳化物已很明显。此外，还存在大量孔洞［见图 8-3-6（a）］，图 8-3-6（b）为正常区域的对比形貌，图 8-3-6 中的位置均机械抛光后未侵蚀；泄漏口对面的金相组织如图 8-3-5（b）所示，珠光体形态虽仍然存在，但珠光体区域中的碳化物已明显分散，并向晶界聚集。

炉内管的金相组织（见图 8-3-7）为铁素体+珠光体，珠光体形态尚比较明显，但珠光体区域内的碳化物已分散，部分碳化物颗粒呈小球状。图 8-3-8 为炉外管的金相组织，呈现为典型的铁素体+珠光体组织。

依据 DL/T 674《火电厂用 20 号钢珠光体球化评级标准》的规定可知，泄漏处球化级别为 5 级、泄漏口对面球化 4 级、炉内管球化 3 级、炉外管球化 1 级。

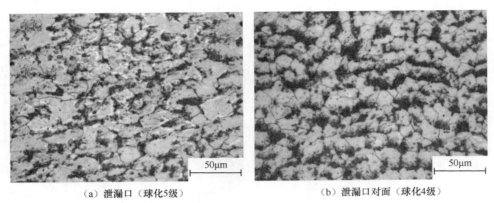

（a）泄漏口（球化5级）　　　　　　（b）泄漏口对面（球化4级）

图 8-3-5　泄漏（1号金相样）位置金相组织

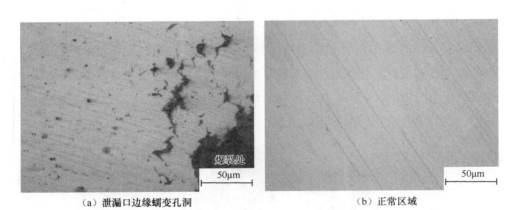

（a）泄漏口边缘蠕变孔洞　　　　　　（b）正常区域

图 8-3-6　孔洞及正常区域金相组织

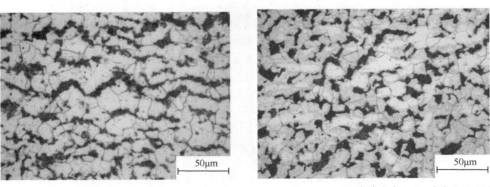

图 8-3-7　炉内管金相组织（球化 3 级）　　　图 8-3-8　炉外管金相组织（球化 1 级）

对取样管不同位置管段（1、2、3 号金相样）内外壁的氧化皮进行观察，结果分别如图 8-3-9～

图 8-3-11 所示。泄漏位置的氧化皮形貌和厚度测试结果如图 8-3-9 所示，泄漏处和泄漏口对面氧化皮形态基本相似，内壁氧化皮厚度为 42～55μm，外壁氧化皮厚度为 60～85μm。炉内管（2 号金相样）内外壁氧化皮形貌和厚度测试结果如图 8-3-10 所示，内外壁同样均存在一定厚度的氧化皮，厚度与泄漏处相当。炉外管（3 号金相样）由于不受烟气的作用，内外壁氧化皮不明显，如图 8-3-11 所示。

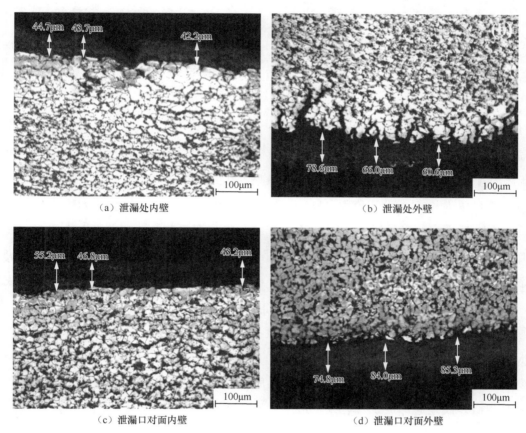

（a）泄漏处内壁

（b）泄漏处外壁

（c）泄漏口对面内壁

（d）泄漏口对面外壁

图 8-3-9　泄漏位置氧化皮形貌

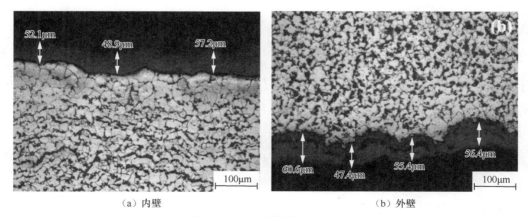

（a）内壁

（b）外壁

图 8-3-10　炉内管氧化皮形貌

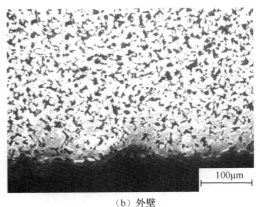

（a）内壁   （b）外壁

图 8-3-11　炉外管氧化皮形貌

4．综合分析

泄漏处粗糙不平、开口很小，内外壁均存在氧化皮，周围存在许多纵向开裂裂纹，泄漏处管段存在一定程度的管径胀粗和管壁减薄现象，表现为长期过热失效的宏观特征。

该疏水管材质为 20G，设计使用温度为 450℃。虽然该疏水管理论设计为炉外管，但在实际安装过程中有一段布置到了炉内，长期经受 550～590℃的烟气温度。疏水管中冷却介质很少，甚至经常几乎没有，而 6 号炉已经运行了约 6 万 h，即该疏水管几乎是长期处于超温使用状态。当 20G 钢长期处于高温下，金相组织发生老化，分析可知泄漏口处金相组织已严重球化，珠光体形态消失，球化级别为 5 级，导致管子的有效承载能力大幅降低（可参考 GB/T 5310《高压锅炉用无缝钢管》，20G 钢在 450℃下 100000h 持久强度不小于 74MPa，而 500℃下 100000h 持久强度不小于 39MPa，可以推断 20G 钢在 550～590℃下的持久强度更低）。此外，长期高温下还会形成孔洞型蠕变裂纹，即先在晶界上形成蠕变孔洞，然后孔洞在应力作用下继续增多、长大、聚合，合并成微裂纹，微裂纹连通形成宏观裂纹，最终导致断裂。综合以上分析，均证明此次泄漏为长期过热所致。

5．结论

此次 6 号炉左侧包墙过热器下集箱疏水管泄漏为长期过热所致。

6．反措

由于同类疏水管与此泄漏管处于相同的使用环境，建议检查其他 3 根疏水管是否存在类似过热情况，并改造升级相同部位材质。

7．评价

该案例是长期过热爆管的典型。长期过热爆管的主要宏观特征为爆口呈脆性爆管特征，爆口较小，管壁减薄相对较小，管径在长期作用下有一定的胀粗，向火侧和背火侧的胀粗明显不同，爆口周围存在较为严重的氧化皮和许多纵向开裂的裂纹。造成长期过热爆管的主要原因是运行工况异常而造成的长期超温或者管子超寿命状态服役等。

第四节　应　力　腐　蚀

一、案例 1：奥氏体不锈钢尖峰加热器管应力腐蚀开裂

1. 基本情况

某电厂热水炉尖峰加热器换热管于 2007 年 9 月发生泄漏。该热水炉尖峰加热器于 2005 年开始投产运行，为 BEM1600-776-2.0/1.5 型单层卧式，布置在热水炉厂房东侧 4m 平台，利用生产抽汽将换热管内来自主厂房的热水从 110℃加热至 135℃，在减少启动热水炉（投用燃油费用高、有大气污染）的前提下确保供热，换热管外面加热用的蒸汽通过热网尖峰加热器放热后，形成疏水通过调速疏水泵回到主厂房高压除氧器。其换热管材质为 0Cr18Ni9，规格 $\phi 20mm \times 1mm$，设计压力（壳程/管程）1.5/2.0MPa，工作压力（壳程/管程）0.8/1.9MPa，加热蒸汽温度 250℃，循环水（冷却水）中悬浮物不大于 0.41mg/L，SiO_2 含量为 4125μg/L，溶氧量不大于 7μg/L，管子外侧介质为水蒸气，内侧介质为冷却水。

2. 检查分析

为查出泄漏原因，对厂方送检的发生泄漏的尖峰加热器取样管进行宏观检查、化学成分分析、金相检验、力学性能试验、扫描电镜及能谱分析等试验。

宏观检查发现泄漏管体上有树枝状走向的裂纹和点蚀痕迹，泄漏尖峰加热器取样管外表面裂纹及腐蚀形貌如图 8-4-1 所示。裂纹外观曲折分岔，部分主裂纹旁丛生许多网状裂纹，同时管子外壁有棕黑色腐蚀产物以及大量的腐蚀坑存在，裂纹就起源于管子外壁的腐蚀坑处。

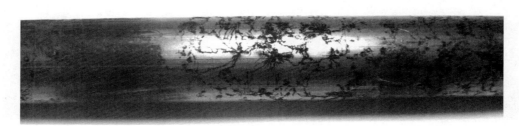

图 8-4-1　泄漏尖峰加热器取样管外表面裂纹及腐蚀形貌

该热水炉尖峰加热器管采用的不锈钢其化学成分和力学性能均符合 GB/T 14976《流体输送用不锈钢无缝钢管》中 0Cr18Ni9 奥氏体不锈钢的规定。

对取样管进行金相试验，剖开管子上的裂纹，对管子横截面进行观察，并分析其金相组织特征，漏尖峰加热器取样管裂纹的金相组织如图 8-4-2 所示。裂纹发展均为穿晶型，由管子外壁向内壁扩展，裂纹在扩展过程中发生分叉，形成树枝状的特征。结合运行工况分析，尖峰加热器换热管在运行中管程压力为 1.9MPa，壳程的蒸汽压力为 0.8MPa，管、壳程间压力差的存在使管子产生内压，所以在管壁上存在周向的拉应力，这正好与管子裂纹扩展方向（由外向内）相垂直。裂纹的微观走向和典型的分岔形态，说明裂纹的形成和扩展具有不锈钢应力腐蚀裂纹的典型特征。

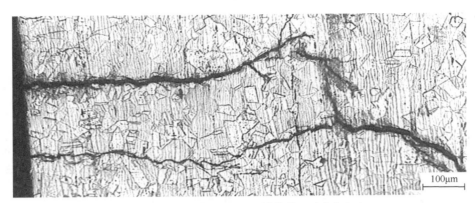

图 8-4-2　泄漏尖峰加热器取样管裂纹的金相组织

　　对取样管裂纹处断口进行扫描电镜及能谱分析，取样管裂纹处的解理断裂形貌如图 8-4-3 所示，在断口上可观察到明显的解理台阶和扇形花样，微观形态主要为解理断裂。从裂纹处断口能谱分析结果可得出能谱处各元素的含量，取样管开裂处断口的能谱分析如图 8-4-4 所示，断口处的腐蚀残留产物中有较高含量的 Cl^-，此处发生了 Cl^- 的富集，腐蚀性成分主要来源于管子外壁汽侧含有 Cl^- 的水蒸气中，由于尖峰加热器换热管的蒸汽介质有一定的温度（250℃），在使用中钢管表面的水膜不断蒸发，含有 Cl^- 的腐蚀介质在换热管表面会浓缩富集，加速腐蚀发生的速率，致使钢管在承受拉应力的部位产生应力腐蚀开裂。

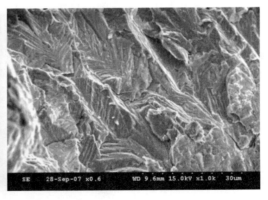

图 8-4-3　取样管裂纹处的解理断裂形貌

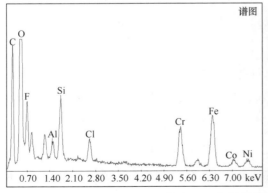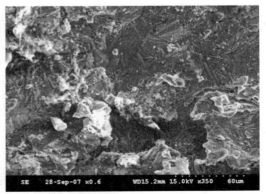

图 8-4-4　取样管开裂处断口的能谱分析

3. 结论

该热水炉尖峰加热器奥氏体不锈钢管的泄漏是由于在使用环境下汽水品质不佳，蒸汽介质中携带 Cl^-，Cl^- 在钢管表面浓缩富集，导致钢管在承受拉应力的部位产生应力腐蚀开裂，致使钢管失效泄漏。

4. 措施

一般而言，要满足工艺要求，介质条件很难改变，如水中的氯离子问题，一方面，水处理去除氯离子需较高的成本；另一方面，即使水中的氯离子含量降到很低，仍存在浓缩积聚的问题，因此控制介质也受到很大限制，同时降低设备的运行温度同样也做不到。

在这种情况下建议电厂研究安全和经济的奥氏体不锈钢锅炉管的清洗方法和工艺，防止运行中奥氏体不锈钢锅炉管的应力腐蚀开裂。但最切实有效的方法还是采用抗应力腐蚀不锈钢，如采用高镍稳定型奥氏体不锈钢 00Cr25Ni20(Nb)、00Cr20Ni18Mo6CuN、00Cr27Ni31Mo3C 等和双相不锈钢 00Cr22Ni5Mo3N、00Cr18Ni5Mo3Si2(3RE6O)、00Cr18Ni5Mo3Si2Nb、00Cr26Ni6Ti，以及超纯铁素体不锈钢 Cr30Mo2(00Cr30Mo2)等，以提高钢管抵抗应力腐蚀的能力。

5. 知识拓展与点评

应力腐蚀开裂（SCC）是金属在应力（残余应力、热应力、工作应力等）和腐蚀介质共同作用下引起的一种破坏形式。应力腐蚀开裂的条件及其影响因素包括以下几点：

（1）仅当弱的腐蚀介质在金属表面形成一层不稳定的"保护膜"时，才有可能发生应力腐蚀开裂。

（2）一定的拉应力和应变，压应力一般不产生应力腐蚀。

（3）对于每一种金属或合金来说，有其特定的腐蚀介质系统。

（4）材料的成分、组织和应力状态的影响。

（5）一般来说，介质的浓度和环境温度越高则越易发生应力腐蚀。

应力腐蚀破裂的机理一般认为是腐蚀环境中金属表面生成的保护膜在拉应力的作用下产生滑移，使钝化膜破裂，形成蚀孔和裂纹源。金属内部产生了一条狭窄的活性通道，随后在拉应力的作用下，活性通道前端的钝化膜反复破裂，产生裂纹，裂纹沿着垂直于拉应力作用的方向前进（扩展），在裂纹尖端由于闭塞区产生了氢，部分氢就可能扩散到尖端金属内部引起脆化，在拉应力作用下发生脆性断裂。

二、案例 2：不锈钢管的应力腐蚀开裂

1. 基本情况

某超高压机组的热水炉尖峰加热器管在运行中多次发生泄漏，管子材质为 0Cr18Ni9，验收标准按照 GB/T 1220《不锈钢棒》执行，属于奥氏体不锈钢，规格 $\phi 20mm \times 1mm$，管内的工质为水。

2. 检查分析

取两段泄漏管子进行分析，该管段的运行时间约为 2 年，编号为 1 号和 2 号。泄漏位置无金属光泽，外壁表面凹凸不平且覆盖有较松散的棕黑色粉末状物质，泄漏管宏观形貌如图 8-4-5 所示。泄漏位置还

可见大量裂纹，曲折分岔呈树枝状、网状，取样管外、内壁宏观形貌如图 8-4-6 和图 8-4-7 所示。

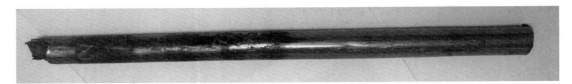

图 8-4-5　泄漏管宏观形貌

图 8-4-6　取样管外壁宏观形貌

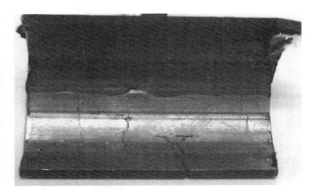

图 8-4-7　取样管内壁宏观形貌

对取样管进行光谱分析，化学成分分析结果见表 8-4-1，结果表明泄漏管的主要化学元素符合 GB/T 1220《不锈钢棒》的要求。

表 8-4-1　　　　　　　　　　　　　　　化学成分分析结果　　　　　　　　　　单位：%（质量百分数）

化学元素	C	Si	Mn	P	S	Cr	Ni
取样管	0.059	0.50	0.93	0.033	0.008	17.58	8.46
GB/T 1220 的要求值	≤0.07	≤1.00	≤2.00	≤0.035	≤0.030	17.00~19.00	8.00~11.00

在泄漏部位横截面取金相试样，经过抛光经王水侵蚀后观察其金相组织，取样管横截面金相组织如图 8-4-8 所示，试样的金相组织为奥氏体，裂纹以穿晶形式由管子外壁向内壁扩展，在主裂纹扩展前端存在次生裂纹，形状如"鸡爪"状，裂纹的走向和分岔形态均表现出不锈钢应力腐蚀裂纹的典型特征。

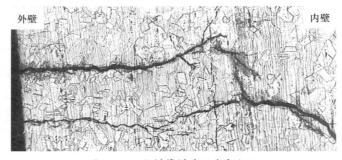

外壁　　　　　　　　　　　　　　　　　　　　　内壁

图 8-4-8　取样管横截面金相组织

　　沿取样管主裂纹扩展方向打开并观察，断口可观察到明显的解理台阶和河流花样，管子开裂处的解理断裂形貌如图 8-4-9 所示。在裂纹尖端位置进行能谱分析，断口表面的能谱取样位置如图 8-4-10 所示，结果显示 Cl 元素含量较高，管子开裂处断口的能谱分析如图 8-4-11 所示。

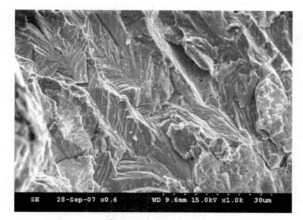

图 8-4-9　管子开裂处的解理断裂形貌

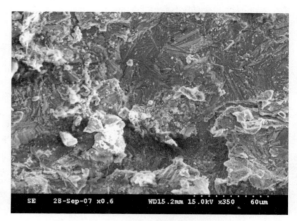

图 8-4-10　断口表面的能谱取样位置

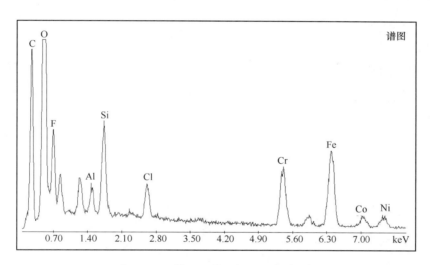

图 8-4-11　管子开裂处断口的能谱分析

3. 综合分析

　　泄漏管子的主要元素含量均符合标准的要求，金相组织为奥氏体无异常。管子泄漏处多处存在腐蚀坑，管体上出现大量的树枝状及网状裂纹，并且在腐蚀坑及裂纹处有残留的腐蚀产物。微观形貌表明裂纹在扩展过程中出现分岔，呈鸡爪状；裂纹尖端较尖锐，主要以穿晶形式发展；在断口上可观察到明显的解理台阶和河流花样。宏观形貌和微观特征均表明具有不锈钢应力腐蚀的典型特征。

　　能谱分析表明断口处的腐蚀残留产物 Cl^- 含量较高，加上管子运行中水侧的介质压力，为尖峰加热器管发生应力腐蚀开裂提供必须的拉应力条件和腐蚀性条件。

4. 结论

　　该次热水炉尖峰加热器泄漏是由于工质中含有一定的氯离子，导致了不锈钢发生应力腐蚀开裂。

5. 知识点扩展与点评

材料在应力和腐蚀环境的共同作用下引起的破坏叫应力腐蚀。对于火电机组常用的不锈钢而言，产生应力腐蚀裂纹需要具备三个基本条件，即特定的介质环境（通常为含氯离子的水质）、一定的温度和拉应力。例如不锈钢管在库存时可能受到湿空气的作用，弯头或焊口部位存在残余的拉应力等。对于这类环境和工况下的不锈钢管失效，可以有针对性地进行分析排查。

应力腐蚀造成的破坏是脆性断裂，没有明显的塑性变形。裂纹走向为穿晶、沿晶或者混合型，裂纹一般起源于部件表面的蚀坑，传播途径常垂直于拉力轴。主裂纹扩展时常有分枝裂纹，呈现典型的如鸡爪状或树枝状形貌。结合典型的宏观、微观形貌能够更简洁准确地获得失效的原因。

三、案例 3：水塔浓硫酸输送管泄漏失效分析

1. 概况

某电厂一期水塔浓硫酸输送管发生泄漏，材质为 TP304，运行时间为一个半月左右。为了查找损坏原因进行检查分析。

2. 检查分析

（1）宏观分析。浓硫酸管泄漏部分宏观形貌如图 8-4-12 所示。从泄漏点端管口向内观察可以看到内壁存在明显的腐蚀氧化痕迹，并且内壁未泄漏位置也存在被腐蚀的情况，浓硫酸管内壁泄漏孔洞宏观形貌如图 8-4-13 所示，浓硫酸管内壁泄漏孔洞腐蚀形貌如图 8-4-14 所示。

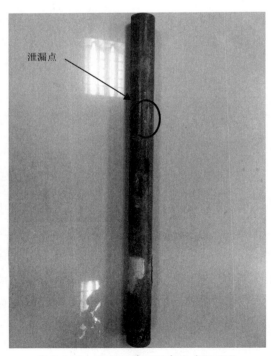

泄漏点

图 8-4-12　浓硫酸管泄漏部分宏观形貌

图 8-4-13　浓硫酸管内壁泄漏孔洞宏观形貌

图 8-4-14　浓硫酸管内壁泄漏孔洞腐蚀形貌

　　从泄漏端断口向内观察发现，在泄漏孔洞同侧平行于轴向的直线上，还存在三个较为明显的腐蚀坑。因此，将浓硫酸管沿其轴向刨开，腐蚀坑位置分布如图 8-4-15 所示，基本处于同一直线上。利用体式显微镜对腐蚀坑进行观察，内壁腐蚀坑形貌如图 8-4-16 所示。从宏观来看，腐蚀坑与泄漏孔洞的腐蚀痕迹基本一致。并且在靠近腐蚀坑周围可以观察到许多小型腐蚀坑，近腐蚀坑周围腐蚀形貌如图 8-4-17 所示。

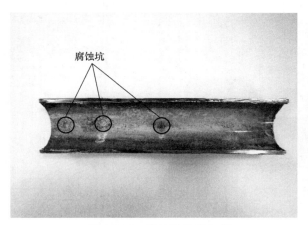

图 8-4-15　腐蚀坑位置分布

图 8-4-16　内壁腐蚀坑形貌

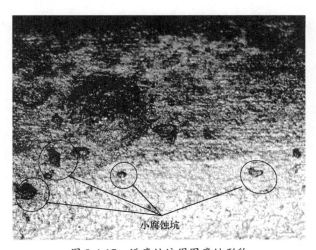

图 8-4-17　近腐蚀坑周围腐蚀形貌

（2）化学成分分析。参照 GB/T 14976《流体输送用不锈钢无缝钢管》中对于 TP304 的主要化学成分的要求，对该浓硫酸管进行光谱分析，主要化学元素分析结果见表 8-4-2。根据测试结果，该不锈钢管的主要化学元素中 Cr 含量略低于 TP304 钢板标准要求，其余主要元素均符合标准要求。

表 8-4-2　　　　　　　　　　　　　　主要化学元素分析结果　　　　　　　　　　　　单位：%

化学元素	Cr	Ni	S	P	Mn	Si
GB/T 14976 的要求值	18.00～20.00	8.00～11.00	≤0.035	≤0.035	≤2.00	≤1.00
被测浓硫酸管	17.4	8.73	0.002	0.014	1.08	0.51

（3）金相组织分析。对浓硫酸管泄漏点附近与远端的母材横截面进行金相观察，其金相组织为奥氏体正常组织，泄漏点附近母材、远端母材金相组织分别如图 8-4-18 和图 8-4-19 所示。对腐蚀坑处进行金相观察，腐蚀坑表面奥氏体组织中存在腐蚀孔洞，腐蚀坑横截面金相组织如图 8-4-20 所示。

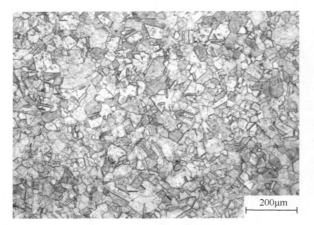

图 8-4-18　泄漏点附近母材金相组织

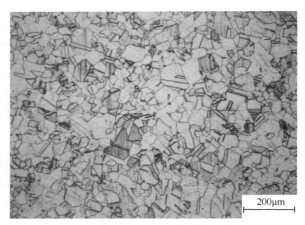

图 8-4-19　泄漏点远端母材金相组织

图 8-4-20　腐蚀坑横截面金相组织

（4）能谱分析。对泄漏孔洞边缘进行能谱分析，泄漏孔洞边缘能谱分析结果如图 8-4-21 所示。

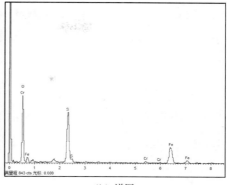

|（a）能谱分析部位|（b）谱图|

图 8-4-21　泄漏孔洞边缘能谱分析

泄漏孔洞边缘的能谱分析结果显示，其残留产物主要成分有 O、S、Cr 和 Fe，泄漏孔洞边缘能谱分析结果见表 8-4-3。

表 8-4-3　　　　　　　　　　　　泄漏孔洞边缘能谱分析结果

元素	质量百分比（%）	原子百分比（%）
O	56.12	77.33
S	18.12	12.46
Cr	1.63	0.69
Fe	24.13	9.52

3. 综合分析

宏观形貌特征显示，浓硫酸管的泄漏孔洞与腐蚀坑均产生于管壁的同一侧，沿同一直线排列。

根据化学分析结果可知，该不锈钢管的 Cr 元素含量略低于 GB/T 14976《流体输送用不锈钢无缝钢管》中对 TP304 的 Cr 元素含量的标准要求，其余元素含量符合标准要求。

根据金相组织分析可知，该浓硫酸管的金相组织为奥氏体，金相组织正常。

通过能谱分析可知，腐蚀坑孔洞边缘被腐蚀部分主要元素为 O、S、Fe 和 Cr，其中 Fe 和 Cr 为原不锈钢管的母材的主要成分，而 O 和 S 的大量存在也印证了不锈钢管与硫酸发生了腐蚀反应，生成物主要为 O、Fe 和 S 组成的化合物。

因浓硫酸可以与不锈钢管发生钝化反应形成致密的 Fe_3O_4 膜，阻碍金属继续氧化，因而可以用不锈钢管储存浓硫酸。然而，当硫酸浓度低于 70% 时，硫酸不再发生钝化反应，并且稀硫酸可与 Fe_3O_4 膜发生反应形成 $Fe_2(SO_4)_3$、$FeSO_4$ 和 H_2O，反应所生产的水会进一步稀释浓硫酸。在钝化膜被破坏后，稀硫酸氧化性较弱只能与不锈钢管形成硫酸亚铁，即使形成氧化物也可以溶于稀硫酸中，从而不断腐蚀管壁。

结合厂内工作人员介绍，此浓硫酸管并非一直通浓硫酸，在排空浓硫酸时极有可能未能将浓硫酸全部排出。残存的浓硫酸受重力影响会流到管内壁的下侧并吸收管内的水蒸气形成稀硫酸。由于储运管的内壁并非完全光滑，内管壁可能存在一些微观凹凸不均匀的情况，而微观凹凸不均匀处的钝化膜厚度也不均匀，这样会导致稀硫酸与钝化膜反应时某些点的钝化膜先被破坏，暴露出来的 TP304 不锈钢内管壁与残存的稀硫酸发生腐蚀反应，由此逐渐产生了腐蚀坑与孔洞，造成浓硫酸泄漏。

4. 结论

该电厂水塔浓硫酸输送管的泄漏的主要是由于排空期间浓硫酸未及时排净，残存的浓硫酸吸收管内水分形成稀硫酸与管壁发生腐蚀反应，最终导致泄漏。

5. 反措

水塔浓硫酸输送管排空时，应按照 DL/T 794《火力发电厂锅炉化学清洗导则》的要求及时安排化学清洗，防止发生垢下腐蚀及氢脆。按照 DL/T 977《发电厂热力设备化学清洗单位管理规定》的规定，化学清洗单位必须具备相应资质，应做好化学清洗全过程的质量监督。

6. 评价

TP316 不锈钢对浓硫酸具有很好的抗腐蚀性，但稀硫酸对其腐蚀效果明显，因此应特别注意在水塔浓硫酸输送管的定期排放期间，应按照相关规定及时排空、排净，防止此类泄漏事故再次发生。

四、案例 4：应力腐蚀导致弯头碎裂

1. 基本情况

某电厂 3 号机组由于真空度不够，对该机组设备进行排查检验时发现，小汽轮机轴封回汽管三个弯头开裂，其中一个弯头已严重碎裂，轴封回汽管开裂弯头外观形貌及开裂位置如图 8-4-22 所示。弯头为小汽轮机整体配套管件，入厂时不做拆卸检验，材质为 304 不锈钢，已知规格为 $\phi 108mm \times 5mm$。轴封回汽管内介质为水蒸气，管外为真空状态，运行温度约为 180℃，运行时间约 8 万 h。

图 8-4-22　轴封回汽管开裂弯头外观形貌及开裂位置

2. 检查分析

（1）宏观形貌分析。3 个弯头均无明显的塑性变形，内、外壁均无明显氧化皮及腐蚀坑，与弯

头相接的焊接接头均完好。碎裂弯头已严重开裂，断口边缘可见明显的介质泄漏痕迹，且锈迹明显；内、外壁发现多处网状裂纹，碎片散落，呈酥脆状态，强度几乎全部丧失，符合晶间腐蚀宏观特征，碎裂弯头外观形貌如图 8-4-23 所示。开裂弯头外壁均可见明显的泄漏痕迹及裂纹，表面覆盖一层腐蚀产物；从内壁观察到裂纹交错扩展，有腐蚀产物残留，开裂弯头内、外壁积垢及裂纹形貌如图 8-4-24 所示。

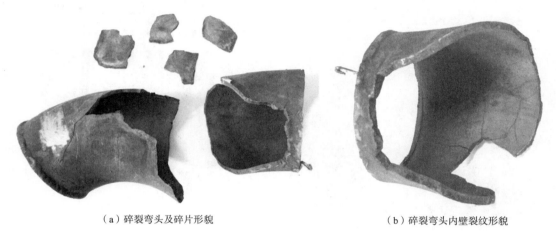

（a）碎裂弯头及碎片形貌　　　　　　　　　　　　　　（b）碎裂弯头内壁裂纹形貌

图 8-4-23　碎裂弯头外观形貌

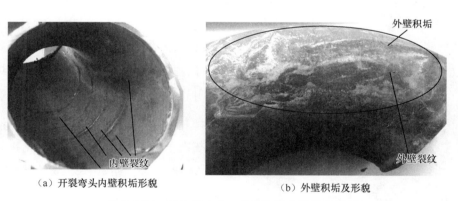

（a）开裂弯头内壁积垢形貌　　　　　　　　　　　（b）外壁积垢及形貌

图 8-4-24　开裂弯头内、外壁积垢及裂纹形貌

（2）化学成分分析。对碎裂弯头的化学成分分析显示，Mn 元素含量高于标准上限，Ni、Cr 元素含量低于标准下限，会降低弯头的机械性能及耐腐蚀性能。3 个弯头均为已开裂弯头，无法取样做晶间腐蚀试验及力学性能试验。

（3）金相组织分析。对碎裂弯头进行金相组织分析，发现内、外壁表面均发现呈树枝状沿晶扩展裂纹，裂纹整体形貌呈现明显的网格状，存在锐利尖端，晶界附近有碳化物析出，伴有晶粒脱落形成的孔洞，符合晶间腐蚀的微观特征，裂纹处金相组织如图 8-4-25 所示。对于 304 不锈钢，在晶界附近有碳化物析出，那么与此相邻的部分的铬含量就会减少，形成贫铬区，而贫铬区的耐蚀性较差。

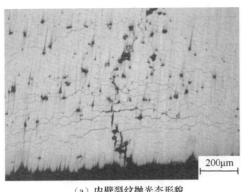

（a）内壁裂纹抛光态形貌　　　　　　　　　　（b）沿晶贯穿裂纹及晶粒脱落抛光态形貌

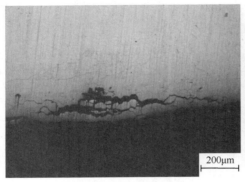

（c）内壁裂纹抛光态形貌　　　　　　　　　　　（d）外壁裂纹浸蚀后形貌

图 8-4-25　裂纹处金相组织

（4）微观形貌分析。扫描电镜观察到断口（碎片裂纹处掰开形成的新断口）呈冰糖状花样及存在沿晶二次裂纹，为沿晶脆性断裂，断口形貌具有晶间腐蚀的特征。扫描电镜下观察可见冰糖状花样断

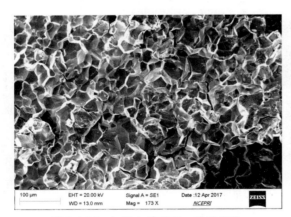

图 8-4-26　扫描电镜下断口微观形貌

口及明显的沿晶二次裂纹，为典型的脆性断裂，扫描电镜下断口微观形貌如图 8-4-26 所示。对断口及腐蚀产物能谱分析发现，除基体元素外，还含有氧化及腐蚀性元素，如 O、S，其中 S 含量大大高于管材的 S 含量，由于管子外壁为真空状态，那么 S 只能来源于管内的水蒸气。在管材表面保护膜内钝化元素含量减少情况下，钝化膜的保护性能大大降低，运行过程中含硫化物的促进溶解的作用可加速表面膜破裂，发生晶间腐蚀。

机组运行时，此处弯头的管内温度不高，压力也很小，不具备晶间腐蚀条件，那么晶间腐蚀只可能发生在使用运行前。

3. 结论

弯头因晶间腐蚀后，运行时在管内介质的剧烈冲击及含硫腐蚀性介质环境作用下，导致强度急剧下降而开裂。

4. 知识拓展与点评

轴封回汽管弯头所采用的 304 不锈钢，具有优良的综合性能，广泛应用于电站的重要部件，但晶间腐蚀（IGC）一直是 304 不锈钢在服役过程中的重要失效形式。不锈钢晶界碳化物析出，使附近形成贫铬区成为小阳极，而含铬较高的晶粒本体成为大阴极，在存在电解质的情况下，则构成电化学腐蚀的条件，产生晶间腐蚀现象。奥氏体不锈钢在氧化性或弱氧化介质中发生晶间腐蚀，多数是由于热处理不当造成的。经过固溶处理的奥氏体不锈钢在温度 420～850℃范围内保温或缓慢冷却处理时，就会在一定的腐蚀性介质中呈现晶间腐蚀敏感性，发生晶间腐蚀。

金属发生晶间腐蚀后，在宏观上几乎看不到任何变化，几何尺寸及表面金属光泽不变，但其强度和延伸率显著降低。当受到冷弯变形、机械碰撞或流体的剧烈冲击后，金属表面出现裂纹，甚至呈现酥脆，稍加外力晶粒即行脱落。在微观上，进行金相检查时，可以看到晶界或邻近地区发生沿晶界均匀腐蚀的现象，有时可看到晶粒脱离。在对断裂件的断口进行扫描电镜观察时，可见冰糖状的形貌特征。

五、案例 5：氨区加热盘管不锈钢弯头应力腐蚀开裂

1. 基本情况

某电厂氨区一加热盘管弯头于 2015 年 10 月发生泄漏，此管材质为 0Cr18Ni9，规格为 ϕ76mm×5mm。据电厂提供，该加热盘管主要用于将液氨加热至气化，气化的氨气用于脱硝系统。加热盘管管内为液氨，压力约为 1MPa，管外为加热水，水温为 60～70℃。整个加热盘直径约为 1m，呈螺旋状。

2. 检查分析

（1）宏观形貌分析。送检试样宏观形貌、送检试样裂纹宏观形貌分别如图 8-4-27、图 8-4-28 所示，裂纹主要分布于焊缝附近，距焊缝约为 10mm，弯头的背弧、侧弧及内弧均有裂纹出现。弯头外壁经打磨处理，无腐蚀产物以供观察。

图 8-4-27　送检试样宏观形貌

为了进一步观察裂纹的宏观形貌，将弯头剖开，对裂纹 1 及裂纹 2 进行体式显微镜观察。显微观察裂纹宏观形貌如图 8-4-29 所示，裂纹由外壁向内壁扩展，裂纹 2 基本贯穿整个管壁。

（a）裂纹1

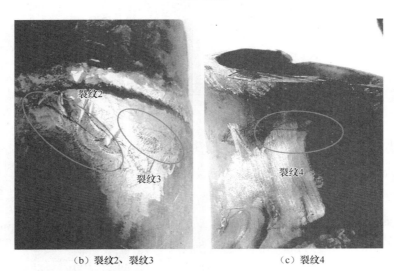

（b）裂纹2、裂纹3　　　　　　　　　　（c）裂纹4

图 8-4-28　送检试样裂纹宏观形貌

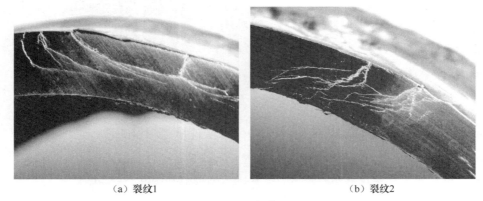

（a）裂纹1　　　　　　　　　　（b）裂纹2

图 8-4-29　显微观察裂纹宏观形貌

（2）金相组织分析。裂纹 2 经王水侵蚀后的金相组织如图 8-4-30 所示，由图可见，取样管显微结构为奥氏体组织，管子在奥氏体组织上多处出现裂纹，呈树枝状，裂纹起源于管子外壁，向内壁扩展，且在扩展过程中出现众多小的分支，分支裂纹尖端较尖锐，裂纹走向呈穿晶型为主。

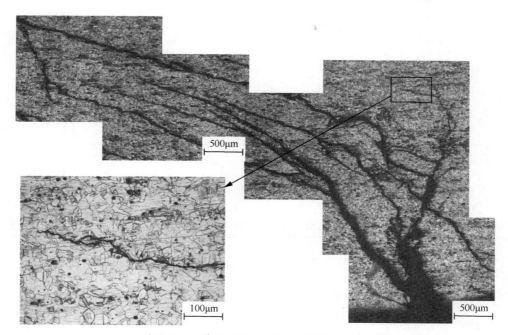

图 8-4-30　裂纹 2 经王水侵蚀后的金相组织

（3）能谱分析。将裂纹 1 沿裂纹撕开，对其进行扫描电镜及其能谱分析。裂纹 1 的微观形貌及其能谱分析如图 8-3-31 所示，由图可见，裂纹表面有大量腐蚀残留产物出现，具体微观形貌难以分辨。

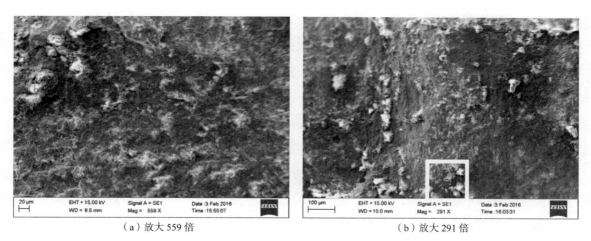

（a）放大 559 倍　　　　　　　　　　　　（b）放大 291 倍

图 8-4-31　裂纹 1 的微观形貌及其能谱分析

对裂纹表面进行能谱分析，裂纹 1 A 区域的能谱分析如图 8-4-32 所示。裂纹 1 的能谱分析结果见表 8-4-4，结果显示，裂纹上的腐蚀残留产物中有较高含量的 Cl^-，最高可达 1.97%。由于奥氏体不锈钢在 Cl^- 浓度为 0.0001%、200℃的介质中即可以发生应力腐蚀，此处发生的 Cl^- 的富集，表明有加热水品质异常或局部腐蚀介质浓缩。

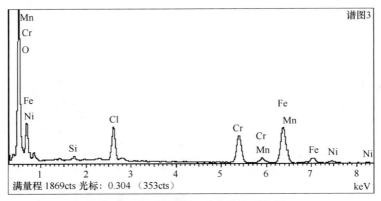

图 8-4-32　裂纹 1 A 区域的能谱分析

表 8-4-4　　　　　　　　　　　　　裂纹 1 的能谱分析结果　　　　　　　　　　单位：%（质量百分数）

测试点	C	O	Cl	Cr	Fe	Ni	其他
1	30.50	26.92	0.93	11.00	27.00	1.94	1.70
2	32.65	31.97	1.30	8.88	24.62	—	0.59
3	30.25	30.88	1.97	15.51	20.55	—	0.84
4	26.93	40.02	1.46	18.90	10.99	—	1.70
5	32.37	28.06	1.02	11.63	24.34	2.03	0.33
6	26.65	25.23	1.91	11.12	31.70	3.38	0
7	65.90	27.62	0.32	—	—	—	7.16

3. 综合分析

宏观形貌特征显示，裂纹主要分布于焊缝附近，裂纹呈穿透性树枝状，由外壁向内壁扩展。分析金相组织可知，管子在奥氏体组织上多处出现裂纹，呈树枝状，裂纹起源于管子外壁，向内壁扩展，且在扩展过程中出现众多小的分支，分支裂纹尖端较尖锐，裂纹走向呈穿晶型为主。

能谱分析显示，裂纹内部有 Cl^- 富集。Cl^- 与不锈钢是一种能够产生应力腐蚀开裂的介质，含 Cl^- 介质中的奥氏体不锈钢材料在拉应力作用下，容易产生应力腐蚀开裂。奥氏体不锈钢应力腐蚀的 3 个基本要素是腐蚀性介质、敏感的材料和存在拉应力。应力腐蚀的开裂方向一般与应力作用方向垂直，并呈树枝状扩展，微观裂纹为沿晶或穿晶扩展。

在电力及石油化工领域，奥氏体不锈钢弯头、弯管经常由于发生应力腐蚀开裂导致管子爆管泄漏。其主要原因为奥氏体不锈钢弯头、弯管在制造、焊接及安装过程中产生了一定的残余应力，后续服役过程中在残余拉应力的作用下管子发生应力腐蚀开裂。在此次事故中加热盘管管内存在的一定压力及弯头焊缝处由于焊接产生的残余应力提供了必须的拉应力条件。据电厂提供的地下水水质全分析报告可知，地下水中 Cl^- 浓度达到 300mg/L。因此，含有 Cl^- 的加热水提供了必须的腐蚀性条件。加上奥氏体不锈钢自身对于应力腐蚀开裂的敏感性，促使此次加热盘管不锈钢弯头发生应力腐蚀开裂。

4．结论

此次不锈钢弯头泄漏的主要原因是由于含 Cl⁻ 的腐蚀介质在不锈钢弯头外表面局部富集，在拉应力的作用下产生的应力腐蚀开裂。

5．知识拓展与点评

应力腐蚀开裂是金属材料在应力（残余应力、热应力、工作应力等）和腐蚀介质共同作用下引起的一种破坏形式。一般来说，在静拉应力作用下金属的腐蚀破坏称为应力腐蚀开裂；交变应力作用下发生的腐蚀破坏称为腐蚀疲劳；而压应力一般不会导致开裂。应力腐蚀开裂的基本条件是弱的腐蚀环境、不大的拉应力和特定的金属材料构成的特定的腐蚀系统。在电站金属中，氯化物极易造成 Cr-Ni 奥氏体不锈钢的应力腐蚀开裂。

应力腐蚀开裂的断口及裂纹特征为：①断口的宏观形态一般为脆性断裂，断口截面基本上垂直于拉应力方向，断口上有断裂源区、裂纹扩展区和最后断裂区；②应力腐蚀裂纹源于表面，并呈不连续状，裂纹具有分叉较多、尾部较尖锐（呈树枝状）的特征；③裂纹的走向可以是穿晶的也可以是沿晶的，材料的晶体结构是影响应力腐蚀裂纹走向的主要因素，面心立方金属的材料易引起穿晶型应力腐蚀，而体心立方金属的材料则以沿晶开裂为主。

第九章

其他系统失效案例

第一节 辅机等转动部件

一、案例 1：组织异常导致循环水泵轴断裂

1. 基本情况

某电厂辅机循环水泵轴材质为 2Cr13，属于马氏体不锈钢，产品未注明热处理状态，无相关质量和性能的要求。投产运行约 6 年时发生开裂。断裂位置位于轴端，发生断裂轴外观如图 9-1-1 所示。检验过程参照 GB/T 1220《不锈钢棒》的要求进行判别。

2. 检查分析

发生断裂的轴几乎没有宏观塑性变形，断口较为平齐，垂直于轴的长度方向。发生断裂的轴端表面带有大量片层状的金属黏着物且难以剥落，轴端表面宏观样貌如图 9-1-2 所示，说明该轴可能经历过高温黏着了其他部位金属；或者自身硬度较高，与其他部件摩擦接触过程中，使其他金属表面被磨损附着在自身表面。一条宏观裂纹几乎横贯外表面，其源头指向键槽。键槽根部加工较为粗糙，几乎没有圆角，裂纹走向、轴端键槽内的裂纹如图 9-1-3、图 9-1-4 所示。在断裂部位附近截取全截面试样进行观察，发现裂纹从外表面向内纵深发展形成网状，开裂十分严重。

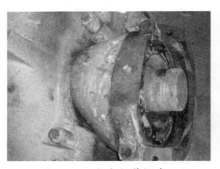
图 9-1-1 发生断裂轴外观

图 9-1-2 轴端表面宏观样貌

图 9-1-3 裂纹走向

图 9-1-4 轴端键槽内的裂纹

对循泵轴取样进行光谱分析，循泵轴端横截面的化学成分分析结果见表 9-1-1，分析结果表明其主要化学元素含量符合 GB/T 1220《不锈钢棒》的要求。

表 9-1-1	循泵轴端横截面的化学成分分析结果		单位：%（质量百分数）
2Cr13	Cr	Mn	Ni
GB/T 1220 的要求值	12.0～14.0	≤1.0	0.60
实测含量	13.4	0.5	0.4

取轴的全截面试样行打磨抛光，使用台式硬度计直接对横截面硬度检测。硬度试验点示意图如图 9-1-5 所示，硬度检测结果见表 9-1-2。参照 GB/T 1220《不锈钢棒》的规定，2Cr13 不锈钢棒退火后的硬度应不大于 223HBW。断裂轴取样的硬度平均值为 441HB，超过标准上限的 97.8%，说明该轴的硬度极高，远不符合标准要求，这也与宏观外表面具有大量的黏着物相对应。

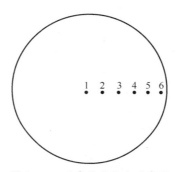

图 9-1-5 硬度试验取点示意图

表 9-1-2			硬度检测结果				
选取位置	1	2	3	4	5	6	平均值
测点硬度值（HB）	485	472	474	429	406	378	441

在轴开裂部位截取金相试样进行抛光，采用 $FeCl_3$ 盐酸水溶液进行腐蚀。此次断裂轴的金相组织的腐蚀时间约是其他同材质试样的 3 倍，极难腐蚀。其金相组织形态为马氏体，存在粗大的网状晶界，横截面金相组织如图 9-1-6 所示。裂纹的扩展以沿晶为主，并且与穿晶开裂混合发展，主裂纹形貌如图 9-1-7 所示。

图 9-1-6 横截面金相组织

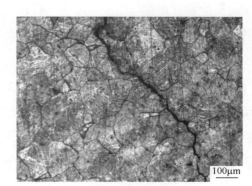

图 9-1-7 主裂纹形貌

在开裂部位取样，使用丙酮对开裂区域断口表面进行清洗后使用扫描电子显微镜进行分析，断口表面可见冰糖状形貌，如图 9-1-8 所示，为典型的脆性断裂的微观形貌。

由于该轴开裂十分严重，裂纹径向向内发展不具规律性，因此力学性能试样取样位置原则上参考 GB/T 2975《钢及钢产品　力学性能试验取样位置及试样制备》的要求，同时选取完好未见裂纹的部位截取的试样，共取拉伸、冲击试样各 2 支，力学性能试验试样相关信息见表 9-1-3。对行管试样进行室温拉伸、冲击试验，拉伸试验结果见表 9-1-4。参照 GB/T

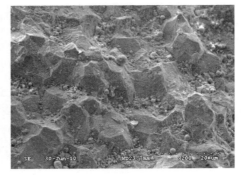

图 9-1-8　冰糖状形貌

1220《不锈钢棒》中对 2Cr13 材料的要求，循泵轴的拉伸试验强度指标均大幅高于标准要求，但该轴的韧性指标均低于标准值。

表 9-1-3　　　　　　　　　　　　　　　力学性能试验试样相关信息

试样	标记	规格
拉伸试样	A1、A2	φ5mm
冲击试样（U 形）	C1、C2	55mm×10mm×10mm，缺口深度 2mm

表 9-1-4　　　　　　　　　　　　　　　拉伸试验结果

试样编号	抗拉强度 R_m（MPa）	规定非比例延伸强度 $R_{p0.2}$（MPa）	断后延长率 A（%）	断面收缩率 Z（%）	冲击吸收功 K_{U2}（J）
A1/ C1	815	925	5.0	33.5	10
A2/ C2	620	800	5.0	44.5	8.5
GB/T 1220 的要求值	≥440	≥645	≥20	≥50	≥63

3. 综合分析

光谱测试结果表明该轴的主要元素含量满足标准要求，证明材质未错用。

该轴的硬度和强度很高，但是断面收缩率和断后伸长率均远低于标准要求，说明该轴的塑性较差；冲击功远远低于标准要求，表明材质的韧性很差。轴断口微观主要为冰糖状形貌，属于沿晶开裂，是脆性开裂的典型特征，断口的宏观形貌与材料脆而硬的力学性能相符合。

轴的微观组织为马氏体组织，碳化物未完全析出，且难于腐蚀，这说明轴的组织状态应为类正火态的马氏体组织。参照 GB/T 1220《不锈钢棒》，2Cr13 应进行退火处理，或者按照轴类通常的加工工艺应进行调制处理，这两种工艺都会保证 2Cr13 在保持适当强度的同时又具备一定塑韧性。该轴组织异常说明在热处理过程中出现偏差造成组织异常，从而导致轴性能硬而脆，抗冲击性能大大降低。组织的状态与力学性能、断口微观形貌对应吻合。

综合上述分析表明，该循泵轴的组织和性能异常，材料硬度较高而韧性差，不符合通常采用的热处理工艺要求。此次断轴开裂部位起源于键槽的根部，这是由于键槽根部存在尖角，形成应力集中，裂纹会首先在此处萌生并迅速扩展从而发生开裂。另外，该轴组织中晶界过宽，晶界弱化也会加速开裂的过程。

4. 结论

循环水泵轴轴端是由于热处理不良导致轴本身的力学性能不合格而发生开裂的。

5. 知识点扩展与点评

此次分析的突破口是宏观形貌，断裂轴外表面的大量黏着物会使人误以为是高温软化造成的黏着物，会误导在分析过程中去考虑部件超温、超速的问题。但是应注意的是，还有另一种可能是轴自身硬度太高，与其他部件摩擦接触过程中使其他金属表面被磨损附着在自身表面的。从此方面去考虑，就能很自然地对轴的性能进行测试，经测试显示其硬度平均值几乎是标准上限值的两倍，冲击韧性、塑性指标远远低于标准，说明了轴硬而脆。另外，从组织的角度也能进一解释性能异常的原因，分析过程清晰明了。

二、案例 2：磨损导致减速机齿轮轴损坏

1. 基本情况

某电厂空冷岛的减速齿轮轴在运行 1 年的时间内发生多次损坏事故，且多次齿轮轴的损坏形式均相似。损坏的齿轮轴齿面多处存在大面积磨损，部分位置已磨损至齿根，失效齿轮轴的宏观形貌如图 9-1-9 所示。齿轮轴采用的材质为 40CrNiMo，根据部件原始资料显示该齿轮轴齿面硬度要求为不小于 57HRC，无其余要求。由于齿轮多次损坏，电厂升级了新齿轮材质，并进行改进，之后未再发生损坏。新齿轮材料为 S17Cr2Ni2Mo，其齿面硬度要求为 55～60HRC，齿轮芯部硬度为 32～36HRC，渗碳层深度为 0.9～1.2mm。由于未能提供旧齿轮的相关技术条件，且新旧齿轮的运行条件及工况完全相同，失效的齿轮的试验判别按照 GB/T 3077《合金结构钢》的要求执行，并参照 S17Cr2Ni2Mo 的部分技术要求。

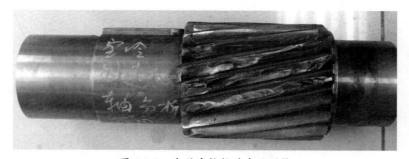

图 9-1-9　失效齿轮轴的宏观形貌

2. 检查分析

（1）化学成分分析。对齿轮轴进行分析，齿轮轴的化学成分分析结果见表 9-1-5，结果表明除了 Ni 元素含量略低于标准要求之外，其他的主要合金元素含量均符合标准要求，可以确认材质未错用。

表 9-1-5	齿轮轴的化学成分分析结果			单位：%（质量百分数）
元素	Mn	Cr	Mo	Ni
GB/T 3077 中 40CrNiMo 的要求值	0.5～0.8	0.6～0.9	0.15～0.25	1.25～1.65
实测含量	0.5	0.7	0.2	1.1

（2）硬度测试。采取 EQUOTIP 3 便携式硬度计在齿轮未发生磨损的区域选取三个不同位置进行硬度测试，经检测硬度均满足产品硬度要求，硬度检测结果见表 9-1-6。

表 9-1-6	硬度检测结果		
选取位置	1	2	3
测点硬度值（HRC）	57.2	58.8	58.7
	57.7	58.4	59.2
	57.6	58.1	59.6
平均值（HRC）	57.5	58.4	59.5

（3）金相组织。在齿轮轴磨损部位的横向剖取金相试样，并进行抛光、侵蚀后观察，齿轮轴的边缘及芯部均为回火索氏体，金相试样如图 9-1-10 所示。经侵蚀后齿轮的横截面上宏观可清晰地分辨出渗碳层，并在微观下对其进行测量。渗碳层厚度并不均匀，为 0.4～0.8mm，较大部分渗碳层的深度约为 0.6mm，渗碳层深度测量结果如图 9-1-11 所示。

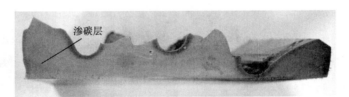

图 9-1-10　金相试样

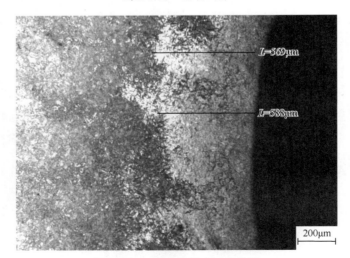

图 9-1-11　渗碳层深度测量结果

（4）力学性能。在齿轮上分别取纵向圆棒拉伸试样 3 个，规格为 ϕ10mm；冲击试样 3 个，规格为

55mm×10mm×10mm，U 形缺口深度为 2mm。对上述试样进行室温力学性能试验，力学性能试验结果见表 9-1-7。参照 GB/T 3077《合金结构钢》的要求，除断后延伸率和冲击吸收功合格外，其他指标均低于标准中对于 40CrNiMoA 的材料要求，说明材料的强度较低而韧性较好。

表 9-1-7 力学性能试验结果

试样编号	抗拉强度 R_m（MPa）	规定非比例延伸强度 $R_{p0.2}$（MPa）	断后延长率 A（%）	断面收缩率 Z（%）	冲击吸收功 K_{U2}（J）
GB/T 3077 中 40CrNiMoA 的要求值	≥980	≥835	≥12	≥55	≥78
1	760	545	19.5	50	95
2	785	560	22.0	58.0	95
3	770	545	21.5	54.5	101

3. 综合分析

光谱表明该齿轮轴的主要元素含量基本符合 GB/T 3077《合金结构钢》的要求，证明发生磨损的齿轮轴材质并未错用。金相组织为均匀回火索氏体，齿轮轴组织正常；齿面硬度大于 57HRC 产品的技术要求。

从显微组织上看，齿轮的渗碳层的深度大部分在 0.6mm 左右，但渗碳层的深度分布并不均匀，整体为 0.4～0.8mm。参照新齿轮渗碳层深度要求为 0.9～1.2mm，对比可知磨损的旧齿轮渗碳层深度偏薄。渗碳层的深度对于齿轮表面的耐磨性具有重要的影响，渗碳层深度不足或不均匀都会直接降低工件的耐磨性，缩短部件寿命，这是齿轮失效的主要原因。

力学性能测试结果表明，齿轮的冲击吸收功符合相关标准要求；但抗拉强度和屈服强度均远远低于标准，断面收缩率也略低于标准值。说明齿轮虽然韧性较好，但本身的强度偏低，不能满足该种材料在正常服役情况下的性能要求；齿轮基体的硬度低还会对耐磨性造成不良影响，加速表面硬化层的损失，从而造成早期失效。

4. 结论

空冷岛减速齿轮轴由于渗碳层深度不满足技术条件且不均匀，导致齿轮耐磨性降低发生早期磨损失效，齿轮轴本身的力学性能不足也加速了齿轮轴磨损的过程。

5. 知识点扩展及点评

根据后续跟踪调查结果显示，电厂在更换材质为 S17Cr2Ni2Mo 的齿轮轴后再未发生早期磨损失效的事故。提高材料等级意味着提高齿轮轴的强度，保证齿轮轴渗碳层的厚度意味着保证齿轮轴表面的耐磨性。因此，从这两个方面对齿轮轴进行优化能够避免部件早期磨损失效事故。但是提高材料等级意味着提高设备成本，原齿轮轴失效是由于表面渗碳层质量不佳和材质本身性能不足两方面原因引起的，从这个角度而言如果原 40CrNiMo 齿轮轴能够具有优良的渗碳层并且满足标准要求的力学性能，应同样能够满足运行要求，不一定必须要提高材料等级来实现。建议在使用该类齿轮轴之前，除了关注表面硬度以外，还应对渗碳层深度、材料的性能提出相应的要求。

三、案例 3：甲渣浆泵轴断裂失效分析

1. 概况

某电厂工作人员在 2009 年 12 月 28 日 2:00 发现，柱塞泵房 2 号甲渣浆泵电流降至 30A，经检查发现渣浆泵泵轴断裂。电厂于 2010 年 1 月 1 日 19:00 更换新泵，2:25 开启运行，2 月 19 日上午 6:50 再次发现渣浆泵电流降低，由 44A 降至 26A，立即停泵检查，此时水位 3.2m。经检查发现泵轴断裂，断口齐整，位于轴承箱内轴承外侧靠泵侧。据电厂工作人员介绍，该泵投入使用时的输送介质为水，此后又改为灰渣。该泵轴材质为 45 钢经锻造、调质处理和机械加工后制成。渣浆泵泵轴前后两次发生断裂，两次间隔时间不到 2 个月。

2. 检查分析

（1）宏观形貌分析。此案例所取泵轴断裂试样为第二次断裂的泵轴，断轴宏观形貌如图 9-1-12 所示，断口平齐，与泵轴轴线基本垂直，断口处轴外表面光滑，无轴肩、键槽等应力集中区域。断口宏观形貌如图 9-1-13 所示，由图可知表面有严重损伤，为大扭转力矩留下的机械擦痕。断口表面呈暗灰色，为典型的旋转弯曲疲劳断口，其可分为疲劳源区、疲劳裂纹扩展区和瞬断区三个区域。疲劳源区位于轴表面附近，在疲劳裂纹扩展区可以观察到明显的疲劳条纹，疲劳条纹为向外凸起的同心圆状，向前扩展一定距离后即以反弧形向前扩展。瞬断区所占断口面积较小，具有明显的纤维状结构。

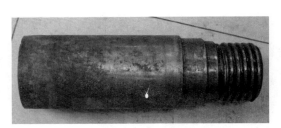

图 9-1-12　断轴宏观形貌

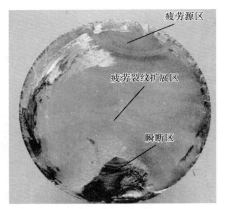

图 9-1-13　断口宏观形貌

（2）力学性能试验。在断裂泵轴上取纵向圆棒拉伸试样 3 个，试样为 ϕ10mm 比例试样，标记为 L1、L2、L3；V 形缺口冲击试样 3 个，试样规格 55mm×10mm×10mm，标记为 B1、B2、B3。对上述试样进行室温下力学性能试验，泵轴试样的力学性能试验结果见表 9-1-8，所检拉伸性能指标和冲击性能指标均符合 GB/T 699《优质碳素结构钢》的要求。对断裂泵轴进行硬度检验平均值为 183 HBW，而 DL/T 438 中规定 45 钢锻件调质处理后的硬度应为 187～229HB，断轴的硬度值偏低。

表 9-1-8			泵轴试样的力学性能试验结果		
序号	屈服强度 R_{el} (MPa)	抗拉强度 R_m (MPa)	断后伸长率 A (%)	断面收缩率 Z (%)	冲击吸收功 K_{U2} (J)
GB/T 699 的要求值	≥355	≥600	≥16	≥40	≥39
L1/B1	400	665	26	60	84
L2/B2	425	670	25	59	81
L3/B3	420	690	24	59	81

（3）金相组织分析。在泵轴断口附近取样进行金相组织分析，断轴边缘、内部金相组织分别如图 9-1-14、图 9-1-15 所示。泵轴的边缘和内部的金相组织均为网状分布的铁素体和回火索氏体，并有少量魏氏组织。而 45 钢经调质处理后金相组织应为回火索氏体，不应出现网状铁素体和魏氏组织，说明泵轴在热处理过程中，热处理工艺存在问题。

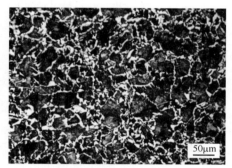

图 9-1-14　断轴边缘金相组织

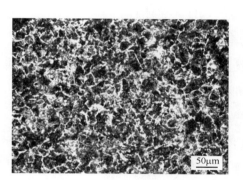

图 9-1-15　断轴内部金相组织

3. 综合分析

从断口宏观形貌特征分析可知，断面平齐，几乎与轴线垂直，断口处轴的外表面光滑，无沟槽、台阶等截面突变的应力集中区域。在断口可以清晰地观察到疲劳裂纹起源区、快速扩展区和瞬断区，因此可以判定泵轴的断裂属于疲劳引起的断裂，而疲劳裂纹可能产生于轴的表面缺陷，如刀痕、划伤、锈蚀等。

从力学性能方面分析，该泵轴材料的抗拉强度、屈服强度、断后伸长率、断面收缩和冲击吸收功均符合标准规定，只有硬度偏低。该泵刚投入使用时的输送介质为水，之后才改为灰渣，输送介质的改变，会增加泵轴运行的阻力，泵轴可能存在过载现象，使泵轴的疲劳寿命降低。

从金相组织上看，泵轴的金相组织为网状分布的铁素体和回火索氏体，并有少量的魏氏组织存在，而 45 钢正常的调质组织应为回火索氏体，不应出现网状铁素体和魏氏组织，这表明该泵轴的热处理工艺存在问题。根据相关文献可知，魏氏组织和大量网状铁素体的存在会降低使晶粒间的强度，从而使材料的综合力学性能劣化，易于疲劳裂纹的扩展，最终可导致泵轴的抗疲劳性能大大降低。

4. 结论

该泵轴断裂为疲劳而引起的，疲劳裂纹可能产生于轴的表面缺陷处；从试验结果来看，导致该泵轴断裂的原因是热处理工艺控制不当，金相组织中出现大量的网状铁素体和少量的魏氏组织，导致泵轴抗疲劳性能降低。此外，由于输送介质的改变，泵轴在使用时存在过载现象，是导致断裂的直接因素。

5. 知识点扩展及点评

要保证泵轴工作寿命应采用组织合格（回火索氏体）的泵轴；当工作条件改变时，需要重新计算所需载荷、选择强度符合要求的泵轴。

该案例说明了材质不合格和运行过程中的过载现象是导致部件失效的原因之一，因此，严把来料质量关、根据实际工况重新选用满足强度要求的构件是必须的。

四、案例 4：引风机的损坏

1. 基本情况

某电厂 2011 年 5 月 11 日 2 号炉 2A 引风机发生损坏。2 号炉 2A 引风机为的型号为 AN35e6(V19+4°)，电机功率为 3200kW，电机转速为 590r/min。主轴材料为 35CrMo，轮毂材料为 45 号钢，A、B 盘材料为 45 号钢，后盖板材料为 16MnR，联轴器螺栓材料为 35CrMo。水冷壁材料为 15CrMo，规格为 ϕ28mm×6mm。

2. 检查分析

（1）宏观检查。2 号炉 2A 引风机损坏情况：引风机主轴与叶轮脱离，主轴弯曲，叶轮前后都脱离，叶轮上所有叶片都发生变形，三个叶片从轮毂上断裂，前、后导叶全部损坏，轴承箱与叶轮法兰螺栓全部断裂，轴承箱倾斜翻倒，具体形貌如图 9-1-16～图 9-1-23 所示。

图 9-1-16　主轴与叶轮脱离现场

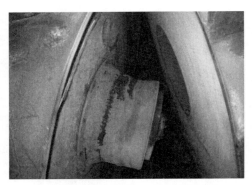

图 9-1-17　轴承箱与叶轮脱离现场

图 9-1-18　主轴弯曲形貌

图 9-1-19　叶轮及叶片受损形貌

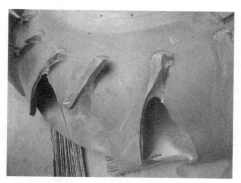

图 9-1-20　三个断裂叶片的断口形貌

图 9-1-21　断裂的联轴器与叶轮螺栓

（标注：螺栓头部的断裂面（环状））

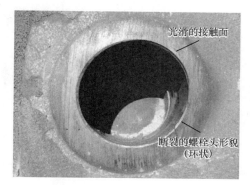

图 9-1-22　压板与其上的螺栓孔

（标注：光滑的接触面；断裂的螺栓头形貌（环状））

图 9-1-23　断裂的薄片形貌

　　联轴器上固定在叶轮一侧的两条连接螺栓有一条断裂，螺栓杆部弯曲且表面光滑（见图 9-1-21）；压板上的螺栓孔表面光滑，并已经呈椭圆形，其中长轴长 64mm、短轴长 61mm（见图 9-1-22）。螺栓之间由薄片连接，固定在轮盘上的另一条螺栓上薄片全部拉断（见图 9-1-23）。

　　叶轮上所有叶片的断裂位置一致，断口为撕裂的解理断裂特征。轴承箱与叶轮螺栓的断裂全部为瞬间拉断（见图 9-1-24、图 9-1-25）。

图 9-1-24　叶轮上叶片的断裂形貌

图 9-1-25　轴承箱与叶轮连接螺栓位置

　　（2）断裂分析。从现场调查情况看，联轴器上固定在叶轮一侧的一条连接螺栓首先发生断裂，断裂后螺栓在螺栓孔内自由运动，与螺栓孔摩擦冲击，使得螺栓及螺栓孔摩擦得光滑明亮，螺栓孔逐渐扩大。螺栓在转动力的作用下发生弯曲变形，在转动的某一时刻，螺栓从螺栓孔中脱出（螺栓端部可见剧烈撞击痕迹，见图 9-1-26、图 9-1-27），失去承载作用；此时所有载荷都加在另一固定在叶轮上螺栓所连接的薄片上，在巨大的转动力作用下，相应薄片被瞬间拉断，这样主轴失去了与叶轮的连接，成为自由转动体，主轴与叶轮碰撞，造成叶片损坏变形，巨大的撞击力将轴承箱与叶轮螺栓的断裂全部瞬间拉断，叶轮前后都脱离，轴承箱在后导叶都断裂后也翻倒。

图 9-1-26　轴承箱与叶轮连接螺栓断裂形貌

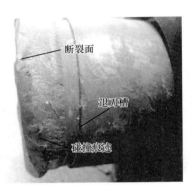

图 9-1-27　断裂的螺栓形貌

首先发生断裂的是螺栓，断裂起裂于沿退刀槽与螺栓头变截面处，整圈沿螺栓轴向断裂，螺栓头厚度约为 12mm。螺栓头变截面处为退刀槽加工出的直角（见图 9-1-28、图 9-1-29）。使用体式显微镜观察断口，可见在变截面处有裂纹痕迹，裂纹为平行的多条，断口为脆性断口，在断裂面上可见沿轴向的摩擦刻痕（见图 9-1-30～图 9-1-32）。

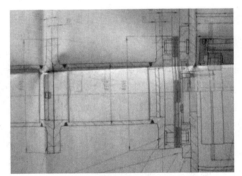

图 9-1-28　联轴器图纸

图 9-1-29　断裂的整圈螺栓头

图 9-1-30　断口形貌及变截面裂纹

图 9-1-31　变截面裂纹形貌

图 9-1-32　断裂面沿轴向刻痕形貌

（3）硬度及显微检查。螺栓杆处硬度为273、271、273、274、274HB，DL/T 439《火力发电厂高温紧固件技术导则》中规定 35CrMo 硬度范围为241～285HB，硬度合格。螺栓金相组织为回火索氏体，金相组织无异常，在螺栓头变截面处可见多条裂纹（见图 9-1-33～图 9-1-35）。

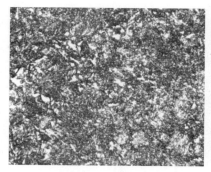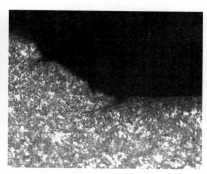

图 9-1-33 螺栓金相组织　　　　图 9-1-34 螺栓变截面裂纹形貌　　　图 9-1-35 螺栓变截面处多条裂纹形貌

3. 综合分析

（1）2 号炉 2A 引风机的损坏是由联轴器上固定在叶轮一侧的一条连接螺栓首先发生断裂引起的。

（2）首先断裂螺栓的材质检查未发现异常。

（3）在螺栓端部变截面处，存在应力集中的现象。螺栓断裂起源于螺栓端部变截面的应力集中处，变截面处裂纹为疲劳裂纹，断裂为疲劳断裂。

（4）螺栓的断裂有两方面原因：一是加工不合理，螺栓端部变截面处存在应力集中的现象；二是可能存在螺栓安装的预紧力过大，使得变截面处应力过大，运行时逐渐产生疲劳裂纹。

4. 结论

联轴器上固定在叶轮一侧的一条连接螺栓因在螺栓端部变截面处产生疲劳裂纹而发生断裂，螺栓断裂后从螺栓孔中脱出，引起其他部件异常回转、振动，使得引风机产生损坏。

5. 评价及反措

这是一起由于机加工不当造成的金属故障，引风机在使用过程中加快了疲劳裂纹形成的速度，造成了引风机的损坏报废，损失巨大，对今后电厂的工程监督检查及改造具有意义。为避免此类金属问题的发生，应做好以下工作：

（1）应对 2 号炉 2B 引风机的相同部位进行检查。

（2）应对 1、2 号炉的引风机联轴器以及和有相同结构的风机联轴器改造、更换。

五、案例 5：轴类部件的低应力旋转弯曲疲劳断裂

1. 基本情况

某电厂 2 号轮斗减速机输入轴在运行了 7590h 后突然断裂，材质未提供。经查看设备安装移交图纸发现，液力耦合器为 YOXA500 型（联轴器为 TL 型柱销），而现场安装的液力耦合器为 YOXIIZ 型

（联轴器为梅花弹性块），但去掉了制动轮部分；经与液力耦合器厂家了解，该耦合器采购时为非标，斗轮机厂家进行了改动。液力耦合器应装配固定在电机输出轴（轴径 75mm）上，而现场安装在减速机输入轴（轴径 55mm）上，与图纸不符。

2. 检查分析

轮斗减速机输入轴断裂位置位于插入液力耦合器的变截面处，属于应力集中部位，断口可分为疲劳源区、疲劳裂纹扩展区和瞬断区三个区域。疲劳源区为沿断口圆周，具有滑动摩擦变形痕迹，但仍可见棘轮标记状特征的区域；疲劳裂纹扩展区为疲劳裂纹由轴圆周向内扩展，呈贝壳纹状，较平滑，占整个断口大部分面积的区域；瞬断区为轴未完全断裂前运行过程中摩擦变亮，偏离轴心、面积较小的区域。宏观判断轮斗减速机输入轴为低应力旋转弯曲疲劳断裂。断口示意图和断口宏观形貌如图 9-1-36、图 9-1-37 所示。

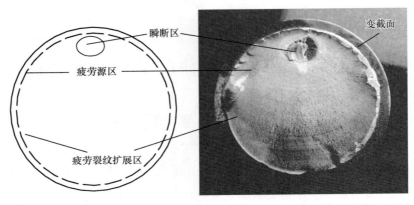

图 9-1-36　断口示意图　　　　　图 9-1-37　断口宏观形貌

对断轴取样进行化学分析、机械性能、金相和扫描电镜及能谱试验。试验结果表明该轴的主要化学元素组成及相对含量与标准中 42CrMo 的要求相符，但 S 高于标准值近 3 倍、严重超标，Mn 也超出标准上限；其硬度、强度、塑性、韧性均符合要求。金相试验发现断轴的纵截面存在大量夹杂物，根据其分布、形态及能谱分析判断为硫化物，未侵蚀的断口附近纵截面抛光如图 9-1-38 所示；断口疲劳源区边缘金相组织中夹杂物已伴随微裂纹产生，侵蚀后的断口附近纵截面如图 9-1-39 所示。

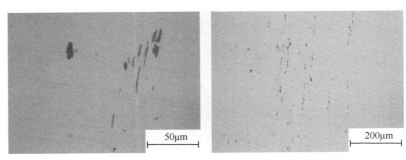

（a）断口附近纵截面　　　　　　（b）断口附近纵截面

图 9-1-38　未侵蚀的断口附近纵截面抛光

 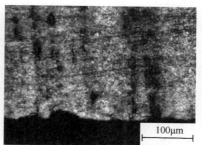

（a）断口附近纵截面　　　　　　　　（b）断口疲劳源区边缘纵截面

图 9-1-39　侵蚀后的断口附近纵截面

经分析认为硫化物严重破坏了基体的连续性，且在应力作用下硫化物与基体发生脱落，在轴高速旋转产生的离心力和液力耦合器自重形成的弯曲应力的综合作用下，进一步形成孔洞，并诱发微裂纹，随着交变载荷次数的增加，微裂纹进一步扩展，从而导致轮斗减速机输入轴不足以抵抗外力而发生了低应力旋转弯曲疲劳断裂。

3. 结论

轴断裂的内在原因是大量硫化物夹杂；外在原因是交变载荷作用于轴变径应力集中部位导致疲劳失效。

4. 措施

为减少轴类部件低应力弯曲疲劳断裂的发生，首先，要严格控制轴原材料的化学成分，降低夹杂物的数量，提高轴的冶金质量；其次，在设计加工制造时合理降低轴的应力集中程度；然后，基建期间安装单位要严格执行施工图纸和安装标准，不得擅自改变安装工艺，电厂验收严格把关；最后，运行期间加强监管，对设备进行定期检查。

5. 知识拓展与点评

疲劳断裂及与疲劳有关的断裂约占构件各类断裂失效的 80% 以上。疲劳断裂之前没有明显的宏观塑性变形，断裂没有预兆，危害较大。此案例中断裂形式为疲劳断裂中的一种——低应力旋转弯曲疲劳断裂。

载荷性质和应力大小以及应力集中程度对断口的宏观形貌影响较大。有应力集中的旋转弯曲疲劳断口的宏观特征为疲劳源区位于圆周，是疲劳裂纹萌生的区域，是最早生成的断口。多个疲劳源的旋转弯曲疲劳断口的宏观特征为疲劳源区位于圆周，呈现"棘轮标记"。疲劳裂纹扩展区的贝壳纹状疲劳弧线是在疲劳裂纹稳定扩展阶段形成的与疲劳裂纹扩展方向垂直的弧形线，是疲劳裂纹瞬时前沿线的宏观塑性变形痕迹。旋转弯曲疲劳的疲劳裂纹沿外源表面的扩展速率大于疲劳裂纹向内部的扩展速率，所以弧线从源点向扩展方向凹陷，即凹形弧线。由于疲劳裂纹在扩展过程中轴不停地旋转，裂纹的前沿向旋转的相反方向偏转，因此旋转弯曲疲劳瞬断区会向旋转的相反方向偏转一个角度，而当载荷应力大小较低时，疲劳裂纹扩展区占整个断口比例较大而瞬断区面积较小，且离轴心位置较远。旋转弯曲疲劳示意图如图 9-1-40 所示。

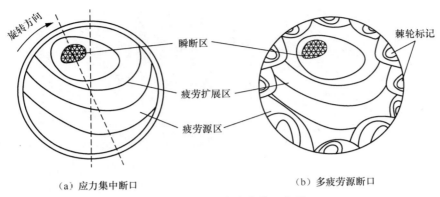

（a）应力集中断口　　　　　　　　　　　　（b）多疲劳源断口

图 9-1-40　旋转弯曲疲劳示意图

夹杂物为引起断裂的内在因素，因钢中夹杂物属于与基体结合较弱的脆性相，加之最大应力往往集中在夹杂物与钢基体界面上，少量的应变便会使夹杂物与钢基体界面形成孔洞。轮斗减速机输入轴在未承受交变应力之前，硫化物虽能与基体紧密连接，但大量硫化物的存在已严重破坏了基体的连续性。而在交变应力作用下，硫化物难以变形，易与基体脱离，形成点状缺陷，导致塑性较好、与基体结合较弱的硫化物在应力作用下较早地在硫化物与基体间的界面处开裂，萌生疲劳裂纹。

六、案例 6：磨蚀导致引风机叶片断裂

1. 基本情况

某电厂掺烧高炉煤气机组 2 号锅炉吸风机叶片，全部更换后运行仅 14 个月再次发生断裂。该吸风机为 SAF-29.5-19-2 型动叶可调轴流引风机，参数如下：风量 246.1m³/s，转速 990r/min，风压 8.875MPa，进口温度 127℃，实际工作温度为 160℃左右，叶片材质为 15MnV，外层有防磨涂层，具体材质不详，叶片断裂外观形貌及开裂位置如图 9-1-41 所示。

图 9-1-41　叶片断裂外观形貌及开裂位置

2. 检查分析

已断裂叶片的断口表面平齐光滑，氧化严重，进风侧及出风侧均已有明显的减薄及吹损，未发生明显的塑性变形，属于脆性断裂。未完全断裂的叶片表面，有明显的冲击和磨蚀痕迹，叶片顶部变形严重，叶片的进风侧有机械堆焊涂层，出风侧变形严重，也有明显的减薄及吹损，所有叶片断裂位置近似在同一区域，进风侧均存在犁沟状凹坑，凹坑内残留灰状物。具体情况如图 9-1-42～图 9-1-44 所示。

叶片防磨层承受磨粒磨损和颗粒冲蚀磨损，叶片基体减薄磨损明显，进风侧防磨涂层磨损严重，形成犁沟状内凹。

图 9-1-42　进风侧叶片磨蚀

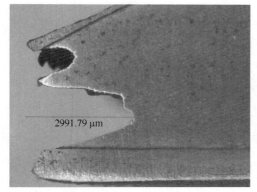

图 9-1-43　进风侧磨蚀坑体式显微镜下形貌（10 倍）

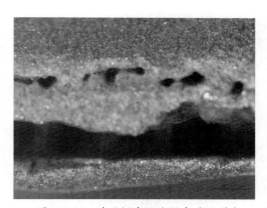

图 9-1-44　进风侧磨蚀坑深度（10 倍）

对叶片取试样进行力学性能试验，试验结果显示下屈服强度值偏低，拉伸试样的抗拉强度值差值较大，与性能良好叶片相比，叶片的工作可靠性降低。

对叶片犁沟状凹坑内存留的灰状物进行能谱分析，犁沟状凹坑内壁表面灰状物主要存在 O、Al、Mg、Si、S、P、Cl、K、Ti、Ca、Fe 成分，灰分中氧化物含量较高，具有磨损作用。

3. 结论

机组掺烧的高炉煤气中含有大量灰分，运行中对叶片表面造成严重磨蚀和冲刷，造成进气侧形叶片成犁沟状凹坑以及出气侧叶片受损，损坏部位形成应力集中，在外力作用下导致吸风机叶片发生断裂。

4. 措施

为防止叶片出现磨蚀失效，要从以下两点加以控制。首先，要提高除尘设备净化高炉煤气效率，有效控制烟气中的大灰粒浓度，降低风道中悬浮固体灰粒对风机叶片的磨损或黏附；其次，选择耐磨性能较好的材料制作叶片，改进叶片的表面防磨涂层的工艺，对运行中易磨部位覆盖防磨耐磨壁进行防磨强化处理。

5. 知识拓展与点评

我国火力发电厂烟气含尘体积质量普遍为400～1000mg/m³，如果是掺烧高炉煤气机组，烟气含尘体积质量会更高。引风机输送的介质是温度较高的含烟气体，其长期运行在高温、高灰分腐蚀性颗粒环境中，风机内带粒流动的灰粒所造成的叶片腐蚀或磨损问题日益突出。

风机内带粒流动的灰粒所造成的叶片磨损或腐蚀，从工程技术应用角度分析主要有两种。一种是较大的颗粒在叶片工作表面流动为主要特征的磨损现象。磨损主要是灰粒使受撞击的物体表面产生疲劳和切削作用形成的，研究资料表明在切削磨损中最重要的参数是耐磨材料硬度，其中侵入比是影响磨损模式的参数之一，随着侵入比的增加，叶片表面的磨损模式是先由犁沟模式过渡到堆积形成模式，然后变迁到切削模式。叶片的被磨损量主要与烟气中灰粒浓度、灰粒形状大小、灰粒流动方向等有关。

另一种是以较小的颗粒在叶片非工作表面流动为主要特征的黏附现象，相关研究报告显示，直径5μm的小灰粒几乎不可能使材料磨损，因此其对叶片的危害就由磨损转化为黏附。引风机叶片在磨损过程中气流中因含有"湿"或分子吸附条件及其灰粒摩擦撞击所引起的静电吸引，使粒度较小的颗粒黏附于流道壁面上产生黏附现象。因此，风机风道中悬浮固体颗粒中较小者沿叶道吸引力而流动，虽有磨损，但主要是黏附危害。

七、案例7：冶金质量不佳引起的引风机叶片断裂

1. 基本情况

2015年3月25日，某电厂1号机组A引风机振动及电机电流突然增大，超过跳机值，引风机保护动作停机。打开A引风机上盖，发现二级动叶叶片一片发生断裂，将其他叶片打损。该引风机由上海鼓风机厂制造，为SAF-29.5-19-2型动叶可调轴流引风机，设计参数如下：风量356.87m³/s，转速990r/min，风压10825Pa，进口温度160℃，实际工作温度为160℃左右，吸风机叶片材质为15MnV，规格未提供，叶片外层为防磨涂层，具体材质不详。

2. 检查分析

断裂的引风机叶片未发生明显的塑性变形，表面防磨涂层进气侧较为完好，出气侧有叶片撕裂变形的形貌。进气侧有机械堆焊涂层，断裂处堆焊涂层较为完整，其下部堆焊的涂层有被磨蚀的痕迹，呈现犁沟状凹坑，凹坑底端较为圆滑未发现裂纹，凹坑深度为1.8mm。距离叶片下边缘40mm和65mm位置在涂层上发现两条横向裂纹，由此判断该区域为应力集中部位。整个断口可分为疲劳源区、疲劳裂纹扩展区和瞬断区三个区域。疲劳源区为引风机进风侧位置；疲劳裂纹扩展区为疲劳裂纹由进风侧压力面向出风侧吸力面推进扩展，呈贝壳纹状，较平滑，占整个断口约1/2；瞬断区为叶片未完全断裂前运行过程中撕裂较粗糙区域；宏观判断该引风机叶片属于疲劳断裂。具体形貌

如图 9-1-45～图 9-1-47 所示。

　　为进一步找出叶片疲劳断裂的原因，对断裂叶片解剖取样，进行金相组织、扫描电镜和能谱分析等试验，取样位置及编号如图 9-1-48 所示。金相组织试验发现试样 1 纵截面存在大量夹杂物，夹杂物为带角或圆形的、形态比小的、黑色无规则分布的颗粒。依照 GB/T 10561《钢中非金属夹杂物含量的测定　标准评级图显微检验法》的规定，根据其分布及形态，判断该夹杂物为球状氧化物，等级为 D3。从电子显微镜下观察断口微观形貌，可见大量的气孔性缺陷和夹杂类缺陷，且缺陷在外源表面分布较多，涂层分两层，中间连接不够紧密，可见气孔类缺陷，具体情况如图 9-1-49～图 9-1-52 所示。能谱分析发现夹杂物含有较高的 Si，外层涂层为 Cr、Ni、W 合金，内层涂层为 Cr、Ni 合金。

图 9-1-45　断口宏观形貌

图 9-1-46　疲劳源区形貌

图 9-1-47　进气侧宏观形貌

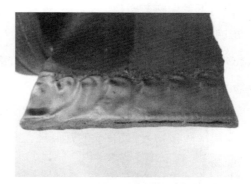

图 9-1-48　取样位置及编号

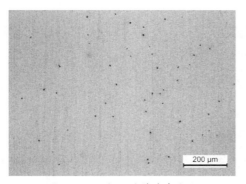

图 9-1-49　断口边缘金相组织

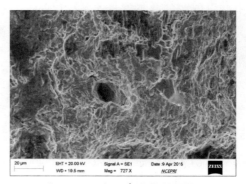

图 9-1-50　断口表面微观形貌

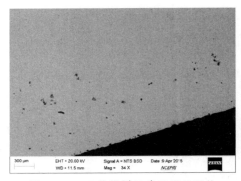
图 9-1-51 2 号试样纵截面微观形貌

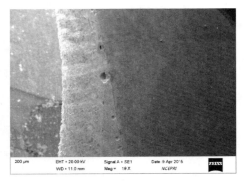
图 9-1-52 涂层微观形貌

综合上述试验结果分析认为，引风机叶片存在夹杂类缺陷和大量的气孔类缺陷，加上引风机基体的韧性较涂层高，叶片易于在外源表面缺陷处产生微裂纹，从而撕裂强度较高而韧性较差的涂层。另外，防磨涂层中存在较多的气孔，较为疏松，易于微裂纹扩展。由离心力引起的拉应力和气流压力波动引起的交变应力综合作用下，在其薄弱处产生微裂纹。微裂纹首先在进气侧外源表面萌生，由进气侧压力面向出风侧吸力面推进扩展，当裂纹达到临界尺寸时，引风机叶片最终发生疲劳断裂。

3. 结论

1 号机组 A 引风机动叶叶片断裂的主要原因为叶片本身存在夹杂类缺陷及大量的气孔类缺陷，在交变应力作用下发生疲劳断裂。

4. 知识拓展与点评

根据 GB/T 10561《钢中非金属夹杂物含量的测定 标准评级图显微检验法》的相关规定，按照夹渣物的形态和分布，标准图谱分为 A、B、C、D 和 DS 五大类。评级图片相当于 100 倍下纵向抛光平面上面积为 0.50mm² 的正方形视场。这五大类夹杂物代表最常观察到的夹杂物的类型和形态，具体如下：

（1）A 类（硫化物）：具有高的延展性，有较宽范围形态比（长度/宽度）的单个灰色夹杂物，一般端部呈圆角。

（2）B 类（氧化铝）：大多数没有变形，带角的，形态比小（一般小于 3），黑色或带蓝色的颗粒，沿轧制方向排成一行（至少有 3 个颗粒）。

（3）C 类（硅酸盐类）：具有高的延展性，有较宽范围形态比（一般不小于 3）的单个呈黑色或深灰色夹杂物，一般端部呈锐角。

（4）D 类（球状氧化物类）：不变形，带角或圆形的，形态比小（一般小于 3），黑色或带蓝色的，无规则分布的颗粒。

（5）DS 类（单颗粒球状类）：圆形或近似圆形，直径不小于 13μm 的单颗粒夹杂物。

每类夹杂物又根据非金属夹杂物颗粒宽度的不同分为粗系和细系两个系列，每个系列根据夹杂物含量递增，为 0.5～3 级。

解决夹杂物问题主要应该从热力学和动力学两方面考虑，热力学解决夹杂物的形成和变性，动力学解决夹杂物的脱除。热力学的核心问题是围绕钢中溶解氧和全氧的含量决定合理的脱氧制度、合适的温度和还原气氛控制、对夹杂物的变性处理。动力学的核心问题主要是通过优化精炼渣的物理化学性能（比如碱度、黏度、熔化温度等因素）、合适的吹氩制度和镇定时间、稳定的耐火材料、良好的中间包流场和合适的保护渣性能等来促进夹渣物的上浮和吸附去除。

对于控制夹杂物的实际操作来说，首先要强调工艺的稳定性、标准化操作，必须抓好关键工序的操作。

电炉出钢要尽量减少下渣，稳定出钢的钢水量、温度和成分，尽量控制好稳定的过氧化程度，为精炼的顺利脱氧、脱硫做好前提准备；精炼要注意优化脱氧工艺，目前炼钢厂生产基本采用加铝进行强化脱氧，将钢中溶解氧降低至 2～4μL/L，然后通过真空除气法（VD）真空处理、保护浇铸、中间包冶等。

第二节 其 他 部 件

一、案例 1：某余热锅炉Ⅱ级高压主蒸汽减温水滤网法兰泄漏事故失效分析

1. 概述

2017 年 1 月 26 日，某电厂 3 号余热锅炉高压汽包Ⅱ级高压主蒸汽减温水滤网的法兰发生泄漏。3 号炉高压汽水系统及发生泄漏位置如图 9-2-1 所示。

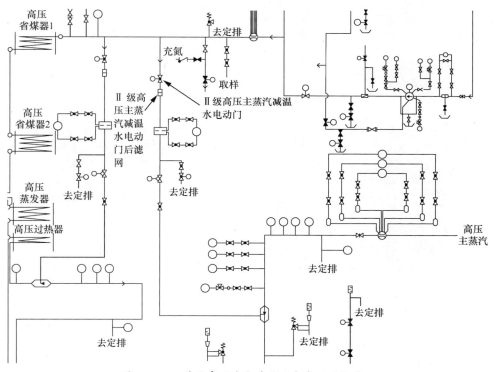

图 9-2-1 3 号炉高压汽水系统及发生泄漏位置

2. 检查分析

（1）宏观形貌分析。减温水滤网为圆锥形结构，框架为孔状钢板弯制后焊接完成，整体材质为 304 不锈钢。发生损坏的位置为与减温水滤网相连的法兰，发生损坏的位置如图 9-2-2 所示，断口的宏观形貌如图 9-2-3 所示。

对断裂位置进行观察，断裂位置如图 9-2-4 所示，断裂发生在法兰盘上。肉眼可见靠近焊缝的断口上有一针尖状小孔（见图 9-2-3）。对该小孔所在的截面进行金相观察，断裂位置的截面金相组织如图 9-2-5 所示，发现小孔位于焊缝区，说明该小孔是由于焊接所形成的气孔。

图 9-2-2　发生损坏的位置

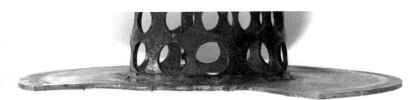

图 9-2-3　断口的宏观形貌

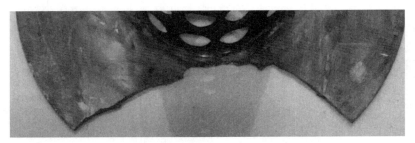

图 9-2-4　断裂位置

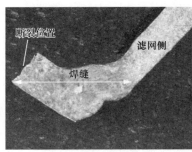

（a）断裂位置

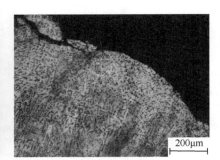

（b）微观形貌

图 9-2-5　断裂位置的截面金相组织

（2）化学成分分析。对滤网和法兰进行光谱分析，分析其主要合金元素含量，滤网和法兰化学元素成分含量见表 9-2-1，由表可知，滤网和法兰的主要合金元素含量符合标准规定。

合金元素	Cr	Ni	Mn
GB/T 20878 的要求值	18.00～20.00	8.00～11.00	≤2.00
滤网元素含量	17.77±0.5	8.68±0.63	0.96±0.38
法兰元素含量	17.98±0.48	8.63±0.6	1.10±0.37

表 9-2-1　　　　　　　　滤网和法兰化学元素成分含量　　　　　单位：%（质量百分数）

（3）金相组织。对滤网和法兰进行金相取样，经打磨、抛光、王水腐蚀后，观察其金相组织，滤网和法兰金相组织如图 9-2-6 所示，组织均为奥氏体，无明显差异，为 304 不锈钢金相组织。

（a）滤网　　　　　　　　　　　　（b）法兰

图 9-2-6　滤网和法兰金相组织

（4）断口分析。在扫描电镜下对断口和针尖状小孔进行观察，断口上的孔洞缺陷和扩展区的疲劳条带如图 9-2-7 所示。图 9-2-7（b）为图 9-2-7（a）的放大形貌，法兰厚度为 2mm 左右，孔洞的直径约为 0.4mm，孔洞的大小约占了壁厚的 20%。图 9-2-7（c）为孔洞边缘的形貌，呈现出以孔洞为起源，裂纹向外撕裂扩展的形貌。图 9-2-7（d）为扩展区中的疲劳条带形貌。

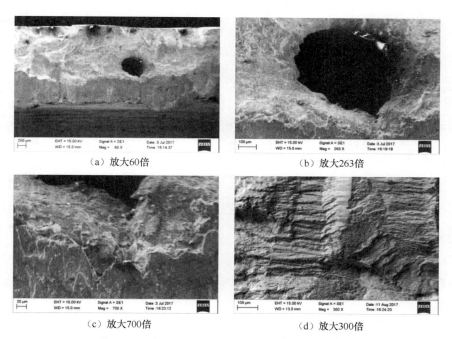

（a）放大60倍　　　　　　　　　　（b）放大263倍

（c）放大700倍　　　　　　　　　　（d）放大300倍

图 9-2-7　断口上的孔洞缺陷和扩展区的疲劳条带

3．综合分析

经化学成分分析和金相组织观察发现，滤网和法兰的化学成分合格、金相组织正常，材质未错。

对断口进行观察发现，断口中存在孔洞缺陷，该孔洞位于焊缝区，为焊接过程中形成的气孔。孔洞直径约为 0.4mm，约占壁厚的 20%，孔洞边缘的裂纹呈现出向外撕裂扩展的特征，说明该气孔是导致断裂发生的起源。

4．结论

导致此次高压主蒸汽减温水滤网法兰失效的原因是在与滤网相连的焊缝中存在气孔缺陷，在实际使用过程中，滤网不断受到高压蒸汽的冲击，带动法兰和焊缝发生振动。气孔边缘是应力集中的位置，在长期振动下，气孔边缘萌生疲劳裂纹，并在使用中不断扩展，最终导致法兰断裂失效。

5．知识点扩展及点评

焊后应及时采用无损检测（如超声检测或 X 射线探伤等）的方法对焊缝进行检测，确保焊接质量合格。该案例又是一起由焊接缺陷而导致部件失效的事故。焊接气孔虽然尺寸不大，但当焊缝本体较薄时，气孔的存在会明显减小焊缝的有效承载面积，导致焊缝的实际承载能力降低。

二、案例 2：射油器出口止回阀腔室壳体裂纹失效分析

1．概述

电厂运行人员于 2013 年 4 月 22 日 15:20 发现 4 号机交流润滑油泵因润滑油油压低联启。检查发现主油箱人孔盖处向外漏油，初步分析油箱内有泄漏点，后打开主油箱人孔盖检查发现，射油器出口止回阀法兰角焊缝泄漏。为防止焊缝裂纹扩大，造成机组因润滑油压低而引起更大的事故，特申请停机处理。机组滑参数停机，降缸温至 150℃，停盘车，主油箱放油，更换部件，进行彻底处理。该壳体材料为 0Cr18Ni9，规格为 ϕ346mm×10mm。

射油器出口止回门法兰角焊缝泄漏，导致主油箱向外漏油、交流润滑油泵联启。

2．检查分析

（1）宏观形貌分析。腔室壳体裂纹、壳体角焊缝裂纹分别如图 9-2-8、图 9-2-9 所示，在射油器出口止回阀腔室壳体上存在一条呈 L 形的裂纹，其中在壳体上的裂纹长度约 260mm，沿壳体角焊缝的裂纹长约 200mm。由图 9-2-8 可见，壳体上的裂纹经过调整杆杆套角焊缝。断口宏观形貌如图 9-2-10～图 9-2-12 所示，断口无明显塑性变形，表面平整，为脆性断裂的特征。由图 9-2-11 和图 9-2-12 还可以看出调整杆角焊缝和壳体角焊缝均未焊透。但根据设计要求，调整杆杆套角焊缝应为焊透结构，而壳体角焊缝可以不焊透，故调整杆杆套角焊缝存在未焊透型焊接缺陷。进一步由图 9-2-12 可见，调整杆杆套角焊缝未焊透区较大，焊缝被分为内外两层，最薄处焊层厚度仅 2mm，此处的强度已很难保证。

图 9-2-8　腔室壳体裂纹

图 9-2-9　壳体角焊缝裂纹

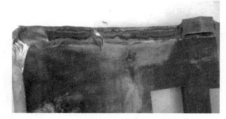

图 9-2-10　腔室壳体断口宏观形貌

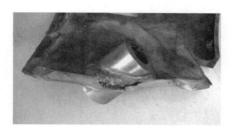

图 9-2-11　角焊缝断口宏观形貌

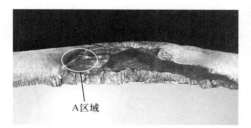

图 9-2-12　调整杆杆套角焊缝处断口宏观形貌

（2）SEM 分析。对图 9-2-12 中的 A 区域进行扫描电镜观察，图 9-2-12 中 A 区域 SEM 照片如图 9-2-13 所示，可见断口呈明显的脆性断裂特征。

图 9-2-13　图 9-2-12 中 A 区域 SEM 照片

（3）化学成分分析。对射油器出口止回门腔室壳体进行化学成分分析，壳体的化学成分分析结果见表 9-2-2，虽然 Cr 含量略低于标准值，但处于仪器误差范围内，表明材质没用错。

表 9-2-2 壳体的化学成分分析结果 单位：%（质量百分数）

化学元素	Cr	Ni
GB/T 24511 的要求值	18.0～20.0	8.0～10.50
壳体	17.55	8.12

（4）金相组织分析。对壳体母材和调整杆杆套焊缝进行金相组织分析，焊缝、壳体母材金相组织分别如图 9-2-14、图 9-2-15 所示。母材金相组织为奥氏体，焊缝区金相组织为枝状奥氏体+δ 铁素体，金相组织正常。

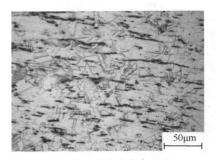

图 9-2-14 焊缝金相组织

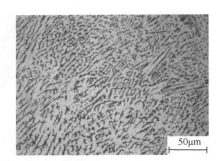

图 9-2-15 壳体母材金相组织

（5）力学性能分析。在壳体上取拉伸试样 3 个，试样规格为 ϕ 5mm 比例试样，标记为 L1、L2 和 L3。壳体力学性能测试结果见表 9-2-3，结果表明所检试样的拉伸性能符合 GB/T 24511《承压设备用不锈钢和耐热钢钢板和钢带》的规定。

表 9-2-3 壳体力学性能测试结果

力学性能	抗拉强度 R_m（MPa）	断后伸长率 A（%）
GB/T 24511 的要求值	≥520	≥40
L1	728	52
L2	724	47.5
L3	733	45

3. 综合分析

由化学成分、金相组织和力学分析结果可知，该壳体用材与 GB/T 24511《承压设备用不锈钢和耐热钢钢板和钢带》中规定的一致，表明未用错材质，并且也表明裂纹的产生和壳体本身无关。

由宏观形貌和 SEM 分析可知，该壳体裂纹主要为脆性断裂，起源于调整杆杆套角焊缝的未焊透处。在机组运行中，该处长期受到润滑油的冲击，角焊缝本就是应力集中的位置，加之该处角焊缝还存在未焊透缺陷，导致最终断裂。

4. 结论

止回阀腔室壳体发生断裂的原因是调整杆杆套角焊缝存在严重的未焊透型焊接缺陷，该位置在润滑油长期冲击作用下，最终在未焊透处开裂。

5. 知识点扩展及点评

更换新的止回阀腔室壳体后，应对角焊缝，尤其是调整杆杆套角焊缝进行无损检测，避免存在未焊透型缺陷。

该案例是未焊透型焊接缺陷危害的典型，未焊透缺陷是造成焊缝失效的因素之一，进而导致整个部件失效。因此，焊后及时对焊缝进行无损检测是十分必要的。

三、案例 3：2205 双相不锈钢湿式电除尘器阴极线短时锈蚀原因分析

1. 基本情况

某电厂 2 号机组采用湿式电除尘器，主要由电除尘器壳体、入口和出口喇叭（包括除雾器）、放电极系统及支撑结构等部件组成。其阴极线共 1512 根，规格为 $\phi 20mm \times 1.5mm$，放电针角度为 120°，针距为 50mm，长度为 6872mm，型式为鱼骨针线，属于芒刺线，材质为 2205。该阴极线于 2015 年 5 月中旬安装，之后进行过几次水冲洗，5 月 28 日进行了一次带电试验，电压升至 50kV 左右，大约通电 10min。6 月初发现两根阴极线锈蚀严重，其他均有不同程度的锈蚀。

2. 检查分析

经宏观检查，阴极线外表面无毛刺、焊渣、飞溅，局部存在较重的锈蚀痕迹，锈蚀痕迹较为致密，为阴极线自生锈迹，阴极线试验取样整体形貌、阴极线外表面锈迹形貌如图 9-2-16、图 9-2-17 所示。随后对阴极线取样进行光谱、机械性能、金相、扫描电镜及能谱和模拟对比试验。光谱分析主要合金元素含量均在标准范围内，未错用材质。拉伸试验结果除断后伸长率略低于标准值外，其他指标均符合标准要求。金相组织为奥氏体+铁素体，为 2205 双相不锈钢（2205DSS）固溶状态下的正常组织，外表面存在腐蚀坑，外表面金相组织如图 9-2-18 所示。扫描电镜试验观察到奥氏体相形态种类比较多，呈块状、条状和点状。纵截面金相组织微观形貌如图 9-2-19 所示，依据 GB/T 13305《不锈钢中 α-相面积含量金相测定法》，由图 9-2-19 与标准图谱对照，可以看出 α-相面积约为 50%，表明阴极线的热处理工艺较好。利用能谱对不同锈蚀位置进行成分分析，发现锈迹存在 Cl、S、C、O、Si、P、Al、Ca、Ti 等元素，推测杂质元素沉积在阴极线表面与阴极线生锈存在一定的关系，阴极线试样外表面锈蚀形貌如图 9-2-20 所示。

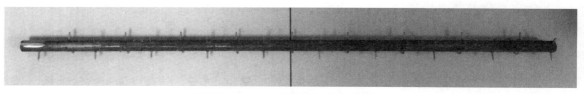

图 9-2-16　阴极线试验取样整体形貌

图 9-2-17　阴极线外表面锈迹形貌

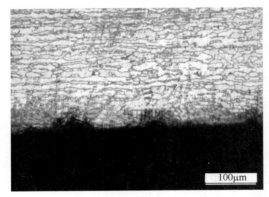

图 9-2-18　外表面金相组织

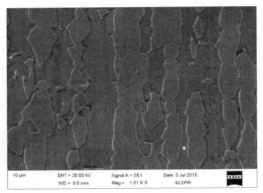

图 9-2-19　纵截面金相组织微观形貌

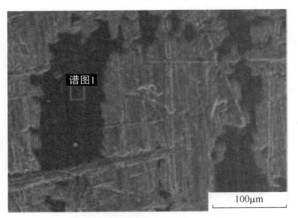

图 9-2-20　阴极线试样外表面锈蚀形貌

　　为确定杂质元素 Cl、S 元素与生锈的关系，模拟电厂水洗阴极线的环境进行试验。水洗阴极线是利用工业水在室温下冲洗 3min，然后自然干燥。工业水对 pH 值、电导率、Cl⁻、硬度、含油量、含盐量有严格要求。如果工业水质不达标，含有杂质元素 Cl 与 S 元素，它们以 Cl⁻和 SO_4^{2-} 存在的可能性大。为了分析杂质元素 Cl、S 元素以 Cl⁻、SO_4^{2-} 离子单独存在时以及 Cl⁻和 SO_4^{2-} 离子共同作用下对阴极线表面的影响，现配置 4 种溶液分别为蒸馏水、Na_2SO_4、HCl、Na_2SO_4+HCl，模拟工业水冲洗阴极线环境。在这 4 种溶液中，分别放入 4 块磨光露出金属光泽的阴极线试样，浸泡 3min，取出试样自然干燥。18h 后进行观察，蒸馏水浸泡后的试样表面光亮，未发生锈蚀；而 Na_2SO_4、HCl、Na_2SO_4+HCl 溶液浸泡后的试样，均有不同程度的锈蚀痕迹。为进一步研究各溶液对阴极线试样锈蚀的程度和表面残留杂质元素的含量，对锈蚀试样进行超声波清洗，在扫描电镜下进行微观形貌分析和能谱分析。经过观察发现 Na_2SO_4 溶液浸泡过的试样基体裸露出来的面积较 HCl 溶液的试样小，可以看出 2205DSS 对 Cl^- 的腐蚀敏感性比 SO_4^{2-} 要高；而在 Na_2SO_4+ HCl 溶浸泡的试样微观形貌可见开裂的形貌，腐蚀最严重，可见 SO_4^{2-} 可以加速 2205DSS 在 Cl^- 溶液中腐蚀作用。

以上试验可以得出，Cl^-、SO_4^{2-} 对 2205DSS 均产生腐蚀作用；Cl^- 对试样的腐蚀能力较 SO_4^{2-} 强；在 Cl^- 与 SO_4^{2-} 共同存在下时，以 Cl^- 对阴极线表面的腐蚀为主，SO_4^{2-} 可以促进腐蚀。Na_2SO_4 溶液、HCl 溶液、Na_2SO_4+HCl 溶液浸泡后外表面腐蚀形貌如图 9-2-21～图 9-2-23 所示。

图 9-2-21　Na_2SO_4 溶液浸泡后外表面腐蚀形貌

图 9-2-22　HCl 溶液浸泡后外表面腐蚀形貌

图 9-2-23　Na_2SO_4+HCl 溶液浸泡后外表面腐蚀形貌

3. 结论

湿式电除尘器阴极线短时锈蚀的原因为少量的 Cl、S 元素以活性离子 Cl^-、SO_4^{2-} 形式存在时，较低浓度就对不锈钢具有腐蚀性，其中 Cl^- 对 2205DSS 的腐蚀能力强，再加上 SO_4^{2-} 可以促进腐蚀，因此在较短时间其能吸附溶解 2205DSS 钝化膜，使得基体与潮湿的空气接触，从而形成以 Fe_2O_3 为主要成分的铁锈。

4. 措施

对阴极线存放应选择适当的平整室内场地储存，露天储存时应避免日晒、雨淋，不得有积水、浸泡和使阴极线变形的现象。对电厂工业水质进行定期检验，确保水质合格。

5. 知识拓展与点评

2205DSS 兼具铁素体不锈钢和奥氏体不锈钢的优点，具有优良的综合性能。与 316L 和 317L 奥氏体不锈钢相比，2205DSS 在抗斑蚀方面的性能更优越，它具有很强的耐腐蚀能力。2205DSS 很强的耐腐蚀性能取决于均匀的合金元素分配、平衡的铁素体和奥氏体比例，没有组织缺陷，热处理工艺，复杂的环境等因素。当这些因素不能同时满足时，腐蚀就会发生。

另一理论认为，不锈钢不易生锈与其在基体内加入 12.5% 以上的 Cr 有关，高 Cr 含量的不锈钢表面会形成一层致密的稳定的钝化膜，这种钝化膜是一种氧化物，将内部保护起来，防止基体被破坏。2205DSS 的钝化膜很薄，通常小于 5nm，能够在不锈钢的表面自发形成，具有双层结构。而当 2205DSS 表面存在 Cl、S 元素时，即使含量较低，Cl^- 也足以吸附溶解部分 2205 钝化膜，再加上 SO_4^{2-} 可以促进腐蚀进程，起到催化作用。当钝化膜被破坏金属暴露出来时，金属与潮湿的空气接触，就会形成以 Fe_2O_3 为主要成分的铁锈。钝化膜未被破坏的位置，呈现金属光泽，未被锈蚀。

四、案例 4：吸收塔湍流器泄漏失效分析

1. 概述

某电厂吸收塔湍流器发生泄漏，材质为 TP304 和 TP316L，运行时间一年半左右。运行期间电厂对吸收塔浆液做过检测，检测表明浆液中 Cl^- 离子含量为 20633.48mg/L，并且还存在 SO_2。为查找泄漏原因对其进行检查分析。

2. 检查分析

（1）宏观分析。发生泄漏与断裂的 4 块湍流器碎片编号分别为 1、2、3、4 号，湍流器碎片宏观形貌如图 9-2-24 所示。2 号碎片腐蚀减薄明显，腐蚀较严重的区域集中在母材与搭接焊缝连接处，母材上存在孔洞，最大尺寸孔洞为长 48.44mm、宽 12.84mm，2 号碎片宏观形貌如图 9-2-25 所示。利用体式显微镜观察孔洞可以看到明显的腐蚀氧化痕迹，呈红褐色和铜绿色，2 号碎片腐蚀孔洞形貌如图 9-2-26 所示。

 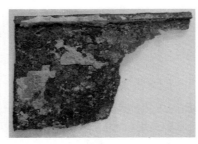 

图 9-2-24　湍流器碎片宏观形貌图　　　图 9-2-25　2 号碎片宏观形貌　　　图 9-2-26　2 号碎片腐蚀孔洞形貌

3、4 号碎片原为两块不锈钢板搭接焊接，之后沿焊缝断裂形成。母材接触浆液面存在腐蚀痕迹，但是减薄不明显。3、4 号碎片焊缝断裂位置关系如图 9-2-27 所示，从图中可以看出 4 号碎片母材部分存在开裂，3 号碎片焊缝附近存在焊接飞溅等焊接缺陷。3 号碎片焊缝断口处宏观形貌如图 9-2-28 所示，可以看出断口平直，没有塑性变形痕迹。3 号碎片断点焊缝气孔和焊接飞溅情况如图 9-2-29 所示，焊缝外观质量差存在焊道不均匀和焊接飞溅现象。

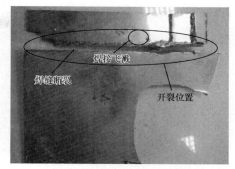

图 9-2-27 3、4 号碎片焊缝断裂位置关系

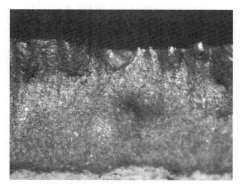

图 9-2-28 3 号碎片焊缝断口宏观形貌

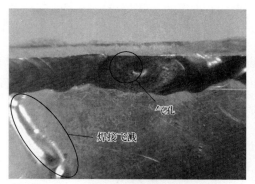

图 9-2-29 3 号碎片焊缝气孔和焊接飞溅情况

（2）化学成分分析。参照 ASME SA-240/SA-240M《压力容器和一般用途耐热铬及铬镍不锈钢板薄板和钢带》中对于 TP304 和 TP316L 的主要化学成分的要求，使用尼通 XL2980 手持光谱分析仪对 1、2、3、4 号碎片分别进行光谱分析，主要化学元素分析结果见表 9-2-4。结果表明，1、2 号不锈钢板的 Cr 元素含量略低于标准要求，其他主要化学元素符合 TP304 钢板标准要求；3、4 号不锈钢板的主要化学元素符合 TP316L 钢板标准要求。

表 9-2-4　　　　　　　　　　　　主要化学元素分析结果　　　　　　　　单位：%（质量百分比）

主要元素	Cr	Ni	Mo	Mn	Si
ASME SA-240（TP304）	18.00～20.00	8.00～10.50	—	≤2.00	≤0.75
ASME SA-240（TP316L）	16.00～18.00	10.00～14.00	2.00～3.00	≤2.00	≤0.75
1 号	17.89	8.52	0.14	1.15	0.67
2 号	17.87	8.42	0.16	1.17	0.73
3 号	16.54	10.48	2.07	1.37	0.74
4 号	15.98	10.56	2.17	1.40	0.72

（3）金相组织分析。对 1 号碎片横截面和与吸收塔浆液接触面进行金相观察，其金相组织均为奥氏体，1 号碎片母材部分、1 号碎片与浆液接触面金相组织分别如图 9-2-30 和图 9-2-31 所示。对 4 号碎片母材横截面进行金相观察，其金相组织为奥氏体，4 号碎片母材部分金相组织如图 9-2-32 所示。

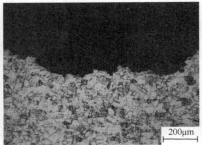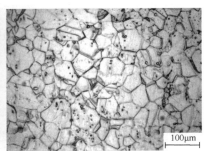

图 9-2-30　1 号碎片母材部分　　图 9-2-31　1 号碎片与浆液接触面　　图 9-2-32　4 号碎片母材部分
金相组织　　　　　　　　　金相组织　　　　　　　　　金相组织

对 3 号碎片碎片断裂焊缝纵截面进行金相观察，3 号碎片断口位置裂纹微观形貌如图 9-2-33 所示，可以看出焊缝金相组织为柱状晶，存在从焊缝断口向内扩展的微裂纹，没有观察到塑性变形所引起的晶格变形情况。对 4 号碎片母材开裂处纵截面进行金相观察，4 号碎片母材开裂位置金相组织如图 9-2-34 所示，其金相组织为奥氏体组织，断裂方式为穿晶断裂。

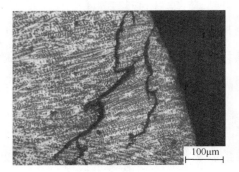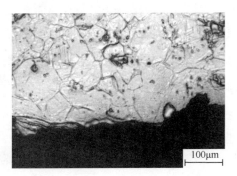

图 9-2-33　3 号碎片断口位置裂纹微观形貌　　　　图 9-2-34　4 号碎片母材开裂位置金相组织

（4）扫描电镜分析。对 3 号湍流器碎片的断口进行 SEM 分析可知，3 号湍流器碎片焊缝断口 SEM 形貌如图 9-2-35 所示，断口表面微观形貌为解理断裂呈河流花样，为典型脆性断裂形貌。

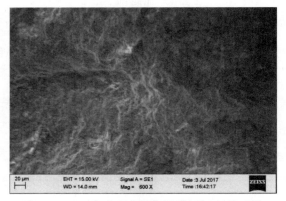

图 9-2-35　3 号湍流器碎片焊缝断口 SEM 形貌

对 2 号碎片受腐蚀面进行能谱分析实验，2 号碎片腐蚀面能谱分析结果如图 9-2-36 所示。进一步对

2 号试样上残留的淡黄色沉淀物研磨后进行能谱分析，2 号碎片沉淀物能谱分析结果如图 9-2-37 所示。

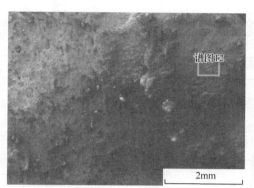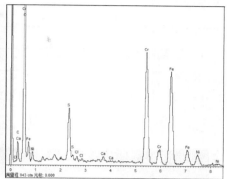

图 9-2-36　2 号碎片腐蚀面能谱分析结果

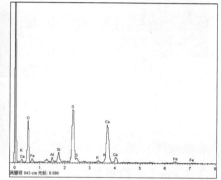

图 9-2-37　2 号碎片沉淀物能谱分析结果

2 号碎片腐蚀面能谱分析结果显示，腐蚀面腐蚀残留产物中含有 S 元素，其质量百分比为 3.77%。2 号碎片上取下的沉淀物能谱分析结果显示，沉淀物中有大量的 S 元素，其质量百分比为 16.24%。

3. 综合分析

1、2 号湍流器碎片腐蚀减薄和泄漏主要是由于浆液中存在的沉淀物硬质颗粒，在冲刷湍流器过程中对湍流器表面的不锈钢钝化膜产生减薄与破坏。由于钢中存在缺陷、杂质或在焊接过程中产生电弧飞溅、气孔等不均匀性，当介质中含有某些活性阴离子（如 Cl^-）时，首先被吸附在金属表面某些点上，从而使不锈钢表面钝化膜发生破坏，形成蚀孔。点蚀一旦发生，蚀孔内的金属发生阳极溶解反应：$Fe \rightarrow Fe^{2+}+2e^-$ 和 $Cr \rightarrow Cr^{3+}+3e^-$。而钝化膜受到破坏的不锈钢板与存在 Cl^-、SO_3^{2-} 和少量 SO_4^{2-} 离子的浆液发生电化学反应，尤其是在缝隙处阻碍电解物移动更容易形成浓度差电池，电化学反应更容易，腐蚀情况更严重，这与宏观观察到的腐蚀情况一致。

从宏观来看，3、4 号湍流器焊口断裂，其焊缝外观质量存在焊接飞溅等焊接缺陷，断裂面显示其有气孔等内部缺陷。不仅影响接头强度和韧性而且容易造成局部应力集中和在内部缺陷处萌生裂纹。其金相组织显示焊缝断口平直几乎没有塑性变形，表明焊缝脆性较大。综合以上因素，连接不锈钢板的焊接工艺不良是造成该湍流器钢板焊缝质量差并早期断裂的主要原因。

4. 结论

该电厂吸收塔湍流器不锈钢板断裂原因主要有：

（1）TP304 不锈钢板开裂是钢板与浆液中所含的 Cl⁻ 等离子发生腐蚀反应所造成的。

（2）TP316L 不锈钢板是由于焊接缺陷所引起的不锈钢板焊缝脆性断裂。

5. 知识点扩展及点评

严格控制浆液中的 Cl⁻ 等离子含量，加强焊接质量监督，防止焊接缺陷大量存在。

TP316 不锈钢对浓硫酸具有很好的抗腐蚀性，但稀硫酸对其腐蚀效果明显，因此应特别注意水塔浓硫酸输送管的定期排放期间，应按照相关规定及时排空、排净，防止此类泄漏事故再次发生。

五、案例 5：余热锅炉烟囱吸氧腐蚀

1. 基本情况

某电厂于 2015 年 9 月 8 日检修时，发现其 5 号余热锅炉烟囱内表面存在腐蚀现象。该余热锅炉以天然气为燃料，其组分主要有 CH_4、C_2H_6 等，同时还含有 H_2S（2.0143μL/L），余热锅炉烟囱总高

为 80m，腐蚀主要发生在烟囱的上半部分，约为标高 60～80m 的内表面处，而 0～60m 处通过观察孔检查未发现明显腐蚀情况，烟囱 0、60、80m 内表面宏观形貌如图 9-2-38～图 9-2-41 所示。烟囱材质采用考顿钢（Corten），壁厚 8mm，表面涂有工艺漆。烟囱内温度一般为 70～80℃，由下向上温度会降低一些，但无温度测点，因此无法确定烟囱上部与下部的温差变化。烟囱内部介质主要为燃气轮机烟气、空气等，烟气中含有一定量的 SO_2 和 H_2O，从电厂 6、7、8 月 5 号机组

图 9-2-38　烟囱 0m 内表面宏观形貌

的在线监测系统报表可见，6、7、8 月 SO_2 的最大实测值分别为 120、8、4mg/m³，H_2O 含量均为 20%。

图 9-2-39　烟囱 60m 内表面宏观形貌

图 9-2-40　烟囱 80m 内表面宏观形貌

2. 检查分析

（1）宏观分析。烟囱腐蚀部位取样，其内表面腐蚀明显，腐蚀产物呈片层状脱落，多为锈红色，局部颜色较黑，腐蚀产物下面可见腐蚀坑，送检烟囱取样和脱落的腐蚀产物如图 9-2-41 所示。而外表面无明显腐蚀痕迹，送检烟囱取样外表面如图 9-2-42 所示。

图 9-2-41　送检烟囱取样和脱落的腐蚀产物

图 9-2-42　送检烟囱取样外表面

（2）化学成分分析。对送检烟囱取样进行光谱分析，无论未腐蚀试样还是腐蚀试样的 Mn 含量均偏高，其他成分在此范围内，而未腐蚀试样和腐蚀试样其化学成分基本相同。

（3）金相组织分析。对腐蚀烟囱纵向取样进行金相组织分析，可见内表面有腐蚀坑，坑内存在腐蚀产物（见图 9-2-43），其金相组织为铁素体+珠光体组织，晶粒度 8～12 级（见图 9-2-44）。烟囱外表面无明显腐蚀现象，金相组织与腐蚀试样相同（见图 9-2-45）。

（a）形貌1

（b）形貌2

图 9-2-43　腐蚀烟囱内表面形貌

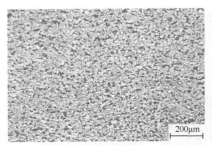

图 9-2-44　腐蚀烟囱取样中部金相组织

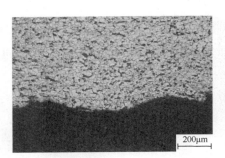

图 9-2-45　未腐蚀烟囱外表面金相组织

（4）力学性能试验。采用布氏硬度计对烟囱取样进行布氏硬度测试，腐蚀烟囱及未腐蚀烟囱取样的布氏硬度值在 160HBW 左右，与电厂提供的硬度参考值（≤170HBW）相符合。

（5）能谱分析。对烟囱腐蚀产物进行能谱分析，腐蚀产物中颜色偏黑部分主要 Fe、O 元素含量较高，同时还含有一定量的 S、Mn 元素，其中 Mn 为 7%、S 为 0.8%，颜色偏黑腐蚀产物的能谱分析如图 9-2-46 所示。而颜色呈浅锈红色的腐蚀产物主要呈针状，全部为 Fe、C、O 元素，浅锈红色腐蚀产物的能谱分析如图 9-2-47 所示。同时对烟囱腐蚀产物中颜色偏黑和浅锈红色部分分别进行 X 射线衍射分析（XRD），获得样品 1、2、3 的 XRD 图谱，如图 9-2-48～图 9-2-50 所示。由图可见，各样品的成分并无明显区别，主要为铁的氧化物和铁的氢氧化物，且并无明显的铁硫化物存在。样品 1、2、3 之间的主要区别在于其铁氧化物、铁的氢氧化物种类和所占比例上的不同。

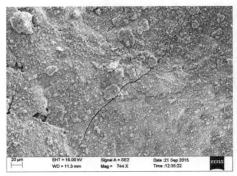
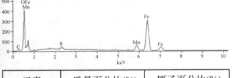

元素	质量百分比(%)	原子百分比(%)
CK	8.66	+/- 0.91
OK	32.05	+/- 0.67
SK	0.83	+/- 0.07
Mn K	7.16	+/- 0.30
Fe K	51.30	+/- 0.79
Total	100.00	

图 9-2-46　颜色偏黑腐蚀产物的能谱分析

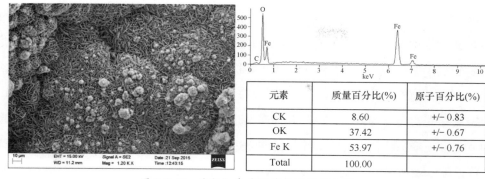

元素	质量百分比(%)	原子百分比(%)
CK	8.60	+/- 0.83
OK	37.42	+/- 0.67
Fe K	53.97	+/- 0.76
Total	100.00

图 9-2-47　浅锈红色腐蚀产物的能谱分析

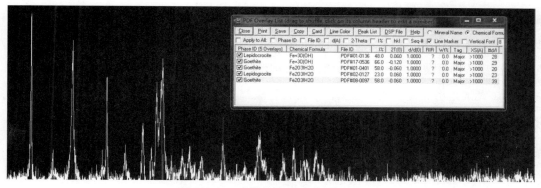

图 9-2-48　浅锈红色腐蚀产物 XRD

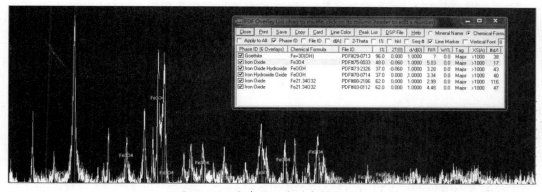

图 9-2-49　颜色偏黑腐蚀产物 XRD-1

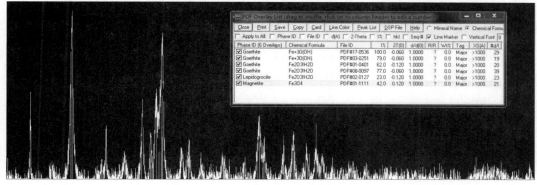

图 9-2-50　颜色偏黑腐蚀产物 XRD-2

3. 综合分析

5 号余热锅炉烟囱取样的金相组织和硬度均符合电厂提供资料的相关要求。其主要化学成分除 Mn 含量较高外，均符合电厂提供资料。同时烟囱取样的腐蚀部位与未腐蚀部位在金相组织、化学成分和硬度等方面均无差异。

烟囱内表面存在明显腐蚀现象，局部腐蚀产物呈片层状剥落，可见腐蚀坑。片层状的腐蚀产物是吸氧腐蚀的典型宏观形态特征。对脱落的腐蚀产物进行能谱分析，颜色偏黑的腐蚀产物中含有较高量的 Fe、O、Mn，此外还含有 0.8% 的 S，而呈锈红色的腐蚀产物中全部为 Fe、O。同时，通过 XRD 对腐蚀产物做进一步分析，认为腐蚀产物主要为铁的氧化物和铁的氢氧化物，并无明显的铁硫化物存在。铁的氧化物、氢氧化物是典型吸氧腐蚀的产物，氧腐蚀与环境温度、湿度等因素有关。

烟囱内表面接触的环境介质除锅炉排放的烟气外，还与外界大气相连。从电厂提供的 6、7、8 月 5 号机组的在线监测系统报表可见，6、7、8 月排放的烟气中均含有一定量的水汽和二氧化硫，水汽含量约 20%。大气是组成复杂的混合物，主要含有氧气和水汽，水汽含量随地域、季节、时间等条件而变化。氧气和水汽是参与氧腐蚀过程的主要组分。

此次腐蚀发生在烟囱最上部分约 60～80m 的内表面处，随着烟气上升，温度逐步降低，至烟囱顶部，温度将达到最低，故促使此处烟囱壁温降低，当壁温低于环境温度时，烟气和大气中的水汽便会在烟囱内表面结露，并与大气相通，使氧气得以充分进入，进入结露水中的氧，逐渐迁移、扩散到烟囱内壁表面，从而构成了吸氧腐蚀，在水-空气界面处，水介质直接与空气接触，氧气随时得到补充，从而加速了这一腐蚀过程的进行。

4. 结论

5 号炉烟囱内表面腐蚀是由于烟气温度下降结露形成吸氧腐蚀所致。

5. 知识拓展与点评

排烟温度降低可以提高机组效率，但是烟温的设计应充分考虑低温金属部件的腐蚀问题。

六、案例 6：磨煤机小牙轮局部金属熔融导致疲劳断裂

1. 基本情况

2011 年 5 月某电厂 2 号炉 B 侧磨煤机小牙轮一齿发生断裂，B 侧磨煤机小牙轮外观如图 9-2-51 所示，于 1998 年生产，1999 年底投运，运行时间约 9.6 万 h，此磨煤机自投运以来，每天应进行倒停，每年不少于 100 次，因此至断裂位置为止，粗略估算 2 号炉磨煤机的倒停次数应不少于 1150 次。小牙轮由减速器输出轴直接驱动，作为磨煤机的主动轮，驱动磨煤机滚筒运转，B 侧磨煤机小牙轮装配示意图如图 9-2-52 所示。B 侧磨煤机小牙轮的额定输入转速为 1000r/min，传动比为 6.7222 : 1。

图 9-2-51　B 侧磨煤机小牙轮外观

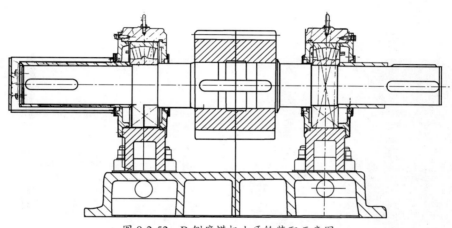

图 9-2-52　B 侧磨煤机小牙轮装配示意图

2. 检验分析

（1）宏观分析。磨煤机小牙轮齿部断口截面示意图如图 9-2-53 所示，小牙轮有两个断面，一个断面始于小牙轮工作面，另一个断面始于非工作面。

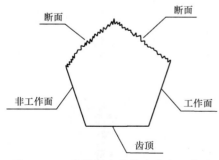

图 9-2-53　磨煤机小牙轮齿部断口截面示意图

断口的宏观形貌如图 9-2-54～图 9-2-56 所示，两个断口表面均有非常明显的疲劳纹和疲劳源，且两个疲劳源位置正对。非工作面断口疲劳纹的收敛处（即疲劳源）存在明显的缺陷，是金属发生熔融留下的痕迹（见图 9-2-55），随着疲劳纹向齿面两端及向齿内发展，垂直于疲劳纹的放射条纹也由隐约可辨变为清晰可见，整个断口大部分区域为疲劳扩展区，较为平坦，有被摩擦变亮的区域，是齿部开裂后在未完全断裂前的运行过程中摩擦产生的，瞬断区较窄小。工作面的疲劳源处也有明显的缺陷存在（见图 9-2-56），断面相对粗糙，瞬断区较非工作面要大。

宏观判断小牙轮为疲劳断裂，疲劳源分别位于非工作面和工作面的金属熔融处。

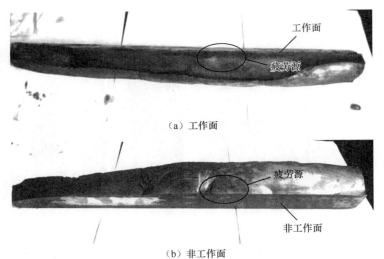

（a）工作面

（b）非工作面

图 9-2-54　小牙轮齿部断口宏观形貌

图 9-2-55　非工作面上疲劳源的宏观形貌

图 9-2-56　工作面上疲劳源的宏观形貌

（2）金相组织分析。小牙轮断齿部位金相组织分布很不均匀，小牙轮不均匀的金相组织如图 9-2-57 所示，从齿顶部位到齿内部组织不同，齿顶部的金相组织如图 9-2-58 所示，在齿顶部为贝氏体+珠光体+极少量铁素体，随着向齿心部靠近，铁素体数量逐渐增加，距离齿顶 12、17mm 的金相组织分别如图 9-2-59、图 9-2-60 所示，到齿心部其组织为铁素体+珠光体组织，齿内部的金相组织如图 9-2-61 所示。同时硬度检测结果显示，齿顶部比齿中部硬度高 12HBW。

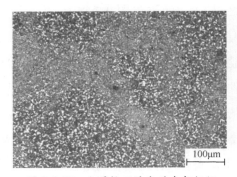

图 9-2-57　小牙轮不均匀的金相组织

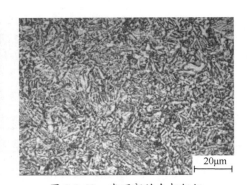

图 9-2-58　齿顶部的金相组织

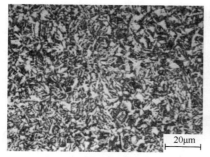

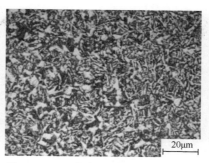

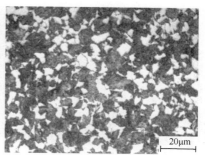

图 9-2-59　距离齿顶 12mm 的金相组织　　图 9-2-60　距离齿顶 17mm 的金相组织　　图 9-2-61　齿内部的金相组织

　　将小牙轮的疲劳源处（即金属熔融痕迹部位）剖开，可见在金属熔融部位存在裂纹，同时在裂纹内部有金属熔化收缩后形成的球状物质存在，未侵蚀疲劳源处剖面微观形貌如图 9-2-62 所示。侵蚀后观察其金相组织，侵蚀后疲劳源处剖面金相组织如图 9-2-63 所示，熔融部位的金相组织为索氏体，而未熔融处和发生熔融部位的远端，其金相组织为铁素体+珠光体。熔融部位生成索氏体组织，是因为在此处金属高温熔融后发生相变所致。疲劳源远端金相组织如图 9-2-64 所示。

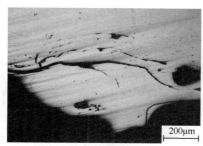
（a）形貌 1

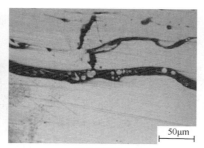
（b）形貌 2

（c）形貌 3

图 9-2-62　未侵蚀疲劳源处剖面微观形貌

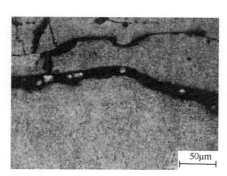

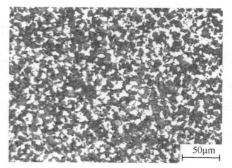

图 9-2-63　侵蚀后疲劳源处剖面金相组织　　　　图 9-2-64　疲劳源远端金相组织

　　（3）力学性能试验。在小牙轮上取拉伸试样进行常温力学性能试验和夏比缺口冲击试验，所检力学性能指标未见异常。

　　（4）扫描电镜分析。将小牙轮断口表面清洗后，在扫描电子显微镜下观察其疲劳源处（即金属熔融部位）的微观形态，疲劳源处微观形貌如图 9-2-65 所示。疲劳源处有明显的金属熔融后再结晶形成金属熔滴的形态，局部存在熔融形成的孔洞。

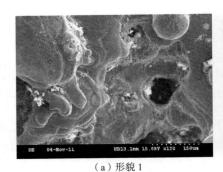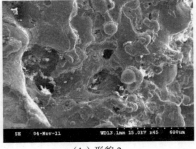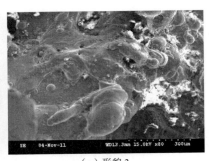

（a）形貌1　　　　　　　　　　（b）形貌2　　　　　　　　　　（c）形貌3

图 9-2-65　疲劳源处微观形貌

3. 综合分析

磨煤机小牙轮的两个断面断口表面均存在明显的疲劳纹，从疲劳纹走向可判断，小牙轮外表面上的金属熔融处为疲劳源所在，此次断裂为典型的疲劳断裂。

在断口的金属熔融部位即疲劳源处，其金相组织为索氏体，而远端和未发生金属熔融部位的组织为铁素体+珠光体，同时在熔融部位存在裂纹，其裂纹内部有金属熔化收缩后形成的球状物质存在。此外，通过对断口进行扫描电镜观察发现，疲劳源处为明显的结晶状形貌，存在金属熔融后再结晶形成金属熔滴的形态。充分说明在疲劳源处曾发生过热熔现象，金属高温下熔化，在小牙轮运行过程中遇冷发生收缩，使此处微观组织发生变化，这在微观组织中可以得到证明，同时冷热收缩过程极易形成裂纹，在大负荷运转中，应力集中系数将成倍增大，最终导致在此处形成疲劳源，造成小牙轮疲劳断裂，这是造成小牙轮断裂失效的主要原因。

小牙轮发生熔融的原因可能是磨煤机小牙轮工作过程中负荷过大，由于磨煤机钢球添加过多，致使磨煤机电流过高，发生打火现象，造成此处温度过高，导致表面金属发生熔融，或者小牙轮在运行时发生断油，进而反复摩擦导致局部温度过高发生熔融等。

此外，小牙轮断齿附近的金相组织分布不均匀，齿顶部与齿心部组织明显不同，齿顶组织为贝氏体+少量珠光体+极少量铁素体，而齿心部为铁素体+珠光体组织，此现象与硬度检验结果相吻合，齿顶与心部的硬度也有差别，齿顶比齿心部高 12HBW。出现这种情况主要是由于齿顶与心部冷却速度不同或者进入冷却介质时停留时间长造成的，齿顶部位冷却速度较快形成了贝氏体，可见此小牙轮热处理工艺控制不佳。这种组织和硬度的不均匀分布，加速了疲劳的扩展。

4. 结论

磨煤机小牙轮断裂的原因主要是由于在其表面局部有金属发生熔融，进而导致在熔融部位形成疲劳源，最终在应力的作用下造成疲劳断裂。

5. 知识拓展与点评

在部件的失效分析过程中，有些案例是无法找到确切失效原因的，只有从失效模式和宏观现象出发，通过推断、分析和验证，找出失效的原因。如此案例中，在了解运行工况时，无法获得当时运行的相关信息，但是通过宏观形貌、微观组织和断口扫描电镜观察和分析，找出疲劳源及其形成的原因，继而得以通过分析结果推导出导致疲劳断裂的可能的相关运行工况。

七、案例 7：液氨储罐的泄漏

1. 基本情况

某厂 2011 年 11 月 12 日在对液氨储罐充氮置换时发现 2 号液氨储罐筒体出现裂纹。2 号液氨储罐于 2010 年投入运行，设计压力为 2.16MPa，最大工作压力为 1.6MPa，容积为 150m³，总长 15575mm，筒体材料 16MnR，规格为 ϕ3600mm×28mm。

2. 检查情况

（1）宏观检查。从筒体顶部垂直向下有一液相管。为避免置换操作对筒体冲刷，在液相管下方布置一方形垫板与筒体焊接在一起。液相管与垫板之间用角钢焊接相连接固定，液氨储罐示意图如图 9-2-66 所示。

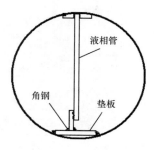

图 9-2-66 液氨储罐示意图

进入筒体内检查，发现角钢与垫板的焊缝已断裂，角钢与垫板的焊缝断裂形貌如图 9-2-67 所示，断裂面呈明亮的金属光泽，为新鲜断口。垫板也出现裂纹，从容器内看裂纹形貌如图 9-2-68 所示，裂纹起源于垫板与角钢焊缝的角部，从角钢角部呈放射状向外扩展裂纹有 4 条，其中 1 条为主裂纹，3 条为分支裂纹，具体如图 9-2-69～图 9-2-71 所示。有一条分支裂纹与筒体裂纹相连，筒体裂纹总长约 460mm，筒体裂纹与垫板裂纹的形貌如图 9-2-72 所示，其余都裂至垫板焊缝处。将垫板从筒体上取下，观察垫板裂纹断裂面，断裂面呈明亮金属光泽，从垫板上面向下开裂并向四周扩展。将垫板从筒体上取下后对筒体打磨进行表面磁粉探伤，在垫板下方及周围，除上述发现的一条筒体裂纹外没发现其他裂纹，可以判定筒体上的裂纹是从垫板裂纹扩展来的。从液氨储罐外检查，筒体裂纹从下方裂至西侧支座焊缝，总长 350mm，氨罐筒体外部裂纹形貌如图 9-2-73 所示，其长度小于筒体内的裂纹长度，说明裂纹是从筒体内向外扩展。

此外，对 1 号液氨储罐液相管下方垫板与角钢焊缝及周围区域打磨后进行磁粉探伤，发现垫板与角钢焊缝也存在裂纹，1 号氨罐角钢与垫板焊缝裂纹形貌如图 9-2-74 所示。

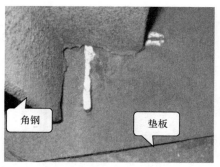

图 9-2-67 角钢与垫板的焊缝断裂形貌

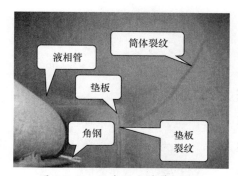

图 9-2-68 从容器内看裂纹形貌

图 9-2-69　垫板的断裂形貌 1

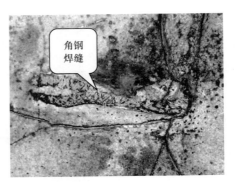

图 9-2-70　垫板的断裂形貌 2

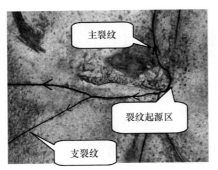

图 9-2-71　垫板的断裂起源及走向形貌

图 9-2-72　筒体裂纹与垫板裂纹的形貌

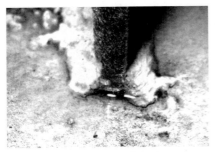

图 9-2-73　氨灌筒体外部裂纹形貌

图 9-2-74　1 号氨灌角钢与垫板焊缝裂纹形貌

（2）微观检查。对 2 号液氨储罐筒体及垫板产生裂纹处分别做金相检验。筒体金相组织为铁素体+珠光体，组织正常，筒体金相组织形貌如图 9-2-75 所示。垫板组织为贝氏体，垫板金相组织形貌如图 9-2-76 所示。裂纹走向均为穿晶，没有分支。

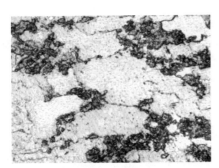

图 9-2-75　筒体金相组织形貌

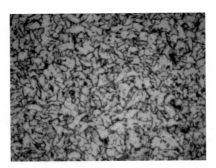

图 9-2-76　垫板金相组织形貌

3. 原因分析

充氮的过程是先将液氮气化，气化后的氮气进入罐体进行置换，由于气化机功率不够，气化不完全，一部分液氮进入罐体，液氮温度极低，在常压下，液氮温度为-196℃，如果加压，可以在更高的温度下得到液氮；液相管在出口处用角钢与垫板焊接在一起，液相管及角钢在遇冷收缩时，在角钢与垫板连接焊缝处很大的拉应力，当温度低于材料的脆性转变温度时，材料韧性急剧下降，使得垫板首先出现裂纹并扩展至筒体上，然后角钢在与垫板的焊缝处拉断。因 2 号液氨储罐垫板材料的低温性能比 16MnR 差，更容易出现脆性断裂。

4. 评价及反措

这是一起由于安装时不合理的焊接结构和充氮过程的不规范所造成的恶劣金属事故，由于发现及时，没有造成恶劣的后果，但这也是极其危险的，应引起金属同行的足够重视。为避免此类金属问题的发生，应做好以下工作：

（1）应对液相管出口处进行改造，不能将液相管出口固定在筒体上，妨碍液相管的自由伸缩。

（2）对液氨储罐充氮置换时，应保证液氮充分气化后进入罐体，应避免罐内温度过低，在温度低于材料脆性转变温度时，应避免罐体受冲击。

常用标准规范目录

一、法律法规

1. 政策法规

序号	标准/文件编号	标准/文件名称	替代或作废标准/文件编号
1	2013.6.29 发布	中华人民共和国特种设备安全法	—
2	2003.3.11 发布 2009 年 1 月 24 日修订	特种设备安全监察条例	—
3	能源部电 1069 文-92	防止火电厂锅炉四管爆漏技术导则	—
4	国能安全〔2014〕161 号	防止电力生产事故的二十五项重点要求	—
5	市监特函〔2018〕515 号	市场监管总局办公厅关于开展电站锅炉范围内管道隐患专项排查整治的通知	—
6	市监特设〔2019〕32 号	特种设备行政许可有关事项的实施意见	—
7	市监特设函〔2019〕849 号	市场监管总局办公厅关于电站锅炉范围内管道有关问题的意见	—
8	国市监特设〔2019〕37 号	市场监管总局国家能源局关于加强电站锅炉范围内管道材料质量安全风险防控的通知	—
9	市监特设函〔2021〕687 号	市场监管总局办公厅关于开展电站锅炉范围内管道隐患排查整治"回头看"专项行动的通知	—

2. 技术法规

序号	标准/文件编号	标准/文件名称	替代或作废标准/文件编号
1	TSG 01—2014	特种设备安全技术规范制定导则	—
2	TSG 11—2020	锅炉安全技术规程	TSG G0001—2012 TSG G1001—2004 TSG ZB001—2008 TSG ZB002—2008 TSG G5003—2008 TSG G5001—2010 TSG G5002—2010 TSG G7001—2015 TSG G7002—2015
3	TSG 21—2016/XG1—2020	固定式压力容器安全技术监察规程	TSG R0004—2009 TSG R0001—2004 TSG R0002—2005 TSG R0003—2007 TSG R5002—2013 TSG R7004—2013 TSG R7001—2013
4	TSG ZF001—2006	安全阀安全技术监察规程	—
5	TSG Z0005—2007	特种设备制造安装改造维修许可鉴定评审细则	已废止
6	TSG Z6001—2019	特种设备作业人员考核规则	TSG Z6001—2013
7	TSG Z6002—2010	特种设备焊接操作人员考核细则	—

续表

序号	标准/文件编号	标准/文件名称	替代或作废 标准/文件编号
8	TSG Z7001—2021	特种设备检验检测机构核准规则	—
9	TSG Z7002—2022	特种设备检验检测机构鉴定评审细则	—
10	TSG Z7003—2004	特种设备检验检测机构质量管理体系要求	—
11	TSG Z7005—2015	特种设备无损检测机构核准规则	—
12	TSG Z8001—2019	特种设备无损检测人员考核规则	TSG Z8001—2013
13	TSG Z8002—2022	特种设备检验人员考核规则	

二、标准规范

1. 国家标准

序号	标准/文件编号	标准/文件名称	替代或作废 标准/文件编号
1	GB 150.1~150.4—2011	压力容器	GB 150—1998
2	GB/T 151—2014	热交换器	GB/T 151—1999
3	GB/T 221—2008	钢铁产品牌号表示方法	GB/T 221—2000
4	GB/T 222—2006	钢的成品化学成品允许公差	GB 222—1984
5	GB/T 224—2019	钢的脱碳层深度测定法	GB/T 224—2008
6	GB/T 226—2015	钢的低倍组织及缺陷酸蚀检验法	GB 226—1991
7	GB/T 228.1—2021	金属材料　拉伸试验　第1部分：室温试验方法	GB/T 228.1—2010
8	GB/T 228.2—2015	金属材料　拉伸试验　第2部分：高温试验方法	—
9	GB/T 228.3—2019	金属材料　拉伸试验　第3部分：低温试验方法	2020.7.1 实施
10	GB/T 228.4—2019	金属材料　拉伸试验　第4部分：液氦试验方法	2020.7.1 实施
11	GB/T 229—2020	金属材料　夏比摆锤冲击试验方法	GB/T 229—2007
12	GB/T 230.1—2018	金属材料　洛氏硬度试验　第1部分：试验方法	GB/T 230.1—2009
13	GB/T 230.2—2022	金属材料　洛氏硬度试验　第2部分：硬度计及压头的检验与校准	GB/T 230.2—2012
14	GB/T 230.3—2022	金属材料　洛氏硬度试验　第3部分：标准硬度块的标定	GB/T 230.3—2012
15	GB/T 231.1—2018	金属材料　布氏硬度试验　第1部分：试验方法	GB/T 231.1—2009
16	GB/T 231.2—2022	金属材料　布氏硬度试验　第2部分：硬度计的检验与校准	GB/T 231.2—2012
17	GB/T 231.3—2022	金属材料　布氏硬度试验　第3部分：标准硬度块的标定	GB/T 231.3—2012
18	GB/T 231.4—2009	金属材料　布氏硬度试验　第4部分：硬度值表	—
19	GB/T 232—2010	金属材料　弯曲试验方法	GB/T 232—1999
20	GB/T 241—2007	金属管　液压试验方法	GB 241—1990
21	GB/T 242—2007	金属管　扩口试验方法	GB/T 242—1997
22	GB/T 244—2020	金属材料　管　弯曲试验方法	GB/T 244—2008
23	GB/T 324—2008	焊缝符号表示法	GB 324—1988
24	GB 713—2014	锅炉和压力容器用钢板	GB 713—2008
25	GB/T 1786—2008	锻制圆饼超声波检验方法	GB/T 1786—1990
26	GB/T 2650—2022	金属材料焊缝破坏性试验　冲击试验	GB/T 2650—2008
27	GB/T 2651—2023	金属材料焊缝破坏性试验　横向拉伸试验	GB/T 2651—2008
28	GB/T 2652—2022	金属材料焊缝破坏性试验　熔化焊接头焊缝金属纵向拉伸试验	GB/T 2652—1989
29	GB/T 2653—2008	焊接接头弯曲试验方法	GB/T 2653—1989

序号	标准/文件编号	标准/文件名称	替代或作废 标准/文件编号
30	GB/T 2654—2008	焊接接头硬度试验方法	GB/T 2654—1989
31	GB/T 2970—2016	厚钢板超声检测方法	GB/T 2970—2004
32	GB/T 3375—1994	焊接术语	GB 3375—1982
33	GB/T 3531—2014	低温压力容器用钢板	GB/T 3531—2008
34	GB/T 4162—2022	锻轧钢棒超声检测方法	GB/T 4162—2008
35	GB/T 5117—2012	非合金钢及细晶粒钢焊条	GB/T 5117—1995
36	GB/T 5118—2012	热强钢焊条	GB/T 5118—1995
37	GB/T 5310—2023	高压锅炉用无缝钢管	GB/T 5310—2008
38	GB/T 5677—2018	铸钢件射线照相检测	GB/T 5677—2007
39	GB/T 5777—2019/XG1—2021	无缝和焊接（埋弧焊除外）钢管纵向和/或横向缺欠的全圆周自动超声检测	GB/T 5777—2008
40	GB/T 6402—2008	钢锻件超声检测方法	GB/T 6402—1991
41	GB/T 6611—2008	钛及钛合金术语和金相图谱	GB 6611—1986
42	GB/T 7232—2012	金属热处理工艺 术语	GB/T 7232—1999
43	GB/T 7735—2016	无缝和焊接（埋弧焊除外）钢管缺欠的自动涡流检测	GB/T 7735—2004
44	GB/T 8651—2015	金属板材超声板波探伤方法	GB/T 8651—2002
45	GB/T 8732—2014	汽轮机叶片用钢	GB/T 8732—2004
46	GB/T 9443—2019	铸钢铸铁件 渗透检测	GB/T 9443—2007
47	GB/T 9444—2019	铸钢铸铁件 磁粉检测	GB/T 9444—2007
48	GB/T 10120—2013	金属材料 拉伸应力松弛试验方法	GB/T 10120—1996
49	GB/T 10128—2007	金属材料 室温扭转试验方法	GB/T 10128—1988
50	GB/T 10561—2023	钢中非金属夹杂物含量的测定 标准评级图显微检验法	GB/T 10561—1989
51	GB/T 10623—2008	金属材料 力学性能试验术语	GB/T 10623—1989
52	GB/T 10868—2018	电站减温减压阀	GB/T 10868—2005
53	GB/T 10869—2008	电站调节阀	GB 10869—1989
54	GB/T 11259—2015	无损检测 超声检测用钢参考试块的制作和控制方法	GB/T 11259—2008
55	GB/T 11260—2008	圆钢涡流探伤方法	GB/T 11260—1996
56	GB/T 11343—2008	无损检测 接触式超声斜射检测方法	GB/T 11343—1989
57	GB/T 11344—2021	无损检测 超声测厚	GB 11344—2008
58	GB/T 11345—2013	焊缝无损检测 超声检测 技术、检测等级和评定	GB/T 11345—1989
59	GB/T 12224—2015	钢制阀门 一般要求	GB/T 12224—2005
60	GB/T 12230—2005	通用阀门 不锈钢铸件技术条件	GB/T 12230—1989
61	GB/T 12459—2017	钢制对焊管件 类型与参数	GB/T 12459—2005
62	GB/T 12470—2018	埋弧焊用低合金钢焊丝和焊剂	GB/T 12470—2003
63	GB/T 12604.1—2020	无损检测 术语 超声检测	GB/T 12604.1—2005
64	GB/T 12604.2—2005	无损检测 术语 射线照相检测	GB/T 12604.2—1990
65	GB/T 12604.3—2013	无损检测 术语 渗透检测	GB/T 12604.3—2005
66	GB/T 12604.4—2005	无损检测 术语 声发射检测	GB/T 12604.4—1990
67	GB/T 12604.5—2020	无损检测 术语 磁粉检测	GB/T 12604.5—2008
68	GB/T 12604.6—2021	无损检测 术语 涡流检测	GB/T 12604.6—2008
69	GB/T 12604.7—2021	无损检测 术语 泄漏检测	GB/T 12604.7—2014
70	GB/T 12604.8—2014	无损检测 术语 中子检测	GB/T 12604.8—1995
71	GB/T 12604.9—2021	无损检测 术语 红外热成像	GB/T 12604.9—2008
72	GB/T 12604.10—2023	无损检测 术语 第10部分：磁记忆检测	GB/T 12604.10—2011

序号	标准/文件编号	标准/文件名称	替代或作废 标准/文件编号
73	GB/T 12604.11—2015	无损检测　术语　X 射线数字成像检测	
74	GB/T 12969.1—2007	钛及钛合金管材超声波探伤方法	GB/T 12969.1—1991
75	GB/T 12969.2—2007	钛及钛合金管材涡流探伤方法	GB/T 12969.2—1991
76	GB/T 13148—2008	不锈钢复合钢板焊接技术要求	GB/T 13148—1991
77	GB 13296—2013	锅炉、热交换器用不锈钢无缝钢管	GB 13296—2007
78	GB/T 13298—2015	金属显微组织检验方法	GB/T 13298—1991
79	GB/T 13299—2022	钢的游离渗碳体、珠光体和魏氏组织的评定方法	GB/T 13299—1991
80	GB/T 13814—2008	镍及镍合金焊条	GB/T 13814—1992
81	GB/T 14693—2008	无损检测　符号表示法	GB/T 14693—1993
82	GB/T 15822.1—2005	无损检测　磁粉检测　第 1 部分：总则	GB/T 15822—1995
83	GB/T 15822.2—2005	无损检测　磁粉检测　第 2 部分：检测介质	—
84	GB/T 15822.3—2005	无损检测　磁粉检测　第 3 部分：设备	—
85	GB/T 15830—2008	无损检测　钢制管道环向焊缝对接接头超声检测方法	GB/T 15830—1995
86	GB/T 16507.1~8—2013	水管锅炉	GB/T 16507—1996
87	GB/T 16508.1~8—2013	锅壳锅炉	GB/T 16508—1996
88	GB/T 17185—2012	钢制法兰管件	GB/T 17185—1997
89	GB/T 17394.1—2014	金属材料　里氏硬度试验　第 1 部分 试验方法	GB/T 17394—1998
90	GB/T 17394.2—2022	金属材料　里氏硬度试验　第 2 部分：硬度计的检验与校准	GB/T 17394.2—2012
91	GB/T 17394.3—2022	金属材料　里氏硬度试验　第 3 部分：标准硬度块的标定	GB/T 17394.3—2012
92	GB/T 17394.4—2014	金属材料　里氏硬度试验　第 4 部分：硬度值换算表	—
93	GB/T 18329.1—2001	滑动轴承　多层金属滑动轴承结合强度的超声波无损检验	—
94	GB/T 18329.3—2021	滑动轴承　多层金属滑动轴承　第 3 部分：无损渗透检验	—
95	GB/T 18329.4—2021	滑动轴承　多层金属滑动轴承　第 4 部分：合金厚度≥0.3mm 的结合质量超声穿透无损检测	—
96	GB/T 18851.1—2012	无损检测　渗透检测　第 1 部分：总则	GB/T 18851.1—2005
97	GB/T 18851.2—2008	无损检测　渗透检测　第 2 部分：渗透材料的检验	GB/T 18851.2—2005
98	GB/T 18851.3—2008	无损检测　渗透检测　第 3 部分：参考试块	—
99	GB/T 18851.4—2005	无损检测　渗透检测　第 4 部分：设备	—
100	GB/T 18851.5—2014	无损检测　渗透检测　第 5 部分：温度高于 50℃的渗透检测	GB/T 18851.5—2005
101	GB/T 18851.6—2014	无损检测　渗透检测　第 6 部分：温度低于 10℃的渗透检测	—
102	GB 18871—2002	电离辐射防护与辐射源安全基本标准	—
103	GB/T 19624—2019	在用含缺陷压力容器安全评定	GB/T 19624—2004
104	GB/T 19799.1—2015	无损检测　超声检测　1 号校准试块	GB/T 19799.1—2005
105	GB/T 19799.2—2012	无损检测　超声检测　2 号校准试块	GB/T 19799.2—2005
106	GB/T 20410—2006	涡轮机高温螺栓用钢	—
107	GB/T 20737—2006	无损检测　通用术语和定义	—
108	GB/T 20878—2007	不锈钢和耐热钢牌号及化学分析	—
109	GB/T 23900—2009	无损检测　材料超声速度测量方法	—
110	GB/T 23902—2021	无损检测　超声检测　超声衍射声时技术检测和评价方法	GB/T 23902—2009
111	GB/T 23904—2009	无损检测　超声表面波检测方法	—
112	GB/T 23905—2009	无损检测　超声检测用试块	—
113	GB/T 23906—2009	无损检测　磁粉检测用环形试块	—
114	GB/T 23907—2009	无损检测　磁粉检测用试片	—
115	GB/T 23908—2009	无损检测　接触式超声脉冲回波直射检测方法	—

续表

序号	标准/文件编号	标准/文件名称	替代或作废标准/文件编号
116	GB/T 23911—2009	无损检测 渗透检测用试块	—
117	GB/T 23912—2009	无损检测 液浸式超声纵波脉冲反射检测方法	—
118	GB/T 24176—2009	金属材料 疲劳试验 数据统计方案与分析方法	—
119	GB/T 24179—2009	金属材料 残余应力测定 压痕应变法	—
120	GB/T 24510—2017	低温压力容器用镍合金钢板	GB 24510—2009
121	GB/T 24511—2017	承压设备用不锈钢钢板和耐热钢钢板和钢带	GB/T 24511—2009
122	GB/T 25198—2010	压力容器封头	—
123	GB/T 26641—2021	无损检测 磁记忆检测 总体要求	GB/T 26641—2011
124	GB/T 26644—2011	无损检测 声发射检测 总则	—
125	GB/T 26929—2011	压力容器术语	—
126	GB/T 27025—2019	检测和校准实验室能力的通用要求	GB/T 27025—2008
127	GB/T 28705—2012	无损检测 脉冲涡流检测方法	—
128	GB/T 29302—2012	无损检测仪器 相控阵超声检测系统的性能与检验	—
129	GB/T 29462—2012	电站堵阀	—
130	GB/T 30565—2014	无损检测 涡流检测 总则	—
131	GB/T 30577—2014	燃气-蒸汽联合循环余热锅炉技术条件	—
132	GB/T 30580—2022	电站锅炉主要承压部件寿命评估技术导则	GB/T 30580—2014
133	GB/T 30583—2014	承压设备焊后热处理规程	—
134	GB/T 31211—2014	无损检测 超声导波检测 总则	—
135	GB/T 31212—2014	无损检测 漏磁检测 总则	—
136	GB/T 32563—2016	无损检测 超声检测 相控阵超声检测方法	—
137	GB/T 33207—2016	无损检测 在役金属管内氧化皮堆积的磁性检测方法	—
138	GB 50017—2017	钢结构设计规范	GB 50017—2003
139	GB 50205—2020	钢结构工程施工质量验收标准	GB 50205—2001
140	GB 50764—2012	电厂动力管道设计规范	—

2. 行业标准

序号	标准/文件编号	标准/文件名称	替代或作废标准/文件编号
1	DL/T 292—2021	火力发电厂汽水管道振动测试与评估技术导则	DL/T 292—2011
2	DL/T 297—2011	汽轮发电机合金轴瓦超声波检测	—
3	DL/T 303—2014	电网在役支柱绝缘子及瓷套超声波检验技术导则	—
4	DL/T 370—2010	承压设备焊接接头金属磁记忆检测	—
5	DL/T 438—2016	火力发电厂金属技术监督规程	DL/T 438—2009
6	DL/T 439—2018	火力发电厂高温紧固件技术导则	DL/T 439—2006
7	DL/T 440—2004	在役电站锅炉汽包的检验及评定规程	DL/T 440—1991
8	DL/T 441—2004	火力发电厂高温高压蒸汽管道蠕变监督规程	DL/T 441—1991
9	DL/T 473—2017	大直径三通锻件技术条件	DL 473—1992
10	DL/T 505—2016	汽轮机主轴焊缝超声波探伤规程	DL/T 505—2005
11	DL/T 515—2018	电站弯管	DL/T 515—2004
12	DL/T 541—2014	钢熔化焊 T 形接头和角接接头焊缝射线照相和质量分级	DL/T 541—1994
13	DL/T 542—2014	钢熔化焊 T 形接头超声波检测方法和质量评定	DL/T 542—1994
14	DL/T 586—2008	电力设备监造技术导则	DL/T 586—1995

序号	标准/文件编号	标准/文件名称	替代或作废 标准/文件编号
15	DL/T 612—2017	电力行业锅炉压力容器安全监督规程	DL 612—1996
16	DL/T 616—2023	火力发电厂汽水管道与支吊架维修调整导则	DL/T 616—1997
17	DL/T 647—2004	电站锅炉压力容器检验规程	DL 647—1998
18	DL/T 654—2022	火电机组寿命评估技术导则	DL/T 654—1998
19	DL/T 674—1999	火电厂用20号钢珠光体球化评级标准	—
20	DL/T 675—2014	电力工业无损检测人员资格考核规则	DL/T 675—1999
21	DL/T 678—2023	电力钢结构焊接通用技术条件	DL/T 678—1999
22	DL/T 679—2012	焊工技术考核规程	DL/T 679—1999
23	DL/T 680—2015	电力行业耐磨管道技术条件	DL/T 680—1999
24	DL/T 681.1—2019	燃煤电厂磨煤机耐磨件技术条件	DL/T 681—2012
25	DL/T 694—2012	高温紧固螺栓超声检验技术导则	DL/T 694—1999
26	DL/T 695—2014	电站钢制对焊管件	DL/T 695—1999
27	DL/T 712—2021	发电厂凝汽器及辅机冷却器管选材导则	DL/T 712—2000
28	DL/T 714—2019	汽轮机叶片超声检验技术导则	DL/T 714—2011
29	DL/T 715—2015	火力发电厂金属材料选用导则	DL/T 715—2000
30	DL/T 717—2013	汽轮发电机组转子中心孔检验技术导则	DL/T 717—2000
31	DL/T 718—2014	火力发电厂三通及弯头超声波检测	DL/T 718—2000
32	DL/T 734—2017	火力发电厂锅炉汽包焊接修复技术导则	DL/T 734—2000
33	DL/T 752—2023	火力发电厂异种钢焊接技术规程	DL/T 752—2001
34	DL/T 753—2015	汽轮机铸钢件补焊技术导则	DL/T 753—2001
35	DL/T 773—2016	火电厂用12Cr1MoV钢球化评级标准	DL/T 773—2001
36	DL/T 785—2001	火力发电厂中温中压管道（件）安全技术导则	—
37	DL/T 786—2001	碳钢石墨化检验及评级标准	—
38	DL/T 787—2001	火力发电厂用15CrMo钢珠光体球化评级标准	—
39	DL/T 793.1—2017	发电设备可靠性评价规程 第1部分：通则	DL/T 793—2012
40	DL/T 793.2—2017	发电设备可靠性评价规程 第2部分：燃煤机组	—
41	DL/T 793.5—2018	发电设备可靠性评价规程 第5部分：燃气轮发电机组	—
42	DL/T 793.6—2019	发电设备可靠性评价规程 第6部分：风力发电机组	—
43	DL/T 800—2018	电力企业标准编制规则	DL/T 800—2012
44	DL/T 818—2002	低合金耐热钢碳化物相分析技术导则	—
45	DL/T 819—2019	火力发电厂焊接热处理技术规程	DL/T 819—2010
46	DL/T 820.1—2020	管道焊接接头超声波检测技术规程 第1部分：通用技术要求	DL/T 820—2002
47	DL/T 820.2—2019	管道焊接接头超声波检测技术规程 第2部分：A型脉冲反射法	DL/T 820—2002
48	DL/T 820.3—2020	管道焊接接头超声波检测技术规程 第3部分：衍射时差法	DL/T 820—2002
49	DL/T 820.4—2020	管道焊接接头超声波检测技术规程 第4部分：在役检测	DL/T 820—2002
50	DL/T 821—2017	金属熔化焊对接接头射线检测技术和质量分级	DL/T 821—2002
51	DL/T 850—2004	电站配管	—
52	DL/T 868—2014	焊接工艺评定规程	DL/T 868—2004
53	DL/T 869—2021	火力发电厂焊接技术规程	DL/T 869—2004
54	DL/T 874—2017	电力行业锅炉压力容器安全监督管理工程师培训考核规程	DL/T 874—2004
55	DL/T 882—2022	火力发电厂金属专业名词术语技术导则	—

序号	标准/文件编号	标准/文件名称	替代或作废标准/文件编号
56	DL/T 883—2004	电站在役给水加热器铁磁性钢管远场涡流检验技术导则	—
57	DL/T 884—2019	火电厂金相检验与评定技术导则	DL/T 884—2004
58	DL/T 903—2015	磨煤机耐磨件堆焊技术导则	DL/T 903—2004
59	DL/T 905—2016	汽轮机叶片、水轮机转轮焊接修复技术规程	DL/T 905—2004
60	DL/T 922—2016	火力发电用钢制通用阀门订货、验收导则	DL/T 922—2005
61	DL/T 925—2005	汽轮机叶片涡流检测技术导则	—
62	DL/T 930—2018	整锻式汽轮机转子超声检测技术导则	DL/T 930—2005
63	DL/T 931—2017	电力行业理化检验人员考核规程	DL/T 931—2005
64	DL/T 939—2016	火力发电厂锅炉受热面管监督技术导则	DL/T 939—2005
65	DL/T 940—2022	火力发电厂蒸汽管道寿命评估技术导则	—
66	DL/T 959—2020	电站锅炉安全阀技术规程	DL/T 959—2014
67	DL/T 991—2022	电力设备金属发射光谱分析技术导则	DL/T 991—2006
68	DL/T 999—2006	电站用 2.25Cr-1Mo 钢球化评级标准	—
69	DL/T 1004—2018	质量、职业健康安全和环境整合管理体系规范及使用指南	DL/T 1004—2006
70	DL/T 1097—2008	火电厂凝汽器管板焊接技术规程	—
71	DL/T 1105.1—2020	电站锅炉集箱小口径接管座角焊缝 无损检测技术导则 第1部分：通用要求	DL/T 1105.1—2009
72	DL/T 1105.2—2020	电站锅炉集箱小口径接管座角焊缝 无损检测技术导则 第2部分：超声检测	DL/T 1105.2—2010
73	DL/T 1105.3—2020	电站锅炉集箱小口径接管座角焊缝 无损检测技术导则 第3部分：涡流检测	DL/T 1105.3—2010
74	DL/T 1105.4—2020	电站锅炉集箱小口径接管座角焊缝 无损检测技术导则 第4部分：磁记忆检测	DL/T 1105.4—2010
75	DL/T 1113—2009	火力发电厂管道支吊架验收规程	—
76	DL/T 1161—2012	超（超）临界机组金属材料及结构部件检验技术导则	—
77	DL/T 1162—2012	火电厂金属材料高温蒸汽氧化试验方法	—
78	DL/T 1317—2014	火力发电厂焊接接头超声衍射时差检测技术规程	—
79	DL/T 1324—2014	锅炉奥氏体不锈钢管内壁氧化物堆积磁性检测技术导则	—
80	DL/T 1325—2014	汽轮机通流部件冲蚀损伤修复与防护技术导则	—
81	DL/T 1422—2015	18Cr-8Ni 系列奥氏体不锈钢锅炉管显微组织老化评级标准	—
82	DL/T 1423—2015	在役发电机护环超声波检测技术导则	—
83	DL/T 1424—2015	电网金属技术监督规程	—
84	DL/T 1451—2015	在役冷凝器非铁磁性管涡流检测技术导则	—
85	DL/T 1452—2015	火力发电厂管道超声导波检测	—
86	DL/T 1603—2016	奥氏体不锈钢锅炉管内壁喷丸层质量检验及验收技术条件	—
87	DL/T 1621—2016	发电厂轴瓦巴氏合金焊接技术导则	—
88	DL/T 1718—2017	火力发电厂焊接接头相控阵超声检测技术规程	—
89	DL/T 1845—2018	电力设备高合金钢里氏硬度试验方法	—
90	DL 5009.1—2014	电力建设安全作业规程 第1部分：火力发电	DL 5009.1—2002
91	DL 5190.1—2022	电力建设施工技术规范 第1部分：土建结构工程	DL 5190.1—2012
92	DL 5190.2—2019	电力建设施工技术规范 第2部分：锅炉机组	DL 5190.2—2012
93	DL 5190.3—2019	电力建设施工技术规范 第3部分：汽轮发电机组	DL 5190.3—2012
94	DL 5190.4—2019	电力建设施工技术规范 第4部分：热工仪表	DL 5190.4—2012
95	DL 5190.5—2019	电力建设施工技术规范 第5部分：管道及系统	DL 5190.5—2012

续表

序号	标准/文件编号	标准/文件名称	替代或作废标准/文件编号
96	DL 5190.6—2019	电力建设施工技术规范　第6部分：水处理及制氢设备和系统	DL 5190.6—2012
97	DL 5190.8—2019	电力建设施工技术规范　第8部分：加工配制	DL 5190.8—2012
98	DL/T 5210.2—2018	电力建设施工质量验收及评价规程　第2部分：锅炉机组	DL/T 5210.2—2009
99	DL/T 5210.3—2018	电力建设施工质量验收及评价规程　第3部分：汽轮机组	DL/T 5210.3—2009
100	DL/T 5210.4—2018	电力建设施工质量验收及评价规程　第4部分：热工仪表及控制装置	DL/T 5210.4—2009
101	DL/T 5210.5—2018	电力建设施工质量验收及评定规程　第5部分：焊接	DL/T 5210.7—2010
102	DL/T 5366—2014	发电厂汽水管道应力计算技术规程	DL/T 5366—2006
103	JB/T 1265—2014	25MW～200MW 汽轮机转子体和主轴锻件　技术条件	JB/T 1265—2002
104	JB/T 1266—2014	25MW～200MW 汽轮机轮盘及叶轮锻件　技术条件	JB/T 1266—2002
105	JB/T 1267—2014	50MW～200MW 汽轮发电机转子锻件　技术条件	JB/T 1267—2002
106	JB/T 1268—2014	汽轮发电机 Mn18Cr5 系无磁性护环锻件　技术条件	JB/T 1268—2002
107	JB/T 1269—2014	汽轮发电机磁性环锻件　技术条件	JB/T 1269—2002
108	JB/T 1581—2014	汽轮机、汽轮发电机转子和主轴锻件超声检测方法	JB/T 1581—1996
109	JB/T 1582—2014	汽轮机叶轮锻件超声检测方法	JB/T 1582—1996
110	JB/T 3223—2017	焊接材料质量管理规程	JB/T 3223—1996
111	JB/T 3375—2002	锅炉用材料入厂验收规则	JB 3375—1991
112	JB/T 4010—2018	汽轮发电机钢质护环超声波探伤	JB/T 4010—2006
113	JB/T 4736—2002	补强圈钢制压力容器用封头	JB/T 4736—1995
114	JB/T 5263—2005	电站阀门铸钢件技术条件	JB/T 5263—1991
115	JB/T 7024—2014	300MW 以上汽轮机缸体铸钢件技术条件	JB/T 7024—2002
116	JB/T 7027—2014	300MW 以上汽轮机转子体锻件技术条件	JB/T 7027—2002
117	JB/T 7030—2014	汽轮发电机 Mn18Cr18N 无磁性护环锻件　技术条件	JB/T 7030—2002
118	JB/T 7667—1995	在役压力容器声发射检测评定方法	—
119	JB/T 7927—2014	阀门铸钢件外观质量要求	JB/T 7927—1999
120	JB/T 8184—2017	汽轮机低压给水加热器　技术条件	JB/T 8184—1999
121	JB/T 8190—2017	高压加热器　技术条件	JB/T 8190—1999
122	JB/T 8466—2014	锻钢件渗透检测	JB/T 8466—1996
123	JB/T 8467—2014	锻钢件超声检测	JB/T 8467—1996
124	JB/T 8468—2014	锻钢件磁粉检测	JB/T 8468—1996
125	JB/T 8705—2014	50MW 以下汽轮发电机无中心孔转子锻件　技术条件	JB/T 8705—1998
126	JB/T 8706—2014	50MW～200MW 汽轮发电机无中心孔转子锻件　技术条件	JB/T 8706—1998
127	JB/T 8707—2014	300MW 以上汽轮机无中心孔转子锻件技术条件	JB/T 8707—1998
128	JB/T 8708—2014	300MW～600MW 汽轮发电机无中心孔转子锻件　技术条件	JB/T 8708—1998
129	JB/T 9211—2008	中碳钢与中碳合金结构钢马氏体等级	JB/T 9211—1999
130	JB/T 9214—2010	无损检测　A 型脉冲反射式超声检测系统工作性能测试方法	JB/T 9214—1999
131	JB/T 9218—2015	无损检测　渗透检测方法	JB/T 9218—2007
132	JB/T 9377—2010	超声硬度计　技术条件	JB/T 9377—1999
133	JB/T 9378—2001	里氏硬度计	—
134	JB/T 9625—1999	锅炉管道附件承压铸钢件　技术条件	—
135	JB/T 9628—2017	汽轮机叶片　磁粉探伤方法	JB/T 9628—1999
136	JB/T 9629—2016	汽轮机承压件　水压试验技术条件	JB/T 9629—1999

序号	标准/文件编号	标准/文件名称	替代或作废 标准/文件编号
137	JB/T 9630.1—1999	汽轮机铸钢件　磁粉探伤及质量分级方法	—
138	JB/T 9630.2—1999	汽轮机铸钢件　超声波探伤及质量分级方法	—
139	JB/T 9631—1999	汽轮机铸铁件　技术条件	—
140	JB/T 9632—1999	汽轮机主汽管和再热汽管的弯管　技术条件	—
141	JB/T 10062—1999	超声探伤用探头性能测试方法	—
142	JB/T 10087—2016	汽轮机承压铸钢件　技术条件	JB/T 10087—2001
143	JB/T 10326—2002	在役发电机护环超声波检验技术标准	—
144	JB/T 11017—2021	1000MW 及以上火电机组发电机转子锻件　技术条件	—
145	JB/T 11018—2010	超临界及超超临界机组汽轮机用 Cr10 型不锈钢铸件　技术条件	—
146	JB/T 11019—2010	超临界及超超临界机组汽轮机用高中压转子锻件　技术条件	—
147	JB/T 11020—2010	超临界及超超临界机组汽轮机用超纯净钢低压转子锻件技术条件	—
148	JB/T 11030—2021	汽轮机高低压复合转子锻件　技术条件	JB/T 11030—2010
149	JB/T 11031—2010	燃气轮机大型球墨铸铁件　技术条件	—
150	JB/T 11032—2010	燃气轮机压气机轮盘不锈钢锻件　技术条件	—
151	JB/T 11033—2010	燃气轮机压气机轮盘合金钢锻件　技术条件	—
152	JB/T 11610—2013	无损检测仪器　数字超声检测仪技术条件	—
153	NB/T 47008—2017	承压设备用碳素钢和合金钢锻件	NB/T 47008—2010
154	NB/T 47010—2017	承压设备用不锈钢和耐热钢锻件	NB/T 47010—2010
155	NB/T 47013.1—2015	承压设备无损检测　第 1 部分：通用要求	JB/T 4730—2005
156	NB/T 47013.2—2015	承压设备无损检测　第 2 部分：射线检测	—
157	NB/T 47013.3—2015	承压设备无损检测　第 3 部分：超声检测	—
158	NB/T 47013.4—2015	承压设备无损检测　第 4 部分：磁粉检测	—
159	NB/T 47013.5—2015	承压设备无损检测　第 5 部分：渗透检测	—
160	NB/T 47013.6—2015	承压设备无损检测　第 6 部分：涡流检测	—
161	NB/T 47013.7—2012	承压设备无损检测　第 7 部分：目视检测	—
162	NB/T 47013.8—2012	承压设备无损检测　第 8 部分：泄漏检测	—
163	NB/T 47013.9—2012	承压设备无损检测　第 9 部分：声发射检测	—
164	NB/T 47013.10—2015	承压设备无损检测　第 10 部分：衍射时差法超声检测	—
165	NB/T 47013.11—2015	承压设备无损检测　第 11 部分：X 射线数字成像检测	—
166	NB/T 47013.12—2015	承压设备无损检测　第 12 部分：漏磁检测	—
167	NB/T 47013.13—2015	承压设备无损检测　第 13 部分：脉冲涡流检测	—
168	NB/T 47013.14—2016	承压设备无损检测　第 14 部分：X 射线计算机辅助成像检测	—
169	NB/T 47013.15—2021	承压设备无损检测　第 15 部分：相控阵超声检测	—
170	NB/T 47014—2023	承压设备焊接工艺评定	NB/T 47014—2011
171	NB/T 47015—2023	压力容器焊接规程	NB/T 47015—2011
172	NB/T 47016—2023	承压设备产品焊接试件的力学性能检验	NB/T 47016—2011
173	NB/T 47019.1～8—2021	锅炉、热交换器用管订货技术条件	NB/T 47019.1～8—2011
174	NB/T 47020～47027—2012	压力容器法兰	JB/T 4700～4707—2000
175	NB/T 47037—2021	电站阀门型号编制方法	NB/T 47037—2013
176	NB/T 47041—2014	塔式容器	JB/T 4710—2005
177	NB/T 47042—2014	卧式容器	JB/T 4731—2005

续表

序号	标准/文件编号	标准/文件名称	替代或作废标准/文件编号
178	NB/T 47043—2014	锅炉钢结构制造技术规范	JB/T 1620—1993
179	NB/T 47044—2014	电站阀门	JB/T 3595—2002
180	NB/T 47045—2015	钎焊板式热交换器	—
181	NB/T 47046—2015	承压设备用镍及镍合金板	JB/T 4741—2000
182	NB/T 47047—2015	承压设备用镍及镍合金无缝管	JB/T 4742—2000
183	NB/T 47048—2015	螺旋板式热交换器	JB/T 4751—2003

3. 团体标准

序号	标准/文件编号	标准/文件名称	替代或作废标准/文件编号
1	T/CSTM 00017—2021	电站用马氏体耐热钢 08Cr9W3Co3VNbCuBN(G115) 无缝钢管	—
2	T/CSTM 00017.1—2021	电站用马氏体耐热钢 08Cr9W3Co3NbCuBN(G115) 第1部分：对焊管件	—
3	T/CSTM 00017.2—2021	电站用马氏体耐热钢 08Cr9W3Co3NbCuBN(G115) 第2部分：感应加热弯管	—
4	T/CSTM 00017.3—2021	电站用马氏体耐热钢 08Cr9W3Co3NbCuBN(G115) 第3部分：锻件	—
5	T/CSTM 00155—2019	承压设备用 10Cr9Mo1VNbNG 无缝钢管	—
6	T/CSEE 0072—2018	13Cr9Mo2Co1NiVNbNB 钢制汽轮机转子锻件制造验收技术规范	—
7	T/CSEE 0102—2019	火电机组承压部件仪表管座技术导则	—
8	T/CISA 002—2017	高压锅炉用中频热扩无缝钢管	—
9	T/CISA 003—2017	电站用新型马氏体耐热钢 08Cr9W3Co3VNbCuBN(G115) 无缝钢管	—
10	T/CISA 006—2019	电站锅炉用 07Cr23Ni15Cu4NbN(SP2215)新型奥氏体耐热钢无缝钢管	—

4. 国际标准

序号	标准/文件编号	标准/文件名称	替代或作废标准/文件编号
1	ASME 2023	锅炉及压力容器规范　国际性规范Ⅱ　材料 A 篇　铁基材料	—
2		锅炉及压力容器规范　国际性规范Ⅱ　材料 C 篇　焊接	—
3		锅炉及压力容器规范　国际性规范Ⅱ　材料 D 篇　性能（公制）	—
4		锅炉及压力容器规范　国际性规范Ⅴ　无损检测	—
5	BS-EN-10246	钢管的无损检验　层状缺陷探测用无缝和焊接（埋弧焊接除外）钢管的自动超声波检验	—
6	DIN EN 10213	用于压力设备的铸钢件	—
7	DIN_EN_10269	具有特殊高温和或低温性能的紧固件用钢和镍合金	—